विद्युत एवं इलेक्ट्रॉनिकी

अभियांत्रिकी के मूलभूत सिद्धांत

(लैब मैन्युअल सहित)

सूसन एस. मैथ्यू
साजी टी. चाको

KHANNA BOOK PUBLISHING CO. (P) LTD.
PUBLISHER OF ENGINEERING AND COMPUTER BOOKS
4C/4344, Ansari Road, Darya Ganj, New Delhi-110002
Phone: 011-23244447-48 **Mobile:** +91-99109 09320
E-mail: contact@khannabooks.com
Website: www.khannabooks.com

Dear Readers,

To prevent the piracy, this book is secured with HIGH SECURITY HOLOGRAM on the front title cover. In case you don't find the hologram on the front cover title, please write us to at contact@khannabooks.com or whatsapp us at +91-99109 09320 and avail special gift voucher for yourself.

Specimen of Hologram on front Cover title:

Moreover, there is a SPECIAL DISCOUNT COUPON for you with EVERY HOLOGRAM.

How to avail this SPECIAL DISCOUNT:
Step 1: Scratch the hologram
Step 2: Under the scratch area, your "coupon code" is available
Step 3: Logon to www.khannabooks.com
Step 4: Use your "coupon code" in the shopping cart and get your copy at a special discount
Step 5: Enjoy your reading!

ISBN: 978-93-5538-002-9
Book Code: DIP183HI

Fundamentals of Electrical and Electronics Engineering *by*
Susan S. Mathew, Saji T. Chacko
[Hindi Edition]

First Edition: 2021
Reprint : Oct, 2022

Published by:
Khanna Book Publishing Co. (P) Ltd.
Visit us at: **www.khannabooks.com**
Write us at: **contact@khannabooks.com**
CIN: U22110DL1998PTC095547

To view complete list of books, Please scan the QR Code:	KPH

Printed in India.

प्रो. अनिल डी. सहस्रबुद्धे
अध्यक्ष
Prof. Anil D. Sahasrabudhe
Chairman

सत्यमेव जयते

अखिल भारतीय तकनीकी शिक्षा परिषद्
(भारत सरकार का एक सांविधिक निकाय)
(शिक्षा मंत्रालय, भारत सरकार)
नेल्सन मंडेला मार्ग, वसंत कुंज, नई दिल्ली–110070
दूरभाष : 011–26131498
ई–मेल : chairman@aicte-india.org

ALL INDIA COUNCIL FOR TECHNICAL EDUCATION
(A STATUTORY BODY OF THE GOVT. OF INDIA)
(Ministry of Education, Govt. of India)
Nelson Mandela Marg, Vasant Kunj, New Delhi-110070
Phone : 011-26131498
E-mail : chairman@aicte-india.org

प्राक्कथन

इंजीनियरिंग ने सदियों से समाज की प्रगति और विस्तार में बहुत महत्वपूर्ण भूमिका निभाई है। भारतीय उपमहाद्वीप में उपजे इंजीनियरिंग विचारों ने संपूर्ण विश्व के चिंतन को प्रभावित किया है।

अखिल भारतीय तकनीकी शिक्षा परिषद (अभातशिप) ने वर्ष 1987 में अपने स्थापना से ही तकनीकी विद्यार्थियों को सर्व संभव सहायता देने में अग्रणी भूमिका का निर्वहन किया है। अभातशिप का लक्ष्य गुणवत्तापूर्ण तकनीकी शिक्षा को प्रोत्साहन देते हुए इसके माध्यम से उद्योग जगत को नवीन उत्कर्ष पर पहुँचाना एवं अंततः मातृभूमि भारत को एक आधुनिक विकसित राष्ट्र के रूप में स्थापित करना है| यहां यह उल्लेख करना अनुचित नहीं होगा कि इंजीनियर आधुनिक समाज की रीढ़ हैं - बेहतर इंजीनियर अर्थात बेहतर उद्योग और उद्योग जितने बेहतर होंगे राष्ट्र उतना ही विकास करेगा।

राष्ट्रीय शिक्षा नीति 2020 की परिकल्पना है कि सभी के लिए क्षेत्रीय भाषा में शिक्षा उपलब्ध हो, जो सुनिश्चित करती है कि प्रत्येक विद्यार्थी समग्र रूप से सक्षम एवं दक्ष हो ताकि राष्ट्रीय विकास में सकल योगदान दे सके।

अभातशिप का विगत कुछ वर्षों से यह अथक प्रयास रहा है कि, इंजीनियरिंग के सभी विद्यार्थियों को उच्च गुणवत्ता वाली अंतरराष्ट्रीय स्तर की पुस्तकें क्षेत्रीय भाषाओं में तैयार कर, उचित मूल्य पर उपलब्ध कराई जाएँ। ये पुस्तकें न केवल सरल भाषा में व्यावहारिक जीवन के उदाहरणों तथा समृद्ध विषय सामग्री को ध्यान में रखकर तैयार की गई हैं, अपितु इनमें दिन प्रति दिन बदलते वैश्विक परिदृश्य तथा उद्योग जगत की आवश्यकताओं का भी ध्यान रखा गया है। क्षेत्रीय भाषाओँ में तैयार की गई ये पुस्तकें, अभातशिप के इंजीनियरिंग एवं प्रौद्योगिकी के मॉडल पाठ्यक्रम - 2018 के अनुरूप हैं।

संपूर्ण भारत के अनुभवी एवं विषय के निष्णात प्रख्यात प्राध्यापकों द्वारा इन पुस्तकों को अकादमिक समुदाय के लाभ के लिए लिखा गया है। अभातशिप को पूर्ण विश्वास है कि, विषय सामग्री की दृष्टि से समृद्ध, ये पुस्तकें तकनीकी शिक्षा के विद्यार्थियों को अधिक सुगमता और गुणवत्ता के साथ विषयों में दक्षता प्राप्त करने में सहायक होंगी|

अभातशिप इन पुस्तकों और इंजीनियरिंग विषयों को अधिक सुस्पष्ट एवं प्रभावी बनाने के लिए सभी मूल लेखकों, समन्वयकों तथा अनुवादकों के अथक प्रयास और परिश्रम की प्रशंसा करता है।

(Anil D. Sahasrabudhe)

आभार

इंजीनियरिंग एवं प्रौद्योगिकी के विद्यार्थियों के लिए तकनीकी पुस्तकों के प्रकाशन हेतु कुशल नियोजन, संयोजन एवं क्रियान्वयन हेतु अखिल भारतीय तकनीकी शिक्षा परिषद् के प्रति लेखक हृदय से कृतज्ञ हैं।

पुस्तक को विद्यार्थियों के अनुकूल रोचक एवं कलात्मक रूप देने में पुस्तक के समीक्षक प्रो. अकोले किशोर प्रहलाद के बहुमूल्य योगदान के प्रति भी लेखक हृदय से आभारी है।

लेखक के लिए अत्यंत गौरव का विषय है कि, यह पुस्तक एआईसीटीई के मॉडल पाठ्यक्रम एवं राष्ट्रीय शिक्षा नीति (NEP)-2020 के दिशानिर्देशों के अनुरूप तैयार की गई है। साथ ही क्षेत्रीय भाषाओं में शिक्षा को बढ़ावा देने के लिए इस पुस्तक का अनुसूचित भारतीय क्षेत्रीय भाषाओं में भी अनुवाद किया जा रहा है।

हम इस पुस्तक के हिंदी भाषा में अनुवाद के लिए डॉ. सुरेश कुमार सोनी और डॉ. उमेश कुमार सोनी एवं समीक्षा के लिए डॉ. सुरेश कुमार गावरे के प्रति आभार व्यक्त करते हैं।

हम श्री बुद्धा चंद्रशेखर, मुख्य समन्वय अधिकारी (CCO), NEAT, एआईसीटीई के प्रति हार्दिक सम्मान व्यक्त करते हैं जिनके द्वारा विकसित आर्टिफिशियल इंटेलिजेंस (AI) आधारित ट्रांसलेशन टूल का उपयोग अनुवाद के लिए किया गया।

अंत में, लेखक, खन्ना बुक पब्लिशिंग कंपनी प्राइवेट लिमिटेड, नई दिल्ली, के सभी सदस्यों जिन्होंने प्रकाशन के दौरान तत्परता से सहयोग प्रदान किया एवं इसे एक स्मरणीय अनुभव बनाया, के प्रति भी हार्दिक धन्यवाद ज्ञापित करते हैं।

–सूसन एस. मैथ्यू और साजी टी. चाको

प्रस्तावना

'विद्युत एवं इलेक्ट्रॉनिकी अभियांत्रिकी के मूलभूत सिद्धांत' नामक पुस्तक मूलभूत इलेक्ट्रिकल और इलेक्ट्रॉनिक्स इंजीनियरिंग पाठ्यक्रमों के हमारे शिक्षण के समृद्ध अनुभव का परिणाम है। इस पुस्तक को लिखने की शुरुआत पॉलीटेक्निक के विद्यार्थियो, इलेक्ट्रिकल और इलेक्ट्रॉनिक्स इंजीनियरिंग के मूल सिद्धांतों को उजागर करने के साथ-साथ उन्हें पाठ्यक्रम की अंतर्दृष्टि प्राप्त करने और संबंधित व्यावहारिक परिणामों को विकसित करने में सक्षम बनाना है। व्यापक कवरेज के उद्देश्य के साथ-साथ आवश्यक पूरक जानकारी प्रदान करने के उद्देश्य को ध्यान में रखते हुए, हमने पूरी किताब में AICTE द्वारा अनुशंसित विषयों को बहुत व्यवस्थित और क्रमबद्ध तरीके से शामिल किया है। पाठ्यक्रम की मूलभूत अवधारणाओं को सरलतम तरीके से समझाने का प्रयास किया गया है।

पांडुलिपि की तैयारी की प्रक्रिया के दौरान, हमने विभिन्न मानक पाठ्य पुस्तकों पर विचार किया है और तदनुसार हमने महत्वपूर्ण प्रश्न, हल और पूरक समस्या आदि जैसे खंड विकसित किए हैं। विभिन्न खंडों को तैयार करते समय परिभाषाओं पर भी जोर दिया गया है और बुनियादी अवधारणाओं, नियम और काम करने के सिद्धांतों की व्याख्या के व्यापक स्पष्टीकरण पर भी जोर दिया गया है। पुस्तक में विभिन्न स्तर की समस्याओं के साथ-साथ गतिविधियों को भी शामिल किया गया है और इन्हें बहुत ही तार्किक और व्यवस्थित तरीके से प्रस्तुत किया गया है। छात्रों की एक विस्तृत विविधता को कई वर्षों के पढ़ाने के दौरान उन समस्याओं के उन्नयन का परीक्षण किया गया है।

आवश्यक दृष्टांतों और उदाहरणों के अलावा, हमने संबंधित विषयों की उचित समझ के लिए प्रत्येक यूनिट में कई हल की गई समस्याओं के साथ पुस्तक को समृद्ध किया है। यह ध्यान रखना महत्वपूर्ण है कि पुस्तक में, हमने संबंधित यूनिट में प्रासंगिक प्रयोगशाला प्रैक्टिकल्स को शामिल किया है। एक "अधिक जानिए" खंड में मुख्य रूप से सूक्ष्म परियोजनाएं, अतिरिक्त गतिविधियां, वीडियो और सीखने के सभी क्षेत्रों में परिणाम विकसित करने के लिए ICT लिंक शामिल हैं। इसे इसलिए शामिल किया गया है ताकि इस भाग के माध्यम से प्रदान की गई पूरक जानकारी पुस्तक के उपयोगकर्ताओं के लिए फायदेमंद हो। यह ध्यान रखना महत्वपूर्ण है कि रुचि के विभिन्न विषयों पर अधिक जानकारी प्राप्त करने के लिए, वीडियो और वेबसाइटों के QR कोड प्रदान किए गए हैं जिन्हें स्कैन किया जा सकता है और प्रासंगिक सहायक ज्ञान के साथ-साथ "अधिक जानिए" अनुभाग में देखा जा सकता है। इसके अलावा, हमने परिशिष्ट अनुभाग में कुछ आवश्यक बुनियादी जानकारी को स्पष्ट किया है।

जहां तक वर्तमान पुस्तक का संबंध है, 'विद्युत एवं इलेक्ट्रॉनिकी अभियांत्रिकी के मूलभूत सिद्धांत' का उद्देश्य विद्यार्थियो को चुनौतियों से निपटने के लिए ज्ञान को उपयोग करने के लिए तैयार करना है और संबंधित उत्पन्न प्रश्नों का समाधान करना है जो विद्यार्थियो और डिप्लोमा धारकों को आगे सामना करना पड़ेगा। पाठ्यक्रम सामग्री को प्रयोगशाला प्रयोगों के साथ रचनात्मक तरीके से प्रस्तुत किया गया है ताकि एक इंजीनियरिंग डिप्लोमा विद्यार्थियो को विभिन्न क्षेत्रों में काम करने के लिए तैयार कर सके।

हमें पूरी उम्मीद है कि पुस्तक विद्यार्थियो को अवधारणाओं को समझने के लिए प्रेरित करेगी और निश्चित रूप से पाठ्यक्रम की एक ठोस नींव के विकास में योगदान देगी। यद्यपि इस पाठ्य पुस्तक में त्रुटियों और अशुद्धियों की जाँच करने के लिए सभी सावधानी बरती गई है, फिर भी पूर्णता का दावा करना असंभव है, विशेष रूप से क्योंकि यह पहला संस्करण है। ऐसी किसी भी त्रुटि, गलती, चूक, सुधार के सुझावों का बहुत स्वागत है और इसे हमारे ध्यान में लाया जा सकता है, जो पुस्तक के भविष्य के संस्करणों के सुधार में योगदान देगा।

इस पुस्तक के रूप में परिणत होने वाले विभिन्न पहलुओं पर काम करना वास्तव में एक बड़ी खुशी थी और हमें उम्मीद है कि यह विद्युत एवं इलेक्ट्रॉनिकी अभियांत्रिकी के विशाल और दिलचस्प क्षेत्र की बुनियादी अवधारणाओं को समझने में मददगार होगा और अपेक्षित सीखने के परिणामों को विकसित करने के लिए एक उपयोगी शिक्षण सहायता होगी।

–सूसन एस. मैथ्यू और साजी टी. चाको

परिणाम आधारित शिक्षा

परिणाम आधारित शिक्षा (आउटकम बेस्ड एजुकेशन) के क्रियान्वयन के लिए प्रथम आवश्यकता है, परिणाम आधारित पाठ्यक्रम विकसित करना एवं शिक्षा प्रणाली में परिणाम आधारित मूल्यांकन का समावेश करना। परिणाम आधारित आकलन के माध्यम से मूल्यांकनकर्ता यह मूल्यांकन करने में सक्षम हो सकेंगे कि क्या विद्यार्थियों ने उल्लेखित मानक, विशिष्ट और मापने योग्य लक्ष्यों (परिणामों) को प्राप्त कर लिया है। परिणाम-आधारित शिक्षा के उचित समावेश से सभी विद्यार्थियों में, प्रोग्राम बीच में छोड़े बिना, न्यूनतम मानक अर्जित करने के लिए एक निश्चित प्रतिबद्धता होगी। परिणाम आधारित शिक्षा युक्त प्रोग्राम के अंत में, विद्यार्थी निम्नलिखित लक्ष्यों (परिणामों) तक पहुंचने में सक्षम होंगे:

PO1 : **मूलभूत एवं अध्ययन संकाय विशिष्ट ज्ञान:** गणित, विज्ञान, इंजीनियरिंग के आधारभूत ज्ञान और इंजीनियरिंग विशेषज्ञता कों इंजीनियरिंग समस्याओं के समाधान के लिए उपयोग करना।

PO2 : **समस्या विश्लेषण:** संहिताबद्ध मानक विधियों का उपयोग करके सुपरिभाषित इंजीनियरिंग समस्याओं को पहचानना एवं उनका विश्लेषण करना।

PO3 : **समाधानों की समाधानों की रूपरेखा / विस्तार:** सुपरिभाषित तकनीकी समस्याओं के लिए समाधानों की रूपरेखा (डिजाईन) तैयार करना और निर्दिष्ट आवश्यकताओं को पूरा करने के लिए प्रणाली के घटकों या प्रक्रियाओं के डिजाइन में सहायता करना।

PO4 : **इंजीनियरिंग उपकरण, प्रयोग और परीक्षण:** मानक परीक्षण और माप करने के लिए आधुनिक इंजीनियरिंग उपकरण और उपयुक्त तकनीक का उपयोग करना।

PO5 : **समाज एवं पर्यावरणीय स्थायित्व के लिए इंजीनियरिंग कार्यप्रणाली:** समाज, स्थिरता, पर्यावरण और नैतिक कार्यप्रणालियों के संदर्भ में उपयुक्त प्रौद्योगिकी का उपयोग करना।

PO6 : **परियोजना प्रबंधन:** इंजीनियरिंग और प्रबंधन के सिद्धांतों का उपयोग व्यक्तिगत एवं समूह के सदस्य अथवा प्रमुख के रूप में परियोजना प्रबंधन करना एवं सुपरिभाषित इंजीनियरिंग गतिविधियों के विषय में प्रभावी ढंग से संप्रेषित करना।

PO7 : **जीवन-पर्यन्त सीखना:** व्यक्तिगत आवश्यकताओं का विश्लेषण करने की क्षमता और तकनीकी परिवर्तनों के व्यापक संदर्भ में जीवन-पर्यन्त सीखना।

कोर्स आउटकम्स

पाठ्यक्रम के पूरा होने के बाद विद्यार्थी निम्न में सक्षम होंगे:

CO-1 : दिए गए इंजीनियरिंग अनुप्रयोग के लिए विद्युत/इलेक्ट्रॉनिक घटक सुझाने में।

CO-2 : मूलभूत एनालॉग परिपथ जिसमें OP-AMP है, का परीक्षण करने में।

CO-3 : डिजिटल परिपथ के कार्यप्रणाली की व्याख्या करने में।

CO-4 : इंजीनियरिंग अनुप्रयोगों में विद्युत और चुंबकीय परिपथ के सिद्धांतों का प्रयोग करने में।

CO-5 : A.C. परिपथ के कार्यप्रणाली की व्याख्या करने में।

CO-6 : विशिष्ट आवश्यकताओं के लिए परिणामित्र और विद्युत मोटर को सुरक्षित रूप से संचालित करने में।

कोर्स आउटकम्स (COs)	प्रोग्राम आउटकम्स (POs) के साथ अपेक्षित संबंध *(1. कमजोर सहसम्बन्ध; 2. मध्यम सहसम्बन्ध; 3. मजबूत सहसम्बन्ध)*						
	PO-1	**PO-2**	**PO-3**	**PO-4**	**PO-5**	**PO-6**	**PO-7**
CO-1	3	2	2	3	1	1	1
CO-2	3	1	1	2	1	1	1
CO-3	3	1	1	-	1	1	1
CO-4	3	2	1	1	1	1	1
CO-5	3	2	1	2	1	1	1
CO-6	3	2	1	2	1	1	1

संक्षेपण और प्रतीक

संक्षेपण सूची

संक्षेपण	पूर्ण रूप	संक्षेपण	पूर्ण रूप
A_{cm}	कॉमन मोड गेन	JFET	जंक्शन फील्ड इफेक्ट ट्रांजिस्टरर्स
A_d	डिफरेंशियल (अवकलित्र) मोड गेन	KCL	किरचॉफ करंट लॉ
AC	अल्टरनेटिंग करंट (प्रत्यावर्ती धारा)	KVL	किरचॉफ वोल्टेज लॉ
B	मैग्नेटिक फ्लक्स डेंसिटी (चुंबकीय फ्लक्स का घनत्व)	LED	लाइट एमिटिंग डायोड (प्रकाश उत्सर्जक डायोड)
BJT	बाइपोलर जंक्शन ट्रांसिस्टर	LSB	लीस्ट सिग्नीफिकेंट बिट (कम से कम महत्वपूर्ण बिट)
BW	बैंड विड्थ	LV	लो वोल्टेज
C	कूलंब	M	म्यूचुअल इंडक्शन (पारस्परिक प्रेरण)
CMOS	कंप्लीमेंटरी मेटल ऑक्साइड सेमीकंडक्टर	MOSFET	मेटल ऑक्साइड फील्ड इफेक्ट ट्रांजिस्टर
CB	कॉमन बेस	MSB	मोस्ट सिग्नीफिकेंट बिट (अधिकतम महत्वपूर्ण बिट)
CC	कॉमन कलेक्टर	OL	ओपन लूप
CE	कॉमन एमिटर	OP-Amp	ऑपरेशनल एम्पलीफायर
CL	क्लोज्ड लूप	P	पावर (शक्ति)
CMRR	कॉमन मोड रिजेक्शन रेशियो	PIV	पीक इनवर्स वोल्टेज
CO	कोर्स आउटकम (पाठ्यक्रम परिणाम)	PO	प्रोग्राम आउटकम (कार्यक्रम परिणाम)
DC/ D.C./dc	डायरेक्ट करंट	PSRR	पावर सप्लाई रिजेक्शन रेशियो
AC/ A.C./ac	अल्टरनेटिंग करंट (प्रत्यावर्ती धारा)	PVC	पॉली विनाइल क्लोराइड
emf	इलेक्ट्रो मोटिव फोर्स (विद्युत वाहक बल)	Q	क्वालिटी फैक्टर
FB	फॉरवर्ड बायस्ड	R, L, C	रेसिस्टर, इंडक्टर, कैपेसिटर
FF	फ्लिप फ्लॉप	R_F	डीसी या स्टैटिक रेजिस्टेंस
G	कंडक्टेंस (चालकता)	RMS	रूट मीन स्क्वायर वैल्यू

संक्षेपण	पूर्ण रूप	संक्षेपण	पूर्ण रूप
Ge	जर्मेनियम	S, R	सेट, रीसेट
H	मैग्नेटिक फील्ड इंटेंसिटी (चुंबकीय क्षेत्र की तीव्रता)	Si	सिलिकॉन
HV	हाई वोल्टेज	T	टाइम पीरियड
Hz	हर्ट्ज	t	टाइम
I	करंट	TTL	ट्रांजिस्टर ट्रांजिस्टर लॉजिक
i	इंस्टेंटेनियस वैल्यू ऑफ करंट (धारा का तात्कालिक मान)	UO	यूनिट आउटकम
I_B	बेस करंट	V	वोल्टेज
IC	इंटीग्रेटेड सर्किट	VA	वोल्ट एम्पीयर
I_C	कलेक्टर करंट	VAR	रिएक्टिव पावर
I_E	एमिटर करंट	W	वाट
I_f	फॉरवर्ड करंट	Wb	वेबर
IM	इंडक्शन मोटर	Y	एडमिटेंस
J	करंट डेंसिटी	Z	इम्पीडेंस (प्रतिबाधा)

प्रतीक सूची

प्रतीक	विवरण	प्रतीक	विवरण
Ω	एसआई यूनिट ऑफ रेसिस्टैंस, ओम	α_{dc}	करंट गेन इन सीबी कंफीग्रेशन ऑफ ए ट्रांजिस्टर
μ_o	एब्सोल्यूट पर्मिबिलिटी (पारगम्यता)	β_{dc}	करंट गेन इन सीई कंफीग्रेशन ऑफ ए ट्रांजिस्टर
μ_r	रिलेटिव पर्मिबिलिटी	μ	पर्मिबिलिटी ऑफ ए मैटीरियल
C_f	फीडबैक कैपेसिटर	A	टेंपरेचर कॉफिसिएनट ऑफ रेजिस्टेंस
R_C	रिलेक्टेंस ऑफ मैग्नेटिक कोर	Θ	फेज एंगल
R_{ag}	एयर गैप रिलेक्टेंस	Λ	फ्लक्स लिंकेज
R_f	फीडबैक रेसिस्टर	P	स्पेसिफिक रेजिस्टेंस ऑर रेसिस्टीविटी
f_r	रेजोनेंट फ्रीक्वेंसी (अनुनाद आवृत्ति)	Σ	स्पेसिफिक कंडक्टेंस ऑर कंडक्टिविटी
K	ट्रांसफार्मर टर्न रेशियो	Φ	म्युचुअल फ्लक्स
Ø	डीसी मोटर फ्लक्स	Ω	एंगुलर वेलोसिटी (कोणीय वेग)

चित्र सूची

चित्र क्रमांक	शीर्षक	पृष्ठ संख्या
यूनिट 1: इलेक्ट्रॉनिक उपकरण एवं संकेत का संक्षिप्त विवरण		
चित्र 1.1	एक बुनियादी परिपथ	3
चित्र 1.2	प्रतिरोधकों का प्रतीक	5
चित्र 1.3	प्रतिरोधक का रंग कोडिंग	5
चित्र 1.4	प्रतिरोधों का वर्गीकरण	5
चित्र 1.5	प्रेरक के विभिन्न भाग	7
चित्र 1.6	प्रेरक के विभिन्न प्रतीक	7
चित्र 1.7	संधारित्र का प्रतीक	8
चित्र 1.8	श्रेणी परिपथ	9
चित्र 1.9	समानांतर परिपथ	9
चित्र 1.10	P-N संधि	12
चित्र 1.11	P-N संधि डायोड का प्रतीक	12
चित्र 1.12	डायोड-अग्र पक्ष	12
चित्र 1.13	डायोड-पश्चवर्ती पक्ष	13
चित्र 1.14	डायोड V-I अभिलक्षण	13
चित्र 1.15	NPN BJT का संरचनात्मक आरेख	16
चित्र 1.16	NPN और PNP BJT का योजनाबद्ध प्रतीक	16
चित्र 1.17	FET प्रतीक	18
चित्र 1.18	डिप्लीशन प्रकार का MOSFET	20
चित्र 1.19	एन्हांसमेंट प्रकार के MOSFET	20
चित्र 1.20	C-MOS उपकरण	21
चित्र 1.21	सतत समय संकेत	23
चित्र 1.22	असतत समय संकेत	23
चित्र 1.23	निर्धारक संकेत	24
चित्र 1.24	गैर-निर्धारक संकेत	24
चित्र 1.25	प्रत्यावर्ती धारा संकेत	25
चित्र 1.26	दिष्ट धारा संकेत	25

यूनिट 4: विद्युत एवं चुंबकीय परिपथ

यूनिट 5: प्रत्यावर्ती धारा परिपथ

यूनिट 6: परिणामित्र एवं मशीनें

तालिका सूची

शिक्षकों के लिए दिशानिर्देश

परिणाम आधारित शिक्षा (OBE) की रुपरेखा के क्रियान्वयन और ब्लूम की टैक्सोनॉमी के उपयोग पर अधिक ध्यान देने के लिए आवश्यक है कि विद्यार्थियों के ज्ञान एवं व्यावसायिक कौशल को बढ़ाया जाना चाहिए। इसके उचित क्रियान्वयन के लिए शिक्षकों को एक बड़ी जिम्मेदारी लेनी चाहिए। परिणाम आधारित शिक्षा प्रणाली में शिक्षकों के असीमित उत्तरदायित्वों में से कुछ निम्न प्रकार के हो सकते है:

- यथोचित प्रतिबंधो के अंतर्गत, सभी विद्यार्थियों के सर्वोत्तम लाभ के लिए उन्हें युक्तिपूर्ण तरीके से समय का प्रबंधन करना चाहिए।
- उन्हें विद्यार्थियों का आकलन किसी भेदभाव या अन्य संभावित अपात्रता पर विचार किए बिना केवल कुछ निश्चित मानदंडों के आधार पर ही करना चाहिए।
- उन्हें विद्यार्थियों के संस्थान को छोड़ने के पूर्व उनकी सीखने की क्षमता को एक निश्चित स्तर तक बढ़ाने का प्रयास करना चाहिए।
- उन्हें यह सुनिश्चित करने का प्रयास करना चाहिए कि शिक्षा पूर्ण करने तक सभी विद्यार्थी गुणवत्ता पूर्ण ज्ञान एवं योग्यता ग्रहण कर चुके हों।
- उन्हें विद्यार्थियों को उनकी श्रेष्ठ प्रदर्शन करने की क्षमताओं को विकसित करने के लिए हमेशा प्रोत्साहित करना चाहिए।
- उन्हें नए दृष्टिकोण को सुद्रढ़ करने के लिए सामूहिक एवं दलगत रूप में कार्य करने के लिए सुविधा एवं प्रोत्साहन देना चाहिए।
- उन्हें आकलन के लिए प्रत्येक चरण में ब्लूम्स टैक्सोनॉमी का पालन करना चाहिए।

ब्लूम्स टैक्सोनॉमी

स्तर	शिक्षक को जाँचना चाहिए	विद्यार्थी को सक्षम होना चाहिए	आकलन का संभावित तरीका
सृजन Creating	विद्यार्थियों की सृजन क्षमता	डिजाइन या सृजन	लघु परियोजना
मूल्यांकन Evaluating	विद्यार्थियों की तर्क एवं मूल्यांकन की क्षमता	तर्क या प्रतिरक्षा	निर्दिष्ट कार्य
विश्लेषण Analyzing	विद्यार्थियों की विश्लेषण क्षमता	पृथक करना या भेद करना	परियोजना एवं प्रयोगशाला पद्धति
अनुप्रयोग Applying	विद्यार्थियों में जानकारी के उपयोग की क्षमता	प्रचालन/प्रदर्शन	तकनीकी प्रस्तुति/प्रदर्शन
समझ Understanding	विद्यार्थियों में विचारों की व्याख्या करने की क्षमता	व्याख्या या वर्गीकरण	प्रस्तुति/संगोष्ठी
स्मरण Remembering	विद्यार्थियों की याद करने की क्षमता (या याद रखना)	परिभाषित या याद करना	प्रश्नोत्तरी

विद्यार्थियों के लिए दिशानिर्देश

विद्यार्थियों को परिणाम आधारित शिक्षा (OBE) को लागू करने के लिए समान जिम्मेदारी लेनी चाहिए। परिणाम आधारित शिक्षा प्रणाली में विद्यार्थियों के लिए असीमित जिम्मेदारियों में से कुछ इस प्रकार हैं:

- प्रत्येक पाठ्यक्रम में यूनिट शुरू होने से पहले विद्यार्थियों को प्रत्येक UO के बारे में अच्छी तरह से अवगत होना चाहिए।
- पाठ्यक्रम शुरू होने से पहले विद्यार्थियों को प्रत्येक CO के बारे में अच्छी तरह से अवगत होना चाहिए।
- पाठ्यक्रम शुरू होने से पहले विद्यार्थियों को प्रत्येक PO के बारे में अच्छी तरह से अवगत होना चाहिए।
- विद्यार्थियों को उचित चिंतन और क्रिया के साथ आलोचनात्मक और तर्कसंगत रूप से सोचना चाहिए।
- विद्यार्थियों के सीखने को व्यावहारिक और दैनिक जीवन के परिणामों के साथ सम्बद्ध और एकीकृत किया जाना चाहिए।
- विद्यार्थियों को परिणाम आधारित शिक्षा के प्रत्येक स्तर पर अपनी योग्यता के बारे में अच्छी तरह से अवगत होना चाहिए।

विषय-सूची

1 इलेक्ट्रॉनिकी उपकरण एवं संकेत का संक्षिप्त विवरण

यूनिट विशिष्ट

इस यूनिट में निम्नलिखित विषयों पर चर्चा की गई है:

- निष्क्रिय और सक्रिय घटक
- प्रतिरोध, संधारित्र और प्रेरक
- डायोड और उनके अनुप्रयोग
- द्विध्रुवीय संधि ट्रांजिस्टर और उनके अनुप्रयोग
- FET, MOS एवं CMOS और उनके अनुप्रयोग
- संकेत: DC/AC, वोल्टेज/धारा, आवधिक/गैर-आवधिक संकेत
- औसत, rms, संकेतों के शिखर मान
- विभिन्न प्रकार के संकेत तरंग
- वोल्टेज और धारा स्रोत

आगे जिज्ञासा पैदा करने के साथ-साथ समस्या समाधान क्षमता में सुधार के लिए विषयों के व्यावहारिक अनुप्रयोगों पर चर्चा की गई है। ब्लूम टक्सॉनोमी के निचले और उच्च क्रम के बाद विभिन्न श्रेणियों से संबंधित कई बहुविकल्पीय प्रश्नों के साथ-साथ लघु और दीर्घ उत्तर प्रकार के प्रश्न देने के अलावा, अभ्यास के लिए कई संख्यात्मक प्रश्न प्रदान किए गए है।

संबंधित प्रायोगिक की सूची यूनिट 1 के विषय के आधार पर प्रदान की गई है, इसके बाद 'अधिक जानिए' खंड दिया गया है। इस खंड में मुख्य रूप से 'सूक्ष्म परियोजना और गतिविधियाँ' शामिल हैं जो व्यावहारिक गतिविधि पर प्रकाश डालती हैं, कुछ दिलचस्प अनुप्रयोगों के उदाहरण जो सीखने के सभी क्षेत्रों में स्व-शिक्षण, रचनात्मकता और विकासशील परिणामों पर ध्यान केंद्रित करते हैं। इसे इसलिए शामिल किया गया है ताकि इस भाग के माध्यम से प्रदान की गई पूरक जानकारी पुस्तक के उपयोगकर्ताओं के लिए फायदेमंद हो। यह ध्यान रखना महत्वपूर्ण है कि रुचि के विभिन्न विषयों पर अधिक जानकारी प्राप्त करने के लिए, वीडियो और वेबसाइटों के QR कोड प्रदान किए गए हैं जिन्हें स्कैन किया जा सकता है और प्रासंगिक सहायक ज्ञान के साथ-साथ 'अधिक जानें' खंड में देखा जा सकता है। अंत में, संदर्भों की सूची और सुझाए गए पाठ्यांशों को यूनिट में दिया गया है ताकि आगे पढ़ने और अभ्यास करने के लिए कोई उनके माध्यम से जा सके।

भूमिका

कई गतिविधियों को करने के लिए, तार युक्त संसार और मनुष्य, दोनो बिजली पर निर्भर हैं। बहुत से अनुप्रयोगों को विद्युत और इलेक्ट्रानिकी परिपथ द्वारा नियंत्रित किया जाता हैं, लघु एकीकृत परिपथ से मोबाइल फोन और म्यूजिक

प्लेयर में, कंप्यूटर और टीवी सेट तक, बड़े सर्किट से घरों तक बिजली को पहुंचाया जाता हैं। यह अध्याय, विद्युत और इलेक्ट्रानिकी अभियांत्रिकी के बुनियादी मूल सिद्धांतों के अध्ययन से सम्बंधित है। इस अध्याय में, प्रतिरोध, संधारित्र, प्रेरक, डायोड, BJT, एफईटी जैसे अवयव की कार्यप्रणाली, जो किसी परिपथ के मूल घटक होते है, का वर्णन किया गया है। इस अध्याय में, संकेत जो विश्लेषण, प्रसंस्करण और सत्यापन में सहायता करते हैं, परिपथ और सक्रिय स्रोतों का अवलोकन जो लगातार ऊर्जा प्रदान या अवशोषित कर सकते हैं, को समझाया गया है।

पूर्व अपेक्षित ज्ञान

1. विज्ञान: धारा, रासायनिक पदार्थों के प्रभाव-प्रकृति और व्यवहार (कक्षा X)
2. अनुप्रयुक्त रसायन विज्ञान: परमाणु संरचना, इंजीनियरिंग सामग्री (सेमेस्टर-I)
3. अनुप्रयुक्त भौतिक शास्त्र-I: भौतिक दुनिया, इकाइयाँ और माप (सेमेस्टर-I)
4. गणित-1: त्रिकोणमिति (ट्रिगनॉमेट्री), बीजगणित (सेमेस्टर-I)

यूनिट आउटकम्स

इस यूनिट के पूर्ण अध्ययन करने के बाद, विद्यार्थी निम्न में सक्षम होंगे:

U1-01: विद्युत और इलेक्ट्रानिकी घटकों को वर्गीकृत करने में।

U1-02: किसी दिए गए अनुप्रयोग के लिए उपयुक्त असतत घटकों का सुझाव देने में।

U1-03: किसी दिए गए अर्धचालक उपकरणों के निर्माण और कार्य सिद्धांत के वर्णन करने में।

U1-04: सतत विद्युत संकेतों के मापदंडों की आंकलन करने में।

U1-05: आदर्श और व्यावहारिक सक्रिय स्रोतों की तुलना करने में।

यूनिट-1 आउटकम्स	कोर्स आउटकम्स (COs) के साथ आपेक्षित संबंध *(1. कमजोर सहसंबंध; 2. मध्यम सहसंबंध; 3. मजबूत सहसंबंध)*					
	CO-1	**CO-2**	**CO-3**	**CO-4**	**CO-5**	**CO-6**
U1-01	3	-	-	-	-	-
U1-02	3	-	-	-	-	-
U1-03	3	-	-	-	-	-
U1-04	3	-	-	-	-	-
U1-05	3	-	-	-	-	-

जॉर्ज साइम ओम (1789-1854)

इतालवी वैज्ञानिक एलेसेंड्रो वोल्टा द्वारा आविष्कार किए गए इलेक्ट्रोकेमिकल सेल के साथ अपना शोध शुरू किया। उनके व्यावहारिक प्रयोगों ने गणितीय लिंक दिखाए और उन्होंने पाया कि एक कंडक्टर पर लागू विभवान्तर (वोल्टेज) और परिणामी विद्युत धारा के मध्य समानुपात है, बशर्ते तापमान में बदलाव न हो। इस संबंध को ओम के नियम के रूप में जाना जाता है और अब यह विद्युत परिपथ डिजाइन की आधारशिला है।

1.1 निष्क्रिय घटक

1.1.1 प्रस्तावना

किशोरों के साथ-साथ बच्चों को जिग सॉ पजल खेलना बहुत पसंद होता है। पहेली की पूरी तस्वीर विकसित करने के लिए, विभिन्न असतत भागों को ठीक से एक साथ रखा जाना चाहिए। विकसित तस्वीर में प्रत्येक भाग की एक विशिष्ट भूमिका होती है। इसी तरह किसी भी इलेक्ट्रिकल या इलेक्ट्रॉनिक्स अनुप्रयोग के लिए, परिपथ या प्रणाली विकसित किए जाते हैं, जिसमें प्रत्येक घटक की, परिपथ को कार्यशील होने के लिए, एक विशिष्ट सार्थक भूमिका होती है। वास्तव में, एक परिपथ के विभिन्न भागों को, बिना समझे इकट्ठा करना संभव है। घटकों को एक साथ, एक इलेक्ट्रॉनिक योजनाबद्ध तरीके से मिलान हुआ जोड़ सकते हैं, जैसे कि जिग्स पहेली। मौजूदा परिपथ को त्रुतिरहित करने हेतु या किसी एक को डिजाइन करने के लिए, वास्तव में यह समझना महत्वपूर्ण है कि प्रत्येक विशिष्ट विद्युत घटक कैसे काम करते हैं और उन्हें एक साथ कैसे उपयोग करें। इस विषय में, किसी भी परिपथ के मूल घटक जैसे कि प्रतिरोध (रेसिस्टर), संधारित्र (कैपेसिटर), प्रेरक (इंडक्टर) के कार्य का वर्णन किया जाएगा।

1.1.2 परिपथ के तत्वों के प्रकार

इलेक्ट्रॉनिक तत्वों को घटकों के रूप में भी जाना जाता है, तथा उन्हें चालकों द्वारा एक साथ जोड़कर एक पूरा परिपथ को बनाया जाता है। उन्हें दो मुख्य श्रेणी में वर्गीकृत किया जा सकता है, श्रेणियां इस पर निर्भर करती हैं कि वे परिपथ से, ऊर्जा प्रदान करते हैं या अवशोषित करते हैं:

(a) निष्क्रिय घटक
(b) सक्रिय घटक

एक निष्क्रिय घटक केवल ऊर्जा प्राप्त कर सकता है, जो इसे अवशोषित कर सकते हैं। एक सक्रिय घटक, एक विद्युत परिपथ में ऊर्जा आपूर्ति करता है, और विद्युत आवेश के प्रवाह को नियंत्रित करने के लिए सक्षम होता हैं। जिसका एक बुनियादी उदाहरण है, दो इलेक्ट्रॉनिक तत्वों, एक सेल और एक बल्ब से बना परिपथ, चित्र 1.1 में दिखाया गया है।

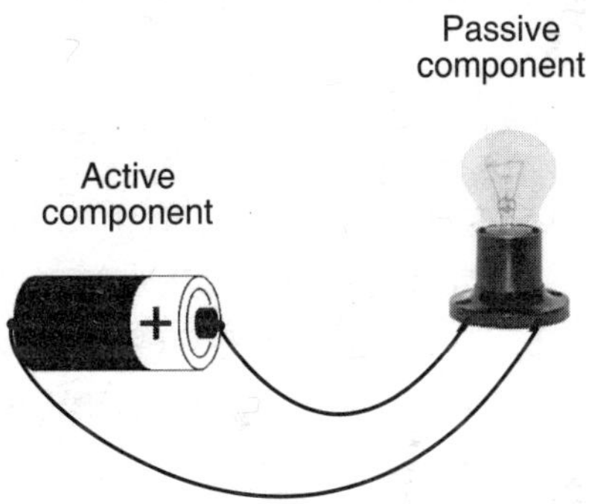

चित्र 1.1: एक बुनियादी परिपथ

असतत घटक

घटक, जो असतत प्रकृति के होते हैं यानी केवल एक परिपथ, असतत घटक कहलाते हैं। ये घटक, सक्रिय या निष्क्रिय प्रकृति के हो सकते हैं। वे व्यापक रूप से विद्युत और इलेक्ट्रॉनिक सर्किट में उपयोग किए जाते हैं। कुछ असतत घटक हैं - प्रतिरोध, संधारित्र, प्रेरक, अर्धचालक (सेमीकंडक्टर) डायोड, ट्रांजिस्टर। असतत घटक को उसी प्रकार समझा जाना चाहिए, जो अंतर असतत घटकों और एकीकृत परिपथों (इंटीग्रेटेड सर्किट या IC) में है, क्योंकि एकीकृत परिपथों में कई विभिन्न सर्किट तत्व लगे होते हैं।

प्रतिरोधक

एक निष्क्रिय घटक की परिभाषा

एक निष्क्रिय घटक, एक इलेक्ट्रॉनिक घटक है, जब एक सर्किट में जुड़ा होता है तो केवल ऊर्जा प्राप्त कर सकता है, जिसे वह या तो विसर्जित कर सकता है, अवशोषित कर सकता है या विद्युत क्षेत्र या चुंबकीय क्षेत्र में संग्रहीत कर

सकता है। निष्क्रिय घटक को संचालित करने के लिए किसी भी प्रकार की विद्युत शक्ति की आवश्यकता नहीं होती है। जैसा कि 'निष्क्रिय' नाम से पता चलता है - निष्क्रिय उपकरण कोई भी प्रवर्धन या वृद्धि प्रदान नहीं करता है। निष्क्रिय घटकों के सामान्य उदाहरण है - प्रतिरोध, संधारित्र, प्रेरक।

1.1.3 प्रतिरोध

प्रतिरोध, विद्युत परिपथ में धारा प्रवाह का विरोध करता है। इसे इस प्रकार से वर्णित किया जा सकता है कि यह किसी पदार्थ का वह गुण जिसके कारण वह उसमें प्रवाहित होने वाली धारा का विरोध करता है। प्रतिरोध का मान, सभी पदार्थो के लिए, एक समान नहीं होता है। कॉपर, एल्युमिनियम आदि जैसे चालक कम प्रतिरोध प्रदान करते हैं जबकि बैकलाइट, कांच, रबर, अभ्रक, सूखी लकड़ी, पी.वी.सी. (पॉलीविनाइल क्लोराइड), आदि उच्च प्रतिरोध प्रदान करते हैं। किसी पदार्थ का प्रतिरोध जितना अधिक होता है, इलेक्ट्रॉनों का प्रवाह, पदार्थ के माध्यम से उतना ही कम होता है। प्रतिरोध के गुणधर्म का उपयोग विभिन्न प्रकार के अनुप्रयोगों में किया जाता है जैसे कंप्यूटर मदर बोर्ड, टीवी और उद्दीप्त लैंप उपकरण। प्रतिरोध की एसआई (SI) इकाई ओम है, जो ग्रीक अक्षर ओमेगा (Ω) का प्रतीक है और अक्षर 'R' द्वारा भी दर्शाया जाता है। किसी पदार्थ का प्रतिरोध एक ओम होता है जब एक एम्पीयर की धारा किसी पदार्थ से होकर गुजरती है और वोल्टेज का मान एक वोल्ट होता है। विद्युत धारा का मान छोर (टर्मिनल) के सिरों पर विभवान्तर के मान के समानुपाती होता है। यह धारा और विभव का अनुपात, ओम के नियम द्वारा दर्शाया गया है:

$$R \alpha \frac{V}{I} \qquad ...(1.1)$$

एक चालक द्वारा प्रस्तुत प्रतिरोध R, निम्नलिखित चार कारकों पर निर्भर करता है:

(a) यह प्रत्यक्ष रूप से इसकी लंबाई 'L' के मान के अनुरूप बदलता है।

(b) यह कंडक्टर के अनुप्रस्थ काट (क्रॉस-सेक्शन) क्षेत्र 'A' के मान के विपरीत रूप से बदलता है।

(c) यह पदार्थ की प्रकृति पर निर्भर करता है।

(d) यह चालक के तापमान पर भी निर्भर करता है।

वर्तमान में अंतिम कारक (तापमान) की उपेक्षा करने पर,

$$R \alpha \frac{l}{A} \text{ or } R = \rho \frac{l}{A} \qquad ...(1.2)$$

जहां ρ एक स्थिरांक है, पदार्थ की प्रकृति पर निर्भर करता है और इसे इसके विशिष्ट प्रतिरोध या प्रतिरोधकता के रूप में जाना जाता है। विशिष्ट प्रतिरोध की इकाई ओम-मीटर है।

प्रतिरोधक

प्रतिरोधक एक विद्युत घटक है, जिसमें दो टर्मिनल होते हैं। यह परिपथ के सबसे महत्वपूर्ण घटकों में से एक घटक है, यह उपयोगकर्ता को परिपथ में विद्युत धारा तथा वोल्टेज के मान को ठीक से नियंत्रण करने में मदद प्रदान करता है। प्रतिरोध को को संरचना के आधार के साथ-साथ प्रतिरोधक सामग्री के आधार पर भी वर्गीकृत किया जा सकता है। एक बहुत छोटा सा प्रतिरोधक भी तांबे के तारों से बना होता है जो एक सिरेमिक रॉड के चारों ओर से कुंडलित होता है और जिसकी बाहरी परत पर कुचालक का लेप होता है। इसे तारों से लपेटा हुआ प्रतिरोधक (वायर-वाउंड रेसिस्टर) कहा जाता है, तथा तार के मोड़ की संख्या और आकार, प्रतिरोधक के सटीक मान को निर्धारित करते है। छोटे प्रतिरोधक, जिन्हें लघु शक्ति परिपथ के लिए बनाया और उपयोग किया जाता है, वे अक्सर कार्बन फिल्म से बने होते हैं, जो तांबे के लपटे हुए तार को प्रतिस्थापित कर देता है, जो भारी होता है। चित्र 1.3 कार्बन फिल्म प्रतिरोधों की कलर कोडिंग को दर्शाता है जो प्रयोग नंबर 13 में वर्णित है। अन्य प्रकार से प्रतिरोध का वर्गीकरण होता

है – स्थिर प्रतिरोधक और चर प्रतिरोधक, जैसे कि विभव मापी (पोटेंशियोमीटर), रिओस्टेट, ट्रिम पॉट। चित्र 1.2 इस प्रकार के कुछ प्रतिरोधकों के प्रतीक को दर्शाता है। प्रतिरोध को का एक विस्तृत वर्गीकरण को चित्र 1.4 में दिखाया गया है।

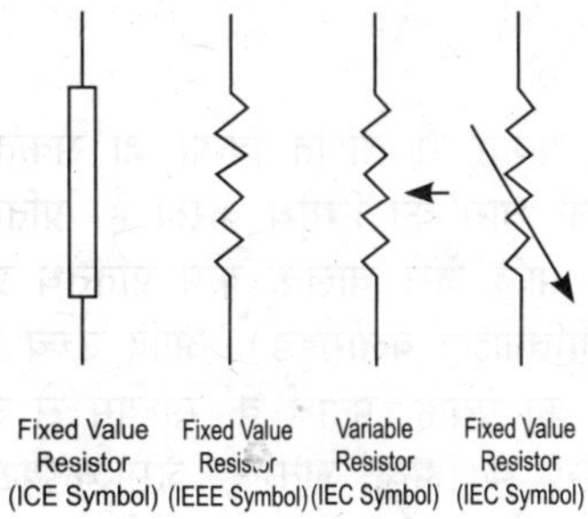

चित्र 1.2: प्रतिरोधकों का प्रतीक

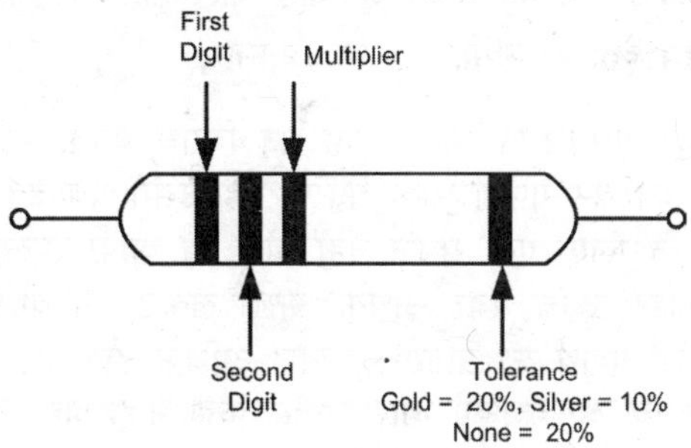

चित्र 1.3: प्रतिरोधक का रंग कोडिंग

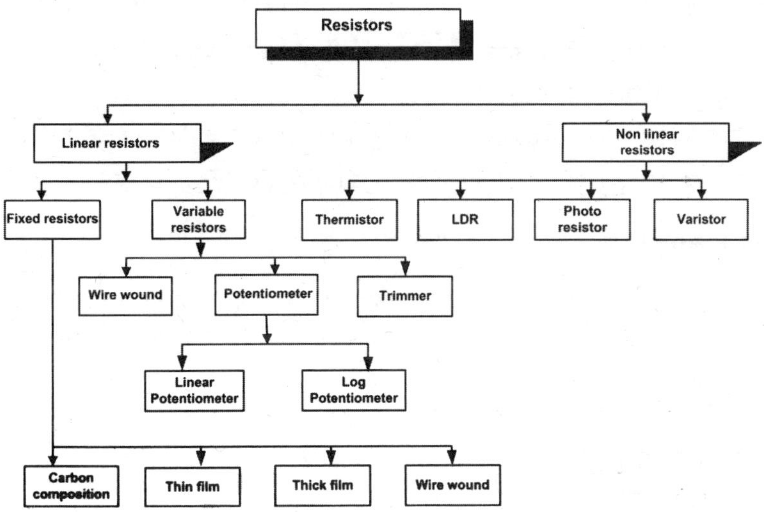

चित्र 1.4: प्रतिरोधों का वर्गीकरण

शक्ति सीमांक

- प्रतिरोधक को बिना नुकसान पहुँचाए, अधिकतम निर्दिष्ट तापमान पर, एक प्रतिरोध द्वारा उत्सर्जित उष्मा की अधिकतम मात्रा, किसी प्रतिरोधक की शक्ति सीमांक कहलाती है।
- निर्दिष्ट तापमान पर, शक्ति सीमांक (रेटिंग) को watt (W) में व्यक्त किया जाता है।
- प्रतिरोधक को जब उच्च तापमान पर उपयोग किया जाता है, तो शक्ति सीमांक कम हो जाएगी।
- सामान्य उपलब्ध प्रतिरोधकों की शक्ति सीमांक 1/8 watt, 1/4 watt, 1/2 watt, 1 watt, 2 watt होती है।
- एक प्रतिरोधक का आकार उसकी शक्ति को संभालने की क्षमता पर निर्भर करता है। कम शक्ति को संभालने के लिए छोटे प्रतिरोधकों को डिजाइन किया जाता है, जैसे-जैसे प्रतिरोध का आकार बढ़ता है, शक्ति संभालने की क्षमता भी बढ़ती जाती है।

चालकता और विशिष्ट चालकता

प्रतिरोध के व्युत्क्रम को चालकता कहा जाता है, जिसे 'G' अक्षर द्वारा दर्शाया जाता है। जबकि प्रतिरोध, चालक के धारा प्रवाह के विरोध को मापता है, और चालकता, धारा प्रवाह के उत्प्रेरणा का मापन करता है जो वह चालक में से धारा को बहने देता है। समी. 1.2 के अनुसार,

$$R = = \frac{L}{A} \text{ or } G = \frac{A}{L}$$

$$G = \rho \frac{A}{L} \qquad ...(1.3)$$

जहां σ को चालक की विशिष्ट चालकता कहा जाता है। चालकता की इकाई सीमेंस (S) है। विशिष्ट चालकता की इकाई सीमेंस/मीटर (S/m) है।

प्रतिरोध पर तापमान का प्रभाव

किसी भी पदार्थ के प्रतिरोध को प्रभावित करने वाले कारकों में से एक तापमान है। तापमान में वृद्धि का प्रभाव है:

(a) शुद्ध धातुओं के प्रतिरोध को बढ़ाने के लिए।

(b) कार्बन, इलेक्ट्रोलाइट्स और विद्युतरोधक (इंसुलेटर) के प्रतिरोध को कम करने के लिए।

(c) मिश्र धातुओं के प्रतिरोध को बढ़ाने के लिए, हालांकि उनके मामले में, वृद्धि अपेक्षाकृत कम है।

प्रतिरोध का तापमान गुणांक

मान लीजिए $0°$ C पर $R°$ प्रतिरोध वाले धातु के चालक को $t°$ C पर गर्म किया जाता है और इस तापमान पर प्रतिरोध का मान R_t है। फिर, तापमान की सामान्य श्रेणियों पर विचार करते हुए, यह पाया जाता है कि प्रतिरोध में वृद्धि $R_t - R_0$, निम्नलिखित बिंदुओं पर निर्भर करता है:

(a) प्रत्यक्ष रूप से इसके प्रारंभिक प्रतिरोध पर

(b) प्रत्यक्ष रूप से तापमान में वृद्धि पर

(c) चालक के पदार्थ की प्रकृति पर।

या $R_t - R_0 \propto R_0 \times t$

या $R_t - R_0 = \alpha R_0 t$ ...(1.4)

जहां α(अल्फा) एक स्थिरांक है और इसे चालक के प्रतिरोध के तापमान गुणांक के रूप में जाना जाता है।

समी. (1.4) को पुनर्व्यवस्थित करने पर, हमें प्राप्त होता है:

$R_t = R_0 + \alpha R_0 t = R_0(1 + \alpha t)$ ....(1.5)

1.1.4 प्रेरक

प्रेरक, एक दो-टर्मिनल वाला घटक होता है जो अस्थायी रूप से ऊर्जा को चुंबकीय क्षेत्र के रूप में संग्रहीत करता है। इसे आमतौर पर कुण्डली कहा जाता है। एक प्रेरक का मुख्य गुण यह होता है कि यह विद्युत धारा में, किसी भी परिवर्तन का विरोध करता है। एक प्रेरक को परिपथ का निष्क्रिय तत्व भी माना जाता है, क्योंकि यह ऊर्जा को चुंबकीय क्षेत्र के रूप में स्टोर कर सकता है, और उस ऊर्जा को परिपथ तक पहुंचा सकता है, लेकिन निरंतर नहीं। एक प्रेरक की ऊर्जा अवशोषित और वितरित करने की क्षमता सीमित होती है। फैराडे के विद्युत

चुम्बकीय प्रेरण (इलेक्ट्रो मैग्नेटिक इंडक्शन) के नियम के अनुसार, जब प्रेरक में धारा प्रवाह में परिवर्तन होता है, तो समय-परिवर्तनीय चुंबकीय क्षेत्र, चालक में वोल्टेज (विद्युतवाहक बल) को प्रेरित करता है। अनुसार, जब प्रेरक में धारा प्रवाह में परिवर्तन होता है, तो समय-परिवर्तनीय चुंबकीय क्षेत्र, चालक में वोल्टेज को प्रेरित करता है। लेन्ज के नियम के अनुसार, प्रेरित विद्युत वाहक बल (वि.वा.ब.) की दिशा, विद्युत धारा में परिवर्तन का विरोध करती है जिस कारण से यह (प्रेरित वि.वा.ब.) उत्पन्न हुआ है। इसलिए, प्रेरित वि.वा.ब. की दिशा, कुण्डली के समानांतर लगाए गए वोल्टेज के दिशा के विपरीत होती है। यह एक प्रेरक का गुण होता है, कि एक प्रेरक DC संकेत में मौजूद किसी भी AC घटक के प्रवाह को अवरुद्ध करता है। प्रेरक को कभी-कभी एक कोर पर लपेटा जाता है, उदाहरण के लिए एक फेराइट कोर। चित्र 1.5 में एक प्रेरक के विभिन्न भागों को लेबल के साथ दर्शाया गया है।

प्रतीक और इकाइयाँ

विभिन्न प्रकार के प्रेरकों के प्रतीक चित्र 1.6 में दिए गए हैं:

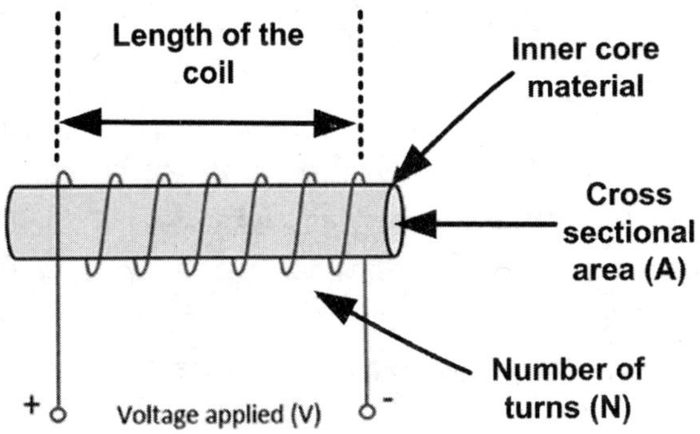

चित्र 1.5: प्रेरक के विभिन्न भाग

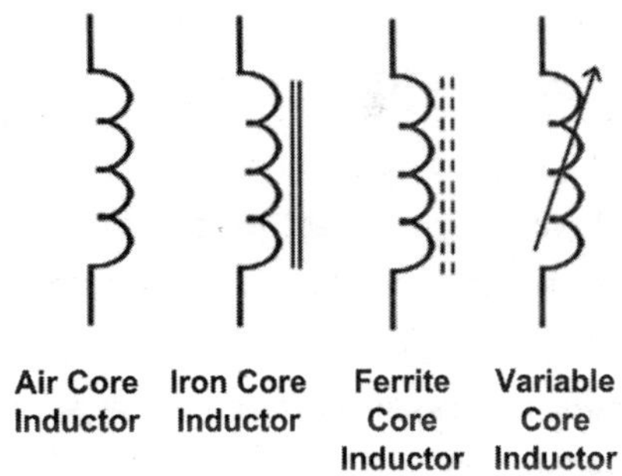

चित्र 1.6: प्रेरक के विभिन्न प्रतीक

प्रेरकत्व की इकाई हेनरी (H) होती है। वास्तविक व्यवहार में, हेनरी एक बहुत बड़ी इकाई है। इसलिए, मिली हेनरी (mH) या माइक्रोहेनरी (μH) जैसी बहुत छोटी इकाइयों का उपयोग किया जाता है। $1\ mH = 1 \times 10^{-3}\ H$ और $1\ \mu H = 1 \times 10^{-6}\ H$

प्रेरकत्व को प्रभावित करने वाले कारक

एक कुण्डली का प्रेरण (इंडक्शन) निम्नलिखित मापदंडों पर निर्भर करता है:

1. टर्न की संख्या (N), 2. कोर पदार्थ, 3. कुण्डली (वाइंडिंग) की लंबाई, 4. कॉइल के ढांचा का परिमाप

प्रेरक में ऊर्जा का भंडारण

विद्युत चुंबकत्व के मूल गुणों में से एक यह है कि जब धारा प्रेरक से प्रवाहित होती है तो एक चुंबकीय क्षेत्र, विद्युत धारा के प्रवाह के लंबवत बन जाता है। यह चुंबकीय क्षेत्र का निर्माण जारी रहता है। यह किसी बिंदु पर स्थिर हो जाता है, तो इसका अर्थ है कि प्रेरकत्व इसके बाद में नहीं बनेगा। जब धारा प्रवाहित होना बंद हो जाती है, तो चुंबकीय क्षेत्र कम हो जाता है। यह चुंबकीय ऊर्जा विद्युत ऊर्जा में परिवर्तित हो जाती है। अतः इसमें ऊर्जा, अस्थायी रूप से चुंबकीय क्षेत्र के रूप में संचित हो जाती है।

कुण्डली ट्यूटोरियल

प्रेरक का Q कारक

- ऊर्जा के अपव्यय की तुलना में प्रेरक के अंदर ऊर्जा को भंडार करने की क्षमता को प्रेरक की गुणवत्ता (या Q) कारक कहा जाता है। इसे आकड़ों की योग्यता के रूप में भी जाना जाता है।
  क्यू (Q) कारक को निम्नानुसार लिखा जाता है,
  क्यू (Q) = ऊर्जा संग्रहित / ऊर्जा उत्सर्जन ....(1.6)
- उच्च क्यू (Q) कारक का अर्थ है, ऊर्जा संग्रहण के तुलना में कम ऊर्जा उत्सर्जन, जबकि निम्न क्यू कारक का अर्थ है, ऊर्जा संग्रहण के तुलना में अधिक ऊर्जा अपव्यय।
- कुंडलियों के लिए क्यू (Q) कारक का मान 5 से 100 के बीच हो सकता है।
- यह ध्यान दिया जा सकता है कि किसी कुण्डली के DC प्रतिरोध का मान जितना कम होगा, क्यू (Q) कारक का मान उतना ही अधिक होगा। ट्यूनिंग सर्किट में, उच्च क्यू (Q) कुंडलियों को प्राथमिकता दी जाती है, क्योंकि यह परिपथ को अधिक चयनात्मक और संवेदनशील बनाता है।

1.1.5 संधारित्र

संधारित्र एक निष्क्रिय घटक है जो ऊर्जा को, इसकी पत्तरो (प्लेटों) के बीच के विभवांतर के रूप में, संग्रहीत करने की क्षमता रखता है। यह वोल्टेज में अचानक बदलाव का विरोध करता है। आवेश को संग्रहीत करता है, दो प्लेटों के बीच विभवांतर के रूप में, जो कि सकारात्मक और नकारात्मक, आवेश के संग्रहण की दिशा के आधार पर निर्धारित होता है। इन दोनों प्लेटों के बीच एक अचालक क्षेत्र मौजूद होता है जिसे परावैद्युत (डाइइलेक्ट्रिक) कहते हैं। यह परावैद्युत हो सकता है– निर्वात (वैक्यूम), वायु, अभ्रक, कागज, सिरेमिक, एल्यूमीनियम आदि। संधारित्र का नाम, प्रयुक्त परावैद्युत पदार्थ के अनुसार दिया जाता है।

प्रतीक और इकाइयाँ

संधारित्र के लिए मानक इकाई फैराड हैं। आमतौर पर, माइक्रो-फैराड, पिको-फैराड और नैनो-फैराड मान के अनुसार, संधारित्र उपलब्ध होते है। एक संधारित्र का प्रतीक, चित्र 1.7 में दिखाया गया है।

संधारित्र की धारिता प्लेटों के बीच की दूरी के समानुपाती और प्लेटों के क्षेत्रफल के व्युत्क्रमानुपाती होती है। इसके अलावा, एक पदार्थ की उच्च परावैद्युताक के लिए, धारिता उच्च होगी। एक माध्यम का परावैद्युतांक बताता है कि उस माध्यम में प्रति इकाई आवेश में कितनी विद्युतीय फ्लक्स उत्पन्न हो रही है।

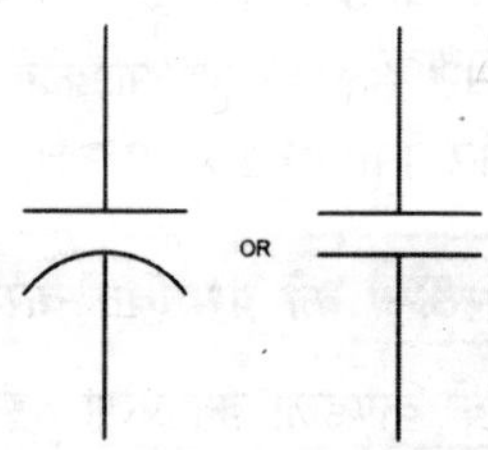

चित्र 1.7: संधारित्र का प्रतीक

संधारित्र में प्रयुक्त होने वाले परावैद्युत पदार्थ

संधारित्र के निर्माण में प्रयुक्त होने वाले परावैद्युत पदार्थ इस प्रकार हैं:

1. वायु 2. अभ्रक 3. कांच 4. सिरेमिक 5. चीनी मिट्टी के बरतन 6. पोर्सेलिन 7. तंतु (फाइबर) 8. बैकेलाइट 9. मोम लगा हुआ कागज (वैक्सड पेपर) 10. इलेक्ट्रोलाइट

एक संधारित्र के कार्य

विद्युत परिपथ में संधारित्र के महत्वपूर्ण कार्य नीचे दिए गए हैं:

1. यह अपने अंदर से दिष्टधारा (DC) के प्रवाह का विरोध करता है।
2. यह प्रत्यावर्ती धारा (AC) को बहुत आसानी से बाहरीपथ (बायपास) प्रदान करता है।
3. यह विद्युत ऊर्जा को संचित करता है।
4. यह DC बिजली की सप्लाई से छोटी तरंगो को हटा देता है।
5. यह परिपथ में वोल्टेज के किसी भी परिवर्तन का विरोध करता है।

संधारित्र के प्रकार

1.1.6 श्रेणी और समानांतर परिपथ

जब प्रतिरोधों को इस प्रकार से क्रम में जोड़ा जाता है कि एक ही धारा, एक से निकल कर दूसरे में से भी प्रवाहित होती है, तो इसे श्रेणीक्रम संयोजन कहा जाता है। दो प्रतिरोधों का श्रेणी संयोजन जैसा कि चित्र 1.8 में दिखाया गया है, जहां तक वोल्टेज स्रोत का संबंध है, एक एकल प्रतिरोधक के रूप में कार्य करता है, जिसका मान दो प्रतिरोधों के योग के बराबर होता है।

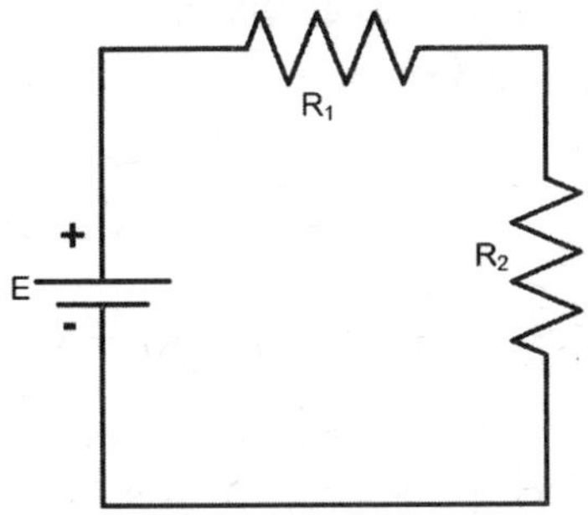

चित्र 1.8: श्रेणी परिपथ

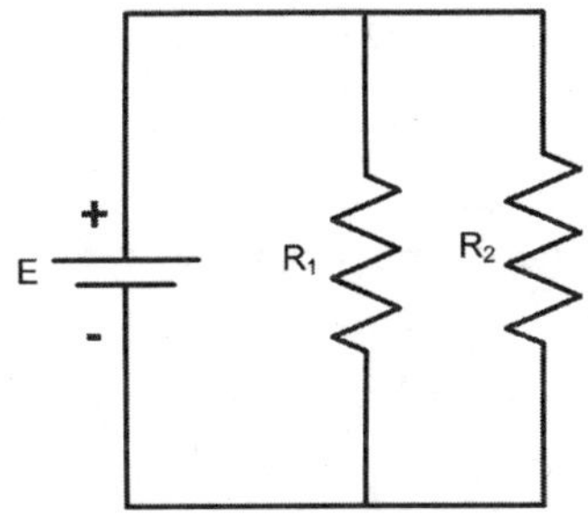

चित्र 1.9: समानांतर परिपथ

श्रेणी प्रतिरोधों के लिए वोल्टेज विभक्त के समान, समानांतर में जुड़े प्रतिरोध वाले परिपथ के लिए, चित्र 1.9 में दिखाए गए अनुसार धारा विभाजित हो जाती है। प्रतिरोध के समान, जब संधारित्र और प्रेरक, परिपथ में श्रेणी और समानांतर में जुड़े होते हैं, तो इनके समतुल्य मान के सूत्र को तालिका 1.1 में दिखाया गया है।

तालिका 1.1: तत्वों के समानांतर और श्रेणी संयोजन के लिए सूत्र

संयोजन का प्रकार	प्रतिरोध	प्रेरक	संधारित्र
श्रेणी	$R = R_1 + R_2$	$L = L_1 + L_2$	$1/C = 1/C_1 + 1/C_2$
समानांतर	$1/R = 1/R_1 + 1/R_2$	$1/L = 1/L_1 + 1/L_2$	$C = C_1 + C_2$

वास्तविक जीवन में निष्क्रिय घटकों के अनुप्रयोग

कई उपकरणों में निष्क्रिय घटकों का उपयोग किया जाता है। कुछ उपयोगों को बाद के अध्यायों में समझाया जाएगा।

प्रतिरोधों के अनुप्रयोग

प्रतिरोधों के अनुप्रयोग निम्नलिखित हैं:

1. विभव विभाजक, 2. धारा नियंत्रण, 3. DC विद्युत शक्ति की आपूर्ति, 4. फिल्टर परिपथ नेटवर्क, 5. एम्पलीफायर परिपथ, 6. ताप तत्व

कुछ अन्य अनुप्रयोगों में शामिल है:

- सुरक्षा उद्देश्यों के लिए, उदा. फ्यूजिबल रेसिस्टर्स।
- लपटे तारयुक्त प्रतिरोध के अनुप्रयोग हैं, जहां संतुलित धारा नियंत्रण, उच्च संवेदनशीलता, और सटीक माप की आवश्यकता होती है जैसे एम्पीयर मीटर के साथ समानांतर (शंट) में।
- फोटो प्रतिरोध - लौ डिटेक्टरों, बर्गलर अलार्म, फोटोग्राफिक उपकरणों आदि में उपयोग में लिए जाते हैं।

संधारित्र के अनुप्रयोग

इलेक्ट्रॉनिक परिपथ में संधारित्र के महत्वपूर्ण अनुप्रयोग नीचे दिए गए हैं:

1. इसका उपयोग ऊर्जा के संग्रह के लिए किया जाता है।
2. इसका उपयोग फिल्टर परिपथ में लघु तरंग वोल्टेज को कम करने के लिए किया जाता है।
3. इसका उपयोग ट्यूनिंग परिपथ में आवृत्ति के चयन के लिए किया जाता है।
5. इसका उपयोग मोटर चालू करने के लिए, मोटर निरंतर चलाने के लिए किया जाता है
6. इसका उपयोग SMPS, मोडम जैसे उपकरणों के लिए किया जाता है।

प्रेरक के अनुप्रयोग

प्रेरक के महत्वपूर्ण अनुप्रयोग नीचे दिए गए हैं:

1. इसका उपयोग परिपथ में प्रत्यावर्ती धारा के लघु तरंगों (रिपल) को कम करने के लिए किया जाता है।
2. इसका उपयोग दिष्ट धारा को प्रवाहित होने देने हेतु किया जाता है।
3. इसका उपयोग फिल्टर परिपथ में रिपल वोल्टेज या रिपल फैक्टर को कम करने के लिए किया जाता है।
4. आवृत्ति का चयन करने के लिए इसका उपयोग, रेडियो ट्रांसमीटर और रिसीवर के ट्यूनिंग परिपथ में किया जाता है।
5. इसका उपयोग विद्युत रिले, बिजली की मोटर, परिणामित्र, संवेदक (सेंसर) जैसे उपकरणों में किया जाता है।

हल किये गए प्रश्न

उदाहरण 1.1.1: 2.2 मेगाओम (MΩ), 470 किलोओम (kΩ), 220 kΩ, 55 kΩ के प्रतिरोध वाले पांच प्रतिरोधक, और 1.6 MΩ श्रेणी में संयोजित हैं। इस श्रेणी के कुल या समतुल्य प्रतिरोध की गणना करें।

हल: प्रतिरोधों के श्रेणी संयोजन के लिए समीकरण है,

R समतुल्य $= R_1 + R_2 + R_3 + R_4 + R_5$

हालांकि, सावधानी बरतने की बात है कि सभी प्रतिरोधों को उसी के संदर्भ इकाई में व्यक्त किया जाना चाहिए। kΩ इकाई में हमारे पास है,

R समतुल्य $= 2200 + 470 + 220 + 55 + 1600$

R समतुल्य $= 4545\ k\Omega$,

R समतुल्य $= 4.545\ M\Omega$,

उदाहरण 1.1.2: 1 kΩ, 2 kΩ, 4 kΩ और 8 kΩ के प्रतिरोध वाले चार प्रतिरोध समानांतर में जुड़े हुए हैं। इस संयोजन के समतुल्य प्रतिरोध की गणना करें।

हल: प्रतिरोधों के समानांतर संयोजन के लिए समीकरण है,

$$\frac{1}{Req} = \frac{1}{R_1} + \frac{1}{R_2} + \frac{1}{R_3} + \frac{1}{R_4}$$

$$\frac{1}{Req} = \frac{1}{1} + \frac{1}{2} + \frac{1}{4} + \frac{1}{8}$$

$$= 1.000 + 0.500 + 0.250 + 0.125 = 1.875$$

तब, R समतुल्य $= 1/1.875 = 0.53\ k\Omega$

1.2 सक्रिय घटक

1.2.1 प्रस्तावना

स्वचालन, डिजिटाइजेशन और स्मार्ट सिस्टम के लिए सक्रिय घटकों के उपयोग की आवश्यकता होती है। सक्रिय घटक सभी अभियांत्रिकी विषयों और अभियांत्रिकी अनुप्रयोगों में एक महत्वपूर्ण भूमिका अदा करते हैं, घरेलू से लेकर औद्योगिक अंतरिक्ष, रक्षा, कृषि, चिकित्सा, परिवहन, शिक्षा और मनोरंजन तक। सभी इलेक्ट्रॉनिक उत्पाद, सक्रिय घटकों की कार्यप्रणाली पर आधारित हैं। वे घटक जो बाहरी ऊर्जा के अनुसार संचालन में परिवर्तन करते हैं, सक्रिय घटक कहलाते हैं। सक्रिय घटकों का प्रदर्शन बाहरी ऊर्जा पर निर्भर करता है। सक्रिय घटक दृष्टकारी, प्रवर्धक, स्विचिंग अनुप्रयोगों लिए उपयुक्त होतें हैं। दो मुख्य प्रकार के सक्रिय घटक होतें हैं: 1) ट्यूब उपकरण, 2) अर्धचालक उपकरण।

आजकल ट्यूब उपकरणों का आमतौर पर उपयोग नहीं किया जाता है क्योंकि वे कई कमियां प्रदर्शित करते हैं, जैसे संचालन की कम गति, बड़ा आकार, असेंबल करने में कठिन और अर्धचालक घटकों की तुलना में महंगा। अर्धचालक सक्रिय घटकों को ठोस अवस्था घटक भी कहा जाता है। ये अर्धचालक पदार्थ से बने होते हैं। सक्रिय अर्धचालक घटकों के कई फायदे हैं जैसे: उच्च गति संचालन, सघनता, समधान (असेंबल) करने में आसान और ट्यूब उपकरणों की तुलना में सस्ता। आमतौर पर इस्तेमाल किया जाने वाला सक्रिय घटक डायोड, BJT (द्विध्रुवी जंक्शन ट्रांजिस्टर), FET (फील्ड इफेक्ट ट्रांजिस्टर), मोसफेट (मेटल ऑक्साइड सेमीकंडक्टर फील्ड इफेक्ट ट्रांजिस्टर), SCR (सिलिकॉन नियंत्रित रेक्टीफायर), DIAC, UJT (यूनी जंक्शन ट्रांजिस्टर), TRIAC, IGBT, PUT और IC (इंटीग्रेटेड सर्किट) हैं। अर्धचालक सामग्री में विद्युत चालकता कंडक्टर से कम और इन्सुलेटर से अधिक होती है। बाहरी ऊर्जा के अनुप्रयोग के अनुसार इसकी चालकता में परिवर्तन होता है। शुद्ध अर्धचालक पदार्थ, शुद्ध (इनट्रिंसिक) अर्धचालक कहलाते हैं। आमतौर पर इस्तेमाल किए जाने वाले शुद्ध अर्धचालक पदार्थ सिलिकॉन (Si) और जर्मेनियम (Ge) हैं। चालकता में वृद्धि करने के लिए यानी फ्री चार्ज कैरियर्स, अशुद्धता को शुद्ध अर्धचालक में जोड़ा जाता है। शुद्ध अर्धचालक में अशुद्धता मिलाने की प्रक्रिया को डोपिंग कहा जाता है। डोपिंग प्रक्रिया के कारण शुद्ध अर्धचालक, अशुद्ध अर्धचालक में परिवर्तित हो जाती है। यह अशुद्ध अर्धचालक पदार्थ को बाह्य अर्धचालक कहते हैं। शुद्ध अर्धचालक में जोड़ी गई अशुद्ध पदार्थ के प्रकार पर, दो प्रकार के बाह्य अर्धचालक प्राप्त होते हैं जैसे कि P प्रकार और N प्रकार के अर्धचालक। इन दो बाह्य अर्धचालकों का उपयोग करके, सक्रिय घटकों का निर्माण किया जाता है। P प्रकार (टाइप) के बाह्य अर्धचालक प्राप्त करने के लिए त्रिसंयोजक पदार्थ और N प्रकार (टाइप) के बाह्य अर्धचालक प्राप्त करने के लिए पंचसंयोजक अशुद्ध पदार्थ मिलाया जाता है। P प्रकार के पदार्थ में, धनात्मक आवेश अर्थात बहुसंख्यक छिद्र, वाहक होते हैं, जबकि N प्रकार के पदार्थ में, ऋणात्मक आवेश अर्थात बहुसंख्यक इलेक्ट्रॉन, वाहक होते हैं।

1.2.2 पीएन संधि डायोड

P और N प्रकार के अर्धचालकों को जोड़कर एक P - N संधि (जंक्शन) डायोड बनता है। जैसे ही P - N संधि बनता है, इसके परिणामस्वरूप निम्नलिखित प्रक्रियाएं होती हैं:

1. संधि के पास P क्षेत्र से छिद्र (होल्स), N क्षेत्र में फैलते हैं और मुक्त इलेक्ट्रॉनों के साथ जुड़ते हैं। इसी तरह, N क्षेत्र से और जंक्शन के पास से मुक्त इलेक्ट्रॉन, छिद्रों के साथ पुनर्संयोजन के लिए P क्षेत्र में प्रवेश करते हैं।
2. संधि के निकट ये पुनर्संयोजन अधिक समय तक नहीं चलते हैं क्योंकि इलेक्ट्रॉन जो, P क्षेत्र में विसरित होने का प्रयास कर रहे होते हैं अब ऋणात्मक गतिहीन आयनों के द्वारा प्रतिकर्षित किये जाते है और P क्षेत्र से N क्षेत्र में आने के लिए कोशिश कर रहे छिद्रों को, N क्षेत्र में धनात्मक गतिहीन आयनों द्वारा प्रतिकर्षित किया जाता है। तो छिद्र और इलेक्ट्रॉन का संपूर्ण पुनर्संयोजन नहीं हो पाता है।
3. संधि के पास कुछ पुनर्संयोजनों के कारण, दोनों तरफ एक क्षेत्र बनता है, जिसमें आवेश, वाहक नहीं रहता है। इसमें केवल ऋणात्मक और धनात्मक स्थिर आयन होते हैं। इस क्षेत्र को कहा जाता है रिक्तीकरण क्षेत्र या अवक्षय क्षेत्र या खाली स्थान-आवेश क्षेत्र। रिक्तीकरण क्षेत्र के साथ P - N संधि को चित्र 1.10 में दर्शाया गया है।

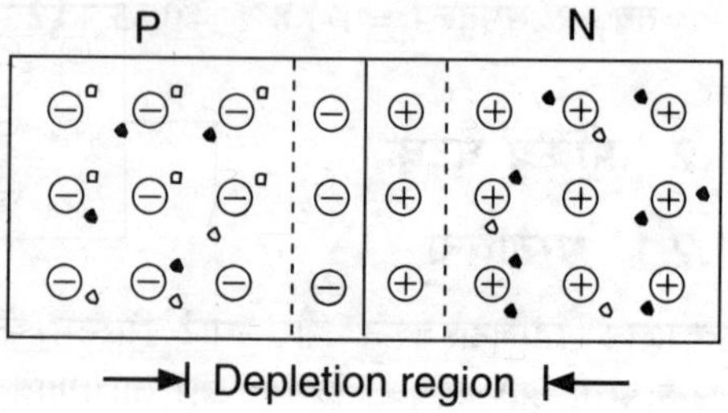

चित्र 1.10: P - N संधि

स्वीकर्ता और दाता आयनों के बीच विद्युत क्षेत्र को बैरियर कहा जाता है। P - N संधि में, नाका (बैरियर) के दोनों किनारों के बीच विभवान्तर, यानी बैरियर विभव, सिलिकॉन (Si) के लिए लगभग 0.7 वोल्ट और जर्मेनियम (Ge) के लिए 0.3 वोल्ट होता है। P - N संधि डायोड, दो टर्मिनल युक्ति (डिवाइस) है। P पी क्षेत्र से जुड़े टर्मिनल को एनोड कहा जाता है। एन क्षेत्र से जुड़े टर्मिनल को कैथोड कहा जाता है। दो इलेक्ट्रोड हैं, इसलिए नाम डायोड (डीआई + इलेक्ट्रोड) है। P - N संधि डायोड का प्रतीक चित्र 1.11 में दिखाया गया है।

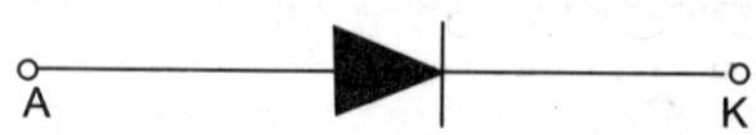

चित्र 1.11: P - N संधि डायोड का प्रतीक

1.2.2.1 P–N संधि डायोड का संचालन

P-N संधि डायोड को दो अवस्था या शर्तों में संचालित किया जा सकता है, अर्थात् अग्र पक्ष (फॉरवर्ड बायस) अवस्था और पश्चवर्ती पक्ष (रिवर्स बायस) अवस्था। जब कैथोड के तुलना में एनोड उच्च विभव पर होता है, तो डायोड को अग्रपक्ष कहा जाता है, अर्थात बाहरी बैटरी के पॉजिटिव टर्मिनल को एनोड और नेगेटिव टर्मिनल को कैथोड से जोड़ना। चित्र 1.12 में डायोड के अग्रपक्ष कनेक्शन को दिखाया गया है। P क्षेत्र के छिद्रों को बैटरी के धनात्मक टर्मिनल द्वारा जंक्शन की ओर खदेड़ दिया जाता है। इसी प्रकार N क्षेत्र से इलेक्ट्रॉन जंक्शन की ओर बढ़ता है। अतः अवक्षय क्षेत्र की चौड़ाई कम हो जाती है।

पारंपरिक धारा की दिशा, होल्स की गति की दिशा होती है, अर्थात एनोड से कैथोड। यदि बैटरी वोल्टेज बढ़ा दिया जाता है, तो धारा भी बढ़ जाता है। विपरीत दिशा में अल्पसंख्यक वाहकों के कारण बहुत कम धारा प्रवाहित होती है।

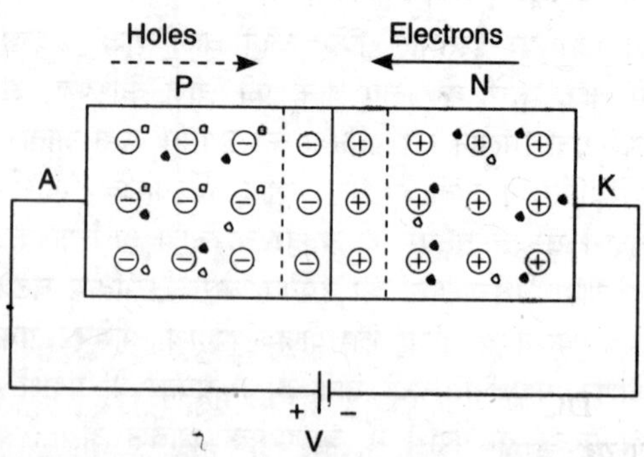

चित्र 1.12: डायोड-अग्रपक्ष

जब कैथोड के तुलना में एनोड कम विभव (ऋणात्मक w.r.t. कैथोड) पर होता है, तो P-N संधि डायोड को रिवर्स बायस्ड कहा जाताहै, अर्थात बाहरी बैटरी के धनात्मक टर्मिनल को कैथोड और ऋणात्मक टर्मिनल को एनोड से जोड़ना। P क्षेत्र से होल्स, नकारात्मक टर्मिनल की ओर आकर्षित होते हैं और N क्षेत्र से इलेक्ट्रॉन, बैटरी के धनात्मक

टर्मिनल की ओर बढ़ते हैं। चूंकि वाहक, जंक्शन से दूर चले जाते हैं, इसलिए रिक्तीकरण क्षेत्र की चौड़ाई बढ़ जाती है। इस प्रकार बहुसंख्यक वाहकों के कारण कोई धारा प्रवाहित नहीं होती है। लेकिन अल्पसंख्यक वाहकों के कारण, कैथोड से एनोड तक बहुत कम धारा प्रवाहित होती है। चूंकि ये संख्या में बहुत कम होते हैं इसलिए धारा भी बहुत कम प्रवाहित होती है।

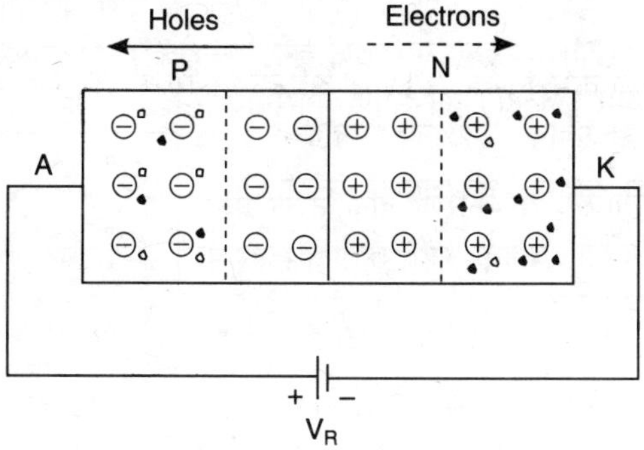

चित्र 1.13: डायोड-पश्चवर्तीपक्ष

1.2.2.2 डायोड के अभिलक्षण

V-I अभिलक्षण, युक्ति के विभिन्न आगत (इनपुट) वोल्टेज के लिए युक्ति के प्रचालन (ऑपरेशन) को दर्शाता है। डायोड के फॉरवर्ड और रिवर्स अभिलक्षण चित्र 1.14 में दर्शाए गए हैं।

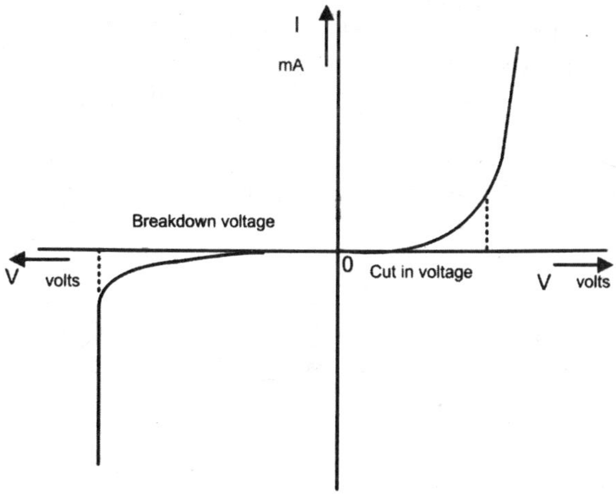

चित्र 1.14: डायोड V-I अभिलक्षण

DC में जुड़ा डायोड परिपथ एक निश्चित प्रतिरोध प्रदान करता है जिसे DC प्रतिरोध या स्थिर प्रतिरोध कहा जाता है। यह, डायोड के समानान्तर DC वोल्टेज और डायोड में प्रवाहित के धारा के मध्य का अनुपात होता है (समी. 1.7)।

$$R_F = V/I \qquad ....(1.7)$$

जैसा कि फॉरवर्ड बायस अभिलक्षण की प्रकृति से देखा गया है, कि फॉरवर्ड बायस की स्थिति में स्थिर प्रतिरोध का मान कम, कुछ ओम में ही होता है। साथ ही रिवर्स अभिलक्षण से यह स्पष्ट रूप से देखा जाता है कि धारा का मान बहुत कम होता है इसलिए स्थैतिक प्रतिरोध का मान, अधिक मेगा ओम में होता है।

1.2.2.3 डायोड मापदंड

निर्माताओं द्वारा निम्नलिखित मापदंड निर्दिष्ट किए गए हैं:

(a) अधिकतम फॉरवर्ड धारा (I_F अधिकतम): फॉरवर्ड बायस अवस्था में अधिकतम धारा वह होती है जिसका डायोड सुरक्षित रूप से सामना कर सकता है। इसके अधिक में, डायोड क्षतिग्रस्त हो जाएगा।

(b) रिवर्स वोल्टेज या शीर्ष व्युतक्रम विभव (PIV): अधिकतम रिवर्स वोल्टेज वह होता है जिसे डायोड को सुरक्षित रूप से प्रदान किया जा सकता है।

(c) स्थिर और चलित प्रतिरोध के मान को बढ़ाना या घटाना।

(d) जंक्शन धारिता।

जंक्शन डायोड की V-I अभिलक्षण

1.2.2.4 डायोड के अनुप्रयोग

P–N संधि डायोड एक बुनियादी अर्धचालक घटक है जिसका उपयोग विभिन्न प्रकार के इलेक्ट्रॉनिक परिपथ में किया जाता है। इन इलेक्ट्रानिकी परिपथ का विभिन्न अभियांत्रिक अनुप्रयोगों में उपयोग किया जाता है। P–N संधि डायोड के प्रमुख अनुप्रयोग हैं:

1. डायोड का उपयोग AC संकेत को DC संकेत में बदलने के लिए, दिष्टकारी (रेक्टिफायर) परिपथ के निर्माण के लिए किया जाता है।
2. लहर (वेव) को आकार देने वाले परिपथ में डायोड का उपयोग इनपुट परिपथ को क्लिप या दबाने के लिए किया जाता है।
3. डायोड का उपयोग डिजिटल परिपथ में स्विचिंग (स्विच द्वारा बंद चालू करना) तत्व के रूप में किया जाता है।
4. सभी प्रकार की DC बिजली आपूर्ति, बैटरी चार्जर, वोल्टेज गुणक और एलिमिनेटर का निर्माण करने के लिए डायोड महत्वपूर्ण भूमिका निभाता है।
5. संचार प्रणालियों में, सिग्नल डिमॉड्यूलेशन के लिए अर्थात सूचना संकेत का पता लगाना और कंप्यूटर में रीसेट परिपथ के लिए, डायोड का उपयोग किया जाता है।
6. इंडक्टिव रिले या मोटर की DC संतृप्ति से बचने के लिए, डायोड को इसके समानान्तर जोड़ा जाता है।

1.2.2.5 डायोड के प्रकार

P–N संधि डायोड का ऑपरेशन, V-I अभिलक्षण और अनुप्रयोग, उपयोग की जाने वाली सामग्री, डोपिंग संरचना और भौतिक आयाम पर निर्भर करते हैं। तालिका 1.2 मूल तीन प्रकार के डायोड के विशेषताएं और अनुप्रयोग को दर्शाती है।

तालिका 1.2: डायोड के प्रकार

क्रमांक	डायोड, प्रतीक के साथ	विशेषताएं	अनुप्रयोग
1.	जेनर डायोड 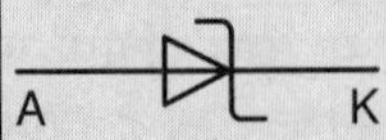	1. डोपिंग सांद्रण सामान्य P-N संधिडायोड की तुलना में बहुत अधिक है। 2. आम तौर पर रिवर्स बायस अवस्था में संचालित होता है। 3. यह रिवर्स बायस स्थिति में जेनर ब्रेकडाउन प्रदर्शित करता है। 4. यह सिलिकॉन का बना होता है।	जेनर डायोड का प्रयोग किया जाता है: 1. विनियमित DC बिजली आपूर्ति में वोल्टेज विनियमन। 2. मीटर सुरक्षा परिपथ। 3. स्पाइक गार्ड परिपथ।

क्रमांक	डायोड, प्रतीक के साथ	विशेषताएं	अनुप्रयोग
2.	प्रकाश उत्सर्जित डायोड (LED) 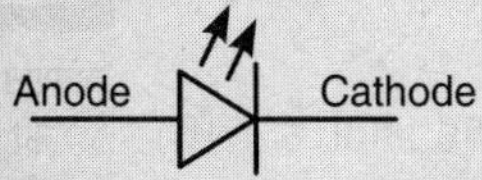	1. विशेष अर्धचालक सामग्री का उपयोग किया जाता है जैसे GaAs, GaAsP, GaP, SiC. 2. जब यह डायोड फॉरवर्ड बायस अवस्था में होता है तो यह प्रकाश उत्सर्जित करता है। तरंगदैर्घ्य यानि उत्सर्जित प्रकाश का रंग डोपिंग पदार्थ पर निर्भर करता है। 3. चार्ज कैरियर के इंजेक्शन के कारण प्रकाश ऊर्जा का उत्सर्जन LED का एक बुनियादी कार्य सिद्धांत है। 4. यह विभिन्न आकारों में उपलब्ध है। 5. उत्सर्जित प्रकाश की तीव्रता इसके माध्यम से बहने वाली धारा के समानुपाती होती है।	LED का उपयोग किया जाता है: 1. विभिन्न विद्युत और इलेक्ट्रानिकी उपकरणों के लिए शक्ति सूचक(इंडिकेटर)। 2. इलेक्ट्रॉनिक उपकरणों में प्रदर्शन युक्ति के रूप में। 3. सप्त खंड और मैट्रिक्स प्रदर्शक पट के निर्माण में। 4. ऑप्टो कपलर, रिमोट कंट्रोल दूरी माप और अन्य समान उपकरणों के लिए। 5. प्रकाश स्रोत में। 6. ऑप्टिकल स्विचिंग और संचार प्रणाली में।
3.	फोटो डायोड 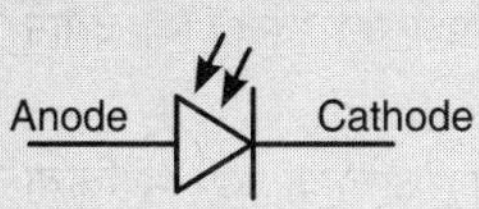	1. विशेष अर्धचालक सामग्री का उपयोग किया जाता है। 2. यह प्रकाश की तीव्रता को धारा में बदल देता है। 3. यह सामान्य रूप से रिवर्स बायस्ड में संचालित होता है।	फोटो डायोड का उपयोग निम्न के लिए किया जाता है: 1. प्रकाश संवेदन। 2. बर्गलर अलार्म। 3. ऑप्टो कपलर। 4. ऑटो फ्लैश कैमरा।

1.2.3 ट्रांजिस्टर

एक द्विध्रुवी जंक्शन ट्रांजिस्टर (BJT) मूल रूप से एक सिलिकॉन या जर्मेनियम क्रिस्टल होता है जिसमें दो P-N संधि गठित होते हैं, विपरीत प्रकार की एक जोड़ी के बीच में P-टाइप या N-टाइप अर्धचालक को बीच में रख (सैंडविच) करके बनाया जाता है। BJT को आमतौर पर ट्रांजिस्टर कहा जाता है। यह कमजोर संकेतों को बढ़ाने में सक्षम होता है। इस प्रकार ट्रांजिस्टर (या BJT) में धारा, धनात्मक तथा ऋणात्मक ध्रुवता आवेश वाहक के कारण प्रवाहित होती है। इसलिए, एक ट्रांजिस्टर (BJT) को द्विध्रुवीय (बाइपोलर) युक्ति कहा जाता है।

1.2.3.1 ट्रांजिस्टर का निर्माण

ट्रांजिस्टर एक ठोस अवस्था वाला अर्धचालक युक्ति है, जिसमे दो जंक्शन, तीन क्षेत्र और तीन टर्मिनल होते है।

तीन टर्मिनल हैं – उत्सर्जक (एमिटर), आधार (बेस) और समाहर्ता (कलेक्टर)। निर्माण के अनुसार, ट्रांजिस्टर दो प्रकार के होते हैं - PNP ट्रांजिस्टर और NPN ट्रांजिस्टर। जब P-टाइप अर्धचालक की एक पतली परत को N-टाइप अर्धचालक की दो परतों के बीच (सैंडविच) में रखा जाता है तो इसे NPN ट्रांजिस्टर के रूप में जाना जाता है। चित्र 1.16 में NPN ट्रांजिस्टर के निर्माण संबंधी विवरण को दिखाया गया है। BJT में एमिटर क्षेत्र को कलेक्टर क्षेत्र की तुलना में भारी मात्रा में डोप किया जाता है। कलेक्टर क्षेत्र का भौतिक क्षेत्र बड़ा होता है, और बेस क्षेत्र में डोपिंग संकेंद्रण, कलेक्टर क्षेत्र की तुलना में कम होती है। अतः सदैव एमिटर धारा, BJT में सबसे बड़ी होती है। NPN BJT में एमिटर करंट, बेस से एमिटर (बाहर की दिशा की ओर) की तरफ प्रवाहित होती है तथा एमिटर धारा का मान, कलेक्टर और बेस धाराओं के योग के बराबर होता है।

अर्थात $I_E = I_B + I_C$ .....(1.8)

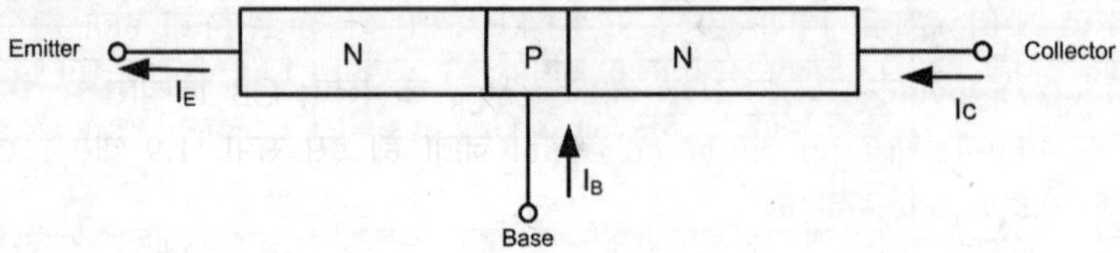

चित्र 1.15: NPN BJT का संरचनात्मक आरेख

चित्र 1.16 NPN BJT और PNP BJT के योजनाबद्ध प्रतीक को दर्शाता है।

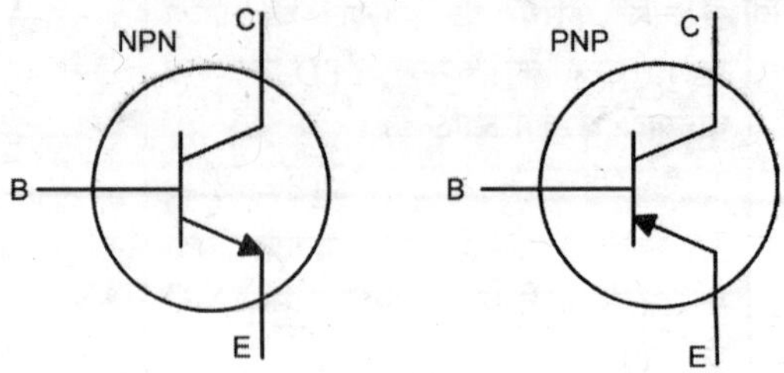

चित्र 1.16: NPN और PNP BJT का योजनाबद्ध प्रतीक

1.2.3.2 ट्रांजिस्टर का विन्यास

BJT को तीन विन्यासों में से किसी एक में संचालित किया जा सकता है। BJT के लिए तीन विन्यास हैं (1) कॉमन बेस (CB) विन्यास (2) कॉमन एमिटर (CE) विन्यास (3) कॉमन कलेक्टर (CC) विन्यास

तालिका 1.3 तीनो विन्यासों की तुलना दर्शाती है। किसी भी विन्यास के लिए, इनपुट, कलेक्टर टर्मिनल पर नहीं दिया होता है और किसी भी विन्यास में, बेस टर्मिनल से आउटपुट लिया जाता है।

तालिका 1.3: ट्रांजिस्टर के विन्यासों की तुलना

क्रमांक	मापदंड	कॉमन बेस	कॉमन एमिटर	कॉमन कलेक्टर
1	इनपुट टर्मिनल	एमिटर	बेस	बेस
2	आउटपुट टर्मिनल	कलेक्टर	कलेक्टर	एमिटर
3	इनपुट प्रतिबाधा	कम	मध्यम	उच्च
4	आउटपुट प्रतिबाधा	बहुत उच्च	मध्यम	कम
5	धारा गेन	लगभग एक	उच्च	बहुत उच्च
6	वोल्टेज गेन	उच्च	CB से अधिक	लगभग एक
7	शक्ति गेन	मध्यम	उच्च	कम
8	तापीय स्थिरता	उच्च	कम	उच्च
9	अनुप्रयोग	कम नोइस पूर्व एम्पलीफायर (वाइड बैंड)	AF वोल्टेज एम्पलीफायर	प्रतिबाधा मिलान, उभय अवरोध (बफर)

BJT एक धारा संचालित सक्रिय घटक है। कई अनुप्रयोगों के लिए ट्रांजिस्टर CE विन्यास में संचालित होता है। ट्रांजिस्टर का चयन करते समय, इसकी विशिष्टताओं पर विचार करने की आवश्यकता होती है।

धारा गेन अल्फा (α): कलेक्टर से बेस स्थिर वोल्टेज V_{CB} के लिए, CB विन्यास में, कलेक्टर धारा I_C तथा एमिटर धारा I_E के अनुपात को, धारा गेन अल्फा (α) कहा जाता है। इसे समी. 1.9 द्वारा दिखाया गया है। अल्फा (α) का मान 0.95 से 0.998 तक होता है।

$$\alpha_{dc} = I_C / I_E \quad .....(1.9)$$

धारा गेन बीटा (β): कलेक्टर से एमिटर स्थिर वोल्टेज V_{CE} के लिए, CE विन्यास में, कलेक्टर धारा I_C तथा बेस धारा I_B के अनुपात को, धारा गेन बीटा (β) कहा जाता है। इसे समी. 1.10 द्वारा दिखाया गया है। बीटा (β) का मान 20 से 250 के बीच होता है।

$$\beta_{dc} = I_C/I_B \quad ....(1.10)$$

समीकरण 1.8, 1.9 और 1.10 से α और β के बीच संबंध इस प्रकार से प्राप्त किया जा सकता है:

$$\alpha = \beta/(1 + \beta) \quad ...(1.11)$$

$$\beta = \alpha / (1 - \alpha) \quad ...(1.12)$$

ट्रांजिस्टर के लिए विशिष्टतायें या विशेष विवरण:

1. अधिकतम कलेक्टर-से-एमिटर विभव, V_{CE} (अधिकतम)
2. अधिकतम कलेक्टर धारा, I_C (अधिकतम)
3. कलेक्टर-से-एमिटर कट-ऑफ विभव, V_{CEO}
4. कलेक्टर कट-ऑफ धारा, I_{CEO}
5. कलेक्टर-से-एमिटर ब्रेक डाउन विभव, BV_{CBO}
6. अधिकतम कलेक्टर विसरण, P_D
7. कलेक्टर संतृप्ति विभव, V_{CE} (सैट)
8. DC धारा वृद्धि (h_{FE})

1.2.3.3 ट्रांजिस्टर के अनुप्रयोग

ट्रांजिस्टर को, संचालन के तीन तरीके में से किसी एक में संचालित किया जा सकता है। BJT के लिए, संचालन के तीन तरीके हैं, (1) कट ऑफ अवस्था (2) सक्रिय अवस्था (3) संतृप्ति अवस्था। तालिका 1.4 जंक्शन बायसिंग को सारांशित करती है, तीन ऑपरेटिंग स्टेट में से एक ट्रांजिस्टर को संचालित करने के लिए आवश्यक है।

तालिका 1.4: ऑपरेटिंग स्टेट और जंक्शन बायसिंग

क्रमांक	संचालन की अवस्था	बेस एमिटर संधि	बेस कलेक्टर संधि	उपयोग
1	कट ऑफ की अवस्था	रिवर्स बायस	रिवर्स बायस	–
2	सक्रिय अवस्था	फॉरवर्ड बायस	रिवर्स बायस	एम्पलीफायर
3	संतृप्ति अवस्था	फॉरवर्ड बायस	फॉरवर्ड बायस	स्विच द्वारा बंद चालू करना (स्विचिंग)

इलेक्ट्रॉनिक्स के सभी क्षेत्रों में ट्रांजिस्टर के व्यापक अनुप्रयोग किया जाता है। इसका सबसे अधिक उपयोग एम्पलीफायर परिपथ के लिए किया जाता है। एम्पलीफायर, इनपुट संकेत के परिमाण को बढ़ाता है।

1. एम्पलीफायर 2. टाइमर (काल समंजक) और समय विलंब परिपथ 3. स्विचिंग परिपथ 4. दोलक (ऑसीलेटर) 5. बहुकंपक (मल्टीवायब्रेटर) 6. इलेक्ट्रॉनिक स्विच 7. क्लिपिंग परिपथ में लहर शेपिंग 8. अधिमिश्रक (मॉड्यूलेटर) 9. डिटेक्टर (डिमॉड्यूलेटर) 10. लॉजिक परिपथ

1.2.4 FET

क्षेत्र प्रभाव ट्रांजिस्टर (फील्ड इफेक्ट ट्रांजिस्टर) एक अर्धचालक, ठोस अवस्था में सक्रिय उपकरण है। फील्ड इफेक्ट ट्रांजिस्टर एक-ध्रुवीय ट्रांजिस्टर का एक उदाहरण है। FET के निर्गत में धारा यातो विद्युदणु (इलेक्ट्रॉनों) के कारण या होल्स के कारण प्रवाहित होती है। चूंकि इनपुट विद्युत क्षेत्र (इनपुट एप्लाइड इलेक्ट्रिकल फील्ड अर्थात वोल्टेज), आउटपुट धारा को नियंत्रित करता है इसलिए इसे फील्ड इफेक्ट ट्रांजिस्टर कहा जाता है।

1.2.4.1 FET की संरचना

मुख्य रूप से दो प्रकार के फील्ड इफेक्ट ट्रांजिस्टर होते हैं, जंक्शन फील्ड इफेक्ट ट्रांजिस्टर (JFET) और मेटल ऑक्साइड सेमीकंडक्टर फील्ड इफेक्ट ट्रांजिस्टर (MOSFET)। JFET को यातो एक N चैनल या P चैनल के साथ बनाया जा सकता है। N-चैनल FET के निर्माण में, गेट P टाइप अर्धचालक का बना होता है और P चैनल FET के लिए, N टाइप अर्धचालक पदार्थ का उपयोग किया जाता है। चित्र 1.17 में FET के योजनाबद्ध प्रतीक को दिखाया गया है। FET के तीन टर्मिनलः 1) स्रोत 2) ड्रेन 3) गेट होते हैं। स्रोत और ड्रेन टर्मिनल, चैनल से जुड़े हुये होते हैं। चैनल असमान रूप से दूषण (डोप) किया जाता है। एक चैनल स्रोत क्षेत्र में तुलना में ड्रेन क्षेत्र के उच्च डोपिंग किया जाता है।

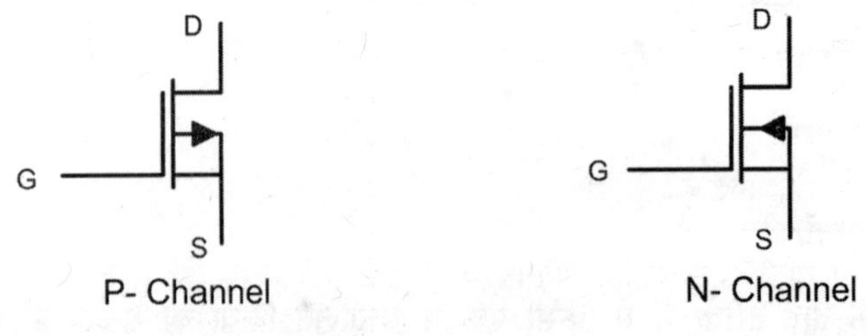

चित्र 1.17: FET प्रतीक

FET की महत्वपूर्ण विशेषता यह है कि इसे बनाना अक्सर आसान होता है और BJT की तुलना में चिप पर, कम जगह घेरता है। गेट पर लगाया गया वोल्टेज V_{GS} चौनल धारा को नियंत्रित करता है। इस प्रयोजन के लिए गेट स्रोत को रिवर्स बायस किया जाता है। तो अवक्षय क्षेत्र की चौड़ाई चैनल क्षेत्र में फैल जाती है। स्रोत के संबंध में, ड्रेन रिवर्स बायस होता है। चार्ज वाहक, स्रोत क्षेत्र से धकेले जाते हैं और ड्रेन की ओर बढ़ते हैं। यह चैनल धारा बनाता है। जिस V_{GS} पर चैनल करंट शून्य हो जाता है उसे पिंच ऑफ वोल्टेज कहा जाता है। जब V_{GS} का मान शून्य होता है तो चैनल के माध्यम से बहने वाली धारा का मान अधिकतम होता है। इसे संतृप्त अवस्था (स्टेट) ड्रेन करंट I_{DSS} कहते हैं।

1.2.4.2 BJT और FET के बीच तुलना

BJT और एक-ध्रुवीय ट्रांजिस्टर (FET) की तुलना तालिका 1.5 में दिए गए संचालन, निर्माण, विशेषताओं और उनके लाभ के आधार पर की जा सकती है।

तालिका 1.5: BJT और FET के बीच तुलना

क्रमांक	द्वि-ध्रुवीय संधि ट्रांजिस्टर (BJT)	क्षेत्र प्रभाव ट्रांजिस्टर (FET)
1.	यह एक अर्धचालक उपकरण है, जिसमें तीन टर्मिनल होते हैं जिन्हें बेस, एमिटर और कलेक्टर के नाम से जाना जाता है।	FET भी एक अर्धचालक उपकरण है जिसमें गेट, सोर्स और ड्रेन के रूप में तीन टर्मिनल होते हैं।
2.	चालन होल्स और इलेक्ट्रॉनों के कारण होता है। इसलिए, यह एक द्विध्रुवीय उपकरण है।	चालन या तो होल्स या इलेक्ट्रॉनों के कारण होता है। अतः FET एक ध्रुवीय ट्रांजिस्टर है।
3.	BJT एक धारा नियंत्रित उपकरण है।	FET एक विभव नियंत्रित उपकरण है।
4.	इसका संचालन बहुसंख्यक और अल्पसंख्यक वाहकों के प्रवाह पर निर्भर करता है।	इसका संचालन केवल बहुसंख्यक वाहकों के प्रवाह पर निर्भर करता है।
5.	BJT की इनपुट प्रतिबाधा कम है।	FET का इनपुट प्रतिबाधा अधिक है।
6.	उपकरण नोइस करता है।	यह बाइपोलर ट्रांजिस्टर की तुलना में कम नोइस वाला होता है।
7	BJT दो प्रकार के होते हैं: NPN और PNP।	FET दो प्रकार के होते हैं: N-चैनल और P-चैनल।
8	BJT का निर्माण करना कठिन है और अधिक स्थान घेरता है।	FET बनाना आसान है और कम जगह घेरता है।
9	BJT सर्किट उच्च गेन बैंड विड्थ उत्पाद देते हैं।	अपेक्षाकृत कम गेन बैंड विड्थ उत्पाद देता है।
10	एमिटर-बेस जंक्शन फॉरवर्ड बायस्ड होता है और कलेक्टर-बेस रिवर्स बायस्ड होता है।	गेट से सोर्स और ड्रेन से सोर्स दोनों रिवर्स बायस्ड होते हैं। प्रभावी रूप से स्रोत क्षेत्र, फॉरवर्ड बायस्ड होता है।
11	इसमें खराब तापीय स्थिरता है।	इसमें तापीय स्थिरता है।
12	BJT का उपयोग वोल्टेज परिवर्तनीय प्रतिरोध के रूप में नहीं किया जा सकता है।	FET को आसानी से वोल्टेज परिवर्तनीय प्रतिरोध के रूप में उपयोग किया जा सकता है।

1.2.4.3 FET के अनुप्रयोग

FET, इसकी आउटपुट विशेषताओं के साथ, स्थिर धारा क्षेत्र में रैखिक अनुप्रयोगों के लिए, संचालित होता है। FET, एक वोल्टेज वैरिएबल रेसिस्टर (वीवीआर) या वोल्टेज डिपेंडेंट प्रतिरोध के रूप में उपयोगी होता है। इसे सक्रिय भार कहा जाता है। FET का उपयोग कई इलेक्ट्रॉनिक सर्किट के अनुप्रयोगों में किया जाता है, जैसे:

1. RF और AF प्रवर्धक
2. ओसिलेटर
3. स्विचिंग परिपथ
4. माप उपकरणों में बफर के रूप मे
5. संचार अभिग्राही
6. टीवी के संकेत मिक्सर परिपथ
7. स्मृति उपकरण
8. अंकीय परिपथ

1.2.5 MOS उपकरण

रोधक गेट क्षेत्र प्रभाव ट्रांजिस्टर (इंसुलेटेड गेट फील्ड इफेक्ट ट्रांजिस्टर) को धातु ऑक्साइड अर्धचालक फील्ड इफेक्ट ट्रांजिस्टर (मोसफेट या MOSFET) कहा जाता है। इसमें गेट और चैनल के बीच में SiO_2 ट्रांजिस्टर की परत होती है। तो यह, FET की तुलना में बहुत अधिक इनपुट प्रतिबाधा प्रदान करता है।

1.2.5.1 MOSFET के प्रकार

संरचना संबंधी विवरण से दो प्रकार के MOSFET होते हैं, 1) अवक्षय (डिप्लीशन) प्रकार का MOSFET, 2) वर्धन (एन्हांसमेंट) प्रकार का MOSFET। अवक्षय प्रकार के MOSFET में एक भौतिक चैनल, रोधक गेट और सब्सट्रेट होता है। इसमे चार टर्मिनल होते हैं स्त्रोत, ड्रेन, गेट और सब्सट्रेट। सब्सट्रेट, उपकरण के काया (बॉडी) से जुड़ा होता है। चैनल के प्रकार के अनुसार दो प्रकार के डिप्लीशन MOSFET होते हैं, 1) N चैनल डिप्लीशन MOSFET, 2) P चैनल डिप्लीशन MOSFET। डिप्लीशन MOSFET को सामान्य रूप से आन MOSFET भी कहा जाता है। डिप्लीशन MOSFET के दो प्रकार के परिचालन प्रणाली होते हैं, 1) डिप्लीशन प्रणाली 2) एन्हांसमेंट प्रणाली। डिप्लीशन प्रणाली में गेट को ऋणात्मक विभव पर बनाए रखा जाता है। एन्हांसमेंट प्रणाली में, डिप्लीशन MOSFET को संचालित करने के लिए, गेट को धनात्मक विभव पर बनाए रखा जाता है। चित्र 1.18 में डिप्लीशन MOSFET के परिपथ के प्रतीकों को दर्शाया गया है।

चित्र 1.18: डिप्लीशन प्रकार का MOSFET

एन्हांसमेंट प्रकार के MOSFET में डिप्लीशन प्रणाली का कोई कार्य नहीं होता है और यह केवल एन्हांसमेंट प्रणाली में काम करता है। N चैनल MOSFET और P चैनल MOSFET को N-MOS और P-MOS उपकरण के रूप में भी जाना जाता है। चित्र 1.19 एन्हांसमेंट प्रकार के MOSFET के परिपथ प्रतीकों को दर्शाता है।

चित्र 1.19: एन्हांसमेंट प्रकार के MOSFET

1.2.5.2 MOSFET के अनुप्रयोग

MOSFET के कुछ अनुप्रयोग इस प्रकार हैं:

1. उच्च BJT और वोल्टेज स्विचिंग अनुप्रयोगों के लिए उपयुक्त
2. कर्षण (ट्रैक्शन) प्रणाली
3. AC ड्राइव
4. बहुकला अंर्तवर्तक (मल्टीफेज इनवर्टर)

1.2.6 C-MOS

P चैनल मोसफेट और N चैनल मोसफेट को एक साथ उपयोग, पूरक (कॉमप्लीमेंनटरी) धातु (मेटल) ऑक्साइड अर्धचालक युक्ति (C-MOS) को बनाने के लिए किया जाता है। इन उपकरणों का आमतौर पर उपयोग अंकीय परिपथ के बनावट के लिए किया जाता है। लॉजिक गेट, काउंटर, सूक्ष्म नियंत्रक माइक्रोकंट्रोलर, स्मृति द्वार, और स्मृति भण्डारण, C-MOS (सीमोएस) उपकरण का उपयोग करके बनाई जाती हैं। C-MOS उपकरण, कम बिजली की खपत और सघन (कॉम्पैक्ट), इस तरह की सुविधाएँ प्रदान करता है। इन उपकरणों का उपयोग करके एकीकृत सर्किट का निर्माण किया जाता है। चित्र 1.20 C-MOS उपकरण के निर्माण को दर्शाता है।

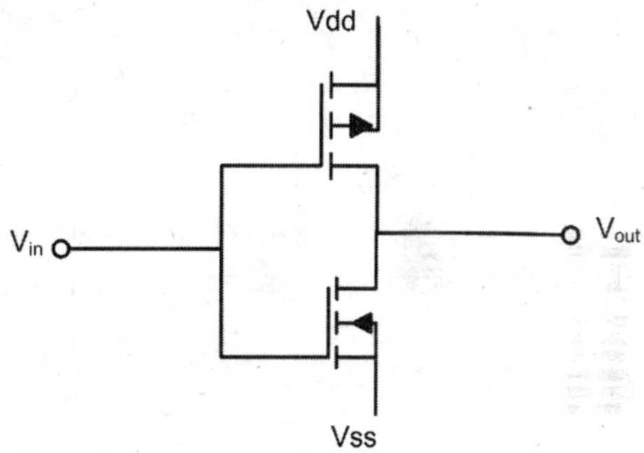

चित्र 1.20: C-MOS उपकरण

1.2.7 निष्क्रिय और सक्रिय घटकों के बीच तुलना

तालिका 1.6 प्रमुख पहलुओं पर निष्क्रिय और सक्रिय घटकों के बीच संक्षेप में तुलना दर्शाती है।

तालिका 1.6: निष्क्रिय और सक्रिय घटकों के बीच तुलना

क्रमांक	मापदंड	निष्क्रिय घटक	सक्रिय घटक
1.	स्रोत की प्रकृति	निष्क्रिय घटक परिपथ से शक्ति या ऊर्जा का उपयोग करते हैं।	सक्रिय घटक परिपथ में शक्ति या ऊर्जा प्रदान या नियंत्रित करते हैं।
2.	उदाहरण	प्रतिरोधक, संधारित्र, प्रेरक आदि।	डायोड, BJT, FET, इंटीग्रेटेड परिपथ आदि।
3.	शक्ति वृद्धि (पावर गेन)	शक्ति वृद्धि प्रदान करने में असमर्थ हैं।	शक्ति वृद्धि प्रदान करने में सक्षम हैं।
4.	धारा का प्रवाह	निष्क्रिय घटक धारा के प्रवाह को नियंत्रित नहीं कर सकते हैं।	सक्रिय घटक धारा के प्रवाह को नियंत्रित कर सकते हैं।
5.	बाहरी स्रोत की आवश्यकता	उन्हें संचालन के लिए किसी बाहरी स्रोत की आवश्यकता नहीं होती है।	उन्हें संचालन के लिए बाहरी स्रोत की आवश्यकता होती है।
6.	ऊर्जा की प्रकृति	निष्क्रिय घटक ऊर्जाग्राही होते हैं।	सक्रिय घटक ऊर्जा दाता हैं।

गतिविधियाँ

1. विषय संख्या 1.1 और 1.2 अर्थात विभिन्न इलेक्ट्रॉनिक घटकों को सीखने के बाद, छात्र को घर पर उपलब्ध विभिन्न गैजेट्स की पहचान करने और सूची तैयार करने का प्रयास करना चाहिए।
2. विद्यार्थी, विभिन्न प्रकार के घटकों को उनके विनिर्देशों के साथ जानने के लिए डेटा बुक को देखें।
3. विद्यार्थी में सर्किट पढने और समझने के कौशल का विकास होगा। विद्यार्थी सर्किट आरेख देखें और घटकों की सूची तैयार करें।

इलेक्ट्रॉनिक घटकों का वर्गीकरण

हल किये गए प्रश्न

उदाहरण 1.2.1: BJT में तीन टर्मिनल धाराएँ I_1 = 100 mA, I_2 = 93 mA और I_3 = 7 mA हैं। टर्मिनल नामों की पहचान करें।

हल: BJT के तीन टर्मिनल हैं: एमिटर, बेस और कलेक्टर। इन तीन टर्मिनल धाराओं में से, एमिटर धारा हमेशा सबसे बड़ी होती है। जैसा कि दिए गए डेटा में है, I_1 सबसे बड़ा है इसलिए यह एमिटर टर्मिनल से प्रवाहित होता है।

$$I_E = I_C + I_B$$
$$100 \text{ mA} = 93 \text{ mA} + 7 \text{ mA}$$

BJT में, बेस धारा सबसे छोटा होता है, इसलिए I_3 धारा, बेस टर्मिनल से बह रहा है। फलतः, उस आधार पर I_2 धारा, कलेक्टर के माध्यम से बह रहा है।

उदाहरण 1.2.2: सिद्ध कीजिए कि CB ट्रांजिस्टर विन्यास में धारा गेन α का मान, 1 से कम और लगभग 1 के बराबर है।

हल: CB विन्यास में BJT का धारा गेन होता है,

$$\alpha = I_C/I_E$$
$$I_B = I_C + I_B$$

चूंकि I_E की तुलना में I_B बहुत छोटा है, इसलिए टर्म I_B/I_E, 1 की तुलना में बहुत छोटा होगा। तो, धारा गेन α का मान 1 से कम होगा।

उदाहरण 1.2.3: यदि किसी ट्रांजिस्टर का α का मान 0.9 है, तो β की गणना कीजिए।

हल: दिया गया है:

$$\alpha = 0.9$$
$$\beta = \alpha/(1 - \alpha)$$
$$= (0.9)/(1 - 0.9)$$
$$= 9$$

उदाहरण 1.2.4: यदि β का मान 100 है, तो अल्फा (α) की गणना करें।

हल: दिया गया है: $\beta = 100$

धारा गेन $\alpha = \beta / (1 + \beta)$

$$= 100/101$$
$$= 0.99$$

1.3 संकेत और सक्रिय स्रोत

1.3.1 प्रस्तावना

संकेत के भिन्न रूप हो सकते हैं जैसे श्रव्य (ऑडियो), द्रश्य (विजुअल) जो सूचना देते हैं, भौतिक गतिविधियों के लिए यांत्रिक (मैकेनिकल) संकेत और बिजली वितरण के लिए विद्युत संकेत। संकेतों का वर्गीकरण, परिपथ के विश्लेषण, प्रसंस्करण और सत्यापन में मदद करता है। संकेतों को उनके किसी भी भौतिक विशेषताओं, उनके गणितीय निरूपण या उनके उपयोग के आधार पर वर्गीकृत किया जा सकता है। अंतर्निहित विषय, संकेतों के प्रकार के आधार पर, प्रत्यावर्ती धारा और प्रत्यक्ष धारा संकेत के बुनियादी अवधारणाओं को विशेष रूप से समझने में, एक संक्षिप्त अवलोकन देता है।

1.3.2 संकेतों का वर्गीकरण

संकेतों को मोटे तौर पर निरंतर (continuous) समय संकेतों और असतत (discrete) समय संकेतों के रूप में वर्गीकृत किया जाता है। एक सतत समय संकेत वह है जिसको गणितीय फलन, काल प्रक्षेत्र (डोमेन) में लगातार परिभाषित किया जाता है, जबकि एक असतत समय संकेत को विशिष्ट समय के रूप में परिभाषित किया जाता है। चित्र 1.21 और 1.22 निरंतर और असतत समय संकेतों को दर्शाता है।

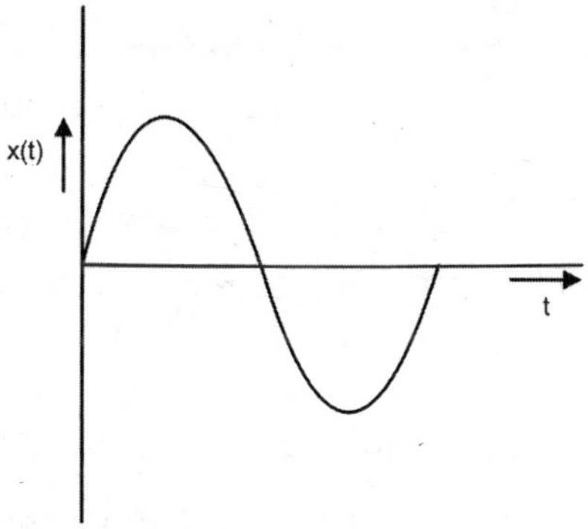

चित्र 1.21: सतत समय संकेत

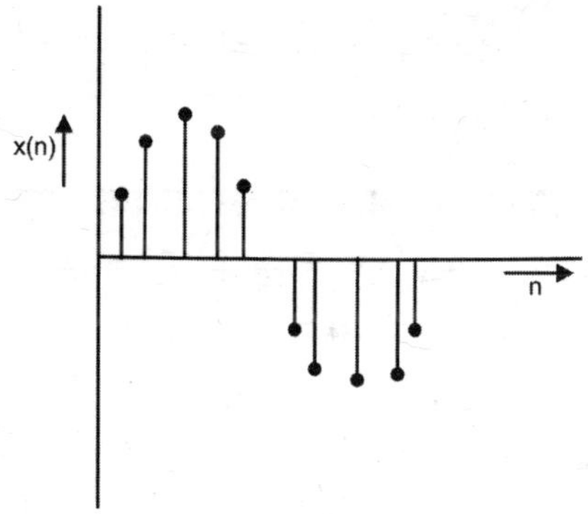

चित्र 1.22: असतत समय संकेत

उपरोक्त संकेतों को आगे वर्गीकृत किया गया है

(i) निर्धारक और गैर-निर्धारक संकेत

(ii) आवधिक और गैर-आवधिक संकेत

1.3.3 निर्धारक और गैर-निर्धारक संकेत

निर्धारक (deterministic) संकेत वे संकेत हैं जिनके स्वरूप और आयाम का पूर्वानुमान किसी भी समय बिंदु पर की जा सकती है। एक निर्धारक सतत समय संकेत और एक असतत समय संकेत के गणितीय फलन को इस समीकरण के रूप में लिखा जाता है,

$$x(t) = A \sin \omega t \quad \text{......(1.13)}$$

$$x(n) = \begin{cases} 1, & n \leq 0 \\ 0, & \text{otherwise} \end{cases} \quad \text{......(1.14)}$$

समी. 1.13 अधिकतम आयाम A के साथ, एक ज्या क्रिया, का रिप्रेजेंटेशंस करता है और जो समय के साथ साइनोसॉयडल रूप से परिवर्तनीय होता है, जबकि समी. 1.14 एक असतत समय संकेत को रिप्रेजेंट करता है जहां आयाम, एक के बराबर, नमूना तात्कालिक के लिए होता है और अन्य सभी नमूना तात्कालिक के लिए शून्य होता है। गैर निर्धारक संकेतों को यादृच्छिक (क्रम रहित) संकेतों के रूप में भी जाना जाता है, जिसका भविष्य में पूर्वानुमान नहीं लगाया जा सकता हैं। ऐसे संकेतों का स्वरूप (पैटर्न) अनियमित होता है और सरल गणितीय क्रिया द्वारा परिभाषित नहीं किया जा सकता है। उदाहरण के लिए, अर्धचालक पदार्थ में इलेक्ट्रॉनों के संचलन के कारण उत्पन्न तापीय नोइस। चित्र 1.23 और 1.24 एक निर्धारक समय और एक गैर-निर्धारक संकेत दिखाता है।

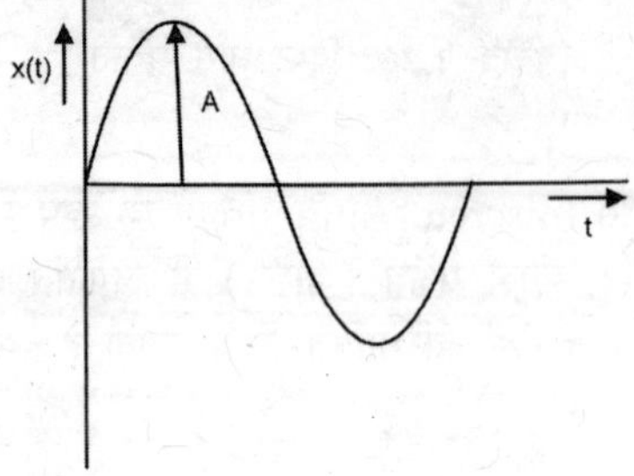

चित्र 1.23: निर्धारक संकेत

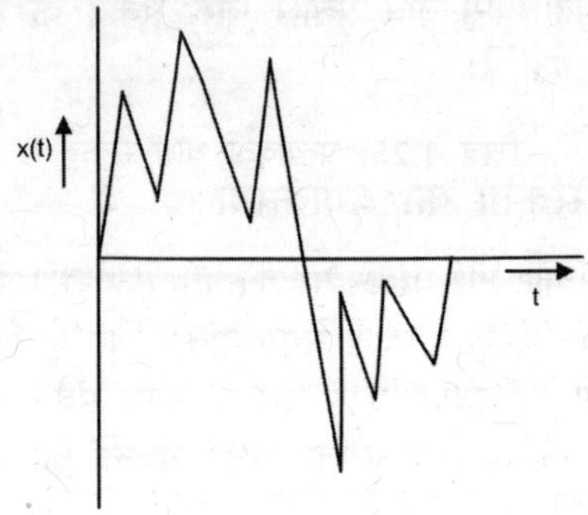

चित्र 1.24: गैर-निर्धारक संकेत

1.3.4 आवधिक और गैर-आवधिक संकेत

एक सतत समय संकेत, यदि समय के एक विशिष्ट अंतराल के बाद खुद को दोहराता तो है इसे आवधिक (पीरियोडिक) कहा जाता है। आवधिक संकेत को गणितीय समीकरण के रूप मेंप्रस्तुत किया गया है,

$$x(t) = x(t + T), -\infty < t < \infty \quad ....(1.15)$$

जहां T संकेत की अवधि है। यदि T का सबसे छोटा मूल्य, जो दिए गए समीकरण 1.15 को संतुष्ट करता है तो इसे संकेत का मूलभूत समय अवधि कहा जाता है। एक संकेत जो समय या संकेतों के विशिष्ट अंतराल के बाद खुद को नहीं दोहराता है जो समीकरण 1.15 को संतुष्ट नहीं करता है, गैर-आवधिक (नॉन पीरियोडिक) संकेतों के रूप में जाना जाता है। उदाहरण के लिए, संचार तंत्र (आकाशवाणी) से उत्पन्न संकेत या अणुभाष (माइक्रोफोन) द्वारा बनाए गए संकेत।

1.3.5 विद्युत संकेत

वर्तमान समय में विद्युत संकेत को, दो प्रकार के उपयोगों में प्रयुक्त किया जाता है, उद्योगों के उपकरणों को और कार्यालयों या घरों में उपयोग किए जाने वाले उपकरण को शक्ति देने के लिए। सर्वविदित विद्युत संकेत का उपयोग प्रत्यावर्ती धारा (AC) संकेत में है। प्रमुख सापेक्ष लाभ यह है कि इसे आसानी से उत्पन्न, प्रवर्धित (एम्पलीफाईड) किया जा सकता है और उत्पादन स्थल से अंत उपभोक्ताओं को संकेत के संचरण की कम लागत और सबसे महत्वपूर्ण यह है कि अगर किसी भी बिजली प्रणाली में त्रुटि होने पर, एक AC संकेत को आसानी से श्रेणी भंग (बाधित) किया जा सकता है। उद्योगों में, लगभग सभी प्रमुख शक्तिशाली उपकरणों और घर में, घरेलू उपकरणों को AC संकेत द्वारा संचालित किया जा रहा हैं। असतत सक्रिय घटकों के विकास में किए गए अग्रिम उन्नति के साथ हाल के वर्षों में उपकरण और उपकरण को शक्ति देने के लिए DC संकेतों का बढ़ा हुआ उपयोग एक वास्तविकता है। चित्र 1.25 और 1.26, एक AC और DC संकेत दिखाता है।

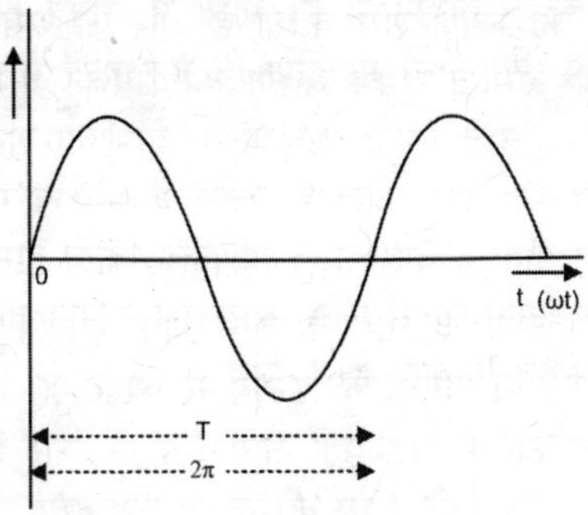

चित्र 1.25: प्रत्यावर्ती धारा संकेत

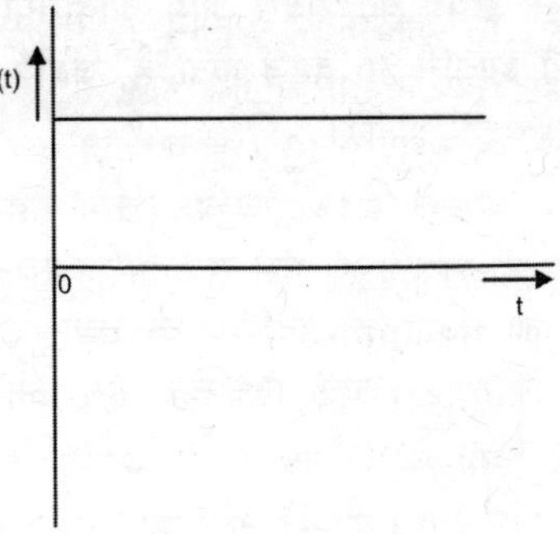

चित्र 1.26: दिष्ट धारा संकेत

प्रत्यावर्ती धारा (AC) एक साइनोसॉयडल समय-परिवर्तनीय संकेत है। जैसा कि नाम से पता चलता है कि यह एक समय अवधि T, धनात्मक और ऋणात्मक दोनों विभिन्न मान की एक श्रृंखला के माध्यम से चलता है, जिसके बाद यह लगातार एक चक्रीय तरीके से एक ही श्रृंखला को दोहराता है। यह बिजली संयंत्रों में जनरेटर द्वारा उत्पन्न किया जाता है। इसके बाद उत्पन्न वोल्टेज को परिणामित्र का उपयोग करके आगे बढ़ाया जाता है और फिर प्रसारण (ट्रांसमिशन) और वितरण तंत्र के माध्यम से कारखानों और आवासीय घरों में वितरित किया जाता है जहां आवश्यकता के अनुसार वोल्टेज को कम कर दिया जाता है। एक आवासीय घर के लिए वोल्टेज की आवश्यकता 50 हट्‌र्ज पर 230 वोल्ट है। AC संकेत को समझने के लिए निम्नलिखित शर्तें महत्वपूर्ण हैं।

AC बनाम DC

1.3.5.1 अवधि और चक्र

प्रत्यावर्ती धारा या वोल्टेज की अवधि, समय का सबसे छोटा मान है, जो प्रत्यावर्ती मात्रा के आवर्ती मान को अलग करती है। समय की अवधि जो इस आवर्ती मान को अलग करती है, T द्वारा दर्शाया जाता है जैसा कि चित्र 1.27 में दिखाया गया है। एक प्रत्यावर्ती धारा या वोल्टेज संकेत के एक धानात्मक और ऋणात्मक मूल्यों का पूरा सेट, एक चक्र कहलाता है। कोणीय वेग के संदर्भ में भी एक चक्र को ω से संदर्भित किया जाता है, जैसा कि समीकरण 1.16 में दिखाया गया है, जहां, 360° या कोणीय माप के 2π रेडियन को एक चक्र कहा जाता है।

$$\omega = 2\pi/T \qquad ....(1.16)$$

1.3.5.2 आवृत्ति

आवृत्ति प्रति सेकंड चक्रों की संख्या है। घूर्णन मशीन में, एक चक्र पूर्ण होता है, जब घूर्णक (रोटर) के एक पूर्ण चक्कर के दौरान, स्थिर भाग (स्टेटर) पर रखे गए कंडक्टरों को, मशीन के घूर्णक पर लगे चुंबकीय ध्रुवों की जोड़ी द्वारा उत्पन्न फ्लक्स द्वारा काट दिया जाता है। एक p पोल मशीन के लिए, प्रति सेकंड चक्रों की संख्या $p/2$ है, और अगर घूर्णक के चक्कर की गति n, चक्र प्रति सेकंड (rps) में है, तो प्रति सेकंड चक्रों में आवृत्ति (Hz या हट्‌र्ज) के लिए समीकरण होगा,

$$f = np/2 \qquad ....(1.17)$$

चूंकि एक चक्र के लिए समय अवधि T, सेकंड में व्यक्त है, इसलिए आवृत्ति भी अवधि (सेकंड) में व्यक्त की जा सकती है,

$$f = 1/T \qquad ...(1.18)$$

बिजली संयंत्र की सबसे आम आवृत्तियाँ 50 हट्र्ज और 60 हट्र्ज उपयोग में हैं। भारत में जनित्र द्वारा उत्पादित वोल्टेज की आवृत्ति 50 हट्र्ज होती है, जबकि उत्तरी अमेरिका, यूरोप और अन्य महाद्वीपों के कई देशों में उत्पादन की आवृत्ति 60 हट्र्ज होतीहै।

1.3.5.3 तरंग

X-अक्ष (एक्सिस) पर समय के विपरीत Y-अक्ष पर तात्कालिक वोल्टेज या धारा के बीच ग्राफ खीचने के परिणाम स्वरूप X -Y सतह (प्लेन) पर वक्र का आकार, तरंग होता है। सेकंड में समय के हिसाब से व्यक्त X-एक्सिस को, रेडियंस या डिग्री के हिसाब से भी व्यक्त किया जा सकता है। व्यवहार में प्रत्यावर्ती धारा (AC) और विभव बहुत बारीकी से एक ज्या (साइन) तरंग को उत्पन्न करते हैं। इसलिए AC विभव और धारा की गणना ज्या तरंगों पर आधारित होती है। एक सही ज्या तरंग को चित्र 1.27 में दिखाया गया है और इस समीकरण के रूप में प्रस्तुत किया जा सकता है।

$$v(t) = V_m \sin \omega t \qquad ...(1.19)$$

जहां, ωt समय कोण के रूप में भी जाना जाता है, और रेडियंस में व्यक्त किया जाता है, v वोल्टेज का तात्कालिक मान उल्लेखित समीकरण से ज्ञात किया जा सकता है, और, V_m साइनोसॉइडल वोल्टेज परिवर्तन का अधिकतम / शिखर मान है।

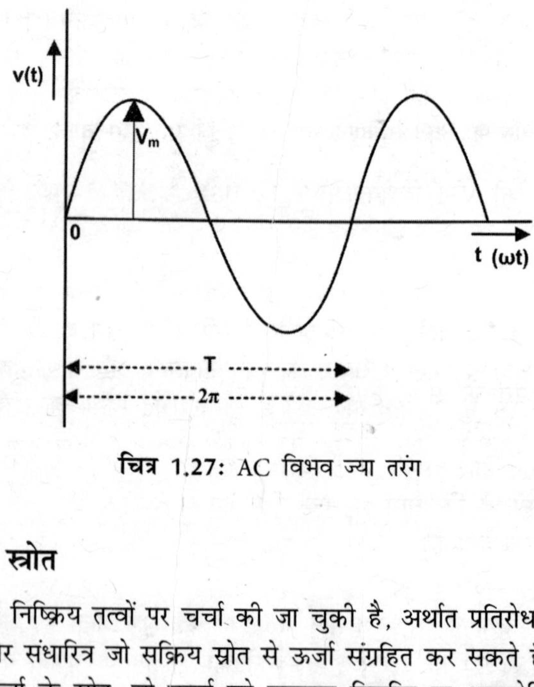

चित्र 1.27: AC विभव ज्या तरंग

1.3.6 वोल्टेज और धारा स्त्रोत

इस इकाई के विषय 1 में, तीन निष्क्रिय तत्वों पर चर्चा की जा चुकी है, अर्थात प्रतिरोध जो ऊर्जा को अवशोषित करता है और अन्य दो यानी प्रेरक और संधारित्र जो सक्रिय स्रोत से ऊर्जा संग्रहित कर सकते हैं और इसे उसी स्रोत पर वापस प्रदान कर सकते हैं। विद्युत ऊर्जा के स्रोत, जो ऊर्जा को लगातार वितरित या अवशोषित कर सकते हैं, उन्हें सक्रिय स्रोत कहा जाता है। आगे सक्रिय स्रोतों को वोल्टेज स्रोत और धारा स्रोत के रूप में उनके वोल्टेज-धारा विशेषताओं के अनुसार वर्गीकृत किया जाता है।

1.3.7 आदर्श/गैर-आदर्श स्त्रोत

वोल्टेज और धारा स्रोतों को आगे वोल्टेज-धारा (V-I) के विशिष्ट गुण, विशेषताओं के अनुसार आदर्श और गैर-आदर्श/व्यावहारिक वोल्टेज और धारा स्त्रोत के रूप में वर्गीकृत किया जाता है।

1.3.7.1 आदर्श विभव स्रोत

एक आदर्श विभव स्रोत अपने निर्गत टर्मिनल में विभव के साथ ऊर्जा प्रदान करता है और स्रोत, धारा से स्वतंत्र होता है। एक आदर्श साइनसॉयडल विभव स्रोत के परिपथ का प्रतिनिधित्व निम्न है, $v(t) = V_m \sin \omega t$ तथा इसकी V-I के विशिष्ट गुण, विशेषताओं को चित्र 1.28 और 1.29 में क्रमानुसार दिखाया गया है। विभव स्रोत टर्मिनलों पर संदर्भ ध्रुवता + और - चिन्ह के साथ लेबल के रूप में चित्र 1.28 में दिखाया गया है। धनात्मक आधा चक्र के दौरान है, जब विभव $v(t)$ धनात्मक होता है। विभव स्रोत टर्मिनल पर वास्तविक ध्रुवीयता प्रत्येक चक्र के दौरान, चिन्ह में, एक बार बदल जाते हैं।

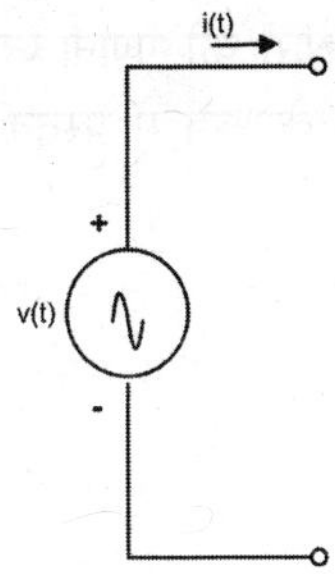

चित्र 1.28: आदर्श वोल्टेज स्रोत का परिपथ प्रतिनिधित्व

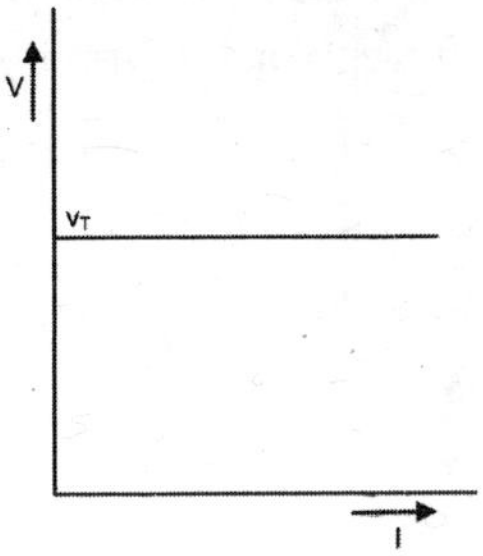

चित्र 1.29: आदर्श वोल्टेज स्रोत की V-I अभिलक्षण

एक आदर्श वोल्टेज स्रोत की V-I विशेषताओं से यह देखा गया है, कि वोल्टेज, v_r के रूप में प्रस्तुत किया जाता है, धारा $i(t)$ से स्वतंत्र है, जो स्रोत से बाहर बह रही है, जहां v_r स्रोत वोल्टेज का मान है $v(t)$ किसी भी तात्कालिक समय के लिये होता है।

1.3.7.2 आदर्श धारा स्रोत

एक आदर्श धारा स्रोत, एक धारा के साथ, निर्गत टर्मिनलों के माध्यम से ऊर्जा प्रदान करता है जो धारा स्रोत के टर्मिनलों में वोल्टेज से स्वतंत्र होता है। एक आदर्श साइन सॉयडल धारा स्रोत के सर्किट को समीकरण द्वारा प्रस्तुत किया गया है, $i(t) = I_m \sin \omega t$ और इसकी V-I विशेषताओं को चित्र 1.30 और 1.31 में क्रमानुसार दिखाया गया है। चित्र 1.31 से, यह देखा गया है कि धारा i_T, एक दिए गए तात्कालिक समय में, धारा स्रोत के मान, $i(t)$ धारा स्रोत के टर्मिनलों में वोल्टेज से स्वतंत्र है।

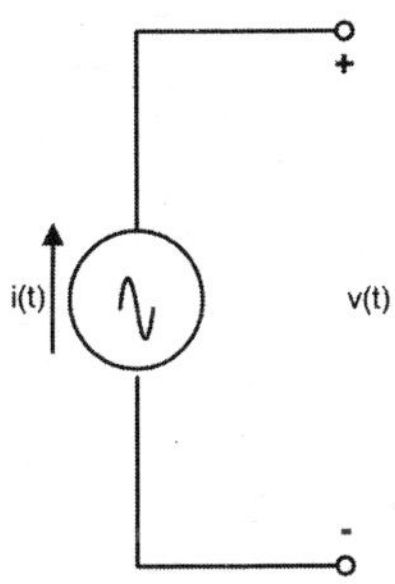

चित्र 1.30: आदर्श धारा स्रोत का सर्किट प्रतिनिधित्व

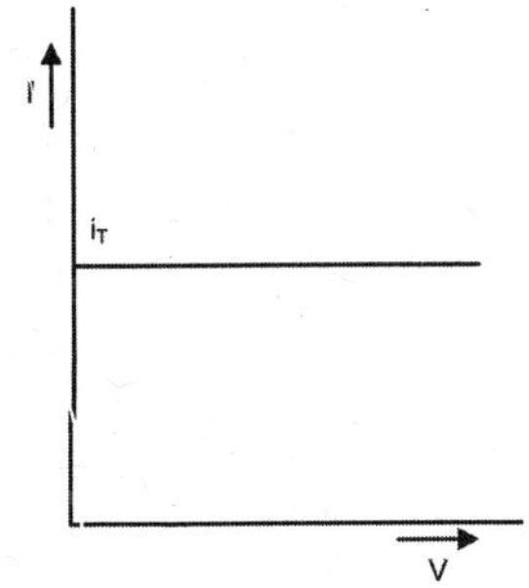

चित्र 1.31: आदर्श धारा स्रोत की V–I अभिलक्षण

1.3.7.3 गैर-आदर्श या व्यावहारिक वोल्टेज स्रोत

एक व्यावहारिक वोल्टेज स्रोत में, ऊर्जा एक रूपांतरण प्रक्रिया द्वारा प्राप्त की जाती है। उदाहरण के लिए, जनित्र (जनरेटर) में, एक वोल्टेज स्रोत का रूपांतरण, यांत्रिक से विद्युत ऊर्जा में होता है। इसी तरह बैटरी स्रोत में, रासायनिक ऊर्जा को विद्युतीय ऊर्जा में बदल दिया जाता है। ऊर्जा के रूपांतरण से नुकसान होता है और आंतरिक प्रतिरोध R_{in} को वोल्टेज सोर्स जनरेटर के साथ श्रेणी क्रम में जोड़कर इसका ध्यान रखा जाता है। एक व्यावहारिक वोल्टेज स्रोत के परिपथ को चित्र 1.32 में दिखाया गया है और इसकी V-I विशेषताओं को चित्र 1.33 में। यह V-I विशेषताओं से देखा जा सकता है कि टर्मिनल वोल्टेज v_T धारा i में वृद्धि के साथ कम हो जाती है। टर्मिनल वोल्टेज समीकरण को नीचे लिखा गया है

$$v_T = v - iR_{in} \quad ...(1.20)$$

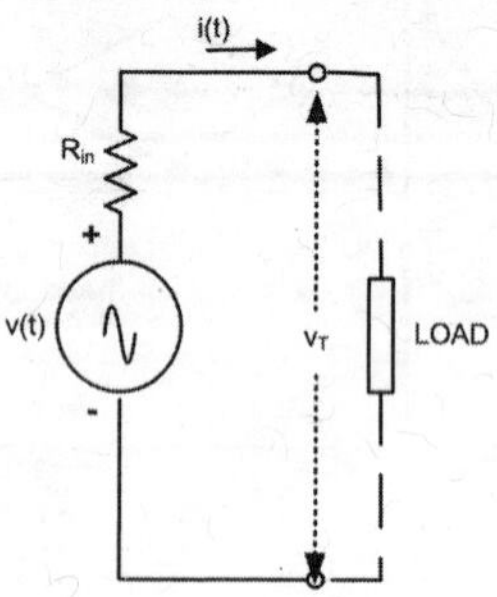

चित्र 1.32: व्यावहारिक वोल्टेज स्रोत का सर्किट प्रतिनिधित्व

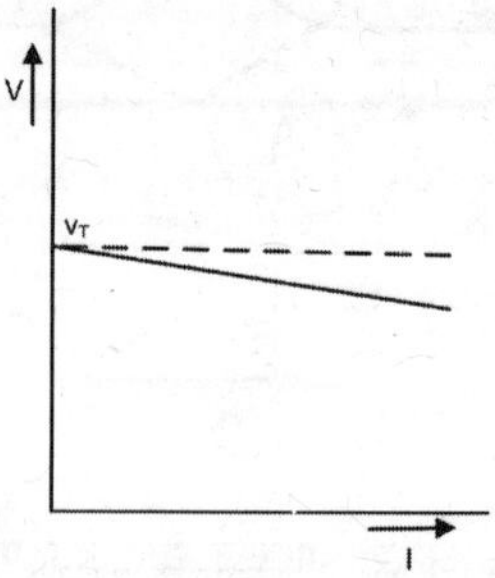

चित्र 1.33: व्यावहारिक वोल्टेज स्रोत की V-I अभिलक्षण

1.3.7.4 गैर-आदर्श या व्यावहारिक धारा स्रोत

एक व्यावहारिक धारा स्रोत में हानि का प्रतिनिधित्व, आंतरिक प्रतिरोध R_{in} पद को, धारा स्रोत के समानांतर में जोड़कर किया जाता है। सर्किट प्रतिनिधित्व और एक व्यावहारिक धारा स्रोत की V-I विशेषताओं को चित्र 1.34 और चित्र 1.35 में क्रमानुसार दिखाया गया है। V-I विशेषताओं से देखा जा सकता है कि टर्मिनल धारा i_T, टर्मिनल वोल्टेज v में वृद्धि के साथ कम हो जाती है। टर्मिनल धारा का समीकरण नीचे दिया गया है,

$$i_T = i - \frac{v}{R_{in}} \quad ...(1.21)$$

परिपथ में फोटो वोल्टिक सेल और द्विध्रुवीय संधि ट्रांजिस्टर का उपयोग करके, धारा स्रोतों को अक्सर उनके समकक्ष परिपथ में समझाया जाता है।

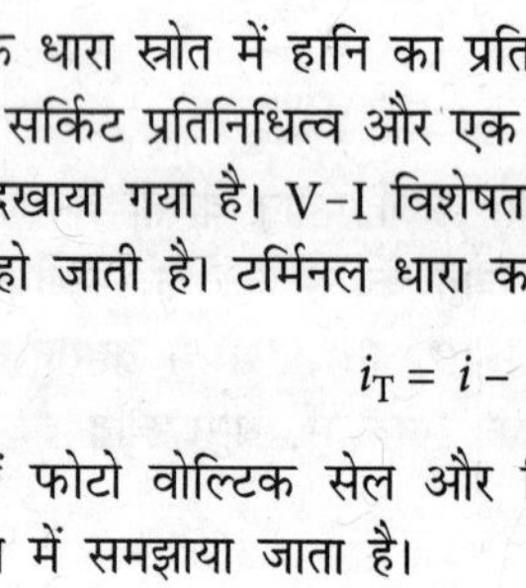

चित्र 1.34: धारा स्रोत के परिपथ का प्रतिनिधित्व

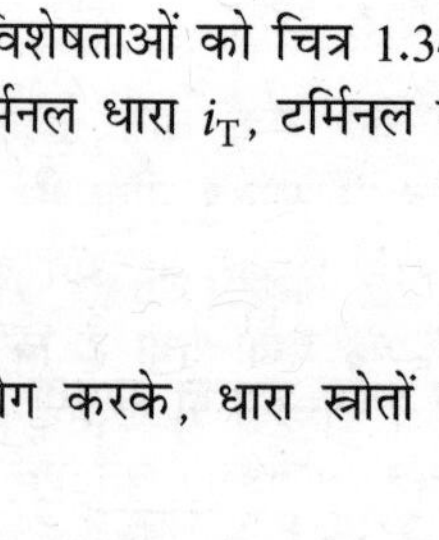

चित्र 1.35: धारा स्रोत का V-I अभिलक्षण

1.3.8 निर्भर विभव और धारा स्रोत

स्वतंत्र विभव और धारा स्रोत, परिपथ में मौजूद किसी भी अन्य धारा या वोल्टेज से स्वतंत्र होते हैं, जिससे यह जुड़ा होता है। आश्रित स्रोतों में, विभव के माध्यम से या धारा के माध्यम से, विभव/धारा पर निर्भर स्रोतों को, परिपथ में कहीं और मौजूद या तो विभव, या धारा द्वारा निर्धारित किया जाता है। तदनुसार, आश्रित स्रोतों को (i) वोल्टेज निर्भर विभव स्रोत (ii) धारा निर्भर विभव स्रोत (iii) धारा निर्भर धारा स्रोत (iv) विभव निर्भर धारा स्रोत के रूप में वर्गीकृत किया जाता है। चित्र 1.36 और 1.37 में आश्रित स्रोतों के प्रतीकों को दिखाया गया है। k_v, k_r, k_c, k_i और k_r, k_c वास्तविक संख्या हैं, जहां k_r, k_c क्रमशः ट्रांस-रेजिस्टेंस और ट्रांस-कंडक्टेंस हैं और k_v, k_i, आयामहीन हैं,

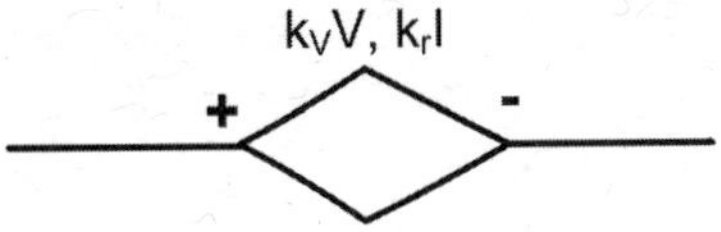

चित्र 1.36: निर्भर विभव स्रोत का प्रतीक

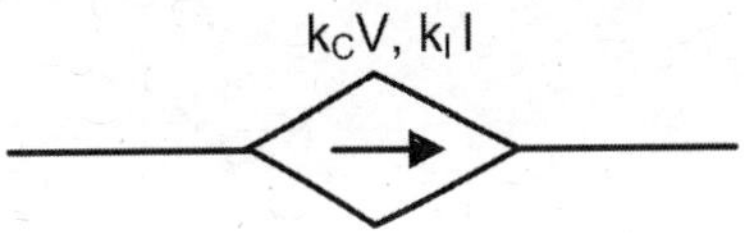

चित्र 1.37: निर्भर धारा स्रोत का प्रतीक

अनुप्रयोग

असतत संकेतों का उपयोग, सेंसर से प्राप्त एनालॉग संकेतों को संशोधित करने के लिए किया जाता है, जैसे अंकीय तापमापी (थर्मामीटर), मोबाइल संचार, वीडियो स्ट्रीमिंग, आधुनिक घड़ियों आदि का उपयोग करके किसी व्यक्ति के तापमान को देखना। सक्रिय स्रोत हमारे दैनिक जीवन का हिस्सा हैं। उदाहरण के लिए, दीवार घड़ी, टीवी का रिमोट नियंत्रण यूनिट, वातानुकूलक, वाहनों के इग्निशन और प्रकाश व्यवस्था के लिए 12 वोल्ट बैटरी आदि को शक्ति देने के लिए, इस्तेमाल की जाने वाली 1.5 वोल्ट सेल सभी सक्रिय DC स्रोत हैं। इसी तरह हमारे घरों में इस्तेमाल होने वाले घरेलू उपकरण जैसे रेफ्रिजरेटर, धुलाई मशीन, फ्लोरोसेंट ट्यूब लाइट, छतपंखा आदि सिंगल फेज AC सोर्स का इस्तेमाल करते हैं।

गतिविधियाँ

विद्यार्थी करेंगे

1. निरंतर और असतत संकेतों के अनुप्रयोगों को सूचीबद्ध करें।
2. ऐसे यंत्र (गैजेट्स) की एक सूची तैयार करें जो निरंतर और असतत संकेतों का उपयोग करते हैं।

हल किये गए प्रश्न

उदाहरण 1.3.1: एक आदर्श वोल्टेज स्रोत के रूप में एक बैटरी स्रोत को एक प्रतिरोध के साथ श्रेणी में जोड़ा गया है, जो टर्मिनलों से जुड़े भार को वोल्टेज t प्रदाय करता है, जैसा कि दिखाया गया है। वोल्टेज V_T टर्मिनल पर 130 V है और धारा I_T के प्रवाह का मान 10 Amp है। टर्मिनलों पर भार अब बदल गया है और तदनुसार टर्मिनल पर वोल्टेज 100 V है और प्रवाहित धारा का मान 25 Amp है। वोल्टेज स्रोत V_s की रेटिंग और प्रतिरोध R की गणना करें। V-I विशेषता का चित्र बनायें।

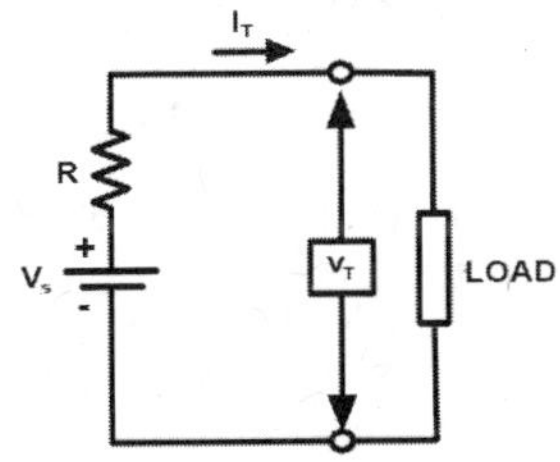

हल: वोल्टेज स्रोत, टर्मिनल धारा और श्रेणी प्रतिरोध के संदर्भ में टर्मिनल वोल्टेज है,

$$V_T = V_s - I_T R \qquad ...(1.1)$$

समीकरण 1.1 का उपयोग कर, टर्मिनल वोल्टेज को दो अलग-अलग लोड के स्थितियों के लिए, नीचे दिया गया है

$$130 = V_s - 10R \qquad ...(1.2)$$

$$100 = V_S - 25R \qquad ...(1.3)$$

V_s के मान को समीकरण 1.2 से 1.3 में रखने पर, श्रेणी प्रतिरोध का मान है, $R = \frac{30}{15} = 2\ \Omega$

समीकरण 2 में R के मान को रखने पर, V_s का मान है, $V_s = 150$ वोल्ट

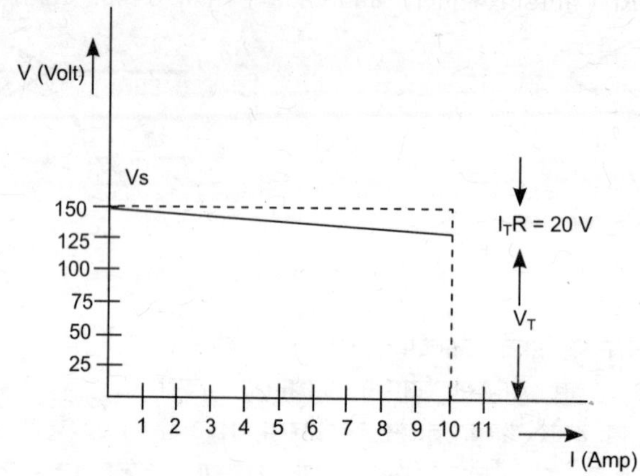

उदाहरण 1.3.2: एक व्यावहारिक धारा स्रोत में, 3 mA का आदर्श धारा स्रोत है जिसका 1000 Ω का आंतरिक प्रतिरोध है। खुले परिपथ टर्मिनल वोल्टेज और आंतरिक प्रतिरोध में हानि हुई शक्ति की गणना करें।

हल: एक व्यावहारिक धारा स्रोत का समीकरण है

$$i_T = i - \frac{v}{R_{in}} \qquad ...(2.1)$$

दी गई समस्या के लिए धारा स्रोत के टर्मिनलों से कोई भार नहीं जुड़ा है, धारा $i_T = 0$

इसलिए समीकरण 2.1, $v = iR_{in}$ में बदल जाता है, जहां v टर्मिनल वोल्टेज है। i और R_{in}, का मान रखने पर, $v = 3$ V

यूनिट सारांश

- निष्क्रिय और सक्रिय घटक दो मुख्य प्रकार के परिपथ तत्व को बनाते हैं।
- विद्युत प्रतीक का सक्रिय और निष्क्रिय दोनों घटकों का प्रदर्शन करने के लिए उपयोग किया जाता है।
- प्रतिरोध (R) धारा के प्रवाह के लिए प्रदान किए गए विरोध का वर्णन करने के लिए उपयोग की जाने वाले पदार्थ का एक गुण है।

- प्रतिरोध का उपयोग, परिपथ में विद्युत धारा के प्रवाह को सीमित या विनियमित करने के साथ-साथ इसके निकट या परिपथ के हिस्से में वोल्टेज के स्तर को कम करने के लिए किया जाता है।
- एक संघारित्र, बिजली के आवेश के रूप में ऊर्जा को स्टोर करता है।
- प्रेरक, एक निष्क्रिय घटक है जिसका उपयोग चुंबकीय ऊर्जा के रूप में ऊर्जा को संग्रहीत करने के लिए किया जाता है जब बिजली उस पर प्रवाहित होती है।
- अर्धचालक घटक, सक्रिय ठोस अवस्था वाले घटक होते हैं।
- सभी इलेक्ट्रानिकी परिपथ में सक्रिय घटकों का उपयोग किया जाता है।
- डायोड, BJT और FET बुनियादी असतत सक्रिय घटक हैं।
- डायोड एक, दिष्टकारी (यूनिडायरेक्शनल) उपकरण है जिसका उपयोग मुख्य रूप से रेक्टिफिकेशन के लिए किया जाता है।
- BJT एक धारा संचालित, तीन टर्मिनल उपकरण है जिसका उपयोग मुख्य रूप से प्रवर्धन और स्विचिंग अनुप्रयोग के लिए किया जाता है।
- FET एक वोल्टेज संचालित उपकरण है जिसमें उच्च आगत प्रतिबाधा होती है। PMO और NMO को CMO के निर्माण के लिए एक साथ जोड़ा जाता है।
- संकेतों को साधारणतह निरंतर समय संकेतों और असतत संकेतों के रूप में वर्गीकृत किया जाता है।
- घरेलू और औद्योगिक अनुप्रयोग के लिए उपयोग किए जाने वाले विद्युत संकेत को AC संकेत और DC संकेत के रूप में वर्गीकृत किया जाता है।
- AC और DC संकेत स्रोतों को उनके विभव-धारा विशेषताओं के अनुसार आदर्श और व्यावहारिक स्रोत के रूप में वर्गीकृत किया जाता है।
- निर्भर विभव और धारा स्रोत का उपयोग BJT, JFET जैसे सक्रिय घटकों वाले सर्किट के विश्लेषण के लिए किया जाता है।

अभ्यास

A-वस्तुनिष्ठ प्रश्न

निर्देश: कृपया सबसे उपयुक्त उत्तर का चयन करें।

क्रमांक	बहुविकल्पीय	क्रमांक	बहुविकल्पीय प्रश्न
1.1	तापमान में वृद्धि के साथ शुद्ध धातु का प्रतिरोध a. वृद्धि b. घटाव c. स्थिर रहता है d. पहले बढ़ता है और फिर कम हो जाता है	1.7	ऑप्टो-कपलर के लिए डायोड की जोड़ी का उपयोग किया जाता है a. जेनर डायोड और PN जंक्शन डायोड b. जेनर और LED c. जेनर डायोड और फोटो डायोड d. LED और फोटोडायोड

क्रमांक	बहुविकल्पीय	क्रमांक	बहुविकल्पीय प्रश्न
1.2	कैपेसिटर की दो प्लेटों के बीच इंसुलेटिंग माध्यम के रूप में जाना जाता है a. विद्युदग्र (इलेक्ट्रोड) b. संधारित्र माध्यम c. संचालन माध्यम d. परावैद्युत	1.8	1.0 Ω के प्रतिरोध वाले तार की लंबाई चार बराबर भागों में काटी जाती है। इन चार भागों को एक मोटा तार बनाने के लिए एक साथ-साथ बंडल किया जाता है। मोटा तार का प्रतिरोध होगा a. 4 Ω b. 1/16 Ω c. ¼ Ω d. 16 Ω
1.3	सबसे अधिक उपयोग किया जाने वाला अर्धचालक है a. कार्बन b. सिलिकॉन c. जर्मेनियम d. गैलियम	1.9	BJT, टर्मिनल में धाराएं हैं $I_1 = 5$ mA, $I_2 = 95$ mA, $I_3 = 100$ mA, तो उपयुक्त विकल्प a. $I_1 = I_B, I_2 = I_C, I_3 = I_E$ b. $I_1 = I_B, I_2 = I_E, I_3 = I_C$ c. $I_1 = I_C, I_2 = I_B, I_3 = I_E$ d. $I_1 = I_E, I_2 = I_C, I_3 = I_E$
1.4	वोल्टेज विनियमन के लिए उपयुक्त है a. P–N संधि b. प्रकाश उत्सर्जक c. फोटो d. जेनर		
1.5	सिग्नल $X(t)$ को गैर-आवधिक संकेत कहा जाता है यदि a. समीकरण $X(t) = X(t+T)T$ के सभी मूल्यों के लिए संतुष्ट है b. समीकरण $X(t) = X(t+T)T$ के केवल एक मूल्य के लिए संतुष्ट है c. समीकरण $X(t) = X(t+T)T$ के कोई भी नहीं मूल्यों के लिए संतुष्ट है d. समीकरण $X(t) = X(t+T)T$ के केवल विषम मूल्यों के लिए संतुष्ट है	1.10	दिखाए गए सर्किट आरेख में, यदि E वोल्ट के साथ बैटरी में कुछ नियत आंतरिक प्रतिरोध है और यदि प्रतिरोध R कम हो जाता है तो वोल्टमीटर रीडिंग होगी 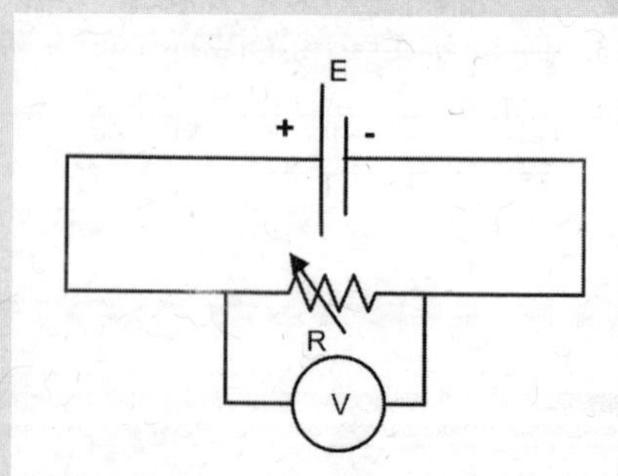 a. स्थिर रहें b. वृद्धि करना c. घटाव d. E के बराबर होगा
1.6	एक आदर्श वोल्टेज स्रोत में स्रोत वोल्टेज और टर्मिनल वोल्टेज के रूप में संबंधित किया जा सकता है a. टर्मिनल वोल्टेज, स्रोत वोल्टेज की तुलना में अधिक है b. टर्मिनल वोल्टेज, स्रोत वोल्टेज के बराबर है c. टर्मिनल वोल्टेज, हमेशा स्रोत वोल्टेज की तुलना में कम होता है d. टर्मिनल वोल्टेज, स्रोत वोल्टेज से अधिक नहीं हो सकता		

B-विषयात्मक प्रश्न

1. किसी भी तीन प्रकार के कैपेसिटर की सूची तैयार करें। किसी भी प्रकार के कैपेसिटर के लिये, एक उपयोग को बतायें।

2. एक निश्चित तार के 360 m का प्रतिरोध 90 Ω है. एक ही तार की, किस लंबाई में 125 Ω का प्रतिरोध होगा?
3. एक घर पर 500 बहुरंग की आउटडोर रोशनी (बल्ब) की एक बहुत लंबी स्ट्रिंग स्थापित है। बिजली चालू करने के बाद, गृह स्वामी ने नोटिस किया कि दो बल्ब जल चुके हैं। क्या रोशनी (बल्ब) श्रेणी या समानांतर में जुड़े हुए हैं?
4. 5 F, 10 F और 15 F के संधारित्र, 100 V आपूर्ति के साथ श्रृंखला (श्रेणी) में जुड़े हुए हैं। समतुल्य संधारित्र निर्धारित करें।
5. शब्दों को परिभाषित करें: बायसिंग, वोल्टेज ऑपरेटिंग डिवाइस।
6. FET के दो अनुप्रयोगों की सूची बनाइए।
7. बिजली की आवश्यकता, आगत प्रतिबाधा, उष्णता (थर्मल) सम्बन्धी स्थिरता और सघनता के आधार पर FET के साथ BJT की तुलना करें।
8. JFET पर MOSFET के लाभ बतायें।
9. किचन और स्टोर रूम को प्रकाशमान करने के लिए दो लाइट बल्ब का इस्तेमाल किया जाता है। एक प्रकाश बल्ब 300 mA खींचता (ड्रॉ) है, जबकि वोल्टेज 240 V लगाया गया है। स्टोर रूम में एक अन्य लाइट बल्ब 240 mA खींचता है जब इसमें वोल्टेज 240 V लगाया गया है। प्रकाश बल्बों का कुल प्रतिरोध क्या है?
10. चोर (सेंधमार या बर्गलर) अलार्म में प्रकाश अमूर्तता (abstraction) का पता लगाने के लिए उपयुक्त डायोड के प्रकार का सुझाव दें।
11. 'BJT' में, उत्सर्जक टर्मिनल धारा वर्तमान धारा है, औचित्य प्रमाणित करे।
12. β के मूल्य की गणना करें, यदि α का मूल्य 0.92 है।
13. FET को एकध्रुवीय डिवाइस कहा जाता है, कारण दें।
14. एक व्यावहारिक स्रोत में 500 Ω के आंतरिक प्रतिरोध के साथ 3 Amp का आदर्श धारा स्रोत होता हैं। व्यावहारिक धारा स्रोत के टर्मिनलों के लिए 250 Ω का भार प्रतिरोध जुड़ा हुआ है। भार के टर्मिनल के पार (एक्रोस) वोल्टेज और भार प्रतिरोध द्वारा अवशोषित शक्ति का पता लगाएं।
15. आदर्श और व्यावहारिक स्रोतों के बीच मतभेदों को सूचीबद्ध करें।

प्रायोगिक

I. P7-ES110: निष्क्रय घटक

P7.1 प्रायोगिक कथन

दिए गए परिपथ में विभिन्न निष्क्रिय इलेक्ट्रॉनिक घटकों की पहचान करें।

P7.2 प्रायोगिक महत्व

कोई भी परिपथ विभिन्न प्रकार के घटकों से बना होता है। इस प्रयोग का उद्देश्य निष्क्रिय इलेक्ट्रॉनिक घटकों के पहचानने वाले कौशल का विकास करना है। प्रतिरोधक, प्रेरक और संधारित्र जैसे निष्क्रिय घटक ऊर्जा को नष्ट या संग्रहीत करते हैं। यह प्रयोग पहचानने वाले कौशल को विकसित करने में मदद करेगा जो किसी भी परिपथ या युक्ति (डिवाइस) की समस्या निवारण के लिए बहुत आवश्यक है।

P7.3 प्रासंगिक सिद्धांत

निष्क्रिय इलेक्ट्रॉनिक घटकों के लिए, कृपया इस पुस्तक के अध्याय 1 का खंड 1.1 देखें।

P7.4 प्रैक्टिकल आउटकम्स (PrO)

PrO1 दिए गए परिपथ में विभिन्न प्रकार के प्रतिरोधों की पहचान करें।
PrO2 दिए गए परिपथ में विभिन्न प्रकार के प्रेरकों की पहचान करें।
PrO3 दिए गए परिपथ में विभिन्न प्रकार के संधारित्र की पहचान करें।

P7.5 प्रायोगिक व्यवस्था (कार्य की स्थिति)

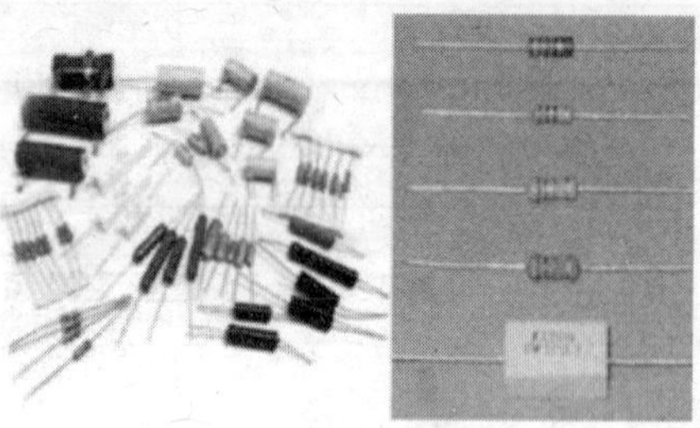

चित्र P7.1: विभिन्न प्रकार के प्रतिरोधों को दर्शाने वाली छवि

चित्र P7.2: विभिन्न प्रकार के चर प्रतिरोधों को दिखाने वाली छवि (सौजन्य: Technicalegg)

पोटेंशियोमीटर: पोटेंशियोमीटर या पॉट, संक्षिप्त रूप में परिवर्तनीय (वेरिएबल) प्रतिरोधक होते हैं। वे आम तौर पर अधिकतम मान के साथ, अपना मान, ओम में चिह्नित करते हैं। छोटे ट्रिम पॉट एक 3-अंकीय कोड का उपयोग कर सकते हैं जहां पहले 2 अंक महत्वपूर्ण हैं, और तीसरा गुणक होता है (मूल रूप से पहले 2 अंकों के बाद 0's की संख्या)। उदाहरण के लिए, कोड 104 = 10 के बाद चार 0's = 10000 ओम = 100K ओम। उनके पास एक अक्षर कोड भी हो सकता है जो टेपर को इंगित करता है (जो कि पोटेंशियोमीटर कितनी दूर है, और प्रतिरोध कैसे बदलता है, इस संबंध को बताता है)। लीनियर (Lin) या लॉगरिदमिक (Log) ट्रैक वाले पोटेंशियोमीटर होते हैं। रैखिक पोटेंशियोमीटर के साथ, ट्रैक के एक छोर और वाइपर के बीच प्रतिरोध एक स्थिर दर पर बदलता रहता है क्योंकि स्लाइडर को ट्रैक के साथ ले जाया जाता है। लघुगणक (लॉगरिदमिक) प्रकारों में, प्रतिरोध में परिवर्तन ट्रैक के एक छोर से दूसरे छोर तक बहुत कम होता है। उन्हें आमतौर पर एक परिपथ बोर्ड पर "VR" के साथ चिह्नित किया जाता है।

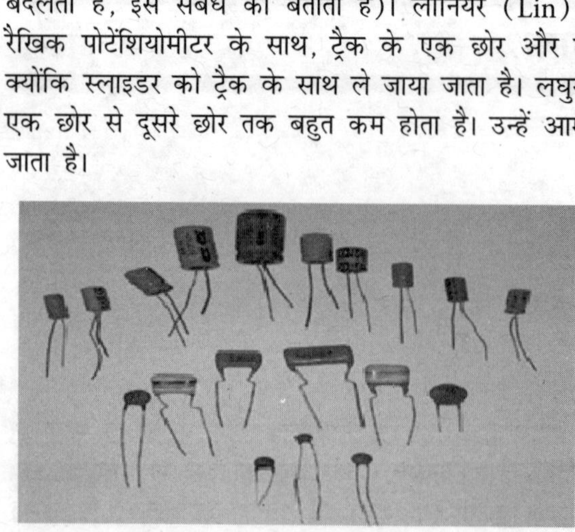

चित्र P7.3: विभिन्न प्रकार के संधारित्र दिखाने वाली छवि

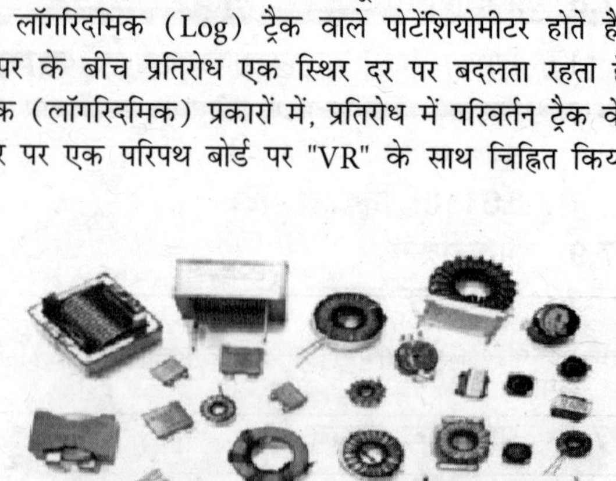

चित्र P7.4: विभिन्न प्रकार के प्रेरकों को दर्शाने वाली छवि

संधारित्र: व्यावहारिक संधारित्र के रूप, व्यापक रूप से बदलते या भिन्न होते हैं, लेकिन सभी में, कम से कम दो विद्युत कंडक्टर होते हैं, जिन्हे इन्सुलेटर द्वारा अलग किया जाता हैं। बहुतो पर, उनके मूल्य उन पर मुद्रित होते हैं, कुछ 3-अंकीय कोड के साथ चिह्नित होते हैं, और कुछ रंग कोडित होते हैं। वे आमतौर पर परिपथ बोर्ड पर "C" के साथ चिह्नित होते हैं।

प्रेरक: एक प्रेरक, जिसे कॉइल या रिएक्टर भी कहा जाता है, में एक कंडक्टर होता है जैसे तार, जो कि आमतौर पर एक कॉइल के ऊपर कुंडलित होते हैं। । उनके मान का पता लगाना थोड़ा कठिन हो सकता है। उनमें से कुछ रंग कोडित हैं, अन्यथा LCR मीटर जैसे अच्छे मापक यंत्र की आवश्यकता होगी, जो प्रेरक को माप सकता है। वे आम तौर पर एक परिपथ बोर्ड पर "L" के साथ चिह्नित होते हैं।

P7.6 आवश्यक संसाधन

क्रमांक	सुझाए गए संसाधनों की आवश्यकता महत्वपूर्ण विशिष्टताओं के साथ	मात्रा संख्या	वास्तविक संसाधनों की आवश्यकता व्यापक विशिष्टताओं के साथ (छात्र द्वारा भरा जाना है)	टिप्पणी (यदि कोई हो)
1.	विभिन्न घटकों वाले नमूना परिपथ	1		
2.	विभिन्न प्रकार के प्रतिरोधक, पॉट, प्रेरक और संधारित्र	मिश्रित		

P7.7 सुरक्षा उपाय

1. सुनिश्चित करें कि पहचान के लिए लिया गया कोई भी निष्क्रिय घटक, सही जगह पर वापस रखा गया है।
2. काम करने की मेज पर साफ-सफाई बनाए रखें।
3. घटकों को ठीक से संभालें।

P7.8 प्रयोग विधि

1. विभिन्न घटकों का ध्यानपूर्वक निरीक्षण करें।
2. दिए गए दो परिपथों में प्रतिरोधों, प्रेरकों और संधारित्रों के मान और प्रकार की पहचान कीजिए और उन्हें प्रेक्षण तालिका में लिखिए।

P7.9 अवलोकन

परिपथ 1						
क्रमांक	प्रतिरोधों		प्रेरकों		संधारित्रों	
	प्रकार	मान	प्रकार	मान	प्रकार	मान

परिपथ 2						

P7.10 परिणाम एवं/अथवा विवेचना

P7.11 निष्कर्ष

P7.12 प्रयोग संबंधित प्रश्न

(उत्तर के लिए अलग शीट का प्रयोग करें)

ध्यान दें: संदर्भ के लिए नीचे कुछ नमूना प्रश्न दिए गए हैं। पूर्व-निर्धारित पाठ्यक्रम परिणामों की उपलब्धि सुनिश्चित करने के लिए शिक्षकों को ऐसे और अधिक प्रश्न तैयार करने चाहिए।

1. यदि किसी प्रतिरोधक पर कोई चौथा रंग नहीं दर्शाया गया है, तो इसका टोलरेंस (tolerance) मान बताइए।
2. पारंपरिक ट्यूब लाइट में उपयोग होने वाले निष्क्रिय घटकों की सूची बनाएं।

P7.13 अध्ययन हेतु सुझाए गए संसाधन

प्रतिरोधक का परिचय

प्रेरक का परिचय

संधारित्र का परिचय

II. P8-ES110: श्रेणी और समानांतर क्रम में प्रतिरोध

P8.1 प्रायोगिक कथन

ब्रेडबोर्ड पर श्रेणी और समानांतर क्रम संयोजन में प्रतिरोधों को संयोजित करें और मल्टीमीटर का उपयोग करके इसका मान मापें।

P8.2 प्रायोगिक महत्व

विद्युत उपकरणों में श्रेणी और समानांतर क्रम परिपथ संयोजन बहुत आम हैं। फ्यूज, भवन में गरम करने वाले स्वचालित हीटिंग उपकरण और सुरक्षा कटआउट, स्रोत के साथ श्रेणी क्रम में जुड़े हुए होते हैं। अधिकांश उपकरण वोल्टेज स्रोत के समानांतर क्रम जुड़े हुए होते हैं। इस प्रयोग का उद्देश्य, मापन उपकरणों का उपयोग करने और श्रेणी और समानांतर क्रम परिपथ का विश्लेषण करने का कौशल विकसित करना है।

P8.3 प्रासंगिक सिद्धांत

श्रेणी और समानांतर क्रम परिपथ के लिए, इस पुस्तक के अध्याय 1 का खंड 1.1.6 देखें।

P8.4 प्रायोगिक परिणाम (PrO)

PrO1 प्रतिरोध को मापने के लिए मल्टीमीटर का उपयोग करें।

PrO2 जब प्रतिरोधों को श्रेणी क्रम में जोड़ा जाता है, तो समतुल्य प्रतिरोध का मान मापें।

PrO3 जब प्रतिरोधों को समानांतर क्रम में जोड़ा जाता है, तो समतुल्य प्रतिरोध का मान मापें।

PrO4 निर्धारित करें कि त्रुटि स्वीकार्य सीमा के भीतर है या नहीं।

P8.5 प्रायोगिक व्यवस्था (परिपथ आरेख)

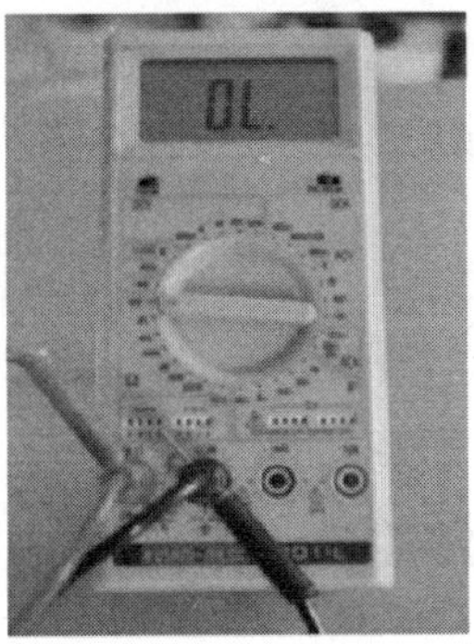

चित्र P8.1: डिजिटल मल्टीमीटर

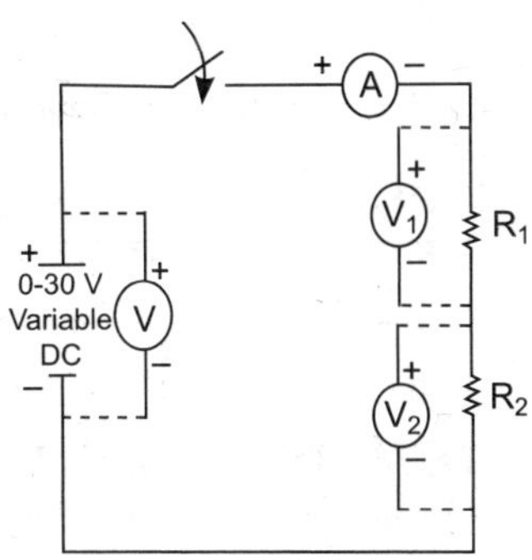

चित्र P8.2: श्रेणी संयोजन

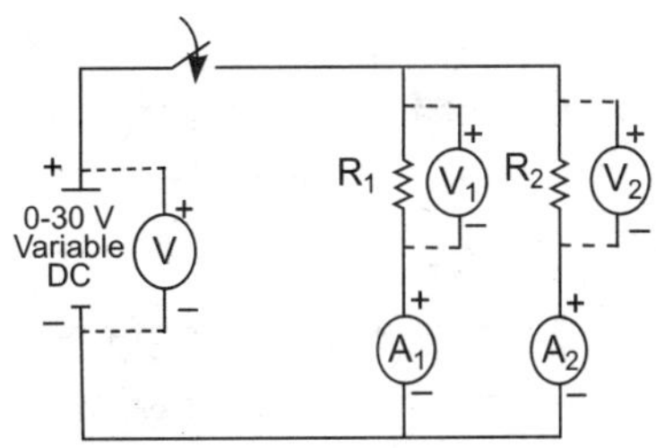

चित्र P8.3: समानांतर संयोजन

P8.6 आवश्यक संसाधन

क्रमांक	सुझाए गए संसाधनों की आवश्यकता महत्वपूर्ण विशिष्टताओं के साथ	मात्रा संख्या	वास्तविक संसाधनों की आवश्यकता व्यापक विशिष्टताओं के साथ (छात्र द्वारा भरा जाना है)	टिप्पणी (यदि कोई हो)
1.	डिजिटल मल्टीमीटर: लीड के साथ 3½ अंकों का डिस्प्ले	2		
2.	परिवर्तनीय DC की आपूर्ति: 0- 30V, 2A	1		

क्रमांक	सुझाए गए संसाधनों की आवश्यकता महत्वपूर्ण विशिष्टताओं के साथ	मात्रा संख्या	वास्तविक संसाधनों की आवश्यकता व्यापक विशिष्टताओं के साथ (छात्र द्वारा भरा जाना है)	टिप्पणी (यदि कोई हो)
3.	दो अलग-अलग मानों के प्रतिरोध R_1 और R_2	2		
4.	ब्रेडबोर्ड: 5 cm × 17 cm	1		
5.	कनेक्टिंग वायर, सिंगल स्ट्रैंड टेफ्लॉन कोटिंग (0.5 mm व्यास)	LS		

P8.7 सुरक्षा उपाय

1. सुनिश्चित करें कि संयोजन प्रयोगात्मक सेटअप के अनुसार होना चाहिए।
2. प्रयोग करते समय मल्टीमीटर के उचित कार्य फंक्शन का चयन करें।
3. जब तक आपने परिपथ संयोजन की जांच नहीं की है, तब तक मल्टी-मीटर को चालू न करें।
4. वोल्टमीटर और एमीटर को परिपथ आरेख में दर्शाए अनुसार सही ध्रुवों में संयोजित करें।
5. मल्टीमीटर जब प्रतिरोधक के समानांतर वोल्टेज मापने के लिए उपयोग किया जाता है तो इसके साथ समानांतर क्रम में जोड़ा जाना चाहिए।

P8.8 प्रयोग विधि

1. ब्रेडबोर्ड पर परिपथ को कनेक्ट करें जैसा कि चित्र P8.1 में दिखाया गया है।
2. परिपथ में अज्ञात प्रतिरोध R_1 संयोजित करें।
3. काली लीड को मल्टी-मीटर पर COM टर्मिनल से संयोजित करें।
4. लाल लीड को मल्टी-मीटर पर टर्मिनल से संयोजित करें।
5. मल्टी-मीटर चालू करें। डिस्प्ले विंडो में या तो OL या OPEN का संकेत होना चाहिए।
6. परिवर्ती वोल्टेज आपूर्ति का उपयोग करके परिपथ में वोल्टेज में परिवर्तन करें
7. मल्टीमीटर का उपयोग करके वोल्टेज और धारा की रीडिंग रिकॉर्ड करें।
8. ओम के नियम का उपयोग करके प्रतिरोध की गणना करें।
9. प्रतिरोध के औसत मान की गणना करें।
10. अज्ञात प्रतिरोध R_2 की गणना करने के लिए स्टेप संख्या 6 से 9 दोहराएं।
11. दो प्रतिरोधों R_1 और R_2 को श्रेणी क्रम में संयोजित करें।
12. प्रयोग द्वारा प्रतिरोध ज्ञात करने के लिए स्टेप संख्या 6 से 9 तक दोहराएं।
13. सैद्धांतिक रूप से समकक्ष प्रतिरोध की गणना करें।
14. दो प्रतिरोधों R_1 और R_2 को समानांतर क्रम में संयोजित करें।
15. प्रयोग द्वारा प्रतिरोध ज्ञात करने के लिए स्टेप संख्या 6 से 9 तक दोहराएँ
16. सैद्धांतिक रूप से समकक्ष प्रतिरोध की गणना करें।

P8.9 अवलोकन और गणना

क्रमांक	प्रतिरोधक R_1 के एक्रॉस वोल्टेज	परिपथ में R_1 के साथ बहने वाली धारा	प्रतिरोधक R_2 के एक्रॉस वोल्टेज	परिपथ में R_2 के साथ बहने वाली धारा	श्रेणी में जुड़े हुए प्रतिरोधक प्रतिरोधक R_1 और R_2 के एक्रॉस वोल्टेज	श्रेणी में R_1 और R_2 के साथ बहने वाली धारा	समानांतर में जुड़ें हुए प्रतिरोधक R_1 और R_2 के एक्रॉस वोल्टेज	समानांतर में R_1 और R_2 के साथ बहने वाली धारा

गणना

R_1 का औसत मान =

R_2 का औसत मान =

जब R_1 और R_2 श्रृंखला में हों तो समतुल्य प्रतिरोध का औसत मान =

जब R_1 और R_2 समानांतर में हों तो समतुल्य प्रतिरोध का औसत मान =

P8.10 परिणाम एवं/अथवा विवेचना

R_1 का मान	R_2 का मान	जब R_1 और R_2 श्रृंखला में हों तो समतुल्य प्रतिरोध का मान, R_s		जब R_1 और R_2 समानांतर में हों तो समतुल्य प्रतिरोध का मान, R_p	
प्रायोगिक	प्रायोगिक	सैद्धांतिक रूप से	प्रायोगिक	सैद्धांतिक रूप से	प्रायोगिक

P8.11 निष्कर्ष और/या सत्यापन

....

....

P8.12 प्रयोग संबंधित प्रश्न

(उत्तर के लिए अलग शीट का प्रयोग करें)

नोट: नीचे संदर्भ के लिए कुछ नमूना प्रश्न दिए गए हैं। पूर्व-निर्धारित पाठ्यक्रम परिणामों की उपलब्धि सुनिश्चित करने के लिए शिक्षकों को ऐसे और अधिक प्रश्न तैयार करने चाहिए।

1. यदि प्रतिरोध के एक्रॉस वोल्टेज को तीन गुना बढ़ा दिया जाए, तो धारा कैसे प्रभावित होगी?
2. प्रतिरोधक को किस प्रकार जोड़ा जाना चाहिए ताकि परिणामी प्रतिरोध कम हो जाए?

P8.14 अध्ययन हेतु सुझाए गए संसाधन

ओम का नियम

समतुल्य प्रतिरोध

III. P9-ES110: श्रेणी और समानांतर क्रम में संधारित्र

P9.1 प्रायोगिक कथन

ब्रेडबोर्ड पर संधारित्रों को श्रेणी और समानांतर संयोजन में संयोजित करें और मल्टीमीटर का उपयोग करके इसके मान को मापें।

P9.2 प्रायोगिक महत्व

उद्योगों और घरेलू अनुप्रयोगों में, सटीकता के साथ समतुल्य संधारित्र का मापन बहुत महत्वपूर्ण है। ऐसे माप मल्टीमीटर या LCR मीटर द्वारा किए जा सकते हैं।

P9.3 प्रासंगिक सिद्धांत

संधारित्र के लिए, पुस्तक का 1.1.1 को देखें।

P9.4 प्रायोगिक परिणाम (PrO)

PrO1 संधारित्र मापने के लिए मल्टीमीटर का उपयोग करें।

PrO2 तुल्य धारिता को मापें जब संधारित्र का संयोजन श्रेणी में हों।

PrO3 तुल्य धारिता को मापें जब संधारित्र का संयोजन समानांतर में हों।

P9.5 प्रायोगिक व्यवस्था (परिपथ आरेख/कार्य की स्थिति)

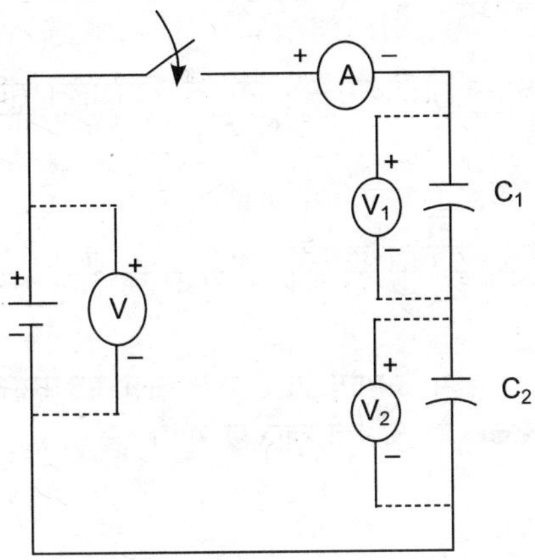

चित्र P9.1: संधारित्र का श्रेणी संयोजन

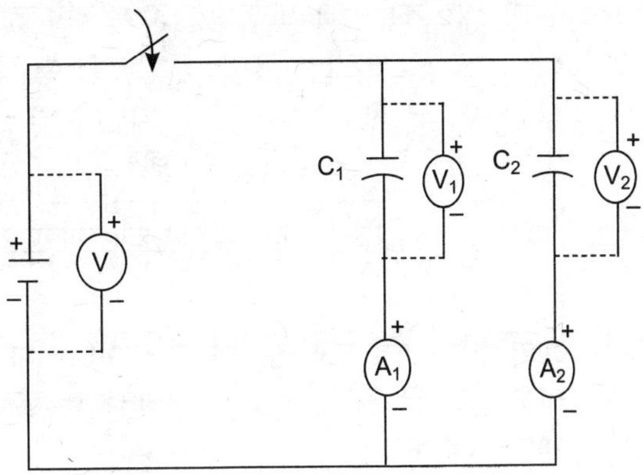

चित्र P9.2: संधारित्र का समानांतर संयोजन

P9.6 आवश्यक संसाधन

क्रमांक	सुझाए गए संसाधनों की आवश्यकता महत्वपूर्ण विशिष्टताओं के साथ	मात्रा संख्या	वास्तविक संसाधनों की आवश्यकता व्यापक विशिष्टताओं के साथ (छात्र द्वारा भरा जाना है)	टिप्पणी (यदि कोई हो)
1.	डिजिटल मल्टीमीटर: लीड के साथ 3½ अंकों का डिस्प्ले	3		
2.	परिवर्तनीय DC की आपूर्ति: 0- 30V, 2A शॉर्ट परिपथ सुरक्षा, वोल्टेज और धारा के लिए प्रदर्शन	1		
3.	विद्युत वाहक बल (ईएमएफ) स्रोत: वोल्टेज 0-20 V, धारा 0-1A	1		
4.	एमीटर 0-5 Amps	2		
5.	उपयुक्त संधारित्र माइक्रो फैराड में	2		
6.	कनेक्टिंग वायर, सिंगल स्ट्रैंड) टेफ्लॉन कोटिंग (0.6 mm व्यास)	LS		

P9.7 सुरक्षा उपाय

1. जब तक आपने परिपथ संयोजन की जांच नहीं की है, तब तक मल्टी-मीटर को चालू न करें।
2. प्रयोग करते समय मल्टी मीटर के उचित फंक्शन का चयन करें।
3. सुनिश्चित करें कि परिपथ में संयोजित करने से पहले सभी संधारित्र पूरी तरह से डिस्चार्ज हो गए हैं।
4. सुनिश्चित करें कि परिपथ को छूते समय आपके हाथ गीले नहीं हैं।

P9.8 प्रयोग विधि

1. काली लीड को मल्टी-मीटर पर COM टर्मिनल से संयोजित करें।
2. लाल लीड को मल्टी-मीटर पर Ω टर्मिनल से कनेक्ट करें।
3. सुनिश्चित करें कि सभी संधारित्र पूरी तरह से डिस्चार्ज हो गए हैं (V = 0), लगभग 30 सेकंड के लिए संधारित्र में एक तार से लीड को जोड़ कर डिस्चार्ज करें।
4. संधारित्रों को परिपथ में जोड़ने से पहले उनके मान को नोट कर लें।
5. चित्र P9.2 में दिए गए परिपथ आरेख के अनुसार संधारित्र को ब्रेड बोर्ड पर श्रेणी में मीटर के साथ संयोजित करें।
6. आपूर्ति के स्विच ON करें और वोल्टमीटर तथा एमीटर के रूप में उपयोग किए जाने वाले मल्टीमीटर के रीडिंग को नोट करें और प्रत्येक संधारित्र के एक्रोस में वोल्टेज और आपूर्ति वोल्टेज मापें।
7. आपूर्ति बंद करें।
8. श्रेणी तुल्य धारिता ज्ञात कीजिए।
9. चित्र P9.3 में दिए गए परिपथ आरेख के अनुसार संधारित्र को मीटर के साथ समानांतर में संयोजित करें।
10. आपूर्ति चालू करें और वोल्टमीटर और एमीटर के रूप में उपयोग किए जाने वाले मल्टी मीटर की रीडिंग को नोट करें।
11. आपूर्ति बंद करें।
12. समान्तर समतुल्य धारिता ज्ञात कीजिए।
13. C_1 के मान को C_1' और C_2 से C_2' में बदलें और स्टेप संख्या 3 से 12 दोहराएं और श्रेणी समतुल्य संधारित्र C_{TS2} और समानांतर समतुल्य संधारित्र C_{TP2} ज्ञात करे।

P9.9 अवलोकन और गणना

1. C_1 = ______________________________ C_2 = ______________________________
2. C_1' = ______________________________ C_2' = ______________________________

श्रेणी संयोजन

क्रमांक	V	V_1	V_2	I
1.				
2.				

सैद्धांतिक रूप से श्रेणी संयोजन के लिए

$V = V_1 + V_2, \quad \therefore \; Q/C = Q/C_1 + Q/C_2$ i.e. $1/C = 1/C_1 + 1/C_2$

$$C_{TS1} = \frac{C_1 \times C_2}{C_1 + C_2} \text{ ....}$$

$$C_{TS2} = \frac{C_1' \times C_2'}{C_1' + C_2'} \text{ ....}$$

समानांतर संयोजन

क्रमांक	V	V_1	V_2	I
1.				
2.				

सैद्धांतिक रूप से समानांतर संयोजन के लिए

$V = V_1 = V_2$

$Q = C(V_1 + V_2)$

$C_{TP1} = C_1 + C_2 =$ ....

$C_{TP2} = C_1' + C_2' =$ ....

P9.10 परिणाम एवं/अथवा विवेचना

P9.11 निष्कर्ष

....

....

P9.12 प्रयोग संबंधित प्रश्न

(उत्तर के लिए अलग शीट का प्रयोग करें)

नोट: नीचे संदर्भ के लिए कुछ नमूना प्रश्न दिए गए हैं। पूर्व-निर्धारित पाठ्यक्रम परिणामों की उपलब्धि सुनिश्चित करने के लिए शिक्षकों को ऐसे और अधिक प्रश्न तैयार करने चाहिए।

1. प्रत्येक संधारित्र को प्रारंभ में डिस्चार्ज करने का कारण दीजिए।
2. 2 माइक्रो फैराड और 5 माइक्रो फैराड के दो संधारित्र हैं। तुल्य धारिता की तुलना करें, यदि वे श्रेणी में और फिर समानांतर में जुड़े हुए हैं।
3. यदि आप एक संधारित्र बैंक में अधिक मात्रा में आवेश संग्रहित करना चाहते हैं, तो संधारित्रों को श्रेणी में या समानांतर में जोड़ा जाना चाहिए?

IV. P10-ES110: सक्रिय इलेक्ट्रॉनिक घटक

P10.1 प्रायोगिक कथन

दिए गए परिपथ में विभिन्न सक्रिय इलेक्ट्रॉनिक घटकों की पहचान करें।

P10.2 प्रायोगिक महत्व

कोई भी परिपथ विभिन्न प्रकार के घटकों से बना होता है। सक्रिय घटक विद्युत परिपथ को ऊर्जा की आपूर्ति करते हैं। इस प्रयोग का उद्देश्य सक्रिय घटकों की पहचान करना है, जो बुनियादी परिपथ को डिजाइन करने या किसी भी परिपथ या डिवाइस की समस्या निवारण के कौशल विकसित करने के लिए बहुत आवश्यक है।

P10.3 प्रासंगिक सिद्धांत

सक्रिय इलेक्ट्रॉनिक घटकों के लिए, इस पुस्तक का खंड 1.2 देखें।

P10.4 प्रायोगिक परिणाम (PrO)

PrO1 दिए गए परिपथ में विभिन्न प्रकार के डायोड की पहचान करें।

PrO2 दिए गए परिपथ में विभिन्न प्रकार के ट्रांजिस्टर की पहचान करें।

P10.5 प्रायोगिक प्रणाली (परिपथ आरेख/कार्य की स्थिति)

चित्र P10.1: PN जंक्शन डायोड, फोटो डायोड, LED जैसे विभिन्न प्रकार के डायोड दिखाने वाली छवि

चित्र P10.2: BJT पावर ट्रांजिस्टर, JFET, MOSFET जैसे विभिन्न प्रकार के डायोड दिखाने वाली छवि

P10.6 आवश्यक संसाधन

क्रमांक	सुझाए गए संसाधनों की आवश्यकता महत्वपूर्ण विशिष्टताओं के साथ	मात्रा संख्या	वास्तविक संसाधनों की आवश्यकता व्यापक विशिष्टताओं के साथ (छात्र द्वारा भरा जाना है)	टिप्पणी (यदि कोई हो)
1.	विभिन्न सक्रिय घटकों वाले नमूना (सैम्पल) परिपथ	3		
2.	डायोड: अर्धचालक डायोड, जेनर डायोड, LED, फोटो डायोड, आदि।	मिश्रित		
3.	ट्रांजिस्टर: BTL, JFET, MOSFET, आदि।	मिश्रित		

P10.7 सुरक्षा उपाय

1. सुनिश्चित करें कि पहचान के लिए लिया गया कोई भी सक्रिय घटक सही जगह पर वापस रखा गया है।
2. काम करने की मेज पर साफ-सफाई बनाए रखें।
3. घटकों को ठीक से संभालें।

P10.8 प्रयोग विधि

1. क्षरणग्रस्त (carious) घटकों को ध्यान से देखें।
2. दिए गए दो परिपथों में घटक संख्या और डायोड और ट्रांजिस्टर के प्रकार की पहचान करें और उन्हें अवलोकन तालिका में नोट करें।

P10.9 अवलोकन

परिपथ 1				
क्रमांक	डायोड		ट्रांजिस्टर	
	घटक संख्या	प्रकार	घटक संख्या	प्रकार
परिपथ 2				

P10.10 परिणाम एवं/अथवा विवेचना

P10.11 निष्कर्ष

....

....

P10.12 प्रयोग संबंधित प्रश्न

(उत्तर के लिए अलग शीट का प्रयोग करें)

नोट: नीचे संदर्भ के लिए कुछ नमूना प्रश्न दिए गए हैं। पूर्व-निर्धारित पाठ्यक्रम परिणामों की उपलब्धि सुनिश्चित करने के लिए शिक्षकों को ऐसे और अधिक प्रश्न तैयार करने चाहिए।

1. वर्णन करें कि यह कैसे पहचाना जा सकता है कि दिया गया डायोड, जर्मेनियम डायोड है या सिलिकॉन डायोड।
2. किसी दिए गए ट्रांजिस्टर के लिए, वर्णन करें कि एमिटर, बेस और कलेक्टर टर्मिनल की पहचान कैसे की जा सकती है।
3. प्रयोग के दौरान देखे गए विभिन्न सक्रिय घटकों के विद्युत प्रतीकों को बनाएं।

P10.13 अध्ययन हेतु सुझाए गए संसाधन

1. Diode, Transistor & FET Circuits Manual, Editor(s): R.M. Marston, Circuits Manual Series, Newnes, 1991,ISBN 9780750602280, https://www.sciencedirect.com/science/article/pii B9780750602280500065

इलेक्ट्रॉनिक्स उपकरण और परिपथ

V. P11-ES110: LCR मीटर का उपयोग करके मापन

P11.1 प्रायोगिक कथन

प्रेरण और प्रतिरोध के मान को मापने के लिए LCR मीटर का प्रयोग करें।

P11.2 प्रायोगिक महत्व

उद्योगों और घरेलू अनुप्रयोगों में, परिपथ में प्रेरण और प्रतिरोधो का उपयोग किया जाता है। परिपथ को डिजाइन करने के साथ-साथ परिपथ को समस्या निवारण करने के लिए, प्रेरण और प्रतिरोध के मान की पुष्टि की जानी चाहिए। यह प्रयोग, एक LCR मीटर के अग्र (फ्रंट) पैनल नियंत्रणों और इसके उपयोग को प्रेरण और प्रतिरोध के मान को मापने के लिए प्रस्तुत करेगा।

P11.3 प्रासंगिक सिद्धांत

प्रेरण और प्रतिरोध के लिए, कृपया इस पुस्तक के अध्याय 1 का 1.1.1 देखें।

LCR मीटर एक प्रकार का इलेक्ट्रॉनिक परीक्षण उपकरण है जिसका उपयोग इलेक्ट्रॉनिक घटक के प्रेरकत्व (L), संधारित्र (C), और प्रतिरोध (R) को मापने के लिए किया जाता है। यह परीक्षण के तहत एक उपकरण के माध्यम से बहने वाली धारा (I) को मापता है, वोल्टेज (V) मापता है, तथा V और I के बीच के कला कोण को मापता है। इन तीन मापों से, सभी प्रतिबाधा मापदंडों की गणना LCR मीटर द्वारा की जाती है।

P11.4 प्रायोगिक परिणाम (PrO)

PrO1 विभिन्न सेटिंग्स को समझने के लिए LCR मीटर को संचालित करें।

PrO2 LCR मीटर का उपयोग करके दिए गए प्रतिरोधक का मान मापें।

PrO3 एक डिजिटल मल्टीमीटर के साथ प्रतिरोध मान का परीक्षण करें और LCR मीटर को मानक मीटर मानकर त्रुटि का विश्लेषण करें।

P11.5 प्रायोगिक व्यवस्था (परिपथ आरेख)

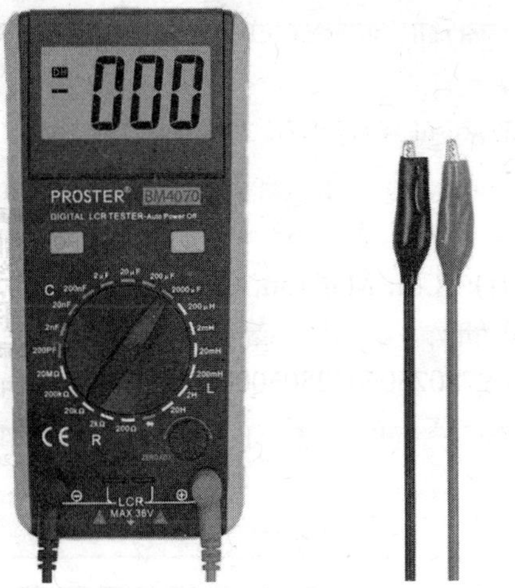

चित्र P11.1: एक सैम्पल डिजिटल LCR मीटर
सौजन्य: बीएम 4070 के लिए प्रोस्टर

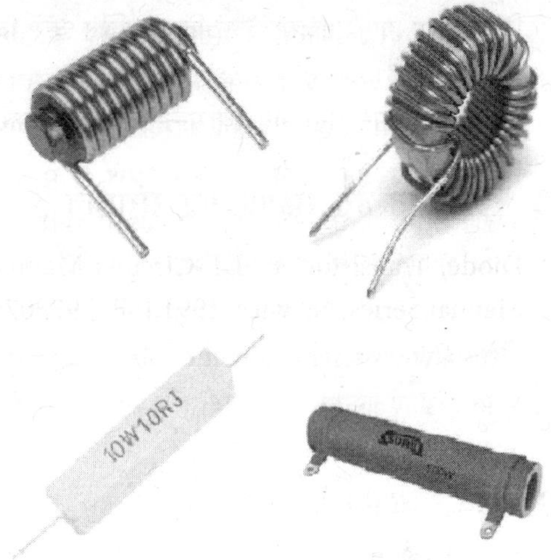

चित्र P11.2: प्रेरण और प्रतिरोध

P11.6 आवश्यक संसाधन

क्रमांक	सुझाए गए संसाधनों की आवश्यकता महत्वपूर्ण विशिष्टताओं के साथ	मात्रा संख्या
1.	डिजिटल LCR मीटर: लीड के साथ 3½ -डिजिटल LCD डिस्प्ले; प्रतिरोध: 20Ω – 200MΩ; संधारित्र: 2000PF – 200uF; प्रेरण: 20mH – 20H या समान श्रेणियों के साथ LCR मीटर	1
2.	प्रेरक: विभिन्न प्रकार जैसे वायु कुंडली, विभिन्न मान के फेराइट कोर टॉरॉयडल प्रेरक	न्यूनतम 3
3.	प्रतिरोधक: विभिन्न प्रकार जैसे वायर कुंडली, कार्बन फिल्म, विभिन्न मान की सेरमेट फिल्म	न्यूनतम 3
4	जला हुआ प्रतिरोध	1
5	कनेक्टिंग वायर, सिंगल स्ट्रैंड टेफ्लॉन कोटिंग (0.5 mm व्यास)	LS

P11.7 सुरक्षा उपाय

1. जैसे ही इसे चालू किया जाता है, LCR मीटर को लगभग 2 मिनट के लिए सेल्फ-कैलिब्रेट होने की अनुमति दी जानी चाहिए।
2. प्रयोग करते समय, नॉब को समायोजित (एडजस्ट) करें और LCR मीटर के उचित फंक्शन का चयन करें।

P11.8 प्रयोग विधि

1. पैनल पर विभिन्न नियंत्रणों की पहचान करें और उपकरण मैनुअल के माध्यम से उनके कार्य को समझने का प्रयास करें।
2. LCR मीटर चालू करें।

3. सॉकेट में अज्ञात मान का प्रतिरोध डालें। घुंडी को समायोजित करके प्रेरण का चयन करें।
4. सुनिश्चित करें कि पूरे प्रयोग के दौरान LCR मीटर की आवृत्ति स्थिर रखी जाए।
5. डिजिटल LCR मीटर से प्रेरण के मान को देखें और नोट करें।
6. इसी प्रकार अन्य प्रतिरोधक भी डालें और उनके मान नोट करें।
7. अब मल्टीमीटर का उपयोग करके उसी प्रतिरोध का प्रतिरोध मान मापें।
8. LCR मीटर को मानक मानकर चरण 8 में प्रतिरोध के मापन में त्रुटि के प्रतिशत की गणना कीजिए।
9. प्रेरण और प्रतिरोध के विभिन्न प्रकारों और मान के लिए चरण 3 से 7 को दोहराएं और उन्हें अवलोकन और गणना तालिका में नोट करें।
10. अंत में, एक 'जला हुआ' प्रतिरोध लें और उसे डालें और प्रतिरोध को मापें और रीडिंग को 'A' के रूप में नोट करें।
11. अब बस एक तार का उपयोग करके टर्मिनलों को शॉर्ट करें। अवलोकन को 'B' के रूप में नोट करें।

P11.9 अवलोकन और गणना

क्रमांक	प्रेरक का मान 'L' (LCR मीटर)	प्रतिरोध का मान 'R' (LCR मीटर)	प्रतिरोध का मान 'R' (मल्टीमीटर)	प्रतिरोध के मापन में त्रुटि का प्रतिशत
1.				
2.				
3.				

A = …………

B = …………

गणना

प्रतिरोध के मापन में त्रुटि का प्रतिशत

$$= \frac{[R(\text{LCR मीटर का उपयोग करके मान}) - R(\text{मल्टीमीटर का उपयोग करके मान})]}{R(\text{LCR मीटर का उपयोग करके मान})} \times 100$$

P11.10 परिणाम एवं/अथवा विवेचना

(प्राप्त मूल्यों पर टिप्पणी, टॉलरेंस (tolerance), त्रुटि, परिणाम 'जला हुआ' प्रतिरोध कनेक्ट होने पर प्राप्त होता है; परिणाम शॉर्ट परिपथ होने पर प्राप्त होता है)

……

……

P11.11 निष्कर्ष

....

....

P11.12 प्रयोग संबंधित प्रश्न

(उत्तर के लिए अलग शीट का प्रयोग करें)

नोट: नीचे संदर्भ के लिए कुछ नमूना प्रश्न दिए गए हैं। पूर्व-निर्धारित पाठ्यक्रम परिणामों की उपलब्धि सुनिश्चित करने के लिए शिक्षकों को ऐसे और अधिक प्रश्न तैयार करने चाहिए।.

1.वर्णन करें कि एक निष्क्रिय घटक के मान को कैसे मापा जा सकता है, जो परिपथ में जुड़ा हुआ है?

2.यदि निष्क्रिय घटक का मान प्रदान किए गए LCR मीटर की सीमा से बाहर है, तो माप पर प्रभाव बताएं।

VI. P12- ES110: LCR-Q मीटर का उपयोग कर संधारित्र का मापन

P12.1 प्रायोगिक कथन

दिए गए संधारित्र का मान मापने के लिए LCR-Q मीटर का उपयोग करें।

P12.2 प्रायोगिक महत्व

एक स्वचालित गणना (ऑटो कंप्यूटेड) डिजिटल LCR-Q मीटर की उपयोगिता, जिसे LCR-Q परीक्षक (टेस्टर) भी कहा जाता है, जो सीधे संधारित्र जैसे घटकों के मान को मापता है, साथ ही अन्य महत्वपूर्ण मापदंडों जैसे प्रेरकत्व, संधारित्र, प्रतिरोध और Q फैक्टर जैसे अन्य मान, परिपथ डिजाइन और समस्या निवारण के दौरान उपयोगी होते हैं। इस प्रयोग का उद्देश्य LCR-Q मीटर के फ्रंट पैनल नियंत्रणों और मापन में इसके अनुप्रयोगों को समझना है।

P12.3 प्रासंगिक सिद्धांत

एक LCR-Q मीटर एक प्रकार का इलेक्ट्रॉनिक परीक्षण उपकरण है जो प्रेरकत्व (L), संधारित्र (C), प्रतिरोध (R) और Q कारक को मापने के लिए उपयोग किया जाता है। यदि एक संधारित्र को ज्ञात वोल्टेज स्रोत से और ज्ञात प्रतिरोध के माध्यम से आवेशित (चार्ज) किया जा रहा है, तो संधारित्र वोल्टेज के लिए एक निश्चित निर्दिष्ट मान (जैसे बैटरी वोल्टेज का 63%) तक पहुंचने के लिए आवश्यक समय सीधे 'C' के मान पर निर्भर करेगा। 'C' का मान जितना कम होगा, LCR-Q काउंटर तकनीक का उपयोग करके समय मापने में उतना ही अधिक समय लेता है। डिजिटल वोल्टमापक यंत्र तकनीक 'समय' को वोल्टेज में बदल सकती है, अंत में C और/या, L और/या, R का मान प्राप्त किया जा सकता है। हालाँकि, यह एक विस्तृत विवरण है कि माप कैसे किया जाता है। स्वचालित गणना मीटर माइक्रोप्रोसेसर आधारित उपकरण हैं जो माप की सुविधा प्रदान करते हैं। डिजिटल LCR-Q मीटर के बारे में अधिक जानने के लिए कृपया मैनुअल देखें।

P12.4 प्रैक्टिकल आउटकम्स (PrO)

PrO1 LCR-Q मीटर को व्यवस्थित (सेट) और संचालित करें।

PrO2 संधारित्र मापने के लिए LCR-Q मीटर का उपयोग करें।

PrO3 घटक पर अंकित मान के साथ मीटर के माध्यम से प्राप्त परिणामों की तुलना करें।

P12.5 प्रायोगिक व्यवस्था (काम की स्थिति)

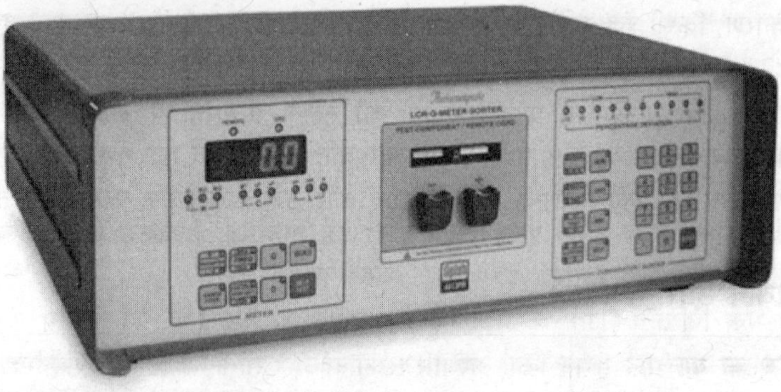

चित्र P12.1: स्वचालित गणना LCR-Q मीटर

P12.6 आवश्यक संसाधन

क्रमांक	सुझाए गए संसाधनों की आवश्यकता महत्वपूर्ण विशिष्टताओं के साथ	मात्रा / संख्या	वास्तविक संसाधनों की आवश्यकता व्यापक विशिष्टताओं वाली के साथ (छात्र द्वारा भरा जाना है)		टिप्पणी (यदि कोई हो)
1.	स्वचालित गणना डिजिटल LCR-Q मीटर: 4 अंकों का डिस्प्ले; स्वत: परीक्षण सुविधा के साथ ऑटो रेंजिंग;	1			
2.	संधारित्र परीक्षण के लिए	मिश्रित			

P12.7 सुरक्षा उपाय

1. LCR-Q मीटर को सावधानी से संभालें।
2. प्रयोग करते समय, LCR-Q मीटर के उचित फंक्शन का चयन करें।
3. सुनिश्चित करें कि परीक्षण किए जाने वाले संधारित्र अनावेशित (डिस्चार्ज) की स्थिति में हैं।
4. परिपथ आरेख में दिखाए गए अनुसार संधारित्र को सही ध्रुवों में संयोजित करें।

P12.8 प्रयोग विधि

1. LCR-Q मीटर के पैनल पर उपलब्ध मुख्य नियंत्रणों की पहचान करें और उनके कार्य को समझने का प्रयास करें।
2. उपकरणों की कुंजी ON करें।
3. लगभग दो मिनट समय तक प्रतीक्षा करें ताकि LCR-Q मीटर स्व-कैलिब्रेटेड हो और उपयोग के लिए तैयार हो।

4. ध्रुवीयता का ध्यान रखते हुए अज्ञात मान के संधारित्र को सॉकेट में इंसर्ट करें। 'R/L/C' स्विच को दबाएँ ताकि 'C' के तहत LED यह दर्शाता है कि उपकरण संधारित्र माप मोड में है। मीटर पूरी तरह से स्वचालित होने के कारण, किसी रेंज सेटिंग की आवश्यकता नहीं है। उपयुक्त जोड़ने के तहत एक LED चमक जाएगी।
5. इसी तरह, अन्य संधारित्र इंसर्ट करें और उनके मान को नोट करें।
6. LCR-Q मीटर के माध्यम से प्राप्त परिणामों की तुलना संधारित्र पर अंकित मान के साथ करें, LCR-Q मीटर को मानक मीटर के रूप में लेते हुए और त्रुटि के प्रतिशत की गणना करें।
7. विभिन्न संधारित्र के लिए चरण 2 से 5 दोहराएं और उन्हें अवलोकन और गणना तालिका में नोट करें।

P12.9 अवलोकन और गणना

क्रमांक	संधारित्र का मान 'C' (LCR मीटर)	संधारित्र का मान 'C' (अंकित मान)	संधारित्र की माप में त्रुटि का प्रतिशत
1			
2			
3			

गणना:

संधारित्र की माप में त्रुटि का प्रतिशत

$$= \frac{[\text{'C' (LCR-Q मीटर का उपयोग कर मान)} - \text{'C' (अंकित (Inscribed) मान)}]}{\text{'C' (LCR-Q मीटर का उपयोग कर मान)}} \times 100$$

P12.10 परिणाम एवं/अथवा विवेचना

....

....

P12.11 निष्कर्ष

....

....

P12.12 प्रयोग संबंधित प्रश्न

(उत्तर के लिए अलग शीट का प्रयोग करें)

नोट: नीचे संदर्भ के लिए कुछ नमूना प्रश्न दिए गए हैं। पूर्व-निर्धारित पाठ्यक्रम परिणामों की उपलब्धि सुनिश्चित करने के लिए शिक्षकों को ऐसे और अधिक प्रश्न तैयार करने चाहिए।

1. LCR-Q मीटर के लिए शुरूआती (वार्मअप) समय की आवश्यकता का कारण बताएं।
2. स्पष्ट करें कि आवेशित संधारित्र का परीक्षण करने की सलाह क्यों नहीं दी जाती है।

P12.13 अध्ययन हेतु सुझाए गए संसाधन

Q मीटर
उपकरण

VII. P13-ES110: रंग कोड के साथ प्रतिरोध का मापन और मल्टीमीटर का उपयोग करके पुष्टि

P13.1 प्रायोगिक कथन

दिए गए प्रतिरोधक का मान रंग कोड के साथ, पुष्टि करने के लिए डिजिटल मल्टीमीटर का उपयोग करके प्रतिरोधक का मान निर्धारित करें।

P13.2 प्रायोगिक महत्व

इस प्रयोग का उद्देश्य रंग (कलर) कोडिंग का उपयोग करके कार्बन रेजिस्टर का मान ज्ञात करना है। अधिकांश इलेक्ट्रॉनिक परिपथ में प्रतिरोधों का उपयोग किया जाता है। परिपथ के विकास और समस्या निवारण के लिए मल्टी-मीटर जैसे माप उपकरण का उपयोग करके मूल्यों की पुष्टि करने के कौशल को विकसित करना आवश्यक है।

P13.3 प्रासंगिक सिद्धांत

एक कार्बन प्रतिरोधक के बाहरी भाग को अलग-अलग रंगों के तीन बैंड, आपस में एक-दूसरे से समान दूरी पर और चौथे बैंड को पिछले अंतर की तुलना में, तीसरे से थोड़ा दूर, चिह्नित किया गया है जैसा कि चित्र P13.1 में दिखाया गया है। रंगों का संयोजन ओम में प्रतिरोध के मान का प्रतिनिधित्व करता है। बैंड को बाएं से दाएं पढ़ा जाता है, पहले दो रंग बैंड अलग-अलग अंकों के रूप में आधार मान का प्रतिनिधित्व करते हैं, जबकि तीसरा एक शक्ति गुणक है और अंतिम एक टॉलरेंस संकेतक है क्योंकि निर्माण प्रक्रिया मान की सटीकता को सीमित करती है। यदि पाँच बैंड हैं, तो पहले तीन आधार मान का प्रतिनिधित्व करते हैं, जबकि अंतिम दो अभी भी क्रमशः गुणक और टॉलरेंस का प्रतिनिधित्व करते हैं।

रंग मान प्रतिनिधित्व:

0 = काला; 1 = भूरा; 2 = लाल; 3 = नारंगी; 4 = पीला;
5 = हरा; 6 = नीला; 7 = बैंगनी; 8 = ग्रे; 9 = सफेद

टोलरेंस:

भूरा = +/- 1%; लाल = +/- 2%; सोना = +/- 5%; चांदी = +/- 10%

एक प्रतिरोधक की शक्ति रेटिंग वाट क्षमता में दी जाती है। सामान्य उपलब्ध प्रतिरोधों में 1/8 W, 1/4 W, 1/2 W, 1 W, 2 W शक्ति रेटिंग होती है।

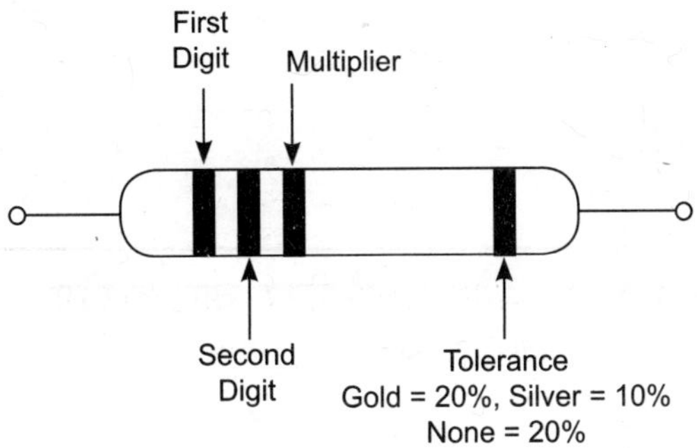

चित्र P13.1: प्रतिरोधों की कलर कोडिंग

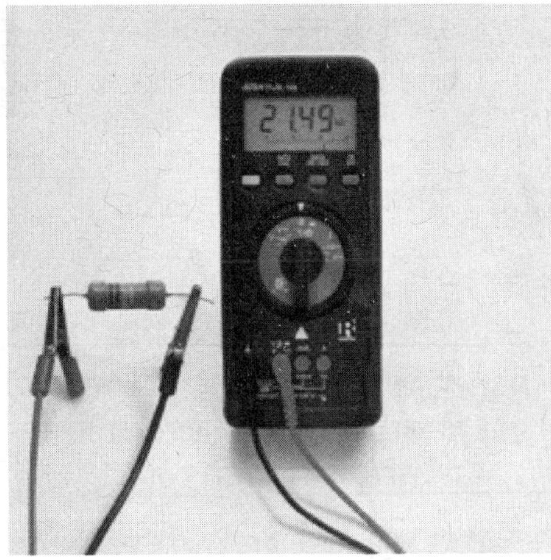

चित्र P13.2: डिजिटल मल्टी-मीटर का उपयोग करके प्रतिरोध मापन

P13.4 प्रैक्टिकल आउटकम्स (PrO)

PrO1 रंग कोडिंग द्वारा प्रतिरोधों के मान की पहचान करें।

PrO2 प्रतिरोध को मापने के लिए मल्टीमीटर का उपयोग करें।

PrO3 निर्धारित करें कि त्रुटि स्वीकार्य सीमा के भीतर है या नहीं।

P13.5 प्रायोगिक व्यवस्था (कार्य की स्थिति)

चित्र P13.2 प्रतिरोध के मान की पुष्टि करने के लिए एक डिजिटल मल्टी-मीटर का उपयोग करने की कार्य स्थिति को दर्शाता है।

P13.6 आवश्यक संसाधन

क्रमांक	सुझाए गए संसाधनों की आवश्यकता महत्वपूर्ण विशिष्टताओं के साथ	मात्रा / संख्या	वास्तविक संसाधनों की आवश्यकता व्यापक विशिष्टताओं के साथ (छात्र द्वारा भरा जाना है)		टिप्पणी (यदि कोई हो)
1.	प्रोब्स के साथ डिजिटल मल्टी-मीटर 3½ अंकों का LCD डिस्प्ले	1			
2.	विभिन्न मूल्यों और वाट क्षमता के कार्बन प्रतिरोधक	चयनित (कम से कम 5)			

P13.7 सुरक्षा उपाय

1. सुनिश्चित करें कि माप करते समय दोनों प्रतिरोधक लीड्स एक दुसरे को स्पर्श नहीं कर रहे हैं, अन्यथा DMM रेसिस्टर के प्रतिरोध के साथ-साथ शरीर के प्रतिरोध को भी मापेगा।
2. प्रयोग करते समय मल्टीमीटर के उचित कार्य (फलन) का चयन करें।

P13.8 प्रयोग विधि

1. अंकीय मल्टीमीटर के "V" सॉकेट में लाल लीड प्लग और "COM" सॉकेट में ब्लैक लीड प्लग इन्सर्ट करे।
2. प्रतिरोध माप के लिए उचित फंक्शन का चयन करें ।
3. उपयुक्त रेंज का चयन करें ।
4. दो लीड क्रोकोडाइल क्लिप को प्रतिरोध (या जम्पर तारों के माध्यम से प्रतिरोध) परिपथ के लिए माप करने के लिए संयोजित करें।
5. पढ़ने पर ध्यान दें, यदि आवश्यक हो तो रेंज समायोजित करें।
6. रंग कोड और DMM का उपयोग करके विभिन्न प्रतिरोधों का प्रतिरोध मान निर्धारित करें।
7. प्रत्येक प्रतिरोधक के प्रतिरोध को मापें और प्रेक्षण तालिका में मान नोट करें।
8. मापा मूल्य के साथ रंग कोडित प्रतिरोध मूल्य की तुलना करें।
9 मापा प्रतिरोध और रंग कोडित प्रतिरोध, प्रतिरोध की टॉलरेंस सीमा में सहमत होना चाहिए।

P13.9 अवलोकन और गणना

क्रमांक	रंग कोड का उपयोग कर प्रतिरोध का मान	रंग कोड का टॉलरेंस	प्रतिरोध का मान (DMM का उपयोग करके)	त्रुटि का प्रतिशत

$$\text{गणना त्रुटि का प्रतिशत} = \frac{[\text{प्रतिरोध मापा गया मान} - \text{रंग कोड का उपयोग कर प्रतिरोध मान}]}{\text{प्रतिरोध मापा गया मान}} \times 100$$

P13.10 परिणाम एवं/अथवा विवेचना

P13.11 निष्कर्ष

....

....

P13.12 प्रयोग संबंधित प्रश्न

(उत्तर के लिए अलग शीट का प्रयोग करें)

नोट: नीचे संदर्भ के लिए कुछ नमूना प्रश्न दिए गए हैं। पूर्व-निर्धारित पाठ्यक्रम परिणामों की उपलब्धि सुनिश्चित करने के लिए शिक्षकों को ऐसे और अधिक प्रश्न तैयार करने चाहिए।

1. यदि किसी प्रतिरोध का रंग बैंड भूरा, हरा और ग्रे है; तो प्रतिरोध और टॉलरेंस का मूल्य क्या है?
2. क्या आप परिपथ में जुड़े कार्बन प्रतिरोध का मान माप सकते हैं? आपने जवाब का औचित्य साबित करें।

P13.13 अध्ययन हेतु सुझाए गए संसाधन

प्रतिरोध का मापन

VIII. P14-ES110: PN जंक्शन डायोड का परीक्षण

P14.1 प्रायोगिक कथन

डिजिटल मल्टीमीटर का उपयोग करके PN जंक्शन डायोड का परीक्षण करें।

P14.2 प्रायोगिक महत्व

PN जंक्शन डायोड एक दो टर्मिनल अर्धचालक डिवाइस है। प्रयोग की आवश्यकता के अनुसार डायोड का चयन किया जाता है। डायोड का परीक्षण करने के लिए, इसके प्रतिरोध को मापा जाता है। कुछ अंकीय मल्टीमीटर और CRO में प्रत्यक्ष डायोड परीक्षण सुविधा होती है। इसका प्रायोगिक उद्देश्य दोनों विधियों का उपयोग करके डायोड के परीक्षण के कौशल को विकसित करना है।

P14.3 प्रासंगिक सिद्धांत

PN जंक्शन डायोड सिद्धांत के लिए, कृपया इस पुस्तक का विषय 1.2.2 देखें।

P14.4 प्रैक्टिकल आउटकम्स (PrO)

PrO1 डायोड परीक्षण के लिए अंकीय मल्टी-मीटर का उपयोग करें।

PrO2 डायोड के प्रतिरोध को मापें।

P14.5 प्रायोगिक व्यवस्था (कार्य की स्थिति)

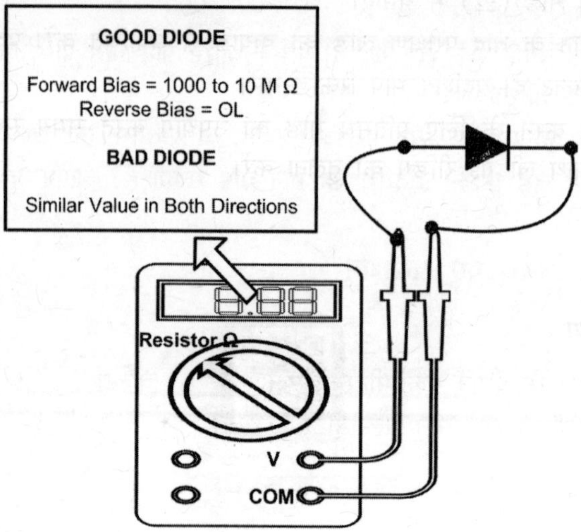

चित्र P14.1: डिजिटल मल्टीमीटर का उपयोग करके डायोड परीक्षण

P14.6 आवश्यक संसाधन

क्रमांक	सुझाए गए संसाधनों की आवश्यकता महत्वपूर्ण विशिष्टताओं के साथ	मात्रा / संख्या	वास्तविक संसाधनों की आवश्यकता व्यापक विशिष्टताओं के साथ (छात्र द्वारा भरा जाना है)		टिप्पणी (यदि कोई हो)
1.	डिजिटल मल्टी मीटर: लीड के साथ 1/2 अंकों का डिस्प्ले	1			
2.	डायोड IN4007 (या कोई अन्य समकक्ष डायोड)	1			

P14.7 सुरक्षा उपाय

1. परीक्षण करते समय मल्टीमीटर के उचित मोड चुनें।
2. सुनिश्चित करें कि परिपथ की सभी पावर बंद है।
3. सुनिश्चित करें कि परीक्षण के दौरान डायोड पर कोई वोल्टेज मौजूद नहीं है

P14.8 प्रयोग विधि

A. *डिजिटल मल्टी-मीटर का उपयोग कर प्रत्यक्ष (डायरेक्ट) डायोड परीक्षण:*

1. डायल यानी रोटरी स्विच को डायोड परीक्षण मोड में घुमाएं।
2. परीक्षण लीड को डायोड से संयोजित करें। प्रदर्शित माप रिकॉर्ड करें।
3. परीक्षण लीड को उलट दें। प्रदर्शित माप रिकॉर्ड करें।

B. ***प्रतिरोध माप मोड का उपयोग कर डायोड परीक्षण:***

1. डायल को रेसिस्टेंस मोड (Ω) में घुमाएँ।
2. परिपथ से हटाए जाने के बाद परीक्षण लीड को डायोड से संयोजित करें। प्रदर्शित माप रिकॉर्ड करें।
3. परीक्षण लीड को उलट दें। प्रदर्शित माप रिकॉर्ड करें।
4. डायोड का परीक्षण करने के लिए प्रतिरोध मोड का उपयोग करते समय सर्वोत्तम परिणामों के लिए, ज्ञात अच्छे डायोड के साथ ली गई रीडिंग की तुलना करें।

P14.9 अवलोकन

A. ***डायरेक्ट डायोड परीक्षण***

1. अग्र बायस्ड कंडीशन के दौरान मल्टीमीटर डिस्प्ले ______ वोल्ट।
2. प्रतिलोम बायस्ड कंडीशन के दौरान मल्टीमीटर डिस्प्ले ______ वोल्ट।

B. ***प्रतिरोध मापन परीक्षण***

1. अग्र बायस्ड कंडीशन के दौरान मल्टीमीटर डिस्प्ले ______ ओम।
2. प्रतिलोम बायस्ड कंडीशन के दौरान मल्टीमीटर डिस्प्ले ______ ओम।

P14.10 परिणाम एवं/अथवा विवेचना

P14.11 निष्कर्ष और/या सत्यापन

....

....

P14.12 प्रयोग संबंधित प्रश्न

(उत्तर के लिए अलग शीट का प्रयोग करें)

नोट: नीचे संदर्भ के लिए कुछ नमूना प्रश्न दिए गए हैं। पूर्व-निर्धारित पाठ्यक्रम परिणामों की उपलब्धि सुनिश्चित करने के लिए शिक्षकों को ऐसे और अधिक प्रश्न तैयार करने चाहिए।

1. 1N श्रेणी के डायोड के टर्मिनलों की पहचान कीजिए।
2. CRO का उपयोग करके दिए गए डायोड का परीक्षण करें।
3. दिए गए लोड करंट आवश्यकता के लिए डेटा शीट से डायोड का चयन करें।

IX. P15-ES110: PN संधि डायोड

P15.1 प्रायोगिक कथन

PN संधि डायोड के प्रदर्शन का परीक्षण करें।

P15.2 प्रायोगिक महत्व

PN संधि डायोड का उपयोग उद्योगों के साथ-साथ घरेलू अनुप्रयोगों जैसे डिटेक्टर परिपथ, तरंग (वेव) शेपिंग परिपथ और DC बिजली की आपूर्ति के दिष्टकारी में किया जाता है। इन अनुप्रयोगों के लिए, एक उपयुक्त डायोड का चयन करने के लिए, डायोड के प्रदर्शन को जानना आवश्यक है। इस प्रयोग में, छात्र विभव में परिवर्तन के संबंध में डायोड व्यवहार को समझने के लिए दिए गए डायोड की V-I विशेषताओं को ड्रा करेगा, जो बदले में परिपथ में उपयोग किए जाने वाले प्रासंगिक इलेक्ट्रॉनिक उपकरणों के चयन में मदद करेगा।

P15.3 प्रासंगिक सिद्धांत

PN संधि डायोड सिद्धांत के लिए, कृपया विषय 1.2.2 देखें।

P15.4 प्रैक्टिकल आउटकम्स (PrO)

PrO1 PN संधि डायोड की V-I विशेषताएँ बनाइए।

PrO2 किसी दिए गए डायोड के स्थिर प्रतिरोध को मापें।

PrO3 किसी दिए गए डायोड के चर प्रतिरोध को मापें।

PrO4 दिए गए डायोड के नी (knee) विभव का निर्धारण करें।

P15.5 प्रायोगिक व्यवस्था (परिपथ आरेख)

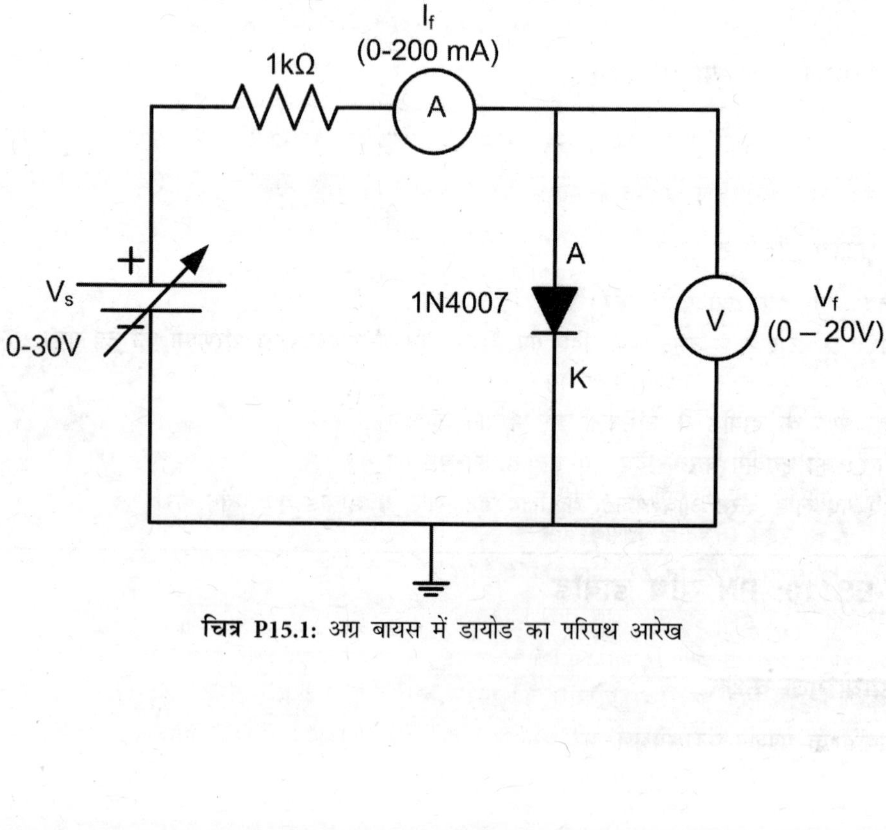

चित्र P15.1: अग्र बायस में डायोड का परिपथ आरेख

15.6 आवश्यक संसाधन

क्रमांक	सुझाए गए संसाधनों की आवश्यकता महत्वपूर्ण विशिष्टताओं के साथ	मात्रा / संख्या	वास्तविक संसाधनों की आवश्यकता व्यापक विशिष्टताओं के साथ (छात्र द्वारा भरा जाना है)		टिप्पणी (यदि कोई हो)
1.	डिजिटल मल्टीमीटर: 1/2 अंकों का डिस्प्ले	3			
2.	DC विनियमित बिजली की आपूर्ति: परिवर्तनीय DC बिजली की आपूर्ति 0-30 V, 2 A, SC सुरक्षा, वोल्टेज और धारा के लिए प्रदर्शन	1			
3.	वोल्टमीटर: 0-20 V	1			
4.	एमीटर: 0 - 200 mA, 0 - 200 μA	2			
5.	ब्रेड बोर्ड: 5.5 cm × 17 cm				
6.	डायोड: IN4007 (या कोई अन्य समकक्ष डायोड)	1			
7.	प्रतिरोध: 1KΩ (0.5 watts / 0.25 watts)	1			
8.	कनेक्टिंग वायर, सिंगल स्ट्रैंड टेफ्लॉन कोटिंग (0.6 mm व्यास)	L. S.			

P15.7 सुरक्षा उपाय

1. जब तक आपने परिपथ आरेख के अनुसार परिपथ कनेक्शन की जांच नहीं की है, तब तक बिजली की आपूर्ति चालू न करें।
2. सुनिश्चित करें कि वोल्टमीटर और एमीटर सही ध्रुवों में जुड़े हुए हैं जैसा कि परिपथ आरेख में दिखाया गया है।
3. सुनिश्चित करें कि लोड प्रतिरोध सही मान और वाट क्षमता का है।
4. प्रयोग करते समय डायोड के इनपुट विभव डायोड के रेटेड विभव से अधिक न हो। इससे डायोड खराब हो सकता है।
5. किसी भी रेंज को बदलने से पहले सुनिश्चित करें कि मीटर बंद कंडीशन में है।

P15.8 प्रयोग विधि

1. विद्युत परिपथ को चित्र P15.1 के अनुसार जोड़िए।
2. बिजली की आपूर्ति चालू करें।
3. प्रेक्षण तालिका में वोल्टता V_F और धारा I_F को रिकॉर्ड करें।
4. 0.1 V के स्टेप में इनपुट विभव बढ़ाएँ।
5. प्रेक्षण तालिका में विभव V_F और धारा I_F रिकॉर्ड करें।
6. चरण 4 से 5 तक दोहराएं, जब तक कि 1 V नहीं पहुंच जाता।
7. V_F को X-अक्ष पर और I_F को Y-अक्ष पर लेकर डायोड के अग्र बायस अभिलक्षणों का आलेख आलेखित करें।
8. किसी विशेष बिंदु पर स्थिर प्रतिरोध की गणना करें।
9. आलेखित ग्राफ पर दो बिंदुओं को ध्यान में रखते हुए, चर प्रतिरोध की गणना करें।

P15.9 अवलोकन और गणना

क्रमांक	V_F (V)	I_F (mA)
1		
2		
3		

गणना:

विशेष बिंदु पर स्थिर प्रतिरोध $R_{static} = V_F/I_F$

डायनामिक प्रतिरोध $R_{dynamic} = \Delta V_F/\Delta I_F$

P15.10 परिणाम एवं/अथवा विवेचना

1. दिए गए डायोड का स्थिर प्रतिरोध = ...
2. दिए गए डायोड का डायनामिक प्रतिरोध = ...
3. दिए गए डायोड का नी (knee) विभव = ...।

P15.11 निष्कर्ष और/या सत्यापन

....

....

P15.12 प्रयोग संबंधित प्रश्न

(उत्तर के लिए अलग शीट का प्रयोग करें)

नोट: नीचे संदर्भ के लिए कुछ नमूना प्रश्न दिए गए हैं। पूर्व-निर्धारित पाठ्यक्रम परिणामों की उपलब्धि सुनिश्चित करने के लिए शिक्षकों को ऐसे और अधिक प्रश्न तैयार करने चाहिए।

1. डेटा शीट से BY सीरीज डायोड के टर्मिनलों को पहचानें।
2. वर्णन करें कि यदि परिपथ से भार प्रतिरोध हटा दिया जाए तो क्या होगा।
3. बताएं कि यदि भार प्रतिरोध का मान 5 Ω ,1/4W में बदल दिया जाए तो इस प्रयोग में क्या होगा?

P15.13 अध्ययन हेतु सुझाए गए संसाधन

डायोड की विशेषताएं

X. P16-ES110: जेनर डायोड के प्रदर्शन का परीक्षण करें

P16.1 प्रायोगिक कथन

जेनर डायोड के प्रदर्शन का परीक्षण करें।

P16.2 प्रायोगिक महत्व

उद्योगों में, जेनर डायोड का व्यापक रूप से विभव संदर्भ (references) के रूप में और शंट नियामकों (regulators) के रूप में उपयोग किया जाता है ताकि स्विचिंग अनुप्रयोगों में, छोटे परिपथ में विभव को नियंत्रित (regulate), और परिपथ में अधिक वोल्टता से संरक्षण किया जा सके। जेनर डायोड का उपयोग कतरन (क्लिपिंग) और दबाने वाले (क्लैम्पिंग) परिपथ में भी किया जाता है, विशेष रूप से पीक क्लिपर्स के साथ-साथ डिवाइस सुरक्षा के लिए सर्ज सप्रेशन परिपथ में भी उपयोग किया जाता है। उपयुक्त जेनर डायोड चुनने के लिए, जेनर डायोड के प्रदर्शन को समझना आवश्यक है।

P16.3 प्रासंगिक सिद्धांत

जेनर डायोड के लिए इस पुस्तक में तालिका 1.2.1 देखें।

P16.4 प्रैक्टिकल आउटकम्स (PrO)

PrO1 परिपथ में जेनर डायोड की पहचान करें।

PrO2 जेनर डायोड के V-I अभिलक्षणों को आलेखित करें।

PrO3 जेनर ब्रेकडाउन विभव निर्धारित करें।

PrO4 विभव और धारा मापने के लिए अंकीय मल्टीमीटर का उपयोग करें।

P16.5 प्रायोगिक व्यवस्था (परिपथ आरेख)

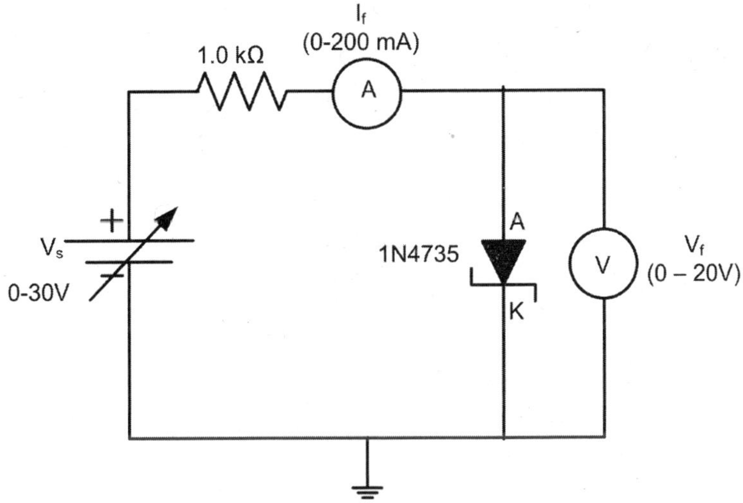

चित्र P16.1: अग्र बायस जेनर डायोड

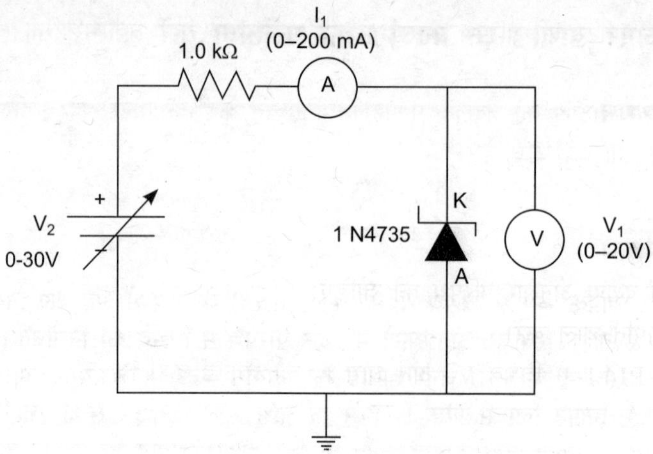

चित्र P16.2: प्रतिलोम बायस जेनर डायोड

P16.6 आवश्यक संसाधन

क्रमांक	सुझाए गए संसाधनों की आवश्यकता महत्वपूर्ण विशिष्टताओं के साथ	मात्रा / संख्या	वास्तविक संसाधनों की आवश्यकता व्यापक विशिष्टताओं के साथ (छात्र द्वारा भरा जाना है)		टिप्पणी (यदि कोई हो)
1.	डिजिटल मल्टीमीटर: 1/2 अंकों का डिस्प्ले	2			
2.	DC विनियमित (regulated) बिजली की आपूर्ति: परिवर्तनीय DC बिजली की आपूर्ति 0-30 V, 2 A, SC सुरक्षा, वोल्टेज और धारा के लिए प्रदर्शन	1			
3.	वोल्टमीटर: 0-20 V	1			
4.	एमीटर: 0 - 200 mA, 0 - 200 μA	2			
5.	ब्रेड बोर्ड: 5.5 cm X 17 cm	1			
6.	जेनर डायोड IN4735 (या कोई अन्य समकक्ष जेनर डायोड)	1			
7.	प्रतिरोध 1KΩ (0.5 watts/0.25 watts)	1			
8.	कनेक्टिंग वायर, सिंगल स्ट्रैंड टेफ्लॉन कोटिंग (0.6 mm व्यास)	L.S.			

P16.7 सुरक्षा उपाय

1. जब तक आपने परिपथ आरेख के अनुसार परिपथ संयोजन की जांच नहीं की है, तब तक बिजली की आपूर्ति चालू न करें।

2. वोल्टमीटर और एमीटर को परिपथ आरेख में दर्शाए अनुसार सही ध्रुवाभिसारिता (polarity) में संयोजित करें।
3. किसी भी रेंज या सेटिंग्स को बदलने से पहले सुनिश्चित करें कि मीटर बंद कंडीशन में है।
4. परिपथ की निरंतरता की जांच करें।

P16.8 प्रयोग विधि

1. चित्र P16.1 में दर्शाए अनुसार परिपथ को जोड़िए।
2. बिजली की आपूर्ति चालू करें।
3. प्रेक्षण तालिका P16.1 में विभव V_F और धारा I_F को रिकॉर्ड करें।
4. 0.1 V के स्टेप में इनपुट विभव बढ़ाएँ ।
5. प्रेक्षण तालिका P16.1 में विभव V_F और धारा I_F को रिकॉर्ड करें।
6. जब तक कि 1 वोल्ट न हो जाए, चरण 4 से 5 तक दोहराएं।
7. V_F को X-अक्ष और I_F को Y-अक्ष पर लेकर जेनर डायोड के अग्र बायस अभिलक्षणों के लिए आलेख आलेखित करें।
8. चित्र P16.2 में दर्शाए अनुसार परिपथ को जोड़िए।
9. इनपुट विभव को धीरे-धीरे 1V से 12V तक के चरणों में बदलें।
10. V_R और I_R की तदनुसार (corresponding) रीडिंग को प्रेक्षण तालिका P16.2 में रिकॉर्ड करें।
11. X-अक्ष पर V_F और Y-अक्ष पर I_F लेकर जेनर डायोड की रिवर्स बायस विशेषताओं के लिए आलेख आलेखित करें।

P16.9 अवलोकन और गणना

तालिका 16.1: V_F और I_F का मापन

क्रमांक	V_F (V)	I_F (mA)
1		
2		
3		

तालिका 16.2: V_R और I_R का मापन

क्रमांक	V_R (V)	I_R (mA)
1		
2		
3		
4		
5		

गणना:

जेनर डायोड का अग्र प्रतिरोध $R_Z = V_F/I_F$

ब्रेकडाउन क्षेत्र में जेनर डायोड का डायनामिक प्रतिरोध I = ... mA

$$R_{ZD} = V_R/I_R$$

P16.10 परिणाम एवं/अथवा विवेचना

1. जेनर ब्रेकडाउन विभव = ...
2. जेनर डायोड का अग्र प्रतिरोध = ...

P16.11 निष्कर्ष और/या सत्यापन

....

....

16.12 प्रयोग संबंधित प्रश्न

(उत्तर के लिए अलग शीट का प्रयोग करें)

नोट: नीचे संदर्भ के लिए कुछ नमूना प्रश्न दिए गए हैं। पूर्व-निर्धारित पाठ्यक्रम परिणामों की उपलब्धि सुनिश्चित करने के लिए शिक्षकों को ऐसे और अधिक प्रश्न तैयार करने चाहिए।

1. डेटा मैनुअल से किसी भी दो जेनर डायोड के लिए जेनर विभव का मान ज्ञात करें।
2. दिए गए जेनर डायोड के लिए रिवर्स धारा का अधिकतम मान बताइए।
3. जेनर डायोड के समानांतर विभव और इससे प्रवाहित होने वाली धारा पर पड़ने वाले प्रभाव का उल्लेख कीजिए, जब इसके समानांतर रिवर्स विभव, ब्रेकडाउन विभव से अधिक हो।

XI. P17-ES110: प्रकाश उत्सर्जक डायोड

P17.1 प्रायोगिक कथन

LED के प्रदर्शन का परीक्षण करें।

P17.2 प्रायोगिक महत्व

उद्योगों और घरेलू अनुप्रयोगों में LED का व्यापक रूप से डिस्प्ले डिवाइस और संकेतक के रूप में उपयोग किया जाता है। LED दो टर्मिनल अर्धचालक प्रकाश उत्सर्जक सक्रिय प्रदर्शन उपकरण है। मल्टीमीटर का उपयोग करके LED का परीक्षण किया जा सकता है।

P17.3 प्रासंगिक सिद्धांत

प्रकाश उत्सर्जक डायोड सुविधाओं, अनुप्रयोगों और प्रतीक के लिए तालिका 1.2 देखें।

P17.4 व्यावहारिक परिणाम (PrO)

प्रकाश उत्सर्जक डायोड का परीक्षण प्रदर्शन:

PrO1 घटक पहचान कौशल में सुधार करें।

PrO2 LED परीक्षण कौशल विकसित करें।

PrO3 दिए गए LED का परीक्षण करने के लिए DC बिजली की आपूर्ति का उपयोग करें।

P17.5 प्रायोगिक व्यवस्था (कार्य की स्थिति)

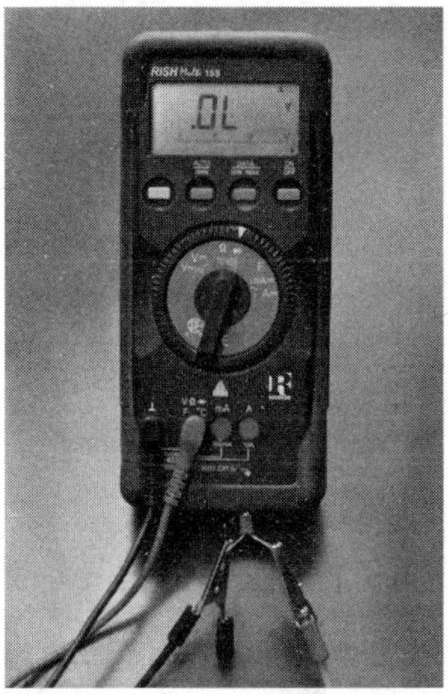

चित्र P17.1: डिजीटल मल्टीमीटर

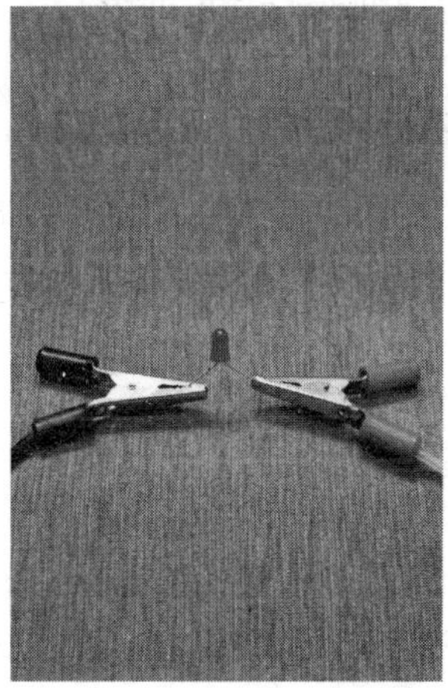

चित्र P17.2: मल्टीमीटर से जुड़ने के बाद LED की चमकने वाली छवि

P17.6 आवश्यक संसाधन

क्रमांक	सुझाए गए संसाधनों की आवश्यकता महत्वपूर्ण विशिष्टताओं के साथ	मात्रा / संख्या	वास्तविक संसाधनों की आवश्यकता व्यापक विशिष्टताओं के साथ (छात्र द्वारा भरा जाना है)		टिप्पणी (यदि कोई हो)
1.	Di डिजिटल मल्टीमीटर 1/2 अंकों का डिस्प्ले प्रोब के साथ	2			
2.	DC विनियमित (Regulated) बिजली की आपूर्ति परिवर्तनीय DC की आपूर्ति: 0-30V, 2A, SC सुरक्षा, वोल्टेज और धारा के लिए डिस्प्ले	1			
3.	परीक्षण के लिए LED	1			
4.	कनेक्टिंग वायर, सिंगल स्ट्रैंड टेफ्लॉन कोटिंग (0.6 mm व्यास)	L. S.			

P17.7 सुरक्षा उपाय

1. जब तक आपने परिपथ संयोजन की जांच नहीं की है, तब तक मल्टी-मीटर को चालू न करें।
2. प्रयोग करते समय मल्टीमीटर के उचित फंक्शन का चयन करें।
3. वोल्टमीटर और एमीटर को परिपथ आरेख में दर्शाए अनुसार सही ध्रुवों में संयोजित करें।

P17.8 प्रयोग विधि

1. काली लीड को मल्टी-मीटर पर COM टर्मिनल से संयोजित करें।
2. लाल लीड को मल्टी-मीटर पर टर्मिनल से संयोजित करें।
3. मल्टी-मीटर पर डायल को डायोड प्रतीक (सिंबल) की ओर मोड़ें। यह विद्युत प्रवाह को एक दिशा में प्रवाहित करने की अनुमति देता है न कि दूसरी दिशा में।
4. मल्टी-मीटर चालू करें। डिस्प्ले विंडो में या तो 0L या OPEN का संकेत होना चाहिए।
5. परीक्षण के लिए एक नियमित LED लें।
6. काली प्रोब को LED के कैथोड छोर से संयोजित करें, जो आमतौर पर जिसका अंत छोटा होता है, लाल प्रोब को LED के एनोड छोर से संयोजित करें।
7. LED की स्थिति का निरीक्षण करें।
8. मल्टी-मीटर पर प्रदर्शित फॉरवर्ड वोल्टेज ड्रॉप पढ़ें।
9. बिजली आपूर्ति के सकारात्मक और नकारात्मक टर्मिनल में LED को जोड़कर DC बिजली की आपूर्ति का उपयोग करके LED का परीक्षण किया जा सकता है।
10. LED की स्थिति का निरीक्षण करें और फिर LED के टर्मिनलों को उलट कर चरण 9 दोहराएं।

P17.9 अवलोकन

LED ________ है। (चमकता/ नहीं चमकता)

P17.10 परिणाम एवं/अथवा विवेचना

P17.11 निष्कर्ष और सत्यापन

....

....

P17.12 प्रयोग संबंधित प्रश्न

(उत्तर के लिए अलग शीट का प्रयोग करें)

नोट: नीचे संदर्भ के लिए कुछ नमूना प्रश्न दिए गए हैं। पूर्व-निर्धारित पाठ्यक्रम परिणामों की उपलब्धि सुनिश्चित करने के लिए शिक्षकों को ऐसे और अधिक प्रश्न तैयार करने चाहिए।

1. दिए गए LED के टर्मिनलों को ज्ञात कीजिए।
2. द्विरंग LED के परीक्षण की प्रक्रिया बताएं।
3. LED से प्रवाहित होने वाली धारा में परिवर्तन का उसकी चमक पर प्रभाव बताइए।

XII. P18- ES110: डिजिटल मल्टीमीटर का उपयोग करके ट्रांजिस्टर के तीन टर्मिनलों की पहचान करें

P18.1 प्रायोगिक कथन

डिजिटल मल्टीमीटर का उपयोग करके ट्रांजिस्टर के तीन टर्मिनलों की पहचान करें।

P18.2 प्रायोगिक महत्व

उद्योग में ट्रांजिस्टर के अनुप्रयोगों की विस्तृत श्रृंखला है। ट्रांजिस्टर अर्धचालक उपकरण हैं जिनका उपयोग वोल्टेज, धारा के प्रवर्धन जैसे अनुप्रयोगों के लिए किया जाता है और स्विच और ऑसिलेटर परिपथ में भी उपयोग किया जाता है। डिजिटल परिपथ में इनका उपयोग स्विच के रूप में किया जाता है। इसका उपयोग इलेक्ट्रॉनिक और दूरसंचार उपकरण, कंप्यूटर, टीवी, मोबाइल फोन, ऑडियो एम्पलीफायर और औद्योगिक नियंत्रण में किया जाता है।

P18.3 प्रासंगिक सिद्धांत

ट्रांजिस्टर पर सिद्धांत के लिए उप विषय 1.2.3.1 देखें।

ट्रांजिस्टर टर्मिनलों की पहचान करना:

ट्रांजिस्टर बाजार में विभिन्न पैकेजों के साथ उपलब्ध हैं। चित्र P18.9 में दिखाए गए TO-92 पैकेज के बारे में विचार करें। ट्रांजिस्टर को इस तरह रखें कि सपाट सतह ऊपर की ओर हो।

1. आंतरिक रूप से ट्रांजिस्टर में दो डायोड होते हैं (NPN ≡ N – P – N ≡ NP संधि + PN संधि और PNP ≡ P – N – P ≡ PN संधि + NP संधि) यानी उत्सर्जक से आधार, एक PN संधि (डायोड) और आधार से कलेक्टर, एक और PN संधि (डायोड) है।
2. डायोड मोड में, मल्टीमीटर वोल्टेज दिखाएगा, जब मल्टीमीटर की धनात्मक प्रोब डायोड के एनोड से और ऋणात्मक प्रोब कैथोड से जुड़ी होती है।
2. यदि मल्टीमीटर धनात्मक प्रोब को डायोड के एनोड से जोड़ा जाए, तो यह कोई वोल्टेज नहीं देगा (शून्य दिखायेगा)।

P18.4 प्रैक्टिकल आउटकम्स (PrO)

PrO1. मल्टीमीटर का उपयोग करके दिए गए ट्रांजिस्टर का प्रदर्शन का परीक्षण करना।

PrO2. प्रतिरोध को मापें; आधार और एमिटर के बीच, आधार और कलेक्टर के बीच; तथा एमिटर और कलेक्टर के बीच।

PrO3. घटक परीक्षण मोड में CRO संचालित करें।

PrO4. BJT के टर्मिनलों को पहचानें।

P18.5 प्रायोगिक व्यवस्था (परिपथ आरेख)

चित्र 18.1: TO-92 ट्रांजिस्टर पैकेज

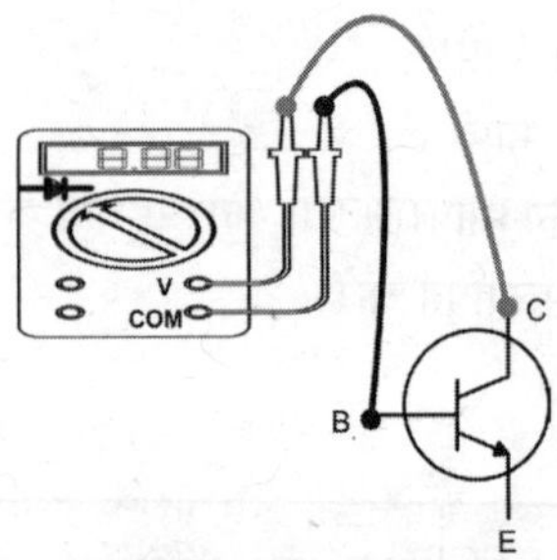

चित्र 18.2: ट्रांजिस्टर टर्मिनल

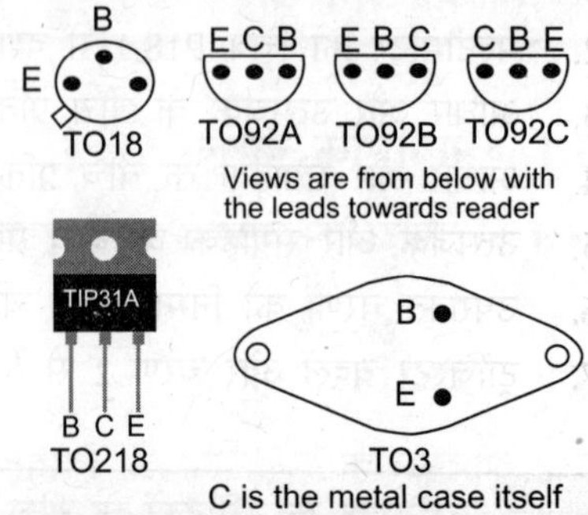

चित्र 18.3: उत्सर्जक, आधार और संग्राहक प्रोब कुछ केस शैलियों के लिए

P18.6 आवश्यक संसाधन

क्रमांक	सुझाए गए संसाधनों की आवश्यकता महत्वपूर्ण विशिष्टताओं के साथ	मात्रा / संख्या	वास्तविक संसाधनों की आवश्यकता व्यापक विशिष्टताओं के साथ (छात्र द्वारा भरा जाना है)		टिप्पणी (यदि कोई हो)
1.	सिंगल फेज AC सोर्स: 230V, 50Hz	1			
2.	कनेक्टिंग वायर, सिंगल स्ट्रैंड टेफ्लॉन कोटिंग (1.5 mm)	LS			
3.	डिजिटल मल्टीमीटर: 3 1/2 अंकों का डिस्प्ले	1			
4.	CRO: घटक परीक्षण सुविधा के साथ 20 MHz	1			
5.	ट्रांजिस्टर: छोटा सिग्नल ट्रांजिस्टर (TO-92 Package); BC547(NPN); BC557(PNP)	1 प्रत्येक प्रकार के			
6.	पावर ट्रांजिस्टर 2N2955(NPN);2N3055(PNP)	1 प्रत्येक प्रकार के			

P18.7 सुरक्षा उपाय

1. डिजिटल मल्टीमीटर के उचित प्रकार और रेंज का चयन करें।
2. परिपथ को परिपथ आरेख में दिखाए अनुसार संयोजित करें।
3. प्रयोग के संचालन के बाद बिजली की आपूर्ति बंद कर दें।

P18.8 प्रयोग विधि

1. मल्टीमीटर को उसके ओम रेंज पर सेट करें।
2. मल्टीमीटर को चित्र P18.1 में दर्शाए अनुसार संयोजित करें।
3. आधार और उत्सर्जक के बीच प्रतिरोध को मापें।
4. आधार और संग्राहक के बीच प्रतिरोध को मापें।
5. उत्सर्जक और संग्राहक के बीच प्रतिरोध को मापें।
6. उपरोक्त चरणों को निम्नलिखित चार्ट से सत्यापित करें।
7. ट्रांजिस्टर बदलें और चरण 2 से 6 दोहराएं।

ट्रांजिस्टर के टर्मिनलों के बीच		PNP	NPN
संग्राहक	उत्सर्जक	$R_{उच्च}$	$R_{उच्च}$
संग्राहक	आधार	$R_{निम्न}$	$R_{उच्च}$
उत्सर्जक	संग्राहक	$R_{उच्च}$	$R_{उच्च}$
उत्सर्जक	आधार	$R_{निम्न}$	$R_{उच्च}$
आधार	संग्राहक	$R_{उच्च}$	$R_{निम्न}$
आधार	उत्सर्जक	$R_{उच्च}$	$R_{निम्न}$

P18.9 अवलोकन

1. एमिटर और बेस के बीच प्रतिरोध, R_{BE} = ...
2. कलेक्टर और बेस के बीच प्रतिरोध, R_{CB} = ...
3. कलेक्टर और एमिटर के बीच प्रतिरोध, R_{CE} = ...

P18.10 परिणाम एवं/अथवा विवेचना

P18.11 निष्कर्ष और सत्यापन

....

....

P18.12 प्रयोग संबंधित प्रश्न

(उत्तर के लिए अलग शीट का प्रयोग करें)

नोटः नीचे संदर्भ के लिए कुछ नमूना प्रश्न दिए गए हैं। पूर्व-निर्धारित पाठ्यक्रम परिणामों की उपलब्धि सुनिश्चित करने के लिए शिक्षकों को ऐसे और अधिक प्रश्न तैयार करने चाहिए।.

1. छोटे सिग्नल ट्रांजिस्टर और पावर ट्रांजिस्टर के बीच अंतर का वर्णन करें।
2. कुछ ट्रांजिस्टरों के लिए हीट सिंक की आवश्यकता का कारण बताएं?

P18.13 अध्ययन हेतु सुझाए गए संसाधन

NPN
और PNP
ट्रांजिस्टर की
पहचान करें

XIII. P19-ES110: BJT का प्रदर्शन

P19.1 प्रायोगिक कथन

NPN ट्रांजिस्टर के प्रदर्शन का परीक्षण करें।

P19.2 प्रायोगिक महत्व

BJT एक तीन टर्मिनल सक्रिय असतत घटक है। BJT दो प्रकार के NPN और PNP में उपलब्ध है। BJT को CE, CB और CC नाम के तीन विन्यास में से किसी एक में संचालित किया जा सकता है। BJT के प्रदर्शन का परीक्षण इसके इनपुट और आउटपुट विशेषताओं को प्लॉट करके किया जा सकता है। कॉमन उत्सर्जक (CE) मोड BJT के लिए ऑपरेशन का सार्वभौमिक (universal) तरीका है। उपयुक्त बायसिंग के साथ CE मोड का उपयोग करके सभी प्रकार के प्रवर्धन किए जा सकते हैं। रेडियो फ्रीक्वेंसी परिपथ में कॉमन-उत्सर्जक एम्पलीफायरों का भी उपयोग किया जाता है। यह प्रयोग सामान्य उत्सर्जक (CE) विन्यास में NPN ट्रांजिस्टर के प्रदर्शन का परीक्षण करने के लिए उपयोगी है।

P19.3 प्रासंगिक सिद्धांत

कॉमन उत्सर्जक व्यावहारिक एम्पलीफायर परिपथ में सबसे अधिक इस्तेमाल किया जाने वाला विन्यास है, क्योंकि यह अच्छा वोल्टेज, धारा और पावर गेन प्रदान करता है। इनपुट को आधार-उत्सर्जक परिपथ में लागू किया जाता है और आउटपुट को संग्राहक-उत्सर्जक परिपथ से लिया जाता है, जिससे उत्सर्जक इनपुट और आउटपुट दोनों के लिए "सामान्य" हो जाता है। CE विन्यास इनपुट और आउटपुट सिग्नल के बीच एक फेज उलटा प्रदान करता है। BJT विन्यास के लिए इस पुस्तक के अध्याय 1 के खंड 1.2.3.2 देखें।

P19.4 प्रैक्टिकल आउटकम्स (PrO)

PrO1 इनपुट और आउटपुट धाराओं और वोल्टेज को मापें।

PrO2 वोल्टेज बनाम करंट के लिए ग्राफ स्केच।

PrO3 NPN ट्रांजिस्टर का परीक्षण प्रदर्शन।

P19.5 प्रायोगिक व्यवस्था

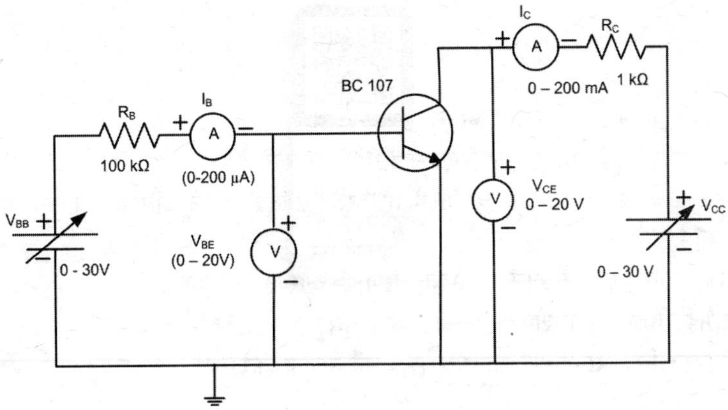

चित्र P19.1: CE मोड में BJT का सर्किट आरेख

P19.6 आवश्यक संसाधन

क्रमांक	सुझाए गए संसाधनों की आवश्यकता महत्वपूर्ण विशिष्टताओं के साथ	मात्रा / संख्या	वास्तविक संसाधनों की आवश्यकता व्यापक विशिष्टताओं के साथ (छात्र द्वारा भरा जाना है)		टिप्पणी (यदि कोई हो)
1.	डिजिटल मल्टीमीटर: 1/2 अंकों का डिस्प्ले प्रोब के साथ	2			
2.	DC विनियमित बिजली की आपूर्ति: परिवर्तनीय DC बिजली की आपूर्ति 0-30 V, SC सुरक्षा, वोल्टेज और धारा के लिए प्रदर्शन	1			
3.	वोल्टमीटर: (0 - 20 V), (0-2 V)	1 प्रत्येक			
4.	एमीटर: (0 - 200 mA), (0 - 200 µA)	1 प्रत्येक			
5.	ट्रांजिस्टर: BC107 या कोई अन्य समकक्ष	1			
6.	प्रतिरोध: 1KΩ (0.5 watts/0.25 watts)	1			
7.	ब्रेड बोर्ड: 15 CM X 17CM	1			

P19.7 सुरक्षा उपाय

1. जब तक आपने परिपथ आरेख के अनुसार परिपथ संयोजन की जांच नहीं की है, तब तक बिजली की आपूर्ति चालू न करें।
2. प्रयोग करते समय ट्रांजिस्टर के इनपुट वोल्टेज उसके रेटेड वोल्टेज से अधिक न हो। इससे ट्रांजिस्टर को नुकसान हो सकता है।
3. वोल्टमीटर और एमीटर को परिपथ आरेख में दर्शाए अनुसार सही ध्रुवों से जोड़िए।

P19.8 प्रयोग विधि

भाग प्रथम

इनपुट विशेषताएं:

1. परिपथ को चित्र P19.1 में दिखाए अनुसार कनेक्ट करें।
2. V_{CC} को बदलकर V_{CE} को निरंतर वोल्टेज (2V) पर सेट करें।
3. इनपुट वोल्टेज V_{BE} को 0.1V के चरणों में 0V से 1V तक बदलें और अवलोकन तालिका में I_B के संगत मान को रिकॉर्ड करें।
4. V_{CE} को 5V, और 10V रखकर उपरोक्त चरण 2 और 3 को दोहराएं।
5. रिकॉर्ड की गई रीडिंग से विशेषताओं को स्केच करें।
6. उपयुक्त संचालन बिंदु पर इनपुट प्रतिरोध (r_i) की गणना करें।

भाग द्वितीय

आउटपुट विशेषताएं:

1. चित्र P19.1 में दर्शाए अनुसार परिपथ को जोड़िए।
2. V_{BB} को परिवर्तित करके I_B को स्थिर 10μA पर सेट करें।
3. आउटपुट वोल्टेज V_{CC} को 1V के चरणों में 0V से 10V तक बदलें और अवलोकन तालिका में V_{CE} और I_C के संगत मान को रिकॉर्ड करें।
4. I_B को 20μA और 30μA रखकर उपरोक्त चरण 2 और 3 को दोहराएं।
5. रिकॉर्ड की गई रीडिंग से विशेषताओं को स्केच करें।
6. उपयुक्त ऑपरेटिंग बिंदु पर आउटपुट प्रतिरोध (r_o) की गणना करें।

P19.9 अवलोकन

तालिका P19.1: इनपुट लक्षण

क्रमांक	V_{CE} = 2V		V_{CE} = 5V		V_{CE} = 10V	
	V_{BE} (V)	I_B(μA)	V_{BE} (V)	I_B(μA)	V_{BE} (V)	I_B(μA)
1.						
2.						
3.						

तालिका P19.2: आउटपुट लक्षण

क्रमांक	I_B = 10μA		I_B = 20μA		I_B = 30μA	
	V_{CE}(V)	I_C(mA)	V_{CE}(V)	I_C(mA)	V_{CE}(V)	I_C(mA)
1.						
2.						

गणना (ग्राफ से)

इनपुट प्रतिरोध R_i :
आउटपुट प्रतिरोध R_0 :
धारा प्रवर्धन कारक α :

P19.10 परिणाम एवं/अथवा विवेचना

1. इनपुट प्रतिरोध R_i = ...Ω
2. आउटपुट प्रतिरोध R_0 = ...Ω
3. धारा प्रवर्धन कारक α = ...Ω

P19.11 निष्कर्ष और सत्यापन

....

....

P19.12 प्रयोग संबंधित प्रश्न

(उत्तर के लिए अलग शीट का प्रयोग करें)

नोट: नीचे संदर्भ के लिए कुछ नमूना प्रश्न दिए गए हैं। पूर्व-निर्धारित पाठ्यक्रम परिणामों की उपलब्धि सुनिश्चित करने के लिए शिक्षकों को ऐसे और अधिक प्रश्न तैयार करने चाहिए।

PNP ट्रांजिस्टर का उपयोग करके उसी प्रयोग को दोहराएं।

1. दिए गए BJT के डायनामिक इनपुट प्रतिरोध का पता लगाएं।
2. CC विन्यास में धारा गेन को मापने की प्रक्रिया बताएं।

P19.13 अध्ययन हेतु सुझाए गए संसाधन

BJT: कॉमन एमिटर कॉन्फिगरेशन

XIV. P20 -ES110: BJT का धारा गेन

P20.1 प्रायोगिक कथन

CE ट्रांजिस्टर विन्यास का धारा (करंट) गेन निर्धारित करें।

P20.2 प्रायोगिक महत्व

BJT एक धारा ऑपरेटिंग, द्वि-संधि सक्रिय अर्धचालक घटक है। BJT को CE, CB और CC नाम के तीन विन्यास में से किसी एक में संचालित किया जा सकता है। BJT का धारा गेन महत्वपूर्ण प्रदर्शन कारकों में से एक है। यह प्रयोग BJT के धारा गेन को निर्धारित करने के लिए उपयोगी है।

P20.3 प्रासंगिक सिद्धांत

कॉमन एमिटर व्यावहारिक प्रवर्धक परिपथ में सबसे अधिक इस्तेमाल किया जाने वाला विन्यास है, क्योंकि यह अच्छा विभव, धारा और शक्ति गेन प्रदान करता है। इनपुट को बेस-एमिटर परिपथ में दिया जाता है और आउटपुट को कलेक्टर-एमिटर परिपथ से लिया जाता है, जिससे एमिटर आगत और निर्गत दोनों के लिए "कॉमन" हो जाता है। CE विन्यास में धारा गेन निर्गत धारा I_c का आगत धारा I_b का अनुपात है। BJT विन्यास संदर्भ 1.2.3.2 है।

P20.4 प्रैक्टिकल आउटकम्स (PrO)

PrO1 आगत और निर्गत धाराओं को मापें।

PrO2 प्रत्यक्ष धारा मापन के लिए मल्टीमीटर का उपयोग करें।

PrO3 CE विन्यास ट्रांजिस्टर का धारा गेन निर्धारित करें।

P20.5 प्रायोगिक व्यवस्था

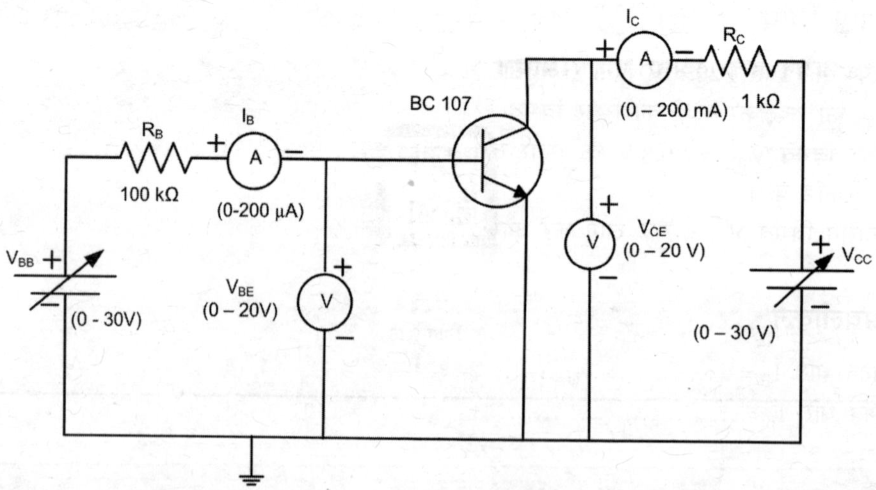

चित्र P20.1: CE मोड में BJT का परिपथ आरेख

P20.6 आवश्यक संसाधन

क्रमांक	सुझाए गए संसाधनों की आवश्यकता महत्वपूर्ण विशिष्टताओं के साथ	मात्रा / संख्या	वास्तविक संसाधनों की आवश्यकता व्यापक विशिष्टताओं के साथ (छात्र द्वारा भरा जाना है)		टिप्पणी (यदि कोई हो)
1.	डिजिटल मल्टीमीटर: 1/2 अंकों का डिस्प्ले	2			
2.	DC विनियमित बिजली की आपूर्ति: परिवर्तनीय DC बिजली की आपूर्ति 0-30 V, 2 A, SC सुरक्षा, विभव और धारा के लिए प्रदर्शन	1			
3.	वोल्टमीटर: (0 - 20 V), (0-2 V)	1 प्रत्येक			
4.	एमीटर: (0 - 200 mA, (0 - 200 μA)	1 प्रत्येक			
5.	ट्रांजिस्टर: BC107 या कोई अन्य समकक्ष	1			
6.	प्रतिरोध: 1KΩ(0.5watts/0.25watts)	1			
7.	ब्रेड बोर्ड: 5 CM X 17CM	1			

P20.7 सुरक्षा उपाय

1. जब तक आपने परिपथ आरेख के अनुसार परिपथ संयोजन की जांच नहीं की है, तब तक बिजली की आपूर्ति चालू न करें।
2. प्रयोग करते समय ट्रांजिस्टर के आगत विभव उसके निर्धारित विभव से अधिक न हो। इससे ट्रांजिस्टर को नुकसान हो सकता है।
3. वोल्टमीटर और एमीटर को परिपथ आरेख में दर्शाए अनुसार सही ध्रुवों में संयोजित करें।

P20.8 प्रयोग विधि

1. परिपथ को चित्र P20.1 में दिखाए अनुसार संयोजित करें।
2. V_{CC} को बदलकर V_{CE} को स्थिर विभव (2V) पर सेट करें।
3. आगत विभव V_{BE} को 0.8 V के स्थिर रूप में लागू करें और अवलोकन तालिका में I_B के संबंधित मान को रिकॉर्ड करें।
4. बायसिंग विभव $V_{CC} = 7$ V लागू करें और अवलोकन तालिका में संबंधित मान I_C रिकॉर्ड करें।

P20.9 अवलोकन

1. आगत धारा I_B = ...
2. निर्गत धारा I_B = ...

गणना

धारा प्रवर्धन फैक्टर या धारा गेन = I_C / I_B =

P20.10 परिणाम

CE विन्यास में धारा गेन है ....

P20.11 निष्कर्ष

....

....

P20.12 प्रयोग संबंधित प्रश्न

(उत्तर के लिए अलग शीट का प्रयोग करें)

नोट: नीचे संदर्भ के लिए कुछ नमूना प्रश्न दिए गए हैं। पूर्व-निर्धारित पाठ्यक्रम परिणामों की उपलब्धि सुनिश्चित करने के लिए शिक्षकों को ऐसे और अधिक प्रश्न तैयार करने चाहिए।

1. प्रत्यक्ष मल्टी-मीटर विधि का उपयोग करके उसी प्रयोग को दोहराएं।
2. विभिन्न आगत और बायसिंग विभव के लिए धारा गेन का पता लगाएं।
3. डेटा शीट से किसी दिए गए ट्रांजिस्टर के धारा गेन का मान ज्ञात करें।

XV. P21-ES110: ट्रांजिस्टर स्विच परिपथ के प्रदर्शन का परीक्षण करें

P21.1 प्रायोगिक कथन

ट्रांजिस्टर स्विच परिपथ के प्रदर्शन का परीक्षण करें।

P21.2 प्रायोगिक महत्व

एक ट्रांजिस्टर के सबसे बुनियादी अनुप्रयोगों में से एक इसका उपयोग परिपथ के दूसरे हिस्से में बिजली के प्रवाह को नियंत्रित करने के लिए या दूसरे शब्दों में इसे एक साधारण विद्युतीय स्विच के रूप में उपयोग किया जाता है। इसे कट-ऑफ या संतृप्ति मोड में चलाकर, ट्रांजिस्टर एक स्विच के बाइनरी ऑन/ऑफ प्रभाव बना सकता है। ट्रांजिस्टर स्विच महत्वपूर्ण परिपथ-बिल्डिंग ब्लॉक हैं; उनका उपयोग परिपथ को इंटरफेस करने और लॉजिक गेट बनाने के लिए भी किया जाता है, जो माइक्रोप्रोसेसर, माइक्रोकंट्रोलर और अन्य एकीकृत परिपथ बनाने के लिए जाते हैं जो कई अनुप्रयोगों में उपयोगी होते हैं। इस प्रकार इस प्रयोग के माध्यम से छात्र एक स्विच के रूप में काम कर रहे एक ट्रांजिस्टर के प्रदर्शन की गुण जानने में सक्षम होंगे जिसे बाहरी आगत द्वारा चालू या बंद किया जा सकता है।

P21.3 प्रासंगिक सिद्धांत

सिद्धांत के लिए इस पुस्तक के उप विषय 1.2.3.3 'ट्रांजिस्टर के अनुप्रयोग' का संदर्भ लें।

ट्रांजिस्टर धारा विनियमन उपकरण हैं जो एमिटर से कलेक्टर टर्मिनल तक उनके माध्यम से बहने वाले प्रवाह की मात्रा को उनके बेस टर्मिनल पर लागू बायसिंग विभव की मात्रा के अनुपात में नियंत्रित करते हैं, इस प्रकार धारा-नियंत्रित स्विच की तरह कार्य करते हैं। प्रयुक्त बायसिंग के अनुसार, यह तीन अलग-अलग क्षेत्रों में काम करता है: सक्रिय, कट-ऑफ और संतृप्ति स्थिति। इस परिपथ में एक वर्गाकार तरंग आगत लगाया जाता है। जब आगत अधिक होता है, तो ट्रांजिस्टर चालू हो जाता है और संतृप्ति क्षेत्र में काम करता है। इसलिए अधिकतम धारा I_C ट्रांजिस्टर के साथ-साथ

LED से भी प्रवाहित होता है। इसलिए LED प्रकाश का उत्सर्जन करती है। जब आगत कम होता है (कम मतलब ट्रांजिस्टर को चालू करने के लिए पर्याप्त नहीं है), ट्रांजिस्टर कटऑफ में रहता है। तो धारा I_C शून्य होती है और इसलिए LED प्रकाश का उत्सर्जन नहीं करता है। चूंकि आगत वर्गाकार तरंग है, LED बारी-बारी से चालू और बंद होगी।

P21.4 प्रैक्टिकल आउटकम्स (PrO)

PrO1 परिपथ को ठीक से संयोजित करें।

PrO2 ट्रांजिस्टर स्विच परिपथ के प्रदर्शन का परीक्षण करें।

PrO3 LED को नियंत्रित करने के लिए ट्रांजिस्टर को स्विच के रूप में उपयोग करें

P21.5 प्रायोगिक व्यवस्था (परिपथ आरेख/कार्य की स्थिति)

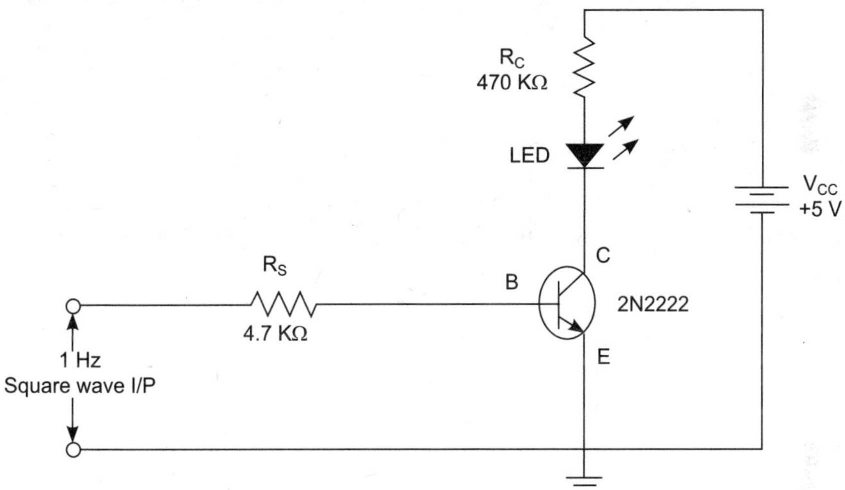

चित्र P21.1: ट्रांजिस्टर स्विच सर्किट के प्रदर्शन के परीक्षण की कार्य स्थिति को दर्शाता है

P21.6 आवश्यक संसाधन

क्रमांक	सुझाए गए संसाधनों की आवश्यकता महत्वपूर्ण विशिष्टताओं के साथ	मात्रा / संख्या	वास्तविक संसाधनों की आवश्यकता व्यापक विशिष्टताओं के साथ (छात्र द्वारा भरा जाना है)		टिप्पणी (यदि कोई हो)
1.	DC बिजली की आपूर्ति: 0-30V	1			
2.	ब्रेड बोर्ड: 5.5 cm × 17 cm	1			
3.	फंक्शन जनरेटर: 1Hz- 1MHz	1			
4.	प्रतिरोध	1			
5.	ट्रांजिस्टर: NPN,2N2222 (BC107 या कोई अन्य समकक्ष)	1			

क्रमांक	सुझाए गए संसाधनों की आवश्यकता महत्वपूर्ण विशिष्टताओं के साथ	मात्रा / संख्या	वास्तविक संसाधनों की आवश्यकता व्यापक विशिष्टताओं के साथ (छात्र द्वारा भरा जाना है)		टिप्पणी (यदि कोई हो)
6.	प्रकाश उत्सर्जक डायोड				
7.	कनेक्टिंग वायर, सिंगल स्ट्रैंड टेफ्लॉन कोटिंग (0.5 mm व्यास)	L.S.			

P21.7 सुरक्षा उपाय

1. सुनिश्चित करें कि सभी संयोजन सही और साफ-सुथरे हैं।
2. प्रयोग करते समय मल्टीमीटर के उचित कार्य का चयन करें।

P21.8 प्रयोग विधि

1. परिपथ को चित्र P21.1 में दिखाए अनुसार संयोजित करें।
2. 5V p-p के फंक्शन जनरेटर से एक नियत आयाम 1 Hz वर्ग तरंग प्राप्त करें।
3. फंक्शन जनरेटर से परिपथ में बेस और ग्राउंड पर वर्गाकार तरंग सिग्नल लागू करें।
4. कलेक्टर और ग्राउंड पर 5V V_{CC} लगाएं।
5. LED के संकेत का निरीक्षण करें।

P21.9 अवलोकन

LED _______ है। (चमकता हुआ/चमकता हुआ नहीं)

P21.10 परिणाम एवं/अथवा विवेचना

P21.11 निष्कर्ष

....

....

P21.12 प्रयोग संबंधित प्रश्न

(उत्तर के लिए अलग शीट का प्रयोग करें)

नोट: नीचे संदर्भ के लिए कुछ नमूना प्रश्न दिए गए हैं। पूर्व-निर्धारित पाठ्यक्रम परिणामों की उपलब्धि सुनिश्चित करने के लिए शिक्षकों को ऐसे और अधिक प्रश्न तैयार करने चाहिए।

1. यांत्रिक या विद्युत यांत्रिक स्विच की तुलना में इलेक्ट्रॉनिक स्विच के लाभों की व्याख्या करें।
2. स्पष्ट करें कि स्विचिंग परिपथ शब्द से आप क्या समझते हैं?
3. वर्णन करें कि ट्रांजिस्टर कब (a) बंद स्विच (b) खुला स्विच के रूप में कार्य करता है।

P21.13 अध्ययन हेतु सुझाए गए संसाधन

1. BJT Common Emitter Characteristics, Virtual Labs, 2017, IIT Kharagpur; http://vlabs.iitkgp.ernet.in/be/exp11/index.html#

BJT: कॉमन एमिटर विशेषताएँ

XVI. P22-ES110: ट्रांजिस्टर प्रवर्धक परिपथ का प्रदर्शन

P22.1 प्रायोगिक कथन

ट्रांजिस्टर प्रवर्धक परिपथ के प्रदर्शन का परीक्षण करें।

P22.2 प्रायोगिक महत्व

एकल चरण (stage) निम्न शक्ति प्रवर्धक का उपयोग आमतौर पर इलेक्ट्रॉनिक परिपथ में छोटे सिग्नल प्रवर्धन के लिए किया जाता है। निम्न शक्ति प्रवर्धक का उपयोग विभिन्न इलेक्ट्रॉनिक उपकरणों और इलेक्ट्रॉनिक संचार में किया जाता है। यह छात्रों को एकल चरण निम्न शक्ति कॉमन एमिटर प्रवर्धक बनाने और परीक्षण करने के लिए कौशल विकसित करने के लिए व्यावहारिक मदद करेगा ।

P22.3 प्रासंगिक सिद्धांत

निम्न शक्ति प्रवर्धक एक इलेक्ट्रॉनिक उपकरण है जो सिग्नल की शक्ति को बढ़ा सकता है। एक प्रवर्धक सिग्नल के आयाम को बढ़ाने के लिए बिजली की आपूर्ति से विद्युत शक्ति का उपयोग करता है लेकिन सभी प्रवर्धक समान नहीं होते हैं क्योंकि उन्हें उनके परिपथ विन्यास और संचालन के तरीकों के अनुसार वर्गीकृत किया जाता है। ऑपरेशनल प्रवर्धक और लघु सिग्नल प्रवर्धक से लेकर बड़े सिग्नल और शक्ति प्रवर्धक तक, प्रवर्धक के रूप में वर्गीकृत इलेक्ट्रॉनिक परिपथ के कई रूप हैं। प्रवर्धक का वर्गीकरण सिग्नल के आकार पर निर्भर करता है, बड़ा या छोटा, इसका भौतिक विन्यास और यह आगत सिग्नल को कैसे प्रोसेस करता है, जो कि आगत सिग्नल और लोड में प्रवाहित होने वाली धारा के बीच का संबंध है।

तीन अलग-अलग प्रकार के प्रवर्धक गेन हैं जिन्हें मापा जा सकता है और ये हैं: विभव गेन (A_V), धारा गेन (A_I) और शक्ति गेन (A_P) मापी जा रही मात्रा पर निर्भर करता है।

P22.4 प्रैक्टिकल आउटकम्स (PrO)

PrO1 उचित इलेक्ट्रॉनिक सक्रिय और निष्क्रिय घटकों का चयन करें।

PrO2 BJT, प्रतिरोध और संधारित्र का परीक्षण करें।

PrO3 परिपथ आरेख के अनुसार इलेक्ट्रॉनिक घटक को ब्रेडबोर्ड पर स्थापित (माउंट) करें।

PrO4 ट्रांजिस्टर प्रवर्धक परिपथ के प्रदर्शन का परीक्षण करें।

P22.5 प्रायोगिक व्यवस्था (परिपथ आरेख)

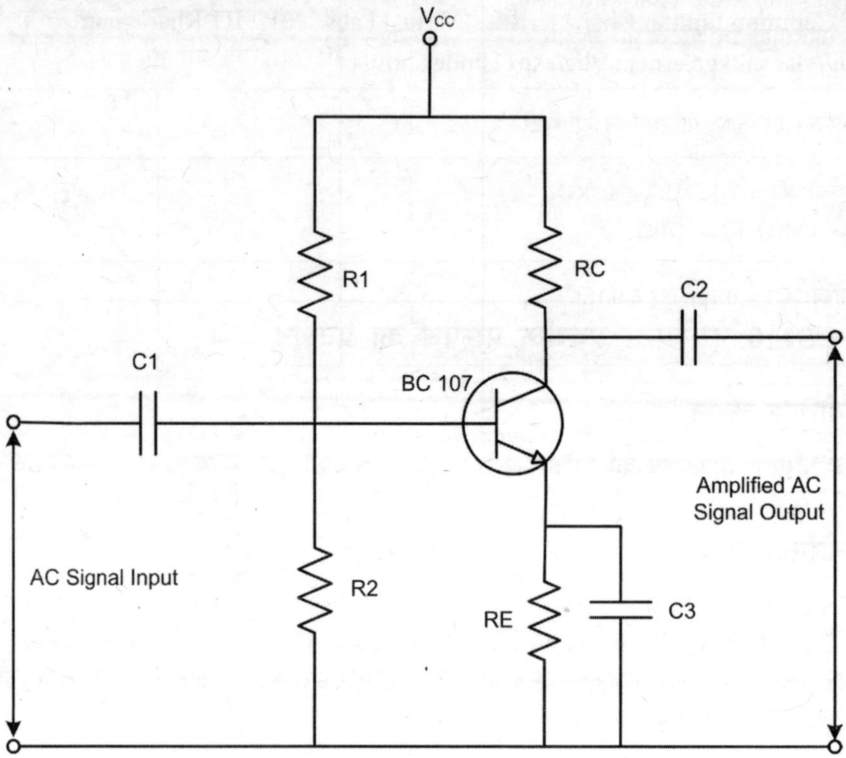

चित्र P22.1: ट्रांजिस्टर प्रवर्धक परिपथ

P22.6 आवश्यक संसाधन

क्रमांक	सुझाए गए संसाधनों की आवश्यकता महत्वपूर्ण विशिष्टताओं के साथ	मात्रा / संख्या	वास्तविक संसाधनों की आवश्यकता व्यापक विशिष्टताओं के साथ (छात्र द्वारा भरा जाना है)		टिप्पणी (यदि कोई हो)
1.	कैथोड रे ऑसिलोस्कोप: (एनालॉग प्रकार) 30/100 MHz आवृत्ति	1			
2.	0-2 MHz चर आवृत्ति और आयाम के साथ साइन, वर्ग और त्रिकोणीय आउटपुट के साथ	1			
3.	DC विनियमित बिजली की आपूर्ति: परिवर्तनीय DC बिजली की आपूर्ति 0-30 V, 2 A, SC सुरक्षा,	1			

क्रमांक	सुझाए गए संसाधनों की आवश्यकता महत्वपूर्ण विशिष्टताओं के साथ	मात्रा / संख्या	वास्तविक संसाधनों की आवश्यकता व्यापक विशिष्टताओं के साथ (छात्र द्वारा भरा जाना है)		टिप्पणी (यदि कोई हो)
4.	ट्रांजिस्टर: BC 547 या समकक्ष ट्रांजिस्टर	1			
5.	प्रतिरोध: $R1 = 33K\Omega$, $R2 = 3.3K\Omega$, $RC = 1.5K\Omega$, $RE = 470\Omega$	1			
6.	संधारित्र: $C1 = 0.1\mu f$, $C2 = 0.1\mu f$, $C3 = 10\ \mu f$	1			
7.	ब्रेडबोर्ड: 5.5 cm × 17 cm	1			
8.	कनेक्टिंग वायर, सिंगल स्ट्रैंड टेफ्लॉन कोटिंग (0.5 mm व्यास)	आवश्यकता अनुसार			

P22.7 सुरक्षा उपाय

1. सुनिश्चित करें कि परिपथ आरेख के अनुसार उचित संयोजन किए गए हैं।
2. सुनिश्चित करें कि शुरू में शक्ति स्विच 'off' स्थिति में है।
3. फंक्शन जनरेटर और CRO की उचित सेटिंग्स का उपयोग सुनिश्चित करें।

P22.8 प्रयोग विधि

1. ब्रेडबोर्ड पर आरेख के अनुसार परिपथ बनाएं।
2. फंक्शन जनरेटर निर्गत को CRO से कनेक्ट करें और CRO पर आगत सिग्नल का निरीक्षण करें।
3. फंक्शन जनरेटर पर AC सिग्नल (10 mV से 20 mV) और आवृत्ति (1 kHz) के उपयुक्त आयाम का चयन करें।
4. आगत टर्मिनलों पर फंक्शन जेनरेटर और परिपथ के निर्गत टर्मिनलों पर CRO कनेक्ट करें।
5. DC बिजली की आपूर्ति चालू करें।
6. CRO पर निर्गत तरंग का निरीक्षण करें।
7. आगत फ्रीक्वेंसी (100 Hz से 2 MHz) में बदलाव करें और CRO से निर्गत विभव नोट करें।
8. गेन की गणना करें। बीस रीडिंग के लिए फंक्शन जनरेटर आवृत्ति को बदलकर चरण 7 को दोहराएं।
9. सेमी-लॉग पेपर पर आवृत्ति प्रतिक्रिया प्लॉट करें।

P22.9 अवलोकन और गणना

तालिका P22.1 अवलोकन टेबल

आगत वोल्टेज mV में (स्थिर रखा जाना), V_i = ...

क्रमांक	आगत फ्रीक्वेंसी (Hz)	निर्गत वोल्टेज, V_o (वोल्ट)	विभव गेन ($A = V_o/V_i$)	गेन dB में $20 \log(V_o/V_i)$
1.				
2.				
3.				

गणनाः

1. वोल्ट गेन : V_o/V_i = ...
2. 1KHz पर विभव गेन : V_o/V_i = ...
3. DB बैंडविड्थ, B/W = FH – FL = ...

P22.10 परिणाम और व्याख्या

1. मध्य आवृत्ति क्षेत्र = ...
2. बैंडविड्थ = ...

P22.11 निष्कर्ष एवं/अथवा विवेचना

....

....

P22.12 प्रयोग संबंधित प्रश्न

(उत्तर के लिए अलग शीट का प्रयोग करें)

नोटः नीचे संदर्भ के लिए कुछ नमूना प्रश्न दिए गए हैं। पूर्व-निर्धारित पाठ्यक्रम परिणामों की उपलब्धि सुनिश्चित करने के लिए शिक्षकों को ऐसे और अधिक प्रश्न तैयार करने चाहिए।

1. परिपथ में प्रयुक्त बायसिंग के प्रकार की पहचान कीजिए।
2. यदि PNP ट्रांजिस्टर का उपयोग किया जाता है, तो परिपथ में आवश्यक परिवर्तनों का सुझाव दें।
3. डेटाशीट का उपयोग करके समकक्ष ट्रांजिस्टर का सुझाव दें।

P22.13 अध्ययन हेतु सुझाए गए संसाधन

1. Single Stage CE Amplifier | Circuit Elements and Working Physics4students 30 Mar 2017; https://www.youtube.com/watch?v=NEiVSbPYWNE
2. Data Sheet of BC546, Fairchild Semiconductor; https://www.sparkfun.com/datasheets/Components/BC546.pdf

अधिक जानिए

सूक्ष्म परियोजना(ओं)/गतिविधि(यां)

विद्यार्थी, 5-6 विद्यार्थियों का एक समूह बनाएंगे और शिक्षक के मार्गदर्शन में एक या दो सूक्ष्म प्रोजैक्ट(ओं)/ गतिविधि(यां) शुरू करेगा और इसे व्यक्तिगत भागीदारी के साथ समूह के रूप में भी प्रस्तुत करें। एक नमूना सूची नीचे दी गई है:

(a) विद्युत परिपथ तत्वों और प्रासंगिक औद्योगिक अनुप्रयोग का एक चार्ट तैयार करें।

(b) विभिन्न प्रकार के प्रतिरोधों, संधारित्रों, प्रेरकों और डायोड की डेटाशीट एकत्र करें।

(c) जानकारी एकत्र करें और सतह पर स्थापित (माउंट) उपकरणों यानी सीसा (lead) रहित उपकरणों पर एक रिपोर्ट तैयार करें।

(d) निम्नलिखित टर्मिनल बिंदुओं पर डिजिटल मल्टीमीटर का उपयोग करके वोल्टेज को मापें।

स्टेप-1 उपयुक्त मापने की सीमा को चुनें। चयनकर्ता घुंडी को AC वोल्टेज माप में रखें। AC वोल्टेज माप के लिए चयनकर्ता घुंडी को रखें। वोल्टेज को 5 एम्पियर स्विच सॉकेट आउटलेट पर मापें। प्रदर्शित वोल्टेज रीडिंग को देखें और नोट करें। अब सेलेक्टर नॉब को DC वोल्टेज माप में बदलें और फिर से सॉकेट आउटलेट पर वोल्टेज को मापें। प्रदर्शित पठन पर ध्यान दें।

स्टेप-2 दिए गए लेड-एसिड बैटरी के टर्मिनलों पर वोल्टेज की माप के लिए स्टेप 1 दोहराएं।

टिप्पणी और अनुमान लगाएं जो रीडिंग, स्टेप-1 और 2 के दौरान निरीक्षण और नोट किया था।

वीडियो संसाधन

प्रतिरोधक का परिचय

प्रेरक का परिचय

संधारित्र का परिचय

ITC का उपयोग

संधारित्र बनाम प्रेरक

बेसिक इलेक्ट्रिकल

प्रतिरोध संयोजनों के लिए नोट

संदर्भ एवं अध्ययन हेतु सुझाव

1. Ritu Sahdev, *Basic Electrical Engineering*, New Delhi: Khanna Publishing House, 2018.
2. V.N. Mittle, and A. Mittal, *Basic Electrical Engineering*, McGraw Education, 2017.
3. V. Jegathesan , K. Vinoth Kumar and R. Saravanakumar, *Basic Electrical and Electronics Engineering*, New Delhi: Wiley India, 2015.
4. B.L. Theraja, *Electrical Technology*, Vol. - I, New Delhi: S. Chand and Company, 2015.
5. V.K. Mehta and Rohit Mehta, *Principles of Electronics*, S. Chand and Company, New Delhi, 2014.
6. David A. Bell, *Electronic Devices and Circuits*, New Delhi: Oxford University Press, 2011.

2 एनालॉग परिपथों का अवलोकन

इकाई विशिष्ट

इस यूनिट में निम्नलिखित विषयों पर चर्चा की गई है:

- Op Amp IC 741 की मूल बातें
- Op Amp मापदंड
- आदर्श Op Amp विशेषताएँ
- Op Amp खुला लूप कॉन्फिगरेशन
- Op Amp बंद लूप कॉन्फिगरेशन
- Op Amp इनवर्टिंग मोड एम्पलीफायर
- Op Amp नॉन-इनवर्टिंग मोड एम्पलीफायर
- Op Amp एक योजक के रूप में
- Op Amp एक डिफरेंशिएटर के रूप में
- Op Amp एक समाकलक के रूप में

विषयों के व्यावहारिक अनुप्रयोगों पर चर्चा की गई है। अभ्यास के लिए बहुविकल्पीय प्रश्नों के साथ-साथ विषयात्मक प्रश्न और कई संख्यात्मक सवाल प्रदान किए गए है। संबंधित व्यावहारिक, उसके बाद सूक्ष्म परियोजनाओं और गतिविधियों से युक्त 'अधिक जानिए' अनुभाग, ICT के साथ वीडियो संसाधन दिए गए हैं। यूनिट में संदर्भों और सुझाए गए पाठों की एक सूची दी गई है ताकि आगे अभ्यास और सीखने में वृद्धि के लिए उनके माध्यम से जा सकते हैं।

भूमिका

संक्रियात्मक प्रवर्धक (Op-Amp) बहुउद्देशीय और एकीकृत परिपथ (IC) है। IC एक छोटा सा अर्धचालक-आधारित इलेक्ट्रॉनिक उपकरण या एक माइक्रोचिप है, जिसमें सैकड़ों और हजारों असतत विद्युत घटक, जैसे प्रतिरोधक, संधारित्र और ट्रांजिस्टर, निर्मित होते हैं। Op-Amp का उपयोग सादृश्य (एनालॉग) इलेक्ट्रॉनिक परिपथ के विभिन्न प्रयोग को विकसित करने के लिए किया जाता है और यह अत्यधिक लोकप्रिय है। इस इकाई का उद्देश्य Op-Amp आधारित इलेक्ट्रॉनिक परिपथ के निर्माण, परीक्षण और निदान के लिए कौशल विकसित करना है। यह इकाई विभिन्न औद्योगिक, उपभोक्ता और घरेलू प्रयोग में उपयोग किए जाने वाले Op-Amp पर आधारित एनालॉग परिपथ के विभिन्न पहलुओं से संबंधित है।

पूर्व अपेक्षित ज्ञान

1. विज्ञान: धारा के प्रभाव (कक्षा X)
2. अनुप्रयुक्त भौतिक शास्त्र-1 : भौतिक दुनिया, इकाइयाँ और माप (सेमेस्टर-I)
3. गणित-1: बीजगणित (सेमेस्टर-I)

यूनिट आउटकम्स

इस अध्याय के पूर्ण अध्ययन करने के बाद, विद्यार्थी निम्न में सक्षम होंगे:

U2–01: Op-Amp के मापदंडों का वर्णन करने में।

U2–02: Op-Amp विन्यास की व्याख्या करने में।

U2–03: Op-Amp का एक व्युत्क्रम (इनवर्टिंग) और बिना-व्युत्क्रम (नॉन-इनवर्टिंग) प्रवर्धक के रूप में वर्णन करने में।

U2–04: बुनियादी प्रयोग के लिए Op-Amp का उपयोग करने में।

यूनिट-2 आउटकम्स	कोर्स आउटकम्स (COs) के साथ आपेक्षित संबंध *(1. कमजोर सहसंबंध; 2. मध्यम सहसंबंध; 3. मजबूत सहसंबंध)*					
	CO-1	CO-2	CO-3	CO-4	CO-5	CO-6
U2-01	1	3	-	-	-	-
U2-02	1	3	-	-	-	-
U2-03	1	3	-	-	-	-
U2-04	2	3	-	-	-	-

रॉबर्ट जॉन विडलार

एक प्रसिद्ध चिप रचनाकार के रूप में जाना जाता है, इन्होंने पहले बड़े पैमाने पर उत्पादित Op-Amp IC के रचना में महत्वपूर्ण भूमिका निभाई थी। वाल्टर विडलर ने WGAR (1220 AM) रेडियो स्टेशन के लिए काम किया और अग्रणी अति-उच्च आवृत्ति संचारको (अल्ट्रा-हाई आवृत्ति ट्रांसमीटरों) की रचना किया, वे स्वयं सीखे हुए रेडियो इंजीनियर थे। उन्हें जन्म से ही इलेक्ट्रॉनिक्स की दुनिया ने घेर रखा था। विडलर ने रैखिक एकीकृत परिपथ के बुनियादी संरचना के खंडों का आविष्कार किया जिसमें विडलर धारा स्रोत, विडलर बैंड गैप, विभव रेफरेंस और विडलर आउटपुट स्टेज शामिल हैं। विडलर ने 1964 में डेविड टैलबर्ट के साथ मिलकर पहला बड़े पैमाने पर उत्पादित Op-Amp IC बनाया। इसने फेयरचाइल्ड सेमीकंडक्टर और नेशनल सेमीकंडक्टर जैसी कम्पनीयों को रैखिक एकीकृत परिपथ के क्षेत्र में लीडर बना दिया। नेशनल सेमीकंडक्टर ने अल्ट्रा-लो-विभव Op-Amp (LM10) सहित उन्नत रैखिक IC की एक श्रृंखला का उत्पादन किया जहां विडलार ने एक संविदाकार के रूप में काम किया।

2.1 Op-Amp के मूल सिद्धांत

2.1.1 प्रस्तावना

आजकल सभी अभियांत्रिकी क्षेत्रों में इलेक्ट्रॉनिक परिपथ एक महत्वपूर्ण भूमिका निभाते हैं। एनालॉग इलेक्ट्रॉनिक परिपथ और अंकीय (डिजिटल) इलेक्ट्रॉनिक परिपथ दो मुख्य प्रकार के इलेक्ट्रॉनिक परिपथ हैं। दिष्टकारी, प्रवर्धक और ऑसिलेटर सबसे अधिक इस्तेमाल किए जाने वाले एनालॉग इलेक्ट्रॉनिक परिपथ हैं। ये परिपथ निरंतर संकेतों यानी रैखिक या एनालॉग संकेतों को प्रोसेस कर सकते हैं। इसलिए एनालॉग परिपथ को रैखिक इलेक्ट्रॉनिक्स परिपथ भी कहा जाता है। दिष्टकारी परिपथ का उपयोग AC संकेत को DC संकेत में बदलने के लिए किया जाता है। डायोड का उपयोग दिष्टकारी परिपथ के लिए किया जाता है। प्रवर्धक का उपयोग इनपुट संकेत के आयाम को बढ़ाने के लिए किया जाता है। BJT या FET जैसे असतत घटकों के उपयोग से प्रवर्धक का निर्माण किया जा सकता है। असतत घटकों द्वारा निर्मित एनालॉग परिपथ में कई कमियां होती है जैसे बड़ा आकार, अधिक शक्ति की खपत और कम विश्वसनीयता। इन कमियों को दूर करने के लिए एकीकृत परिपथ का इस्तेमाल किया जाता है। संक्रियात्मक प्रवर्धक जिन्हें आमतौर पर Op-Amp के नाम से जाना जाता है, इलेक्ट्रॉनिक परिपथ में बहुत लोकप्रिय निर्माण खंड हैं। Op-Amp का उपयोग विभिन्न प्रकार के प्रयोग जैसे AC और DC संकेत प्रवर्धन, फिल्टर, ऑसिलेटर्स, विभव रेगुलेटर, तुलनित्र और अधिकांश उपभोक्ता और औद्योगिक प्रयोग में किया जाता है।

2.1.2 Op-Amp की मूल बातें

Op-Amp एक डायरेक्ट कपल्ड हाई वृद्धि प्रवर्धक होते हैं, जिसमें आमतौर पर एक या अधिक अवकलित्र (डिफरेंशियल) प्रवर्धक होते हैं, उसके बाद लेवल शिफ्टर और आउटपुट स्टेज होता है। चूकी इन प्रवर्धक का उपयोग शुरूआत में गणितीय क्रियाओ में किया जाता था इसलिए "संक्रियात्मक" शब्द का उपयोग नाम में किया जाता है।

एक Op-Amp को चित्र 2.1 में दिए गए प्रतीक द्वारा निरूपित किया जाता है। सबसे अधिक इस्तेमाल किया जाने वाला Op-Amp IC है μA 741, जो कई निर्माताओं द्वारा निर्मित किया जाता है। IC नंबर में दो उपसर्ग वर्ण निर्माता को इंगित करते हैं। तालिका 2.1 में IC 741 का उपसर्ग वर्ण तथा निर्माता का नाम दिया गया है। चित्र 2.3, IC μA741 के पिन विन्यास को दर्शाता है। तालिका 2.2 में IC 741 के पिन कार्यों को बताया गया है।

तालिका 2.1: IC 741 के लिए उपसर्ग वर्ण और निर्माता के नाम

उपसर्ग वर्ण	निर्माता का नाम
AD	एनालॉग डिवाइस
LM	नेशनल सेमीकंडक्टर
MC	मोटोरोला
NE/SE	सिग्नेटिक्स
OP	प्रेसिजन मोनोलिथिक
TI	टेक्सास इंस्ट्रूमेंट
μA	फेयरचाइल्ड

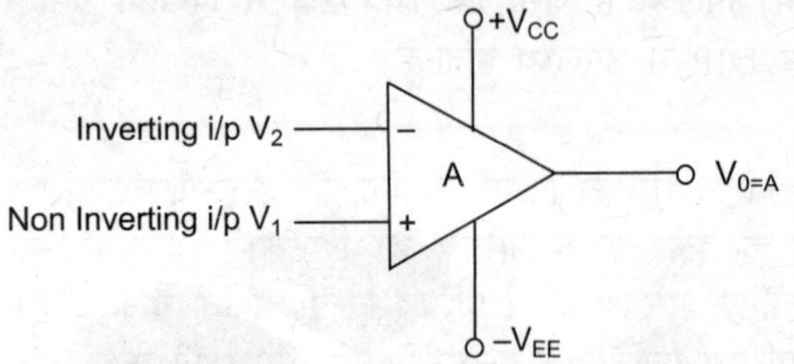

चित्र 2.1: Op-Amp का प्रतीक

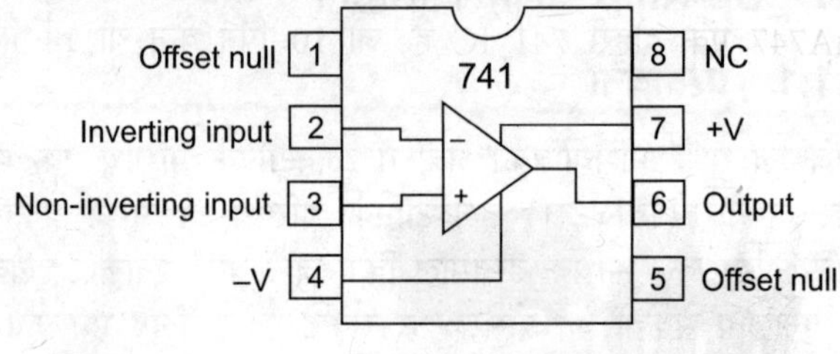

चित्र 2.2: IC μA741 का पिन आउट आरेख

तालिका 2.2: IC 741 के पिन कार्य

पिन नंबर	पिन लेबल	पिन कार्य
1	ऑफसेट नल	इसका उपयोग ऑफसेट विभव को हटाने या कम करने के लिए किया जाता है। इसका उपयोग पिन नंबर 5 के साथ किया जाता है।
2	इनवर्टिंग इनपुट	इसे चिह्न में ऋण का चिह्न (−) प्रतीक द्वारा दर्शाया जाता है। इस इनपुट पिन पर लागू संकेत आउटपुट में प्रवर्धित होकर प्राप्त होता है लेकिन वह इनपुट से फेस इनवर्टेड संकेत के रूप में होता है।
3	नॉन-इनवर्टिंग इनपुट	इसे चिह्न में जोड़ का चिह्न (+) प्रतीक द्वारा दर्शाया जाता है। इस छोर पर लगाया गया संकेत आउटपुट पर एक एम्प्लीफाइड संकेत के रूप में प्राप्त होता है जिसका फेस इनपुट संकेत के समान होता है।
4	$-V_{CC}$	यह ऋणात्मक आपूर्ति हेतु बायसिंग शक्ति आपूर्ति पिन है, सामान्य रूप से –15V आपूर्ति दिया जाता है।
5	ऑफसेट नल	इसका उपयोग ऑफसेट विभव को हटाने या कम करने के लिए किया जाता है। इसका उपयोग पिन नंबर 1 के साथ किया जाता है।
6	आउटपुट	सिंगल एंडेड आउटपुट इस पिन से उपलब्ध होता है।
7	$+V_{CC}$	यह धनात्मक आपूर्ति हेतु बायसिंग शक्ति आपूर्ति पिन है, सामान्य रूप से –15V आपूर्ति दिया जाता है।
8	NC	नॉट कनेक्टेड पिन।

2.1.2.1 संकुल

तीन उपलब्ध लोकप्रिय संकुल (packages) इस प्रकार हैं:-

1. डुअल-इन-लाइन संकुल (DIP)
2. धातु कैन (TO) संकुल
3. सपाट संकुल या सपाट पैक

एक Op-Amp संकुल IC में एक (सिंगल), दो (डुअल) या चार (क्वाड) Op-Amp हो सकते हैं। विशिष्ट संकुल में 8 छोर, 10 छोर और 14 छोर होते हैं। बहुत लोकप्रिय और व्यापक रूप से उपयोग किया जाने वाला uA

741 IC एक एकल Op-Amp IC है जो विभिन्न संकुल में उपलब्ध है जैसा कि चित्र 2.3 में दिखाया गया है। uA747 एक दोहरी 741 IC है, जो 10-पिन कैन या 14-पिन DIP में उपलब्ध होता है।

a. डुअल-इन-लाइन प्लास्टिक (DIP) पैकेज

b. सीधे लीड के साथ TO-5 स्टाइल पैकेज

c. फ्लैट पैक

चित्र 2.3: 741 Op Amp के विभिन्न IC पैकेज

2.1.2.2 Op-Amp प्रवर्धक मापदंड

साधारणतया Op-Amp एक उच्च वृद्धि, प्रत्यक्ष युग्मित प्रवर्धक है। यह आमतौर पर एक विस्तृत आवृत्ति सीमा में फैले संकेतों को प्रवर्धित करने के लिए रचना किया गया है और सामान्यत: बाहरी प्रतिपुष्ट (feedback) नेटवर्क के साथ उपयोग किया जाता है। Op-Amp के विभिन्न मापदंड हैं, जो विश्वसनीय प्रवर्धन के लिए आवश्यक हैं। Op-Amp में अलग-अलग विद्युतीय मापदंड होते हैं जैसे अवकलित्र इनपुट प्रतिरोध, इनपुट ऑफसेट विभव, आउटपुट ऑफसेट विभव और सामान्य मोड अस्वीकृति अनुपात । जैसा कि Op-Amp परिपथ और सिस्टम रचना के लिए एक सार्वभौमिक निर्माण खंड बन गया है, अत: विभिन्न Op-Amp परिपथ के तुलनात्मक गुणों के वर्णन हेतु कई व्यापक रूप से स्वीकृत रचना पारिभाषिक शब्द विकसित हुए हैं। आमतौर पर Op-Amp प्रदर्शन को बताने वाले मापदंडों को इस खंड में वर्णित किया जायेगा।

Op-Amp

इनपुट ऑफसेट धारा (I_{io}): इनपुट ऑफसेट धारा एक संतुलित प्रवर्धक के इनपुट टर्मिनलों में प्रवेश करने वाले अलग-अलग धाराओं के बीच का अंतर है। चित्र 2.4 के अनुसार

$$I_{io} = I_{B1} - I_{B2} \quad \text{जब} \quad V_o = 0. \qquad \dots (2.1)$$

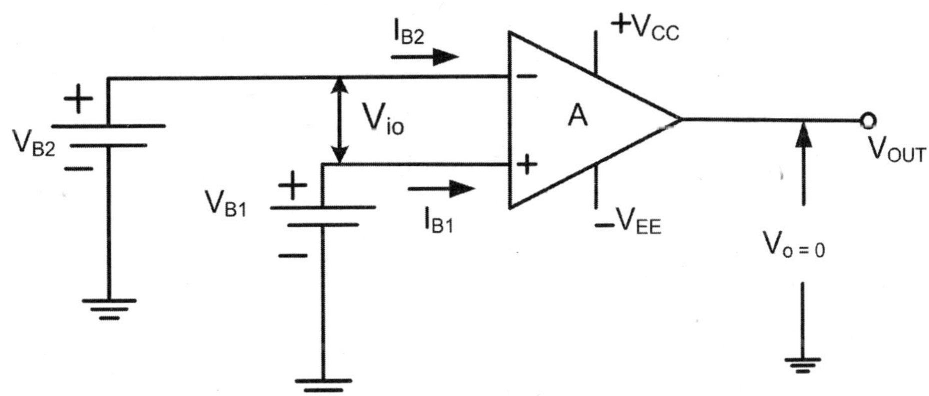

चित्र 2.4: I_{B1} और I_{B2} इनपुट बायस धाराएं तथा V_{io} ऑफसेट विभव

इनपुट बायस धारा (I_B): जब आउटपुट शून्य वोल्ट पर हो, उस स्थिति में इनपुट टर्मिनलों में प्रवाहित होने वाले धारा का औसत मान इनपुट बायस धारा I_B होता है। चित्र 2.4 से,

$$I_B = \frac{I_{B1} + I_{B2}}{2}, \text{ जब } V_0 = 0 \qquad \ldots(2.2)$$

इनपुट ऑफसेट धारा drift: इनपुट ऑफसेट धारा में परिवर्तन तथा तापमान में परिवर्तन के अनुपात को इनपुट ऑफसेट धारा drift कहते हैं।

$$\text{इनपुट ऑफसेट धारा drift} = \frac{\Delta I_{io}}{\Delta T} \qquad \ldots(2.3)$$

इनपुट ऑफसेट विभव (Vio): यह बिना इनपुट संकेत के आउटपुट विभव शून्य प्राप्त करने के लिए इनपुट टर्मिनलों के बीच लागू करने के लिए आवश्यक विभव है।

इनपुट ऑफसेट विभव सीमा: इनपुट ऑफसेट विभव में परिवर्तन तथा तामपान में परिवर्तन के अनुपात को इनपुट ऑफसेट विभव drift कहते हैं।

$$\text{इनपुट ऑफसेट विभव drift} = \frac{\Delta V_{io}}{\Delta T} \qquad \ldots(2.1.4)$$

आउटपुट ऑफसेट विभव: जब इनपुट टर्मिनलों को आधार से जोड़ा जाता है तो यह Op-Amp का आउटपुट विभव होता है। आदर्श Op-Amp के लिए यह मापदंड जीरो वोल्ट होता है। व्यावहारिक Op-Amp के लिए इस मापदंड का मान बहुत कम होना चाहिए। इसे कम करने के लिए ऑफसेट नल पिन का उपयोग किया जाता है।

कॉमन मोड सीमा: यह इनपुट विभव की अधिकतम सीमा (रेंज) है जिसे प्रवर्धक चरणों के कटौती या संतृप्ति के बिना दोनों इनपुट पर एक साथ लागू किया जा सकता है।

इनपुट अवकलित्र सीमा: यह अधिकतम अंतर संकेत है जिसे Op-Amp इनपुट टर्मिनलों पर सुरक्षित रूप से लागू किया जा सकता है।

आउटपुट विभव सीमा: यह अधिकतम आउटपुट स्विंग है जिसे महत्वपूर्ण विरूपण के बिना प्राप्त किया जा सकता है।

पूर्ण शक्ति बैंडविड्थ: यह अधिकतम आवृत्ति सीमा है जिसमें पूर्ण आउटपुट विभव स्विंग प्राप्त किया जा सकता है।

शक्ति आपूर्ति अस्विकार अनुपात: इनपुट ऑफसेट विभव में परिवर्तन तथा एक शक्ति आपूर्ति विभव में संबंधित परिवर्तन के अनुपात को शक्ति आपूर्ति अस्वीकृति (अनुपात पावर सप्लाई रिजेक्शन रेशियो–PSRR) कहते हैं। इस समय दूसरा शक्ति आपूर्ति विभव नियत रहता है।

Slew रेट (S_r): यह आउटपुट विभव के परिवर्तन की अधिकतम दर है। इसे बंद लूप प्रवर्धक के आउटपुट विभव के परिवर्तन की दर भी कहते हैं। इसे V/μS इकाई में व्यक्त किया जाता है। Op-Amp की अधिकतम परिचालन आवृत्ति slew दर (रेट) पर निर्भर करती है।

$$F_{max} = \text{slew rate}/(2\pi\, V_P) \qquad \ldots(2.5)$$

यूनिटी वृद्धि बैंडविड्थ: यह आवृत्ति सीमा है डायरेक्ट धारा यानी 0 हट्र्ज से उस आवृत्ति तक, जहाँ खुला–लूप वृद्धि यूनिटी (एक) को पार करता है।

इनपुट प्रतिबाधा (Z_i): इसे इनपुट विभव V_i तथा इनपुट धारा I_i के अनुपात के रूप में परिभाषित किया गया है।

$$\text{इनपुट प्रतिबाधा } Z_i = \frac{V_i}{I_i} \qquad \ldots(2.6)$$

आउटपुट विभव स्विंग: एसी आउटपुट अधिकतम शीर्ष से शीर्ष बिना कटा हुआ (अनक्लिप्ड पीक टू पीक) आउटपुट विभव है, जो एक Op-Amp उत्पन्न कर सकता है। चूंकि स्थिर बिन्दु (Q बिन्दु) आउटपुट आदर्श रूप में

शून्य होता है, अतः AC आउटपुट विभव धनात्मक या ऋणात्मक स्विंग कर सकता है। यह Op-Amp के धनात्मक और ऋणात्मक संतृप्ति विभव के मानों को भी बताता है। किसी दिए गए आपूर्ति विभव $+V_{cc}$ और $-V_{EE}$ के लिए आउटपुट विभव इन सीमाओं से अधिक नहीं हो सकता। IC741 के लिए, यह ±13 वोल्ट है।

कॉमन मोड रिजेक्शन रेशियो: अवकलित्र प्रवर्धक की कॉमन मोड संकेत को अस्विकार करने की क्षमता इसके कॉमन मोड रिजेक्शन रेशियो (CMRR) द्वारा व्यक्त की जाती है। यह अवकलित्र मोड वृद्धि A_d तथा कॉमन मोड A_{cm} का अनुपात है। यह आमतौर पर डेसिबल (dB) में व्यक्त किया जाता है।

$$CMRR = A_d / A_{cm} \quad \text{...(2.7)}$$

CMRR की dB में गणना करने के लिए

$$CMRR \text{ in dB} = 20 \log_{10} (A_d / A_c) \quad \text{...(2.8)}$$

अवकलित्र इनपुट प्रतिरोध (R_i): यह इनपुट छोर का समतुल्य प्रतिरोध है जो अन्य टर्मिनलों को ग्राउंडेड करके मापा जाता है।

2.1.3 आदर्श Op-Amp

आदर्श Op-Amp

एक आदर्श Op-Amp में निम्नलिखित गुण होते हैं:

1. इसकी इनपुट प्रतिबाधा अनंत है ($Z_i = \infty$).
2. इसका आउटपुट प्रतिबाधा शून्य ($Z_o = 0$) है।
3. इसका विभव वृद्धि अनंत ($A_v = \infty$) है।
4. इसका बैंडविड्थ अनंत है यानि इसका खुला-लूप वृद्धि अनंत तक जाता है। यानी यह सभी आवृत्ति श्रेणियों के लिए नियत वृद्धि प्रदान करता है।
5. कॉमन मोड अस्वीकृति अनुपात (CMRR) अनंत है।
6. जब $V_1 = V_2$ होता है तो यह शून्य आउटपुट विभव उत्पन्न करता है।
7. अभिलक्षण तापमान के साथ स्विंग नहीं करते हैं।

चित्र 2.5 में आदर्श Op-Amp दिखाया गया है। ऋणात्मक छोर पर प्रदान किया गया संकेत (V_2) आउटपुट पर उल्टा प्राप्त होता है, जबकि धनात्मक छोर पर प्रदान किया गया संकेत (V_1) आउटपुट पर बिना प्रतीक में बदलाव के प्राप्त होता है। इसलिए, ऋणात्मक छोर को "इनवर्टिंग" छोर और धनात्मक छोर को "नॉन-इनवर्टिंग" छोर कहा जाता है। सामान्य तौर पर, आउटपुट विभव सीधे $V_d = V_1 - V_2$ के समानुपाती होता है। आनुपातिकता का स्थिरांक (A_V) प्रवर्धक का विभव वृद्धि कहलाता है।

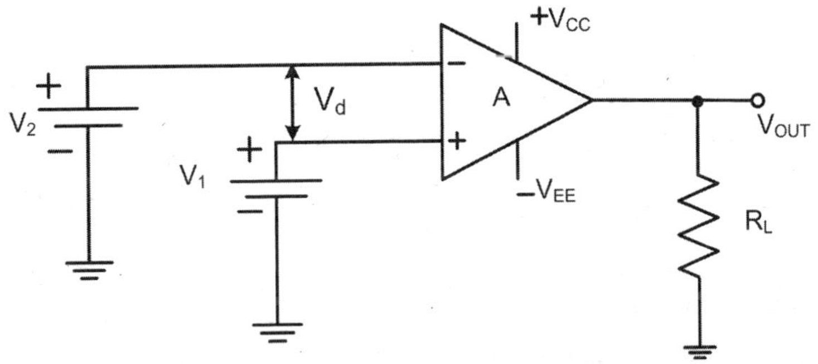

चित्र 2.5: आदर्श Op-Amp

व्यवहार में, जब Op-Amp को किसी निर्दिष्ट अनुप्रयोग के लिए चुना जाता है तो डेटा शीट से इसके मापदंड देखे जाते हैं। तालिका 2.3 में IC 741 के आवश्यक मापदंड के मान दिए गए हैं।

तालिका 2.3: IC 741 के मापदंड

क्रमांक	मापदंड	मान (25°C पर)
1	इनपुट प्रतिबाधा	2 MΩ
2	आउटपुट प्रतिबाधा	75 Ω
3	CMRR	90 dB
4	आपूर्ति विभव	+/– 18 V
5	इनपुट ऑफसेट विभव	1mV
6	इनपुट ऑफसेट धारा	20 mA
7	इनपुट बायस धारा	80 mA
8	अवकलित्र इनपुट विभव	+/– 15 V
9	बैंडविड्थ	1 MHZ
10	Slew दर	0.5 V /μS

2.1.4 Op-Amp विन्यास

Op-Amp को दो में से किसी एक विन्यास में संचालित किया जा सकता है। दो विन्यास हैं: खुला लूप विन्यास और बंद लूप विन्यास

2.1.4.1 Op-Amp खुला लूप विन्यास

बिना फीडबैक के Op-Amp को खुला लूप विन्यास के रूप में जाना जाता है।

खुला-लूप वृद्धि (A_{OL}): यदि 'V_d' किसी Op-Amp का अवकलित्र इनपुट विभव है जिसका मान बहुत कम है और V_o आउटपुट विभव है, तो आउटपुट विभव V_o तथा अवकलित्र इनपुट विभव V_d के अनुपात को खुला-लूप वृद्धि के रूप में परिभाषित किया जाता है। आउटपुट और इनपुट टर्मिनलों के बीच संभावित फीडबैक कनेक्शन की अनुपस्थिति के वजह से इसे खुला-लूप वृद्धि कहा जाता है।

$$\text{खुला-लूप वृद्धि, } A_{OL} = \frac{V_o}{V_d} \qquad ...(2.9)$$

चूकी खुला लूप में फीडबैक अनुपस्थित है, इसलिए वृद्धि अनंत और अनियंत्रित होता है। वृद्धि को नियंत्रित करने और आवश्यकतानुसार Op-Amp को संचालित करने के लिए फीडबैक आवश्यक है। आउटपुट संकेत का कुछ भाग या पूर्ण आउटपुट संकेत इनपुट को देने को फीडबैक कहा जाता है।

2.1.4.2 Op-Amp बंद लूप विन्यास

बिना फीडबैक के Op-Amp बहुत उपयोगी उपकरण नहीं है, क्योंकि इनपुट पर बहुत छोटा सा विभव इसे आउटपुट पर संतृप्ति में जाने का कारण बनेगा। इसलिए, परिमित (फाईनाइट) विभव वृद्धि प्राप्त करने के लिए फीडबैक लागू

करना आवश्यक है। जब फीडबैक लागू किया जाता है, तो Op-Amp के अभिलक्षणों को फीडबैक नेटवर्क द्वारा बड़े पैमाने पर निर्धारित किया जाता है, फीडबैक के साथ Op-Amp को बंद लूप विन्यास कहा जाता है।

बंद-लूप वृद्धिः प्रवर्धक के वृद्धि को बंद-लूप वृद्धि (A_{CL}) कहा जाता है क्योंकि फीडबैक प्रतिरोध Op-Amp के आउटपुट छोर से इनवर्टिंग इनपुट छोर यानी ऋणात्मक छोर तक एक बंद लूप बनाता है जैसा कि चित्र 2.6 में दिखाया गया है।

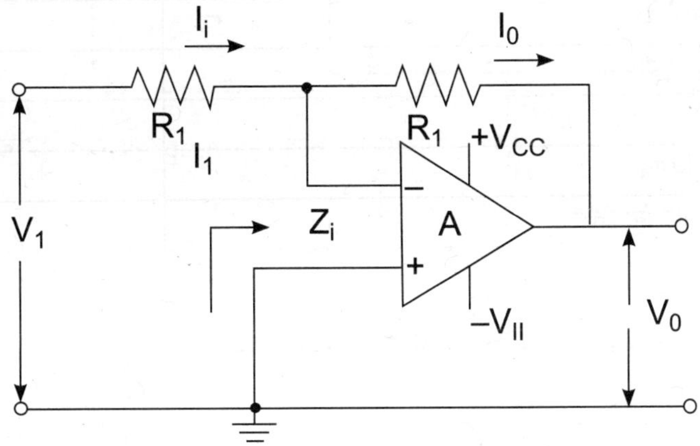

चित्र 2.6: Op Amp बंद-लूप कॉन्फिगरेशन

$$\text{बंद-लूप वृद्धि, } A_{CL} = \frac{V_o}{V_i} \qquad \ldots(2.10)$$

चित्र 2.6 में दिखाए गए प्रवर्धक के लिए बंद-लूप वृद्धि $\left(-\frac{R_f}{R_I}\right)$ के बराबर है, जिसे इनवर्टिंग प्रवर्धक कहा जाता है,

आउटपुट प्रतिबाधा (Z_o): एक Op-Amp का बंद-लूप आउटपुट प्रतिबाधा $Z_{o(CL)}$ को खुला-लूप आउटपुट प्रतिबाधा $Z_{o(OL)}$ तथा लूप वृद्धि के अनुपात के रूप में परिभाषित किया गया है।

इस प्रकार,
$$Z_{o(CL)} = \frac{Z_{o(OL)}}{\text{Loop gain}} \qquad \ldots(2.11)$$

जहां, लूप वृद्धि = खुला-लूप वृद्धि - बंद-लूप वृद्धि।

वर्चुअल आधारः एक Op-Amp की विशेषताओं को स्पष्ट करने के लिए, चित्र 2.7 में दिए फीडबैक परिपथ पर विचार करें, जिसमें इनपुट और आउटपुट के बीच जुड़े प्रतिरोध R_f द्वारा ऋणात्मक विभव फीडबैक उत्पन्न होती है। ध्यान दें कि प्रवर्धक में फेस इनवर्सन होने के कारण फीडबैक ऋणात्मक है। चूकी फीडबैक विभव इनपुट संकेत स्रोत के समानांतर में पर्याप्त रूप से जुड़ा हुआ है, तो संक्रियात्मक फीडबैक में फीडबैक अनुपात का परिवर्तन उच्च प्रतिबाधा स्रोत के लिए एक से लेकर निम्न प्रतिबाधा स्रोत के लिए $\frac{R}{R+R_f}$ तक हो सकता है। किरचॉफ के धारा नियम को शाखा बिंदु S पर लागू करके संक्रियात्मक फीडबैक परिपथ का विश्लेषण करना सुविधाजनक है। चूंकि प्रवर्धक इनपुट प्रतिबाधा उच्च है, अतः इस शाखा में धारा नगण्य होगा, अर्थात प्रतिरोध R_1 तथा प्रतिरोध R_f में धारा का मान बराबर है।

क्या है Op-Amp

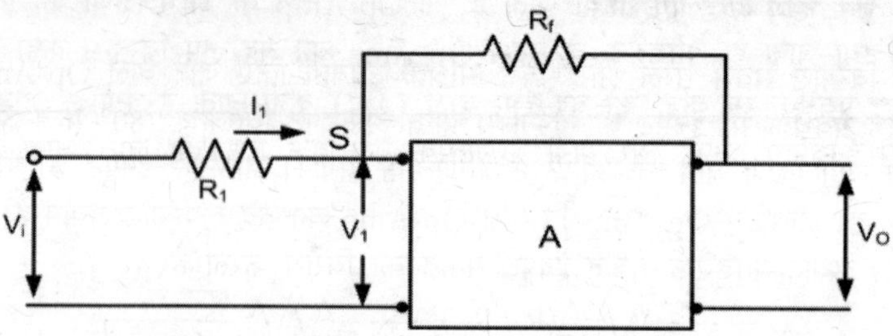

चित्र 2.7: फीडबैक के साथ Op-Amp का खंड आरेख

$$\frac{V_i - V_I}{R} = \frac{V_I - V_o}{R_f}$$

अगर $V_I = \frac{-V_o}{A}$ तो ऊपर के समीकरण से, Vo $\left(1 + \frac{1}{A} + \frac{Rf}{A}\right) = -\frac{Rf}{R}.V_i$

चूंकि, वृद्धि अति उच्च है, $V_o = -\frac{Rf}{R}.V_i$ .....(2.12)

अर्थात आउटपुट विभव को केवल इनपुट विभव में नियत गुणांक $\left(-\frac{R_f}{R}\right)$ से गुणा करके प्राप्त किया जाता है। यदि R_f और R के लिए प्रेसिजन प्रतिरोधों का उपयोग किया जाय तो इस गुणन क्रिया की सटीकता काफी उच्च होगी।

Op-Amp में शाखा बिंदु 'S' का विशेष महत्व है। बिंदु S और आधार के बीच प्रभावी प्रतिबाधा ज्ञात कर इसे स्पष्ट किया जा सकता है, विभव V_1 तथा इनपुट धारा I_1 का अनुपात प्रभावी प्रतिबाधा होगा।

$$Zs = \frac{V_I}{l_i} = \frac{V_I R_f}{V_I - V_o} = \frac{R_f}{1 - \frac{V_o}{V_1}} = \frac{R_f}{1 + A} \quad ...(2.13)$$

जहां, समीकरण के दाहिने ओर का हिस्सा इनपुट धारा के लिए लिया गया है। समीकरण 2.13 के अनुसार, यदि वृद्धि उच्च है, तो बिंदु S और आधार के बीच का प्रतिबाधा बहुत कम है। $R_f = 10^4$ ओम और $A = 10^4$, R_f तथा A के विशिष्ट मान हैं ताकि प्रतिबाधा 10 ओम हो। कम प्रतिबाधा ऋणात्मक फीडबैक विभव से उत्पन्न होता है, जो बिंदु 'S' पर इनपुट संकेत को कैंसिल करता है और शाखा बिंदु को आधार वोल्टता पर रखता है। इसी कारण बिंदु 'S' को वर्चुअल आधार कहते हैं। हालांकि 'S' को फीडबैक एक्शन द्वारा आधार वोल्टता पर रखा जाता है, लेकिन इस बिंदु पर कोई आधार धारा मौजूद नहीं होती है।

2.1.5 Op-Amp परिचालन के मोड

आउटपुट से इनपुट तक फीडबैक प्रदान करके Op-Amp को रैखिक अनुप्रयोगों में प्रभावी ढंग से उपयोग किया जा सकता है। यदि फीडबैक संकेत इनपुट के तुलना में 180° कलाअंतर वाला हो तो उसे ऋणात्मक फीडबैक या अपक्षयी फीडबैक कहा जाता है। आमतौर पर इस्तेमाल किए जाने वाले बंद लूप परिचालन मोड हैं:-

a. इनवर्टिंग प्रवर्धक और
b. नॉन इनवर्टिंग प्रवर्धक

2.1.5.1 Op-Amp इनवर्टिंग मोड प्रवर्धक

इनवर्टिंग Op-Amp विन्यास सबसे सरल और सबसे अधिक उपयोग किए जाने वाले Op-Amp परिचालन मोड में से एक है। इनवर्टिंग मोड प्रवर्धक में, इनपुट के तुलना में प्राप्त आउटपुट बिल्कुल 180° फेज आउट होता है (यानी यदि एक धनात्मक विभव लागू किया जाय, तो आउटपुट ऋणात्मक होगा)। आउटपुट इनपुट का एक उल्टा (फेस के संदर्भ में) प्रवर्धित संस्करण है। इनवर्टिंग Op-Amp विन्यास Op-Amp का बंद लूप मोड प्रयोग है। यह ऋणात्मक फीडबैक का उपयोग करता है, अर्थात फीडबैक संकेत इनपुट संकेत का विरोध करता है।

$$V_O = -(R_f / R_1)^* Vi \qquad \ldots(2.14)$$

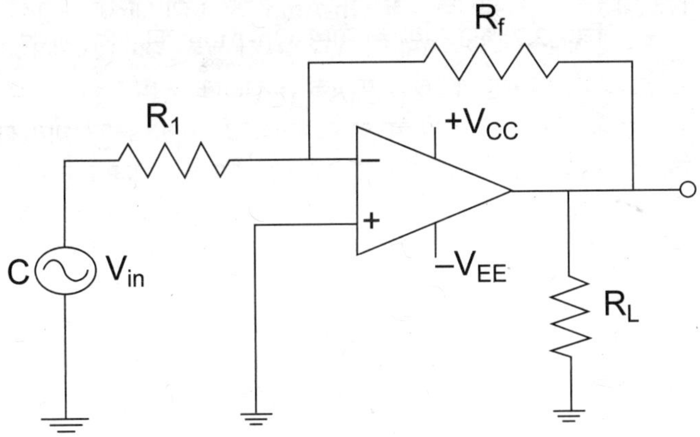

चित्र 2.8: इनवर्टिंग प्रवर्धक

चित्र 2.8 में दिखाये गये परिपथ में Op-Amp को इनवर्टेड मोड में उपयोग किया गया है। ऑपरेशन के इस मोड में, प्रवर्धक के धनात्मक इनपुट छोर को आधार किया जाता है और इनपुट संकेत e_1 को प्रतिरोध R_1 के माध्यम से ऋणात्मक इनपुट छोर पर लागू किया जाता है। R_f के द्वारा आउटपुट से इनपुट छोर के मध्य लागू फीडबैक ऋणात्मक जैसा कि चित्र 2.9 में दिखाया गया है। परिपथ का इनवर्टिंग ऑपरेशन फीडबैक प्रतिरोध R_f और इनपुट प्रतिरोध R_1 द्वारा निर्धारित किया जाता है।

इनवर्टिंग Op-Amp

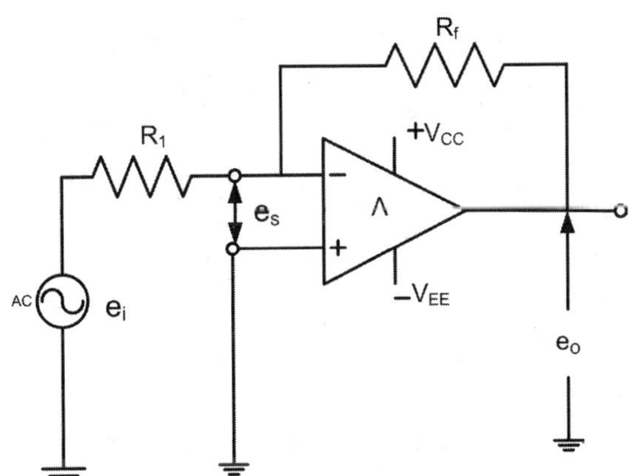

चित्र 2.9: ऋणात्मक फीडबैक के साथ Op Amp

Op-Amp को आदर्श मानने पर इसका वृद्धि अनंत होता है। अनंत विभव वृद्धि के साथ, इनपुट टर्मिनलों के बीच विभवान्तर शून्य होगा। परिपथ में इनपुट टर्मिनलों के बीच का विभवान्तर e_s, प्रवर्धक के ऋणात्मक फीडबैक के द्वारा शून्य के बराबर होगा। चूकी प्रवर्धक का इनपुट प्रतिबाधा अनंत है, अतः प्रवर्धक का इनपुट धारा शून्य होगा। इसलिए आदर्श Op-Amp के लिए, निम्नलिखित दो शर्तों को पूरा करना होगा:

1. प्रवर्धक टर्मिनलों के बीच विभवान्तर शून्य होता है।
2. प्रत्येक इनपुट छोर में धारा शून्य होता है।

ध्यान दें कि पहली शर्त इस धारणा पर होगी कि प्रवर्धक का इनपुट विभव अनंत है। इस प्रकार, शून्य इनपुट से विभाजित एक परिमित आउटपुट अनंत वृद्धि देता है जो कि एक Op-Amp की विशेषता के अलावा और कुछ नहीं है। विभव $e_s = 0$ का अर्थ है कि छोर (1) तथा छोर (2) समान विभव पर हैं। चूकी छोर (2) ग्राउंडेड है, इसलिए छोर (1) भी काल्पनिक रूप से ग्राउंडेड है। अर्थात ऋणात्मक छोर पर एक काल्पनिक आधार है।

इस प्रकार, R_1 से बहने वाली धारा 'i_1', R_f से भी होकर बहती है। चूंकि इनपुट धारा बहुत छोटा होता है, इसलिए इसे शून्य तक अनुमानित किया जा सकता है। इनवर्टिंग इनपुट पर लागू किसी भी इनपुट विभव के लिए, इनपुट अवकलित्र विभव नगण्य है और इनपुट धारा शून्य है। इसलिए इनवर्टिंग इनपुट आधार (ग्राउंड) विभव पर प्रतीत होता है। वर्चुअल ग्राडंड शब्द उस बिंदु को दर्शाता है जिसका विभव ग्राडंड के तुलना में शून्य है लेकिन फिर भी धारा उन बिंदुओं के बीच प्रवाहित नहीं हो सकता है।

इसलिए,

$$i_1 = i_f, \qquad \ldots(2.15)$$

$$\frac{e_I - e_s}{R_I} = \frac{e_s - e_o}{R_f}$$

चूकी $e_s = 0$,

$$\frac{e_I - o}{R_I} = -\frac{o - e_o}{R_f}$$

$$\frac{e_I}{R_I} = \frac{-e_o}{R_f}$$

$$\frac{e_o}{e_I} = -\frac{R_f}{R_I} \qquad \ldots(2.16)$$

यहां, अनुपात $\left(\frac{e_o}{e_I}\right)$ को इनवर्टिंग प्रवर्धक का बंद-लूप वृद्धि A_{CL} कहा जाता है। यह एक ऋणात्मक मात्रा है क्योंकि बंद-लूप प्रवर्धक इनपुट संकेत के प्रतीक को उलट देता है, यानी आउटपुट, इनपुट के फेस आउट होता है। वृद्धि $\frac{R_f}{R_I}$ के अनुपात पर निर्भर करता है। यह दर्शाता है कि इनपुट प्रतिबाधा केवल बाहरी प्रतिरोधक R_1 पर निर्भर करती है। इनपुट छोर को शून्य के बराबर सेट करने के पश्चात आउटपुट पर देखी गई प्रतिबाधा को Op-Amp का आउटपुट प्रतिबाधा के रूप में परिभाषित किया जाता है। फीडबैक प्रतिरोध और इनपुट प्रतिरोध के अनुपात को किसी भी मान पर सेट किया जा सकता है, यहां तक कि 1 से भी कम। इस गुण के कारण Op-Amp अधिकांश प्रयोग में लोकप्रिय है। इनवर्टिंग प्रवर्धक की कुछ अन्य प्रमुख विशेषताएं जो कुछ प्रयोग में इसके उपयोग हेतु हानिकारक हैं, इस प्रकार हैं:

1. यह इनपुट और आउटपुट के बीच 180° का कला अंतर देता है।
2. इनपुट प्रतिबाधा कम है।
3. बैंडविड्थ नॉन-इनवर्टिंग प्रवर्धक की तुलना में कम है।

2.1.5.2 Op-Amp नॉन-इनवर्टिंग मोड प्रवर्धक

नॉन इनवर्टिंग प्रवर्धक विन्यास Op-Amp परिपथ का सबसे लोकप्रिय और व्यापक रूप से उपयोग किए जाने वाले सर्किटों में से एक है। एक Op-Amp के उपयोग से प्राप्त सभी विशेषताओं के साथ-साथ Op-Amp नॉन इनवर्टिंग प्रवर्धक परिपथ उच्च इनपुट प्रतिबाधा प्रदान करता है। नॉन-इनवर्टिंग प्रवर्धक में आउटपुट, इनपुट के फेस में होता है (यानी यदि इनपुट धनात्मक विभव है, तो आउटपुट धनात्मक होगा)। आउटपुट, इनपुट का एक नॉन-इनवर्टेड (फेस के संदर्भ में) प्रवर्धित संस्करण है।

$$V_o = (1 + (R_f / R_1))^* V_i \qquad \ldots(2.17)$$

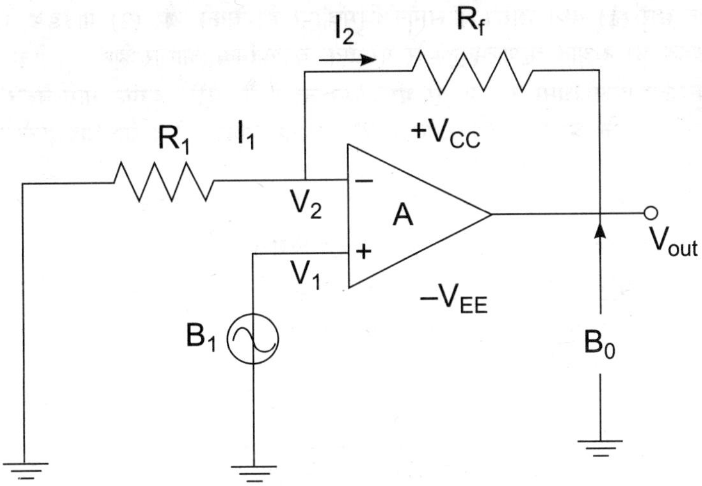

चित्र 2.10: नॉन-इनवर्टिंग प्रवर्धक

चित्र 2.10 में एक आदर्श Op-Amp का परिपथ नॉन-इनवर्टिंग मोड में दिखाया गया है। इस स्थिति में, इनपुट संकेत सीधे प्रवर्धक के नॉन–इनवर्टिंग (पॉजिटिव) इनपुट छोर पर लागू होता है और फीडबैक प्रतिरोध R_f आउटपुट छोर और ऋणात्मक इनपुट छोर के बीच जुड़ा होता है।

R_1 इनवर्टिंग छोर और आधार के बीच जुड़ा हुआ है, पिछले स्थिति के समान, $e_s = 0$. इसलिए, ऋणात्मक छोर तथा आधार के बीच का विभव e_1, इनपुट विभव e_2 के बराबर है। ध्यान दें कि इस स्थिति में e_1 शून्य के बराबर नहीं है, अर्थात नॉन–इनवर्टिंग परिपथ में इसके किसी भी इनपुट छोर पर कोई वर्चुअल आधार नहीं है।

चूँकि, $e_1 = e_2 \qquad e_1 = i_1 \qquad R_1 = e_o \dfrac{R_1}{R_1 + R_f} = e_2$

इस प्रकार, $$\frac{e_0}{e_2} = \frac{R_f + R_1}{R_1}$$

या $$\frac{e_0}{e_1} = \frac{R_f + R_1}{R_1}$$

लेकिन $\dfrac{e_0}{e_2}$ बंद-लूप वृद्धि है।

अत:

$$A_{CL} = \frac{R_f + R_1}{R_1} = \frac{R_f}{R_1} + \frac{R_1}{R_1} = \frac{R_f}{R_1} + 1$$

$$A_{CL} = \frac{e_0}{e_2} = \left(1 + \frac{R_f}{R_1}\right) \qquad ...(2.18)$$

इस प्रकार, एक नॉन–इनवर्टिंग प्रवर्धक का बंद लूप वृद्धि हमेशा यूनिटी से अधिक या बराबर होता है और इसे R_1 और R_f द्वारा निर्धारित किया जाता है। यदि $R_f = 0$ और $R_1 = \infty$, तो वृद्धि बिल्कुल एक के बराबर होता है और प्रवर्धक विभव अनुगामी (फॉलोवर) के रूप में कार्य करता है यानी आउटपुट विभव बिल्कुल इनपुट विभव के जैसा होता है। इस तरह के विभव फॉलोवर और नॉन–इनवर्टिंग परिपथ की विशेषता सामान्य रूप प्रतिबाधा बफरिंग में है। ऐसे प्रवर्धक परिपथ व्यापक रूप से संकेत स्रोत और लोड के बीच अलगाव हेतु उपयोग किए जाते हैं, जो अनचाहे इनटरैक्सन और लोडिंग प्रभाव को रोकता है।

नॉन इनवर्टिंग Op-Amp

नॉन–इनवर्टिंग प्रवर्धक के फायदे इस प्रकार हैं:

1. इनपुट और आउटपुट के बीच कोई फेज शिफ्ट नहीं होता है।
2. इनपुट प्रतिबाधा, इनवर्टिंग विन्यास से अधिक होता है।
3. इनवर्टिंग प्रवर्धक की तुलना में अधिक बैंडविड्थ होता है।
4. परिपथ ऋणात्मक फीडबैक का उपयोग करता है।

हल किये गए प्रश्न

उदाहरण 2.1.1: Op Amp का आउटपुट विभव 8μS में 40V से परिवर्तित होता है। Op Amp के सल्यू (slew) रेट की गणना करें।

हल : Slew रेट = dV/dt

= 40 V/8 μS

= 5 V/μS

उदाहरण 2.1.2: Op Amp के इनवर्टिंग प्रवर्धक मोड के लिए $R_f = 10\ K\Omega$ और $R_i = 2\ K\Omega$ है, बंद लूप विभव वृद्धि A_{CL} की गणना करें।

हल : इनवर्टिंग मोड में बंद लूप विभव वृद्धि $= -\frac{R_f}{R_i} = -(10\ K\Omega / 2\ k\Omega) = -5$

उदाहरण 2.1.3: Op Amp के नॉन-इनवर्टिंग प्रवर्धक मोड के लिए $R_f = 10\ K\Omega$ और $R_i = 1\ K\Omega$ है। बंद लूप विभव वृद्धि A_{CL} और फीडबैक फैक्टर की गणना करें।

हल: नॉन-इनवर्टिंग मोड में बंद लूप विभव वृद्धि $= 1 + \frac{R_f}{R_i} = 1 + (10\ K\Omega/1\ K\Omega) = 11$

फीडबैक फैक्टर $\beta = R_i/(R_i + R_f) = 1\ K\Omega\ /(1\ K\Omega + 10\ K\Omega) = 0.09$

उदाहरण 2.1.4: Op Amp के CMRR की गणना करें जब डीफेरेंशिल वृद्धि 300000 है और कॉमन मोड वृद्धि 12.66 है।

हल: CMRR, अवकलित्र मोड वृद्धि और कॉमन मोड वृद्धि का अनुपात है।

$$\text{CMRR} = A_d / AC$$
$$= 300000/12.66$$
$$= 13850.41$$
$$\text{CMRR in dB} = 20 \log 10 (A_d / AC)$$
$$= 82.82 \text{ dB}$$

उदाहरण 2.1.5: नॉन-इनवर्टिंग Op Amp के लिए फीडबैक प्रतिरोध के मान की गणना करें यदि इनपुट प्रतिरोध 4kΩ का है और विशिष्ट प्रयोग के लिए आवश्यक वृद्धि का मान 13 है।

हल: यह देखते हुए कि Op Amp ऑपरेटिंग मोड, नॉन-इनवर्टिंग एम्पलीफायर मोड मे है।

इनपुट प्रतिरोध मान $R_{in} = 4\ K\Omega$

$$\text{वृद्धि} = 13$$
$$\text{वृद्धि} = 1 + (R_f / R_{in})$$
$$13 = 1 + (R_f / 4\ K\Omega)$$
$$13 - 1 = R_f / 4\ K\Omega$$
$$12 = R_f + 4\ K\Omega$$
$$R_f = 48\ K\Omega$$

2.2 Op-Amp के प्रयोग

Op-Amp को मूल रूप से एनालॉग कंप्यूटर की जरूरतों के लिए विकसित किया गया था। जैसा कि Op-Amp एक उच्च वृद्धि डायरेक्ट कपल्ड प्रवर्धक है जिसमें बाहरी विभव वृद्धि नियंत्रित की विशेषता है, अत: संकेत प्रोसेसिंग और कंडीशनिंग प्रयोग में इसके कई अनुप्रयोग हैं। कम लागत, उच्च प्रदर्शन और बहुमुखी प्रकृति के कारण कई एनालॉग इलेक्ट्रॉनिक्स परिपथ में इसका उपयोग किया जाता है।

यह हमेशा ऋणात्मक फीडबैक के साथ बंद लूप मोड में उपयोग किया जाता है और विभव वृद्धि को बाहरी घटकों R_i तथा R_f द्वारा नियंत्रित किया जाता है। पॉवर आपूर्ति के जुड़े होने पर आउटपुट विभव प्राप्त होता है, दोनों इनपुट ग्राउंडेड होने पर भी आउटपुट विभव प्राप्त होता है, इसे ऑफसेट कहा जाता है। ऑफसेट को पिन 1 और 5 के बीच 10 KΩ POT जोड़कर और वाइपर को पिन 4 से जोड़कर शून्य बनाया जा सकता है।

2.2.1 Op-Amp एक योजक के रूप में

Op-Amp के उपयोग द्वारा निर्मित योजक (एडर) और घटाव (सबट्रैक्टर) परिपथ का उपयोग अंकगणितीय संचालन जैसे जोड़, घटाव आदि के लिए किया जाता है। Op-Amp योजक को समिंग प्रवर्धक भी कहा जाता है। योजक और घटाव परिपथ में इनपुट संकेत को बाहरी प्रतिरोधों के उचित मान लेकर वांक्षनीय मान तक जोड़ा या घटाया जा सकता है। ये अंकगणितीय कार्य एनालॉग परिपथ में उपयोग किये जाते हैं। इस परिपथ का उपयोग AC या DC संकेत जोड़ने के लिए किया जा सकता है। इस परिपथ के द्वारा प्राप्त आउटपुट विभव दो या दो से अधिक इनपुट विभव के बीजगणितीय योग के समानुपाती होता है, प्रत्येक इनपुट विभव एक नियत मान से गुणा के बाद जुड़ता है। Op-Amp के इनवर्टिंग विन्यास में यदि इनवर्टिंग छोर को एक से अधिक इनपुट दिए जाते हैं तो परिणामी परिपथ एक योजक या समिंग प्रवर्धक के रूप में कार्य करता है।

Op-Amp: अनुप्रयोग

$$Vo = -(R_f + R_i)^* (V_1 + V_2) \qquad \ldots(2.19)$$

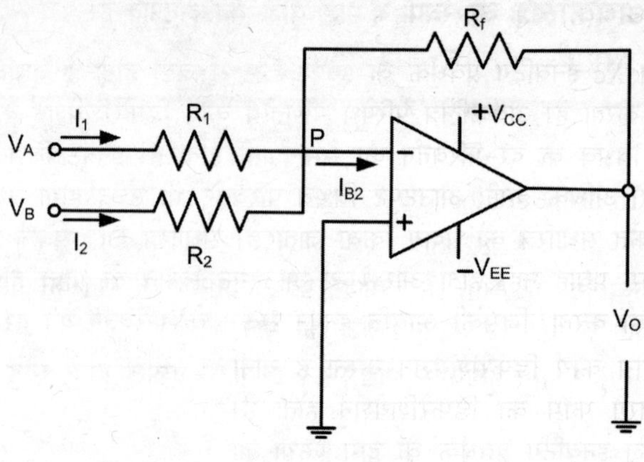

चित्र 2.11: Op Amp एक योजक के रूप में

यहां, विभव को प्रवर्धित किया जाता है और फिर जोड़ा जाता है।

KCL को इनवर्टिंग इनपुट नोड पर लागू करने पर,

$$i_1 + i_2 = i_f + I_{B2}$$

चूंकि Op-Amp आदर्श है, $I_{B2} = 0$

$$i_1 + i_2 = i_f$$

$$\frac{V_A - V_p}{R_1} + \frac{V_B - V_p}{R_2} = \frac{V_p - V_o}{R_f}$$

वर्चुअल ग्राउंड कंडीशन के कारण $V_p = 0$.

$$\frac{V_A}{R_1} + \frac{V_B}{R_2} = \frac{V_o}{R_f}$$

$$V_0 = -R_f\left(\frac{V_A}{R_1} + \frac{V_B}{R_2}\right)$$

$$V_0 = -\left(\frac{R_f}{R_1}V_A + \frac{R_f}{R_2}V_B\right)$$

अगर $R_1 = R_2 = R$

$$V_0 = -\frac{R_f}{R}[V_A + V_B] \quad \text{...समिंग प्रवर्धक (2.20)}$$

अगर $R_1 = R_2 = R_f = R$

$$V_o = -(V_A + V_B)$$

अगर $R_1 = R_2 = 2R_f$

$$V_0 = -\frac{V_1 + V_2}{2} \quad \text{...औसत परिपथ (2.21)}$$

2.2.2 Op-Amp एक अवकलित्र के रूप में

अवकलित्र परिपथ में, रिएक्टंस Xc इनवर्टिंग प्रवर्धक के इनपुट छोर से जुड़ा होता है जबकि प्रतिरोध, R_f, Op-Amp में ऋणात्मक फीड बैक तैयार करता है। अवकलित्र परिपथ गणितीय कार्य डिफरेंशियेशन करता है और प्राप्त आउटपुट विभव, समय के साथ इनपुट विभव के दर-परिवर्तन का समानुपाती होता है। इनपुट विभव संकेत में तेज और उच्च परिवर्तन के कारण, इनपुट धारा अधिक होगी, आउटपुट विभव परिवर्तन भी उच्च होगा तथा "स्पाइक" आकार उत्पन्न होगा। अवकलित्र में इनपुट संकेत संधारित्र को प्रदाय किया जाता है। संधारित्र DC संकेत को अवरुद्ध करता है अतः प्रवर्धक योग बिंदु पर कोई धारा प्रवाह नहीं होता और शून्य आउटपुट विभव के प्राप्त होता है। संधारित्र AC इनपुट विभव परिवर्तन को अवरुद्ध नहीं करता, जिसकी आवृत्ति इनपुट संकेत के परिवर्तन की दर पर निर्भर होती है।

अवकलित्र परिपथ गणितीय कार्य डिफरेंशियेशन करता है यानी आउटपुट तरंग फॉर्म इनपुट तरंग फॉर्म का डिफरेंशियेशन होता है। अवकलित्र का निर्माण एक मूल इनवर्टिंग प्रवर्धक के द्वारा किया जा सकता है अगर प्रतिरोध R_1 को एक संधारित्र C_{in} द्वारा प्रतिस्थापित कर दिया जाय। चूकि आउटपुट विभव V_o इनपुट विभव के समय के साथ दर परिवर्तन के ऋणात्मक के R_f , C_{in} गुणा होता है, तो इस सबंध के द्वारा आउटपुट विभव का व्यंजक प्राप्त किया जा सकता है। इनपुट संकेत के तुलना में आउटपुट संकेत V_O 180° फेज आउट होता है, जिसे ऋणात्मक चिन्ह (–) इंगित करता है। चूंकि अवकलित्र समाकलक कार्यों के विपरीत कार्य करता है।

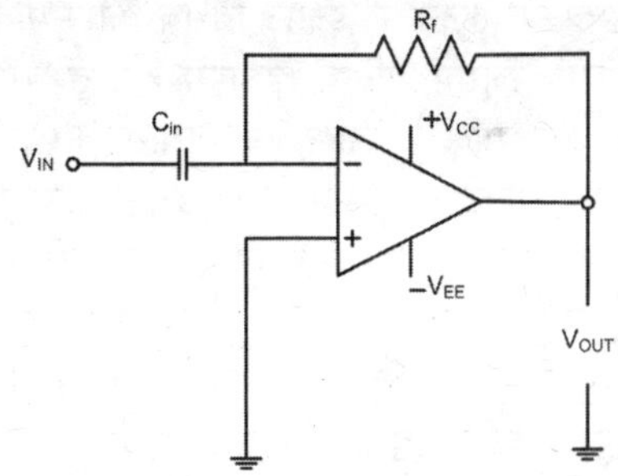

चित्र 2.12: Op-Amp अवकलित्र परिपथ

$$V_O = -(R_f C_{in}) dV_{in}/dt \quad ...(2.22)$$

जिस परिपथ में आउटपुट विभव संकेत, इनपुट संकेत का डेरिवेटिव प्राप्त होता है उसे अवकलित्र परिपथ कहते है। आउटपुट विभव समीकरण है

$$V_O = -R_F C_1 \frac{dV_{in}}{dt} \quad ...(2.23)$$

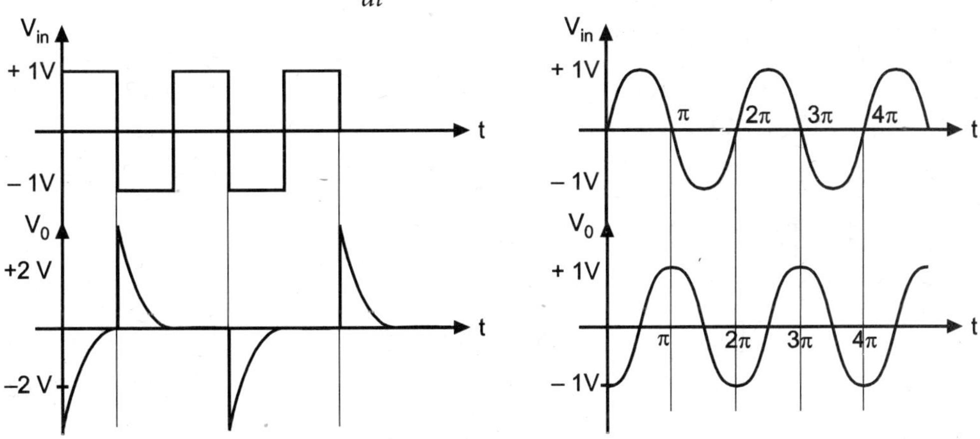

चित्र 2.13: वर्ग और साइन तरंगों का उपयोग करके आदर्श आउटपुट तरंगें

यदि इनपुट ज्या तरंग है तो आउटपुट कोज्या (cosine) तरंग होगा या यदि इनपुट वर्ग तरंग है, तो आउटपुट दिखाए अनुसार ट्रिगर पल्स होगा। तरंग शेपिंग परिपथ में इनपुट संकेत के उच्च आवृत्ति घटकों का पता लगाने और FM मॉड्यूलेटर में डिटेक्टर के परिवर्तन की दर के रूप में भी अवकलित्र का उपयोग किया जाता है। अवकलित्र उच्च पास फिल्टर के रूप में कार्य करता है।

2.2.3 Op-Amp *एक समाकलक के रूप में*

जिस परिपथ में प्राप्त आउटपुट विभव, इनपुट विभव का समाकलित (इंटीग्रल) हो उसे समाकलक या समाकलन प्रवर्धक कहा जाता है। एक बुनियादी इनवर्टिंग प्रवर्धक का उपयोग करके समाकलक परिपथ प्राप्त किया जाता है। यदि फीड बैक प्रतिरोध R_F को चित्र 2.14 में दर्शाए अनुसार संधारित्र C_F द्वारा प्रतिस्थापित किया जाय, तो परिपथ समाकलक की तरह कार्य करता है। समाकलक परिपथ में संधारित्र और प्रतिरोध की स्थिति को अवकलित्र परिपथ की तुलना में उल्टा कर दिया गया है।

Op-Amp को एनालॉग समाकलक के रूप में कॉन्फिगर किया जा सकता है। एक समाकलक परिपथ में प्राप्त आउटपुट समय के तुलना में इनपुट विभव का समाकलन होता है। समाकलक परिपथ जिसमें सक्रिय डिवाइस होते हैं, सक्रिय समाकलक कहलाता है। एक सक्रिय समाकलक साधारण RC परिपथ की तुलना में बहुत निम्न आउटपुट प्रतिरोध और उच्च आउटपुट विभव प्रदान करता है। समाकलक परिपथ आमतौर पर वर्ग तरंग इनपुट से त्रिकोणीय तरंग आउटपुट उत्पन्न करने के लिए रचनाकिए जाते हैं। ज्या (साइन) तरंग इनपुट संकेत पर कार्य करते समय समाकलनी (इंटीग्रेटिंग) परिपथ की आवृत्ति सीमाएं होती हैं।

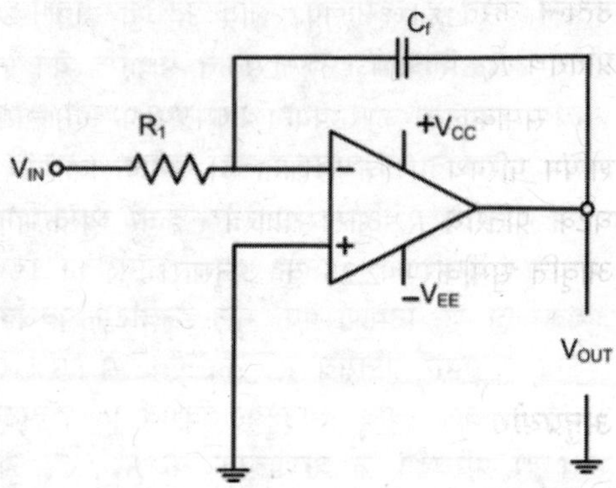

चित्र 2.14: Op-Amp समाकलक परिपथ

समाकलन सतत योग की एक प्रक्रिया है। आउटपुट विभव तरंग के रूप में रैंप तरंग प्रदान करना समाकलक का सबसे लोकप्रिय अनुप्रयोग है, जहाँ आउटपुट विभव रैखिक रूप से बढ़ाता या घटाता है। यदि इनपुट विभव स्टेप विभव है, तो आउटपुट विभव रैंप या रैखिक रूप से बदलने वाला विभव होगा। फिल्टर, एनालॉग कंप्यूटर आदि में व्यापक रूप से रैंप या स्वीप जनरेटर हेतु, इंटीग्रेटर्स का उपयोग किया जाता है।

आउटपुट विभव हेतु समीकरण है

$$V_o = \frac{1}{R_1 C_F}\int_0^t V_{in}dt + C \qquad ...(2.24)$$

उपरोक्त समीकरण से आउटपुट विभव इनपुट विभव के इंटीग्रल के ऋणात्मक का समानुपाती है और समय स्थिरांक R_1C_F के व्युत्क्रमानुपाती है।

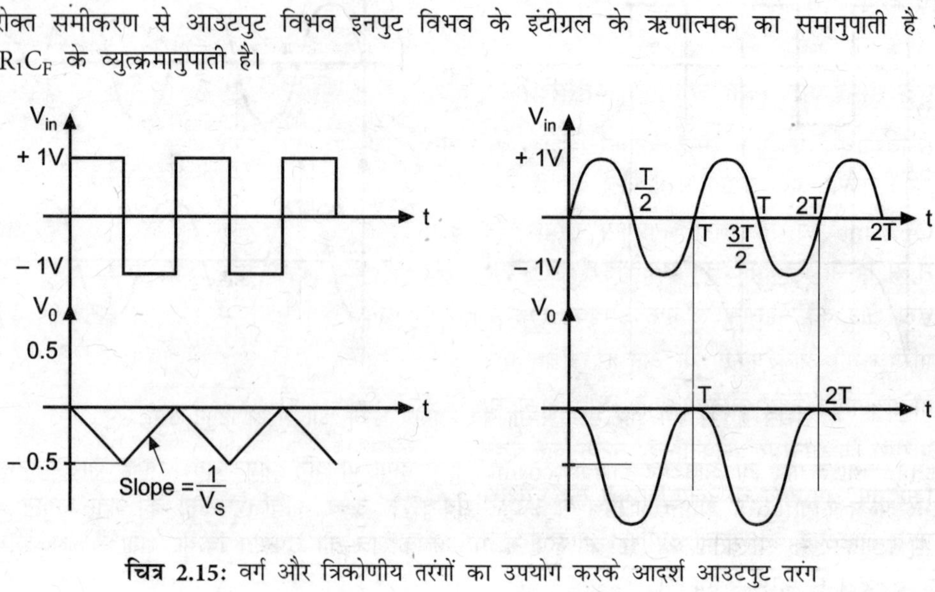

चित्र 2.15: वर्ग और त्रिकोणीय तरंगों का उपयोग करके आदर्श आउटपुट तरंग

$R_1C_F = 1$ मानते हुए दिखाया गया है, यदि इनपुट एक साइन तरंग है, तो आउटपुट एक कोसाइन (cosine) तरंग होगा या यदि इनपुट एक वर्ग तरंग है, तो आउटपुट त्रिकोणीय तरंग होगा। जब $V_{in} = 1$ होगा तो C_F खुला परिपथ की तरह कार्य करेगा यानि $C_F = \infty$ और इस स्थिति में समाकलक एक खुला लूप प्रवर्धक की तरह कार्य करेगा। इनपुट ऑफसेट विभव Vin और संधारित्र C_F को चार्ज करने वाला इनपुट धारा समाकलक के आउटपुट पर त्रुटि विभव उत्पन्न करते हैं। इसलिए, आउटपुट त्रुटि विभव को कम करने के लिए, फीडबैक संधारित्र C_F के सामानांतर एक प्रतिरोध R_F को जोड़ा जाता है।

समाकलक का उपयोग आमतौर पर एनालॉग कंप्यूटर, एनालॉग से डिजिटल कनवर्टर (ADC) और सिगनल-तरंग शेपिंग परिपथ में किया जाता है। समाकलक लो पास फिल्टर के रूप में कार्य करता है। कट ऑफ आवृत्ति फीडबैक घटक प्रतिरोध R_f और संधारित्र C_f के व्युत्क्रमानुपाती होता है। समाकलक यानी लो पास फिल्टर के लिए कट ऑफ आवृत्ति समीकरण 2.25 के अनुसार।

$$F_1 = 1/(2\pi R_1 C_f) \quad \ldots(2.25)$$

अनुप्रयोग

Op-Amp का उपयोग करके एनालॉग परिपथ का निर्माण किया जाता है। Op-Amp के घरेलू और औद्योगिक प्रयोग में व्यापक अनुप्रयोग हैं। विभिन्न स्वचालन, मनोरंजन उपकरणों में एनालॉग परिपथ का उपयोग किया जाता है। कई इलेक्ट्रॉनिक उपकरणों में निम्नलिखित प्रकार के Op-Amp आधारित एनालॉग परिपथ का उपयोग किया जाता है।

- प्रेसिजन दिष्टकारी
- लॉग और एंटीलॉग प्रवर्धक
- एनालॉग गुणक और भाजक
- जीरो क्रॉसिंग डिटेक्टर
- विभव से धारा कन्वर्टर
- धारा से विभव कन्वर्टर
- आवृत्ति से विभव कनवर्टर
- विभव से आवृत्ति कनवर्टर
- रैखिक और स्विचिंग नियामक
- संकेत प्रोसेसिंग
- एनालॉग से अंकीय कनवर्टर
- अंकीय से एनालॉग कनवर्टर
- एक्टिव फिल्टर
- संकेत कंडीशनिंग
- बायोमेडिकल इंस्ट्रुमेंटेशन
- सैम्पल और होल्ड परिपथ
- पीक डिटेक्टर
- ऑसिलेटर्स
- इंस्ट्रुमेंटेशन प्रवर्धक
- कम्प्यूटेशनल निर्माण ब्लॉक्स
- एनालॉग कंप्यूटर

जिज्ञासा एवं अन्वेषणशीलता के लिए गतिविधि

विद्यार्थी 5-6 विद्यार्थियों का एक समूह बनाकर शिक्षक के मार्गदर्शन में जिज्ञासा एवं अन्वेषणशीलता विकसित करने हेतु गतिविधि (ओं) करेगा। एक नमूना सूची नीचे दी गई है:

1. Op-Amp का एक छोटा अनुप्रयोग परिपथ चुनें। आप इस यूनिट में एप्लिकेशन के अंतर्गत दिए गए परिपथ में से किसी एक को चुन सकते हैं।
2. डेटा शीट की सहायता से एक उपयुक्त Op-Amp IC चुनें।
3. परिपथ की आवश्यकता के अनुसार उचित मान के इलेक्ट्रॉनिक घटक का चयन करें।
4. अनुप्रयोग के लिए आवश्यक IC और अन्य घटकों का परीक्षण करें।
5. परिपथ के अनुसार इलेक्ट्रॉनिक घटक को ब्रेडबोर्ड पर लगायें।
6. दिए गए अनुप्रयोग के लिए परिपथ का परीक्षण कीजिए।
7. प्राप्त आउटपुट की तुलना अपेक्षित आउटपुट के साथ करें।

हल किये गए प्रश्न

उदाहरण 2.2.1: एक Op-Amp समाकलक के लिए, यदि कट ऑफ आवृत्ति 159 Hz है, $R_{in} = 1\ K\Omega$ और $R_f = 100\ K\Omega$ है तो फीडबैक संधारित्र के मान की गणना करें।

हल: दिया गया:

$$R_{in} = 1\ K\Omega,$$

$$R_f = 100\ K\Omega$$

और

$$F_c = 159\ Hz$$

$$F_1 = 1/(2\pi R_f C_f)$$

$$159 = 1/2\pi R_{in} C_f$$

$$159 = 1/2 \times 3.14 \times 100 \times 103 \times C_f$$

$$C_f = 1/2 \times 3.14 \times 100 \times 159 \times 103$$

$$= 1.0 \times 10\text{-}8$$

$$= 0.01 \mu F$$

उदाहरण 2.2.2: एक अवकलित्र के फीडबैक प्रतिरोध का मान $10 K\Omega$ है, इनपुट संधारित्र का मान $0.01 \mu F$ है तो कट ऑफ आवृत्ति ज्ञात करें।

हल: अवकलित्र परिपथ के लिए दिया गया $R_f = 10\ K\Omega$ और इनपुट संधारित्र $C_{in} = 0.01\ \mu F$

अवकलित्र की कट ऑफ आवृत्ति

$$f_1 = 1/\ 2\pi R_f C_{in}$$

$$f_1 = 1/2 \times 3.14 \times 10 \times 103 \times 0.01 \times 10\text{-}6$$

$$= 1.59\ KHz$$

उदाहरण 2.2.3: दो इनपुट इनवर्टिंग समिंग प्रवर्धक के फीड बैक प्रतिरोध का मान $4K\Omega$ है, दो इनपुट $V_1 = 3\ V$ and $V_2 = 4\ V$ हैं, आउटपुट की गणना करें यदि दो इनपुट प्रतिरोध $R_1 = 4K\Omega$ and $R_2 = 8K\Omega$ हैं।

हल: यह दिया गया है की Op-Amp परिचालन मोड इनवर्टिंग विन्यास में है

$$R_f = 4\ K\Omega$$

$$R_1 = 4K\Omega$$

$$R_2 = 8\ K\Omega$$

$$V_1 = 3\ V \text{ and } V_2 = 4\ V$$

$$V_o = -\left[\frac{R_f}{R_1}V_A + \frac{R_f}{R_2}V_B\right]$$

$$= -\ [(4/4) \times 3 + (4/8) \times 4]$$

$$= -\ [3 + 2]$$

$$V_o = -\ 5\ V$$

यूनिट सारांश

- संक्रियात्मक प्रवर्धक, जिसे आमतौर पर Op-Amp के रूप में जाना जाता है, एक एनालॉग परिपथ है।
- Op-Amp एनालॉग या कंटिनिवस डोमेन में कई अंकगणितीय कार्य, रैखिक और अरेखीय कार्य करते हैं।
- Op-Amp का उपयोग कई प्रकार के एनालॉग एम्पलीफायरों और एक्टिव फिल्टर में भी किया जाता है।
- ऋणात्मक फीडबैक तथा बंद लूप विन्यास वाले Op-Amp का उपयोग इनवर्टिंग और नॉन-इनवर्टिंग प्रवर्धक मोड में किया जा सकता है।
- इनवर्टिंग और नॉन-इनवर्टिंग प्रवर्धक मोड में, प्रवर्धक का बंद लूप वृद्धि फीड बैक प्रतिरोध और इनपुट प्रतिरोध पर निर्भर करता है।
- यूनिटी वृद्धि वाला नॉन-इनवर्टिंग प्रवर्धक का उपयोग एनालॉग बफर के रूप में किया जाता है।

अभ्यास

A-वस्तुनिष्ठ प्रश्न

निर्देश: कृपया सबसे उपयुक्त उत्तर का चयन करें।

क्रमांक	बहुविकल्पीय प्रश्न	क्रमांक	बहुविकल्पीय प्रश्न
2.1	Op-Amp समाकलक के फीडबैक पथ में शामिल होता है:- a. प्रतिरोध b. संधारित्र c. प्रेरण d. डायोड	2.4	Op-Amp IC 741 को बायसिंग के लिए आवश्यक है a. एक शक्ति आपूर्ति की b. दो शक्ति आपूर्ति की c. चार शक्ति आपूर्ति की d. किसी भी शक्ति आपूर्ति की नहीं
2.2	गदि इनपुट संकेत को रांधारित्र के गाध्यग रो इनवर्टिंग इनपुट पर दिया जाता है और फीडबैक पथ में प्रतिरोध होता है, तो उस Op-Amp परिपथ को कहा जाता है a. योजक परिपथ b. समाकलक परिपथ c. अवकलित्र परिपथ d. नॉन-इनवर्टिंग प्रवर्धक	2.5	अवकलित्र परिपथ को उच्च पास फिल्टर के रूप में संचालित करने के लिए, परिपथ का समय स्थिरांक होना चाहिए a. उच्च b. इनपुट संकेत की टाइम पीरियड की तुलना में बहुत अधिक c. निम्न d. इनपुट संकेत की टाइम पीरियड की तुलना में बहुत कम

क्रमांक	बहुविकल्पीय प्रश्न	क्रमांक	बहुविकल्पीय प्रश्न
2.3	Op-Amp के दो इनपुट टर्मिनलों को कहा जाता है a. उच्च और निम्न b. इनवर्टिंग और नॉन-इनवर्टिंग c. फेस और न्यूट्रल d. समाकलक और अवकलित्र	2.6	चार (4) इनपुट औसत परिपथ के लिए, a. $R_{in} = R_f /4$ b. $R_{in} = R_f + 4$ c. $R_{in} = R_f$ d. $R_{in} = R_f X4$

B-विषयात्मक प्रश्न

1. एक आदर्श Op-Amp की छह विशेषताओं की सूची बनाइए।
2. विभिन्न संक्रियात्मक प्रवर्धक मापदंड का उल्लेख कीजिए।
3. नॉन-इनवर्टिंग Op-Amp को स्वच्छ परिपथ आरेख के सहायता से समझाएं।
4. Op-Amp को बफर परिपथ के रूप में समझाइए।
5. संचार परिपथों में slew रेट मापदंड के महत्व की वर्णन करें।
6. उपयोग किए गए घटक, आउटपुट समीकरण, आवश्यक समय स्थिरांक और अनुप्रयोग के आधार पर समाकलक और अवकलित्र (डिफरेंशियेटर) परिपथ की तुलना करें।
7. तीन इनपुट इनवर्टिंग समिंग प्रवर्धक के फीडबैक प्रतिरोध का मान 2KΩ है, तीन इनपुट $V_1 = 2$ V, $V_2 = 4$ V और $V_3 = 6$ V हैं। आउटपुट की गणना करें यदि तीन इनपुट प्रतिरोध $R_1 = 2$ KΩ, $R_2 = 4$ KΩ और $R_3 = 6$ KΩ हैं।
8. Op-Amp के इनवर्टिंग विन्यास के फीडबैक पाथ में जुड़े परिवर्तनीय प्रतिरोध के प्रभाव को बताएं।
9. योजक (जोड़ने वाले) परिपथ का उपयोग करते हुए Op-Amp आधारित सबट्रैक्टर के निर्माण का वर्णन करें।
10. एक अवकलित्र के फीडबैक प्रतिरोध का मान 20 KΩ है, कट ऑफ आवृत्ति 1.5 KHz है तो इनपुट संधारित्र के मान की गणना करें।

प्रायोगिक

I. P23-ES110: संक्रियात्मक प्रवर्धक को एम्पलीफायर और इंटीग्रेटर के रूप में टेस्ट करे

P23.1 प्रायोगिक कथन

संक्रियात्मक प्रवर्धक (Op Amp) का एम्पलीफायर और इंटीग्रेटर के रूप में परीक्षण।

P23.2 प्रायोगिक महत्व

Op Amps आज सबसे व्यापक रूप से उपयोग किए जाने वाले इलेक्ट्रॉनिक उपकरणों में से हैं, जिनका उपयोग उपभोक्ता, औद्योगिक और वैज्ञानिक उपकरणों की एक विशाल श्रृंखला में किया जा रहा है। Op Amps को घटकों के रूप में पैक किया जा सकता है या अधिक जटिल एकीकृत परिपथ के तत्वों के रूप में उपयोग किया जा सकता है। इनवर्टिंग ऑपरेशनल प्रवर्धक कॉन्फिगरेशन सबसे सरल और सबसे अधिक इस्तेमाल किए जाने वाले Op Amp टोपोलॉजी में से एक है। नॉन-इनवर्टिंग प्रवर्धक विन्यास, परिचालन प्रवर्धक परिपथ के सबसे लोकप्रिय और व्यापक रूप से उपयोग किए जाने वाले रूपों में से एक है। Op Amp नॉन-इनवर्टिंग प्रवर्धक परिपथ एक परिचालन (ऑपरेशनल) प्रवर्धक का उपयोग करने से प्राप्त सभी लाभों के साथ एक उच्च इनपुट प्रतिबाधा प्रदान करता है।

Op Amps को इंटीग्रेशन के रूप में कॉन्फिगर किया जा सकता है। एक इंटीग्रेटर परिपथ में, आउटपुट, समय के संबंध में इनपुट विभव का समाकलन है। एक समाकलन परिपथ जिसमें सक्रिय डिवाइस होते हैं, एक सक्रिय समाकलन कहलाता है। एक सक्रिय समाकलन, एक साधारण RC परिपथ की तुलना में बहुत कम निर्गत प्रतिरोध और उच्च निर्गत विभव प्रदान करता है। समाकलन परिपथ, आमतौर पर वर्ग (स्क्वायर) तरंग इनपुट से त्रिकोणीय तरंग आउटपुट उत्पन्न करने के लिए डिजाइन किए जाते हैं। ज्या (साइन) तरंग इनपुट संकेत पर काम करते समय समाकलन परिपथ में आवृत्ति की सीमाएं होती हैं। यह प्रयोग छात्र को IC 741 का उपयोग करके वर्गाकार तरंग को त्रिभुजाकार तरंग में बदलने में सक्षम करेगा। यह प्रयोग छात्र को Op Amp को इनवर्टिंग प्रवर्धक, नॉन-इनवर्टिंग प्रवर्धक और समाकलन के रूप में उपयोग करने में सक्षम करेगा।

P23.3 प्रासंगिक सिद्धांत

Op Amp के लिए एक एम्पलीफायर के रूप में विषय 2.1.5 देखें और Op Amp के लिए एक इंटीग्रेटर के रूप में इस पुस्तक में यूनिट 2 के विषय 2.2.3 को देखें।

P23.4 प्रैक्टिकल आउटकम्स (PrO)

Pro.1 संक्रियात्मक प्रवर्धक के गेन को निर्धारित करने के लिए प्रासंगिक उपकरणों का प्रयोग करें।

Pro.2 IC741 को सम्मिलित करते हुए, इंटीग्रेटर परिपथ को बनायें और परीक्षण करें।

P23.5 प्रायोगिक व्यवस्था

चित्र P23.1 इनवर्टिंग प्रवर्धक, चित्र P23.2 नॉन-इनवर्टिंग प्रवर्धक, चित्र P23.3 Op Amp समाकलक

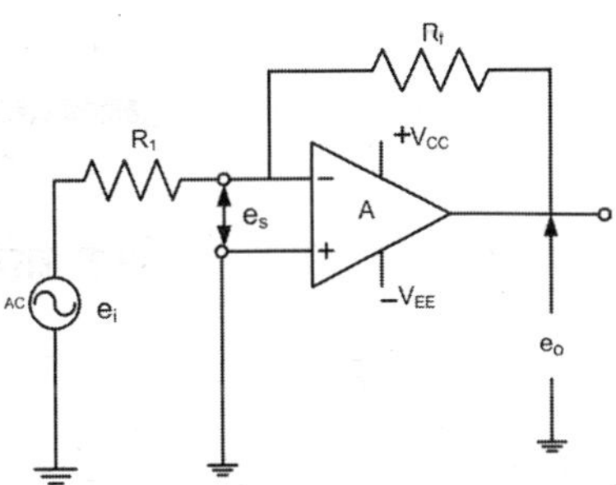

चित्र P23.1: इनवर्टिंग प्रवर्धक

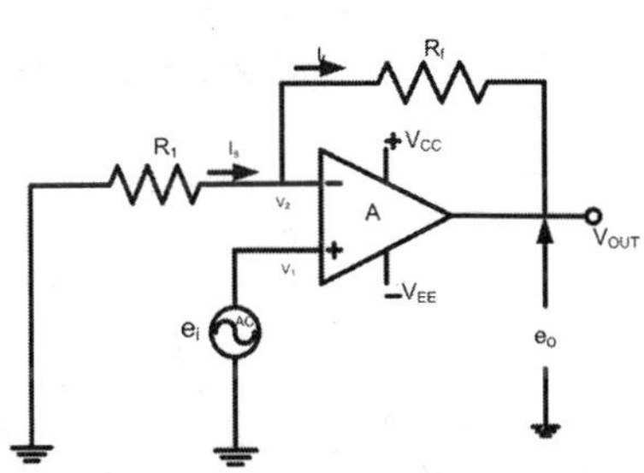

चित्र P23.2: नॉन-इनवर्टिंग प्रवर्धक

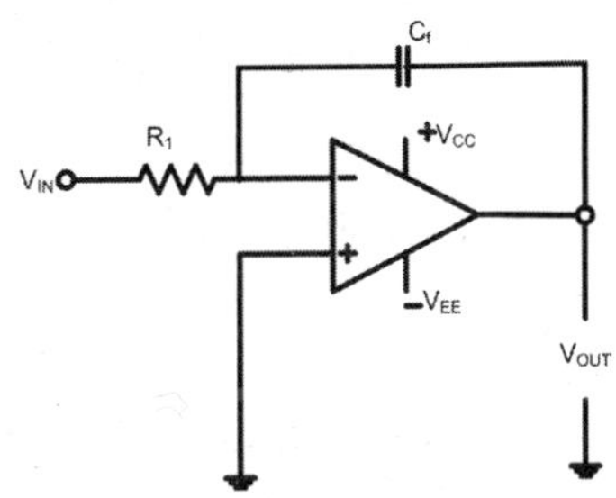

चित्र P23.3: Op Amp समाकलक

P23.6 आवश्यक संसाधन

क्रमांक	सुझाए गए संसाधनों की आवश्यकता महत्वपूर्ण विशिष्टताओं के साथ	मात्रा / संख्या	वास्तविक संसाधनों की आवश्यकता व्यापक विशिष्टताओं के साथ (छात्र द्वारा भरा जाना है)		टिप्पणी (यदि कोई हो)
1.	दोहरी शक्ति (बिजली) की आपूर्ति 0- 30V, 2A	1 No.			
2.	IC-741C	1 No.			
3.	प्रतिरोध R1 1KΩ	2 No.			
4.	प्रतिरोध R_f 10KΩ	2 No.			
5.	संधारित्र C_F 0.01μF	1 No.			
6.	फंक्शन जनित्र 20MHz	2 No.			
7.	एनालॉग IC टेस्टर, एनालॉग ICs के परीक्षण हेतु उपयुक्त	1 No.			
8.	CRO 20MHz द्वि-ट्रेस ऑसिलोस्कोप (Dual Trace Oscilloscope)	2 No.			
9.	ब्रेड बोर्ड 5.5 cm X 17cm	2 No.			
10.	कनेक्टिंग वायर, सिंगल स्ट्रैंड टेफ्लॉन कोटिंग (0.6 mm व्यास)	L S			

P23.7 सुरक्षा उपाय

1 ब्रेडबोर्ड पर IC 741 और प्रतिरोधक की उचित माउंटिंग सुनिश्चित करें।
2 परिपथ का उचित संयोजन सुनिश्चित करें।
3 परिपथ में उचित इनपुट वोल्टेज और आपूर्ति वोल्टेज सुनिश्चित करें।

P23.8 प्रयोग विधि

इनवर्टिंग प्रवर्धक

1. एनालॉग IC टेस्टर के साथ IC741 का परीक्षण करें।
2. ब्रेडबोर्ड पर आपूर्ति वोल्टेज +15V, –15V और ग्राउंड का बिंदु बनाएं।

3. पिन नंबर 7 से +15V और पिन नंबर 4 से –15V और पिन नंबर 3 को ग्राउंड से संयोजित करें।
4. चित्र P23.1 में दिखाए अनुसार R_1 और R_f को संयोजित करें।
5. फंक्शन जेनरेटर से साइन वेव V_{in} (1V, 500 Hz) का चयन करें, CRO पर वेव की जाँच करें।
6. चयनित साइन वेव इनपुट को पिन नंबर 2 पर लागू (apply) करें।
7. आयाम स्थिर रखें और इनपुट आवृत्ति को 100Hz से 1MHz में बदलें।
8. पिन नंबर 6 से CRO पर V_{out} मापें और रीडिंग नोट करें।
9. सेमी लॉग (Semi log) पर आवृत्ति बनाम गेन का आलेख आलेखित करें।
10. सेमी लॉग से बैंड की चौड़ाई (band width) और कट ऑफ आवृत्ति का पता लगाएं।

नॉन-इनवर्टिंग प्रवर्धक

1. एनालॉग IC टेस्टर के साथ IC741 का परीक्षण करें।
2. ब्रेडबोर्ड पर आपूर्ति वोल्टेज +15V, –15V और ग्राउंड का बिंदु बनाएं।
3. पिन नंबर 7 से +15V और पिन नंबर 4 से –15V और पिन नंबर 2 को ग्राउंड से संयोजित (कनेक्ट) करें।
4. चित्र P23.2 में दिखाए अनुसार R_1 और R_f को संयोजित करें।
5. फंक्शन जेनरेटर से साइन वेव V_{in} (1V, 500 Hz) का चयन करें, CRO पर वेव की जाँच करें।
6. चयनित साइन वेव इनपुट को पिन नंबर 3 पर लागू (apply) करें।
7. आयाम स्थिर रखें और इनपुट आवृत्ति को 100Hz से 1MH में बदलें।
8. पिन नंबर 6 से CRO पर V_{out} मापें और रीडिंग नोट करें।
9. सेमी लॉग पर आवृत्ति बनाम गेन का आलेख आलेखित करें।
10. सेमी लॉग से बैंड की चौड़ाई और कट ऑफ आवृत्ति का पता लगाएं।

समाकलक परिपथ

1. परिपथ आरेख के अनुसार परिपथ को ब्रेडबोर्ड पर बनायें।
2. दोहरी बिजली की आपूर्ति को IC 741 के पिन नंबर 7 (+Vcc) और पिन नंबर 4 ($-V_{EE}$) से संयोजित करें।
3. पिन नंबर 2 पर 1 KHz पर 1V pp आयाम के साइन तरंग का उत्पादन करने के लिए फंक्शन जेनरेटर को सेट करें।
4. इनपुट के रूप में लागू करने से पहले CRO पर तरंग की जांच करें।
5. 1 KH आवृत्ति के लिए CRO पर इनपुट और आउटपुट (पिन नंबर 6) तरंगों का निरीक्षण करें और चरण बदलाव की जांच करें, फंक्शन जेनरेटर और CRO से दिए गए इनपुट के लिए।
6. इनपुट वोल्टेज 1V रखते हुए इनपुट आवृत्ति को 100 Hz से 10 KH तक बदलें।
7. प्रत्येक आवृत्ति के लिए आउटपुट वोल्टेज को मापें और आउटपुट वोल्टेज को अवलोकन तालिका में नोट करें।
8. सेमी लॉग पेपर पर ग्राफ गेन बनाम आवृत्ति प्लॉट करें। डेसिबल में विभिन्न इनपुट आवृत्ति के लिए गेन की गणना करें।

P23.6 अवलोकन और गणना

तालिका P23.2: अवलोकन तालिका इनवर्टिंग प्रवर्धक के लिये $V_i = 1\ V_{pp}$.

क्रमांक	इनपुट आवृत्ति (Hz)	आउटपुट वोल्टेज, V_{out} (वोल्ट)	वोल्टेज गेन ($A = V_{out}/V_i$)	गेन dB में $20 \log(V_{out}/V_i)$
1.	100Hz			
2.	500Hz			
3.	1KHz			

तालिका P23.2: अवलोकन तालिका समाकलक इनपुट वोल्टेज के लिये $V_i = 1\ V_{pp}$

क्रमांक	इनपुट आवृत्ति (Hz)	आउटपुट वोल्टेज, V_{out} (वोल्ट)	गेन dB में $20 \log(V_{out}/V_i)$
1.	100 Hz		
2.	200 Hz		

गणना:

1. वोल्टेज गेन: V_o/V_i = ...
2. वोल्टेज गेन dB में : $20 \log (V_o/V_i)$ = ...

P23.10 परिणाम एवं/अथवा विवेचना

1. ....
2. ....

P23.11 निष्कर्ष और/या सत्यापन

....

....

P23.12 प्रयोग संबंधित प्रश्न

(उत्तर के लिए अलग शीट का प्रयोग करें)

नोट: नीचे संदर्भ के लिए कुछ नमूना प्रश्न दिए गए हैं। पूर्व-निर्धारित पाठ्यक्रम परिणामों की उपलब्धि सुनिश्चित करने के लिए शिक्षकों को ऐसे और अधिक प्रश्न तैयार करने चाहिए।

1. इनवर्टिंग प्रवर्धक में ऋणात्मक फीडबैक के प्रभाव को बताएं।
2. अधिकतम इनपुट संकेत वोल्टेज बताएं जिसे रैखिक संचालन के लिए प्रयोगात्मक परिपथ में लागू किया जा सकता है।
3. क्या इंटीग्रेटर लो पास फिल्टर के रूप में कार्य कर सकता है? आवृत्ति प्रतिक्रिया की सहायता से अपने उत्तर की पुष्टि कीजिए।

P23.13 अध्ययन हेतु सुझाए गए संसाधन

प्रयोग: Op-Amp आधारित इंटीग्रेटर और डिफरेंशिएटर का अध्ययन करने के लिए

अधिक जानिए

सूक्ष्म परियोजना

शिक्षक के मार्गदर्शन में 5–6 विद्यार्थियों के समूह में एक या दो सूक्ष्म परियोजना (ओं) / गतिविधि (ओं) को शुरू करें और इसे व्यक्तिगत भागीदारी के साथ समूह के रूप में भी प्रस्तुत करें। दो नमूना सूक्ष्म परियोजना समस्याएं नीचे दी गई हैं:

1. IC 741 के द्वारा योजक और सबट्रैक्टर परिपथ बनायें और उसका परिक्षण करें।
2. IC 741 के द्वारा अवकलित्र परिपथ बनायें और उसका परिक्षण करें।

गतिविधियां

1. Op-Amp आधारित रैखिक परिपथ और उनके प्रयोग का पुस्तकालय/इंटरनेट सर्वेक्षण पर आधारित एक छोटी प्रस्तुति तैयार करें।
2. विभिन्न Op-Amp आधारित परिपथ के व्यवहार को समझने के लिए पावर पॉइंट प्रेजेंटेशन या एनिमेशन तैयार करें।

वीडियो संसाधन

बेसिक इलेक्ट्रॉनिक्स

एकीकृत सर्किट, MOSFETS, Op-Amp और उनके अनुप्रयोग

संदर्भ एवं अध्ययन हेतु सुझाव

1. Ramakant A. Gayakwad, *Op-Amps and Linear Integrated Circuits*, New Delhi: PHI Learning, 2011.
2. David A. Bell, *Operational Amplifiers and Linear ICs*, New Delhi: Oxford University Press, 2011.
3. William D. Stanley, *Operation Amplifier with Linear Integrated Circuit*, New Delhi: Pearson Education, 2002.
4. Senthil M. Sivakumar, *Linear Integrated Circuits*, New Delhi: S. Chand Publishing, New Delhi, 2014.
5. S. Salivahanan, *Linear Integrated Circuits*, McGraw Hill, New Delhi, 2008.

3 अंकीय इलेक्ट्रॉनिक्स का अवलोकन

यूनिट विशिष्ट

इस यूनिट में निम्नलिखित विषयों पर विस्तार से चर्चा की गई है:

- संख्या प्रणाली और रूपांतरण
- बूलियन नियम और प्रमेय
- लॉजिक गेट
- फ्लिप फ्लॉप और इसके प्रकार
- काउंटर के रूप में फ्लिप फ्लॉप का उपयोग
- एकीकृत परिपथों का परिचय

विद्यार्थी स्व-शिक्षण गतिविधियों को समस्या समाधान उदाहरणों और ICT संदर्भों के साथ-साथ प्रत्येक विषय के अंत में और अधिक जिज्ञासा और रचनात्मकता पैदा करने के साथ-साथ समस्या समाधान क्षमता में सुधार के लिए बनाया गया है।

ब्लूम की टैक्सोनॉमी के बढ़े हुए स्तरों के बाद कई बहुविकल्पीय प्रश्नों के साथ-साथ विषयात्मक प्रश्न, संदर्भ के तहत सूचीबद्ध पुस्तकों में प्रदान की गई कई समस्याओं के माध्यम से असाइनमेंट और सुझाए गए रीडिंग यूनिट में दिए गए हैं ताकि कोई भी उनके माध्यम से अभ्यास के लिए जा सकता है।

संबंधित प्रायोग के बाद 'अधिक जानें' खंड दिया गया है ताकि प्रदान की गई पूरक जानकारी पुस्तक के उपयोगकर्ताओं के लिए फायदेमंद हो। यूनिट सामग्री के आधार पर इस खंड में, 'सूक्ष्म परियोजना' गतिविधि और वीडियो संसाधनों के QR कोड को कवर किए गए कुछ उप-विषयों के बारे में अधिक जानने के लिए प्रदान किया गया है।

भूमिका

अंकीय (डिजिटल) प्रणाली का व्यापक रूप से गणना, अंक संसाधन, संचार और माप और नियंत्रण में उपयोग किया जाता है। अंकीय प्रणाली होने का मुख्य कारण अधिक विश्वसनीय, शोर से निम्न प्रभावित, रचना करने में आसान और IC चिप्स पर निर्मित है। अध्याय अंकीय प्रणाली की मूलभूत अवधारणाओं और अंकीय उपकरणों और एकीकृत परिपथ में उनके अनुप्रयोग को समझने में सहायता करेगा।

पूर्व अपेक्षित ज्ञान

1. गणित: सेट, वास्तविक संख्या, गणित में प्रमाण (कक्षा X)

यूनिट आउटकम्स

इस अध्याय के पूर्ण अध्ययन करने के बाद, विद्यार्थी निम्न में सक्षम होंगे:

U3-01: बूलियन नियमों और प्रमेय का प्रयोग करके दिए गए व्यंजक को सरल करने में।

U3-02: विभिन्न प्रकार के तार्किक (लॉजिक) गेट्स को समझाने में।

U3-03: विशिष्ट प्रकार के काउंटर के निर्माण के लिए दिए गए फ्लिप-फ्लॉप का उपयोग करने में।

U3-04: गेट्स के लिए उपयुक्त TTL अंकीय IC समझाने में।

यूनिट-3 आउटकम्स	कोर्स आउटकम्स (COs) के साथ आपेक्षित संबंध *(1. कमजोर सहसंबंध; 2. मध्यम सहसंबंध; 3. मजबूत सहसंबंध)*					
	CO-1	CO-2	CO-3	CO-4	CO-5	CO-6
U3-01	-	-	3	-	-	-
U3-02	2	-	3	-	-	-
U3-03	2	-	3	-	-	-
U3-04	3	-	3	-	-	-

जॉर्ज बूले (1815-1864)

बूलियन बीजगणित को जॉर्ज बूले, यूनिवर्सिटी कॉलेज, कॉर्क, आयरलैंड में गणित के प्रोफेसर ने 1847 में अपनी पहली पुस्तक '*द मैथमैटिकल एनालिसिस ऑफ लॉजिक*' में पेश किया था। बूलियन बीजगणित, बीजगणित की शाखा है जिसमें वेरिएबल के मान 'सत्य' और 'असत्य' मान हैं। आमतौर पर क्रमशः '1' और '0' के रूप में दर्शाया जाता है। प्राथमिक बीजगणित में, जहाँ वेरिएबल के मान संख्याएँ हैं और प्राइम ऑपरेशंस जोड़ और गुणा हैं, बूलियन बीजगणित की मुख्य ऑपरेशंस AND, OR और NOT हैं। बूलियन तार्किक को सभी आधुनिक इलेक्ट्रॉनिक अंकीय कंप्यूटरों की नींव रखने का श्रेय दिया जाता है।

3.1 बूलियन आपरेशन और बूलियन बीजगणित

3.1.1 प्रस्तावना

इलेक्ट्रॉनिक परिपथ और प्रणाली दो प्रकार के होते हैं, एनालॉग और डिजिटल। एनालॉग परिपथ वे होते हैं जिनमें विभव और धारा अधिकतम और न्यूनतम मान के बीच लगातार बदलते रहते हैं। डिजिटल परिपथ वे होते हैं जहां विभव स्तर एक सीमित (फाईनाइट) मान होता है। सभी आधुनिक डिजिटल प्रणाली में, केवल दो अलग विभव स्तर होते हैं। हालांकि प्रत्येक विभव स्तर सीमित विभव मान का एक संकीर्ण बैंड है। डिजिटल प्रणाली, बाइनरी प्रणाली का उपयोग करते हैं, जहां बाइनरी अंक 1 का उपयोग उच्च विभव स्तर का प्रतिनिधित्व करने के लिए किया जाता है और बाइनरी अंक 0 का उपयोग निम्न विभव स्तर का प्रतिनिधित्व करने के लिए किया जाता है। तब अंकीय प्रणाली को धनात्मक तार्किक प्रणाली कहा जाता है। अंकीय प्रणाली को स्विचिंग परिपथ या तार्किक परिपथ भी कहा जाता है। परिपथ बूलियन बीजगणित का उपयोग करते हैं। बूलियन बीजगणित गणितीय तार्किक की एक प्रणाली है जिसमें तार्किक परिपथ के विश्लेषण और संश्लेषण के लिए तत्वों और ऑपरेटरों का एक समूह होता है। बीजगणित दशमलव और बाइनरी संख्या प्रणाली बीजगणित दोनों से भिन्न होता है और इसका मूल्यांकन नियमों के एक समूह द्वारा किया जाता है।

3.1.2 संख्या प्रणाली और रूपांतरण

संख्या प्रणाली मात्राओं और प्रतीकों से संबंधित है। संख्या प्रणाली किसी दिए गए आधार के संबंध में दी गई संख्या के मान का प्रतिनिधित्व करती है। मनुष्य अपनी दैनिक गतिविधियों के लिए दशमलव संख्या प्रणाली का उपयोग करता है चाहे गिनती हो या माप। अंकीय प्रणाली बाइनरी नंबर प्रणाली का उपयोग करता है। आधार मान किसी दिए गए नंबर के अद्वितीय प्रतिनिधित्व को निर्धारित करता है और, इसलिए अलग-अलग संख्या प्रणाली में एक ही संख्या का अलग-अलग प्रतिनिधित्व होता है।

3.1.2.1 दशमलव संख्या प्रणाली

दशमलव संख्या प्रणाली का आधार 10 होता है क्योंकि यह दशमलव प्रणाली में किसी संख्या का प्रतिनिधित्व करने के लिए दस स्वतंत्र प्रतीकों यानी प्रतीकों 0, 1, 2, 3, 4, 5, 6, 7, 8 से 9 का उपयोग करता है। उदाहरण के लिए, संख्या 10 को प्रतीकों 0 और 1 द्वारा दर्शाया जाता है, जहाँ प्रतीक 0 निम्न महत्वपूर्ण अंक (सबसे दाएं अंक) है और प्रतीक 1 सबसे महत्वपूर्ण अंक (सबसे बाएं अंक) है। दशमलव प्रणाली में प्रत्येक अंक की स्थिति आधार 10 की एक विशिष्ट शक्ति का प्रतिनिधित्व करती है। उदाहरण के लिए, दशमलव संख्या:

$$(3456)_{10} = 3 * 10^3 + 4 * 10^2 + 5 * 10^1 + 6 * 10^0$$

सबसे दाहिना अंक 10^0 (इकाई या once) के क्रम का है, दूसरा दाहिना अंक 10^1 (tens या दहाईयों) के क्रम का है, तीसरा दायां बिट (bit) 10^2 (hundreds या सैकड़ों) के क्रम का है, चौथा दाहिना बिट (हजारों) और इसी तरह सामान्य तौर पर, दशमलव बिंदु वाली दशमलव संख्या प्रणाली को इस प्रकार दर्शाया जाता है:

$$D_3D_2D_1D_0.D_{-1}D_{-2}$$

गुणांक D_k द्वारा दर्शाया गया दशमलव अंक 0 से 9 तक किसी भी दशमलव अंक का प्रतिनिधित्व करता है और सबस्क्रिप्ट k स्थिति मान को इंगित करता है और इसलिए आधार की घात यानी आधार 10 जिस पर गुणांक लागू किया जाना चाहिए। दशमलव संख्या के लिए जैसा कि ऊपर दिखाया गया है, यह इस प्रकार होगा:

$$D_3 * 10^3 + D_2 * 10^2 + D_1 * 10^1 + D_0 * 10^0 + D_{-1} * 10^{-1} + D_{-2} * 10^{-2}$$

3.1.2.2 बाइनरी नंबर प्रणाली

बाइनरी प्रणाली के दो स्वतंत्र प्रतीक हैं जैसे 0 और 1 इस संख्या प्रणाली का आधार 2 है। बाइनरी प्रणाली में दशमलव संख्या $(2)_{10}$ को $(10)_2$ के रूप में दर्शाया गया है। बाइनरी डिजिट को बिट कहा जाता है। दशमलव संख्या प्रणाली की तरह बाइनरी प्रणाली एक स्थितीय भार प्रणाली है, जहां प्रत्येक बिट आधार 2 की एक विशिष्ट शक्ति का प्रतिनिधित्व करता है। बाइनरी प्रणाली के सबसे दाहिने हिस्से को निम्न से निम्न महत्वपूर्ण बिट (LSB) कहा जाता है और सबसे बाएं बिट को सबसे अधिक महत्वपूर्ण बिट (MSB)। सामान्य तौर पर, बाइनरी पॉइंट के साथ एक बाइनरी नंबर प्रणाली को इस प्रकार दर्शाया जाता है:

$$b_3b_2b_1b_0 . b_{-1}b_{-2}$$

गुणांक b_k द्वारा दर्शाया गया बाइनरी बिट या तो बिट 0 या बिट 1 का प्रतिनिधित्व करता है और सबस्क्रिप्ट k स्थिति मान को इंगित करता है और इसलिए आधार की शक्ति यानी आधार 2 जिस पर गुणांक लागू किया जाना चाहिए। बाइनरी नंबर के लिए जैसा कि ऊपर दिखाया गया है, यह इस प्रकार होगा:

$$b_3 * 2^3 + b_2 * 2^2 + b_1 * 2^1 + b_0 * 2^0 + b_{-1} * 2^{-1} + b_{-2} * 2^{-1}$$

3.1.2.3 ऑक्टल और हेक्साडेसिमल संख्या प्रणाली

अष्टक संख्या प्रणाली: अष्टक संख्या प्रणाली का उपयोग प्रारंभिक माइक्रो संगणक द्वारा किया जाता था। अष्टक संख्या प्रणाली में आठ स्वतंत्र प्रतीक 1, 2, 3, 4, 5, 6, और 7 हैं। इसलिए आधार 8 होता है। अष्टक संख्या प्रणाली भी एक स्थितीय संख्या प्रणाली है, जिसमें अष्टक प्रणाली का प्रत्येक अंक, आधार 8 की एक विशिष्ट घात का प्रतिनिधित्व करता है।

हेक्साडेसिमल संख्या प्रणाली: अंकीय संगणक (कम्प्यूटर) प्रणाली, बाइनरी नंबर प्रणाली का उपयोग करता है। हालांकि मशीनों के लिए बाइनरी प्रणाली में डेटा को प्रोसेस करना आसान होता है, लेकिन बाइनरी नंबर लंबे होते हैं और इंसानों द्वारा नियंत्रण किए जाने के लिए बहुत लंबे होते हैं। इस समस्या को दूर करने के लिए, हेक्साडेसिमल नंबर प्रणाली विकसित किया गया था और यह अंकीय प्रणाली में डाटा प्रासेसिंग के लिए सबसे लोकप्रिय नंबर प्रणाली बन गया है। इस्तेमाल किए गए स्वतंत्र प्रतीक 0, 1, 2, 3, 4, 5, 6, 7, 8, 9, A, B, C, D और F हैं। इसलिए, आधार 16 होता है। यह भी एक स्थितीय संख्या प्रणाली है।

3.1.3 संख्या रूपांतरण

3.1.3.1 बाइनरी से दशमलव रूपांतरण

बाइनरी नंबरों को उनके स्थितीय भार प्रणाली द्वारा दशमलव संख्या में परिवर्तित किया जाता है। इस पद्धति में प्रत्येक बाइनरी बिट को संबंधित स्थिति भार से गुणा किया जाता है और उसके बाद दशमलव संख्या प्राप्त करने के लिए प्रत्येक गुणनफल का परिणाम जोड़ा जाता है। उदाहरण के लिए 1101.11_2 को दशमलव में बदलें:

संख्या प्रणाली रूपांतरण

$$1101.11 = 1 * 2^3 + 1 * 2^2 + 0 * 2^1 + 1 * 2^0 + 1 * 2^{-1} + 1 * 2^{-2}$$
$$= 8 + 4 + 0 + 1 + 0.5 + 0.25 = 13.75_{10}$$

3.1.3.2 दशमलव से बाइनरी रूपांतरण

बाइनरी पूर्णांक प्राप्त करने के लिए दशमलव संख्या प्रणाली के पूर्णांक भाग को क्रमिक रूप से 2 से विभाजित किया जाता है जब तक कि भागफल शून्य न हो जाए। अंतिम शेष फल MSB होता है। इसी तरह, भिन्नात्मक भाग को 2 से गुणा किया जाता है जब तक कि उत्पाद शून्य न हो या वांछित सटीकता प्राप्त न हो जाए। उदाहरण के लिए 35.875_{10} को बाइनरी में बदलें। पूर्णांक भाग को पहले क्रमानुसार 2 से विभाजित किया जाता है जैसा कि दिखाया गया है:

2	35	शेष फल
2	17	1
	8	1
2	4	0
2	2	0
2	1	0
	0	1 (MSB)

उत्तर 100011 नीचे से ऊपर तक शेषफल पढ़कर प्राप्त होता है जैसा कि तीर द्वारा दिखाया गया है। अब भिन्न के भाग को क्रमशः 2 से गुणा करके और दिखाए गए अनुसार पूर्णांक भाग को अभिलेख करते हुए परिवर्तित करें

0.875*2 = 1.75, पूर्णांक = 1

0.750*2 = 1.50, पूर्णांक = 1

0.500*2 = 1.00, पूर्णांक = 1

अब पूर्णांकों को आगे की दिशा में पढ़ने पर हमें (.111) परिणाम प्राप्त होता है। पूर्णांक और भिन्नात्मक भाग को मिलाकर, $38.875_{10} = 100011.111_2$ के बाइनरी समकक्ष।

3.1.4 बाइनरी अंकगणित

3.1.4.1 बाइनरी जोड़

दो बाइनरी बिट्स का जोड़ निम्नलिखित नियमों का पालन करता है

0 + 0 = 0; 0 + 1 = 1; 1 + 0 = 1; 1 + 1 = 0 और कैरी (आगे ले जाना) 1

निम्नलिखित बाइनरी नंबर 1011.011 और 111.010 को जोड़ें:

$$\begin{array}{r} 1011.011 \\ +111.010 \\ \hline 10010.101 \end{array}$$

आगे ले जाने (कैरी) का जोड़ दशमलव जोड़ के समान तरीके से किया जाता है।

3.1.4.2 बाइनरी घटाव

बाइनरी घटाव निम्नलिखित नियमों का पालन करता है

0 – 0 = 0; 1 – 0 = 1; 1 – 1 = 0; 0 – 1 = 1 उधार 1 के साथ यानी 10 – 1 के बराबर 1

बाइनरी नंबर 111.111 को 1010.010 से घटाएं:

$$\begin{array}{r} 1010.010 \\ -111.111 \\ \hline 0010.011 \end{array}$$

अंकीय कंप्यूटरों में घटाव संचालन को सरल बनाने के लिए पूरक का उपयोग किया जाता है। प्रत्येक संख्या प्रणाली के लिए दो प्रकार के पूरक हैं। आधार b प्रणाली के लिए पूरक $(b-1)$'s पूरक और b's के पूरक हैं। एक बाइनरी संख्या प्रणाली के लिए, दो प्रकार 1's और 2's के पूरक हैं।

3.1.5 बूलियन के नियम और प्रमेय

3.1.5.1 बूलियन बीजगणित

बूलियन बीजगणित, तार्किक के पद्धतिबद्ध व्यवहार के लिए विकसित एक बीजीय प्रणाली है। इसे तत्वों के एक सेट, प्रचालको (ऑपरेटरों) के एक सेट और कई अभिधारणाओं के साथ परिभाषित किया गया है। साधारण बीजगणित के विपरीत ऋणात्मक संख्या और भिन्न मौजूद नहीं होते हैं। बूलियन बीजगणित में कोई घटाव या विभाजन आपरेशन नहीं होते है। बूलियन बीजगणित के मूल नियम हैं:

विनिमेय नियम (Commutative law): एक सेट S पर एक बाइनरी ऑपरेटर प्लस (+) या डॉट (.) को कम्यूटेटिव कहा जाता है यदि

1. $A + B = B + A$
2. $A.B = B.A$

जहां A और B, S के तत्व हैं।

सहयोगी नियम (Associative law): एक सेट S पर एक बाइनरी ऑपरेटर प्लस (+) या डॉट (.) को सहयोगी कहा जाता है यदि

1. $(A + B) + C = A + (B + C)$
2. $(A.B).C = A.(B.C)$

जहां A, B और C, S के तत्व हैं।

वितरण के नियम (Distributive law):

1. $(A + B).C = A.B + B.C$
2. $A + (B.C) = (A + B).(A + C)$

AND, OR तथा NOT के नियम: तालिका 3.1 बुनियादी बूलियन नियमों को दर्शाती है।

तालिका 3.1: बूलियन नियम

Sl. No	OR के नियम	AND के नियम	NOT (पूरक) के नियम
1	$A+0 = A$	$A.0 = 0$	$A'' = A$
2	$A+1 = 1$	$A.1 = A$	If $A = 0$, then $A' = 1$
3	$A+A = A$	$A.A = A$	If $A = 1$, then $A' = 0$
4	$A + A' = 1$	$A.A' = 0$	

जहां $A = \{0,1\}$ और A के पूरक को A′ के रूप में दर्शाया गया है।

डी मॉर्गन का प्रमेय:

प्रमेय दो नियमों का प्रतिनिधित्व करता है:

नियम 1: $(A + B)' = A'.B'$

नियम कहता है कि दो चर के योग का पूरक व्यक्तिगत पूरक के गुणनफल के बराबर है।

नियम 2: $(A.B)' = A' + B'$

नियम कहता है कि दो चर के गुणनफल का पूरक, इंडिविजुअल पूरक के योग के बराबर है।

गतिविधि

अंकीय परिपथ द्वारा सूचना प्रौद्योगिकी के लिए उपयोग किए जाने वाले अंकीय कोड पर एक प्रस्तुति तैयार करें।

हल किये गए प्रश्न

उदाहरण 3.1.1: निम्नलिखित दशमलव संख्या 452_{10} को बाइनरी में बदलें।

हल:

2	450	शेष फल
2	225	0
2	112	1
2	56	0
2	28	0
2	14	0
2	7	0
2	3	1
2	1	1
	0	1

$452_{10} = (111000010)_2$

उदाहरण 3.1.2: पहले दस दशमलव अंकों को आधार 3 में लिखें।

हल: आधार 3 प्रणाली के लिए प्रतीक 0, 1 और 2 हैं। शेष दशमलव संख्याएँ दशमलव संख्या को आधार 3 से विभाजित करके प्राप्त की जाती हैं। दशमलव अंक 3 को 10_3 के रूप में लिखा जाता है और इसी तरह दशमलव अंक 4 से 9 के रूप में लिखा जाता है

दशमलव संख्या	आधार 3 में समतुल्य	दशमलव संख्या	आधार 3 के समतुल्य	दशमलव संख्या	आधार 3 में समतुल्य संख्या
4	11	5	12	6	20
7	21	8	22	9	23

3.2 लॉजिक गेट्स

एक बूलियन फंक्शन, फलन बाइनरी ऑपरेटरों AND, OR, NOT, कोष्ठक और समान चिह्न का उपयोग करके बाइनरी चर के साथ बनाई गई अभिव्यक्ति है। एक बाइनरी चर मान 0 या 1 ले सकता है। उदाहरण के लिए एक फंक्शन फलन ($F = x + y$), 1 के बराबर है, यदि या तो चर x, y या दोनों 1 के बराबर हैं, अन्यथा $F = 0$ है।

एक फंक्शन फलन का प्रतिनिधित्व एक सत्य तालिका द्वारा किया जा सकता है। n चर बूलियन फंक्शन F की सत्य तालिका में n चर के 2^n (कॉम्बिनेशन) को सूचीबद्ध करने वाला एक स्तंभ (कॉलम) और 2^n संयोजनों में से प्रत्येक के लिए F का मान 0 या 1 दर्शाने वाला स्तंभ होता है।

3.2.1 धनात्मक और ऋणात्मक तार्किक

लॉजिक गेट सिम्युलेटर

विभव स्तर जो तार्किक-1 या तार्किक-0 के बराबर बाइनरी चर का प्रतिनिधित्व करता है। जब उच्च विभव तार्किक-1 और निम्न विभव तार्किक-0 के रूप में प्रतिनिधित्व करता है, तो तार्किक प्रणाली को धनात्मक तार्किक कहा जाता है। उदाहरण के लिए, एक अंकीय प्रणाली तार्किक-1 को परिभाषित कर सकता है यदि परिवर्तनीय विभव स्तर इसके नाम मात्र मूल्य के बराबर है जैसा कि +5.0 V। इसी तरह, तार्किक-0 परिभाषित किया जाएगा यदि चर के विभव स्तर का नाममात्र मान 0 V के बराबर है। दूसरी ओर, तार्किक प्रणाली को नेगेटिव तार्किक कहा जाता है, जब उच्च विभव यानी +5 V तार्किक-0 का प्रतिनिधित्व करता है और निचला विभव यानी 0 V तार्किक-1 का प्रतिनिधित्व करता है। सामान्य तौर पर, सभी अंकीय परिपथ स्वीकार्य टॉलरेंस स्तर के साथ बाइनरी संकेत स्वीकार करते हैं। 0 V और 0.8 V के बीच एक विभव तार्किक-0 का प्रतिनिधित्व करता है और 3 V से 5 V के बीच विभव तार्किक-1 का प्रतिनिधित्व करता है।

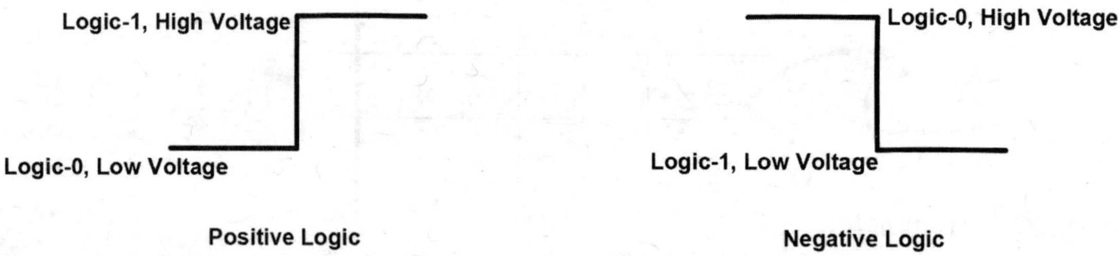

चित्र 3.1: लॉजिक संकेत

3.2.2 लॉजिक गेट्स के प्रकार

लॉजिक गेट्स का उपयोग करते हुए बूलियन एक्सप्रेशन

किसी भी अंकीय प्रणाली के मूलभूत बिल्डिंग ब्लॉक लॉजिक गेट हैं। लॉजिक गेट्स के नाम का अर्थ है कि गेट का निर्गत, डिवाइस की वर्तमान आगत के अनुसार निर्णय लेने की क्षमता पर आधारित है। तीन प्रकार के मूल गेट्स AND, OR और NOT हैं। लॉजिक गेट्स के आगत और निर्गत के वल दो स्तरों में हो सकते हैं। ये दो स्तर लॉजिक-1 हैं, जिन्हें उच्च /सत्य कहा जाता है और लॉजिक-0 को निम्न/ असत्य कहा जाता है।

3.2.2.1 AND गेट

AND गेट एक लॉजिक परिपथ है जिसका निर्गत माना जाता है लॉजिक-1, जब उसका प्रत्येक आगत लॉजिक-1 पर होता है। भले ही कोई एक आगत लॉजिक-0 पर हो, निर्गत लॉजिक-0 माना जाता है। AND गेट में दो या अधिक आगत होते हैं, लेकिन के वल एक निर्गत होता है। AND गेट का लॉजिक प्रतीक, बूलियन व्यंजक और सत्य तालिका चित्र 3.2 में दिखाया गया है।

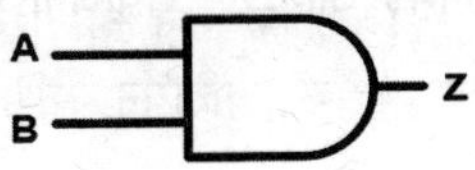

Logic Symbol

Z = A . B

Boolean Expression

A	B	Z
0	0	0
0	1	0
1	0	0
1	1	1

Truth table

चित्र 3.2: AND गेट

3.2.2.2 OR गेट

OR गेट एक लॉजिक परिपथ होता है जिसमें गेट निर्गत लॉजिक-0 मान लेता है जब उसका प्रत्येक आगत लॉजिक-0 पर होता है। भले ही आगत में से एक लॉजिक-1 पर हो, निर्गत लॉजिक-1 माना जाता है। OR गेट में दो या अधिक आगत होते हैं, लेकिन के वल एक निर्गत होता है। OR गेट का लॉजिक प्रतीक, बूलियन अभिव्यक्ति और सत्य सारणी चित्र 3.3 में दिखाया गया है।

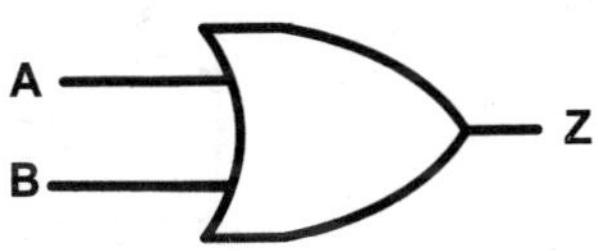

Logic Symbol

Z = A + B

Boolean Expression

A	B	Z
0	0	0
0	1	1
1	0	1
1	1	1

Truth table

चित्र 3.3: OR गेट

3.2.2.3 NOT गेट्स

NOT गेट, जिसे INVERTER गेट के रूप में भी जाना जाता है, जिस में के वल एक आगत और एक निर्गत होता है। नॉट गेट का निर्गत हमेशा इसके आगत का पूरक होगा। नॉट गेट का लॉजिक प्रतीक, बूलियन अभिव्यक्ति और सत्य सारणी चित्र 3.4 में दिखाया गया है।

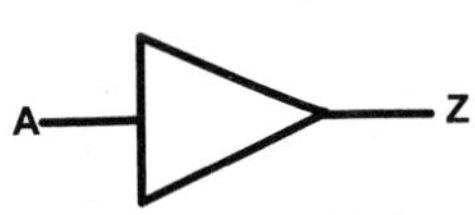

Logic Symbol

Z = A'

Boolean Expression

A	Z
0	1
1	0

Truth table

चित्र 3.4: NOT गेट

3.2.2.4 यूनिवर्सल गेट्स

NAND और NOR गेट तीनों बुनियादी गेट यानी AND, OR और NOT के लॉजिक फंक्शन को रियलाइज कर सकते हैं। इसलिए इन गेट्स को यूनिवर्सल गेट्स कहा जाता है। चित्र 3.5 लॉजिक प्रतीक, बूलियन अभिव्यक्ति और सत्य तालिका को नीचे प्रस्तुत करता है।

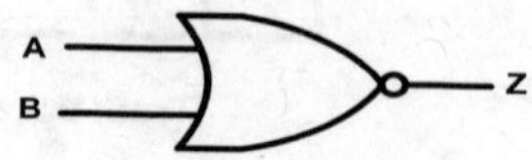

Logic Symbol

Z = (A + B)'

Boolean Expression

A	B	Z
0	0	1
0	1	0
1	0	0
1	1	0

Truth table

NOR Gate

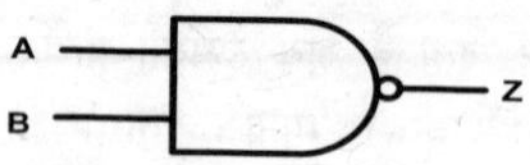

Logic Symbol

Z = (A . B)'

Boolean Expression

A	B	Z
0	0	1
0	1	1
1	0	1
1	1	0

Truth table

NAND Gate

चित्र 3.5: NOR और NAND गेट

गतिविधि

लॉजिक गेट्स का उपयोग करके नीचे दिखाए गए परिपथ को लागू करें।

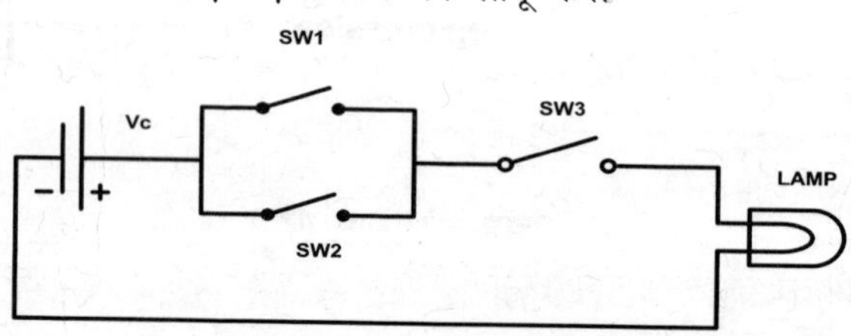

हल किये गए प्रश्न

उदाहरण 3.2.1: व्यंजक Z = (A' + B')' को प्रदर्शित करने के लिए लॉजिक गेट की पहचान करें।

हल: डीमॉर्गन्स प्रमेय का प्रयोग करते हुए उपरोक्त व्यंजक (A' + B')' = A''.B'' = A.B

उपरोक्त बूलियन व्यंजक को AND गेट का उपयोग करके कार्यान्वित किया जा सकता है।

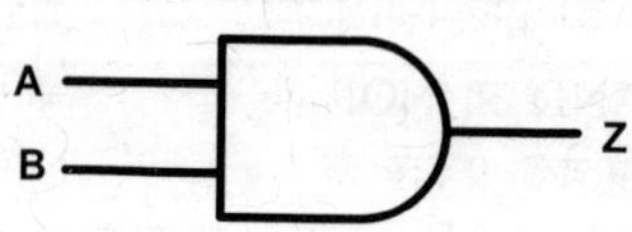

उदाहरण 3.2.2: OR गेट का उपयोग करके बूलियन व्यंजक $Z = A + A'B$ लागू करें।

हल: वितरण के नियम लागू करते हुए, बूलियन व्यंजक Z को इस प्रकार लिखा जा सकता है

$Z = (A + A').(A + B)$, या नियम के अनुसार, $A + A' = 1$

इसलिए $Z = 1.(A + B) = A + B$

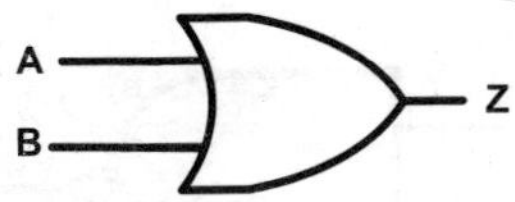

3.3 फ्लिप फ्लॉप और काउंटर्स

डिजिटल परिपथ को मोटे तौर पर संयोजन परिपथ और क्रमबद्ध परिपथ के रूप में वर्गीकृत किया जाता है। संयोजन परिपथ में किसी भी समय निर्गत उस समय मौजूद आगत पर निर्भर करता है। संयोजन परिपथ के उदाहरण एडर, सबट्रैक्टर, एनकोडर, डिकोडर, तुलनित्र (तुलनाकारक), मल्टीप्लेक्सर्स आदि हैं। क्रमबद्ध परिपथ में निर्गत न के वल वर्तमान आगत पर निर्भर करता है, बल्कि स्मृति तत्त्व में संग्रहीत पिछली स्थिति पर भी निर्भर करता है। उदाहरण फ्लिप फ्लॉप, रजिस्टर, गणक आदि हैं। क्रमबद्ध परिपथ दो प्रकार के होते हैं, सिंक्रोनस और एसिंक्रोनस। सिंक्रोनस क्रमबद्ध परिपथ में, परिपथ व्यवहार को असतत समय पर इसके संकेतों के ज्ञान से परिभाषित किया जा सकता है। समय के असतत क्षण को समय नियन्त्रक संकेत द्वारा परिभाषित किया जाता है। एसिंक्रोनस क्रमबद्ध परिपथ में, परिपथ व्यवहार उस क्रम पर निर्भर करता है जिस पर आगत संकेत के लॉजिक स्तर में परिवर्तन होता है। तालिका 3.2 एक सिंक्रोनस और एसिंक्रोनस क्रमबद्ध परिपथ के बीच तुलना दिखाती है।

तालिका 3.2: सिंक्रोनस और एसिंक्रोनस क्रमबद्ध परिपथ के बीच तुलना

क्र.	एसिंक्रोनस क्रमबद्ध परिपथ	सिंक्रोनस क्रमबद्ध परिपथ
1.	स्मृति तत्त्व अनलॉक्ड फ्लिप-फ्लॉप हैं	स्मृति तत्त्व समय नियन्त्रक किए गए फ्लिप-फ्लॉप हैं
2.	आगत संकेतों में परिवर्तन किसी भी समय स्मृति तत्वों को प्रभावित कर सकता है	आगत संकेतों में परिवर्तन स्मृति तत्वों को तभी प्रभावित कर सकता है जब समय नियन्त्रक संकेत मौजूद हो
3.	समय नियन्त्रक संकेत की अनुपस्थिति एसिंक्रोनस परिपथ के संचालन को तेज करती है	क्रिया संचालन गति समय नियन्त्रक संकेत की आवृत्ति पर निर्भर करती है

3.3.1 फ्लिप-फ्लॉप के प्रकार

सबसे महत्वपूर्ण स्मृति तत्त्व और क्रमबद्ध परिपथ का मूल निर्माण खंड फ्लिप-फ्लॉप है। एक फ्लिप-फ्लॉप को दो स्थिर अवस्थाएँ मिलती हैं और वह उस अवस्था में अनिश्चित काल तक रह सकता है। उचित आगत संकेतों को लागू करके ही इसकी स्थिति को बदला जा सकता है। फ्लिप-फ्लॉप को एक-बिट स्मृति तत्त्व भी कहा जाता है।

फ्लिप फ्लॉप दो क्रॉस कपल्ड NAND या NOR गेट्स का उपयोग करके बनाए जाते हैं। फ्लिप-फ्लॉप बनाने के लिए कई अलग-अलग व्यवस्थाएं हैं। प्रत्येक प्रकार के फ्लिप-फ्लॉप में अलग-अलग विशेषताएं होती हैं ताकि किसी विशेष अनुप्रयोग को लागू किया जा सके।

3.3.1.1 बेसिक फ्लिप-फ्लॉप (S-R लैच)

फ्लिप-फ्लॉप के सबसे सरल प्रकार को S-R लैच कहा जाता है। इसमें S (SET) और R (RESET) के रूप में अंकित किए गए दो आगत हैं और दो निर्गत Q और इसके पूरक Q' हैं। लैच की स्थिति Q या तो 1 या 0 के होती है। S-R लैच का विश्लेषण जैसा कि चित्र 3.6 में दिखाया गया है, NAND गेट का उपयोग करके संक्षेप में प्रस्तुत किया जा सकता है

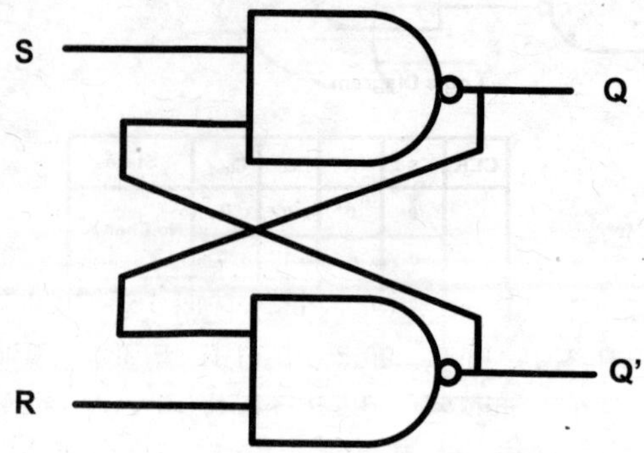

चित्र 3.6: NAND गेट का उपयोग करते हुए S-R लैच

जब आगत S = 0 और आगत R = 1, यह फ्लिप-फ्लॉप को SET करेगा यानी Q = 1 और S के 0 पर लौटने के बाद भी SET स्थिति में रहेगा।

जब आगत R = 0 और S = 1, यह फ्लिप-फ्लॉप यानी को RESET कर देगा यानी Q = 0 और R के 0 पर लौटने के बाद भी RESET स्थिति में रहेगा।

जब आगत S = 1 और R = 1, फ्लिप-फ्लॉप की स्थिति यथावत रहेगी यानी यदि Q = 1, तो यह Q = 1 (SET स्थिति) के रूप में रहेगी और यदि Q = 0 यह Q = 0 के रूप में रहेगी (RESET स्थिति)।

जब आगत S = 0 और R = 0, तो निर्गत स्थिति Q और इसके पूरक यानी Q = Q' = 1 दोनों के रूप में अनिर्धारित रह जाती है। यह आगत स्थिति अमान्य है और इसका उपयोग नहीं किया जाना चाहिए।

3.3.1.2 क्लॉक्ड S-R फ्लिप फ्लॉप

ऊपर की गई चर्चा के अनुसार, मूल S-R लैच को एसिंक्रोनस S-R फ्लिप-फ्लॉप भी कहा जाता है, इसका कारण यह है कि किसी भी समय आउटपुट अवस्था बदल जाती है, इनपुट सिग्नल की स्थिति बदल जाती है। क्लॉक्ड गए फ्लिप-फ्लॉप को क्लॉक सिग्नल की आवश्यकता होती है और यह फ्लिप-फ्लॉप की स्थिति को तभी बदलेगा जब क्लॉक्ड सिग्नल उच्च (लॉजिक-1) हो। इस प्रकार के फ्लिप फ्लॉप को लेवल ट्रिगर फ्लिप फ्लॉप कहा जाता है। क्लॉक्ड फ्लिप-फ्लॉप को सिंक्रोनस क्रमबद्ध परिपथ भी कहा जाता है। चित्र 3.7 NAND गेट का उपयोग करते हुए एक क्लॉक्ड S-R फ्लिप-फ्लॉप के लॉजिक डायग्राम, लॉजिक प्रतीक और सत्य तालिका को दर्शाता है। दिखाए गए लॉजिक डायग्राम से यह देखा जाता है कि जब क्लॉक सिग्नल LOW (लॉजिक-0) होता है, तो दोनों आगत NAND गेट्स का आउटपुट उच्च होता है। इस मामले में, फ्लिप-फ्लॉप अवस्था अपरिवर्तित रहेगी। जब क्लॉक सिग्नल उच्च (लॉजिक-1) हो जाता है, तो S और R इनपुट NAND गेट्स से होकर गुजरेंगे और फ्लिप-फ्लॉप Q का अंतिम आउटपुट, इनपुट सिग्नल S और R के अनुसार बदल जाएगा।

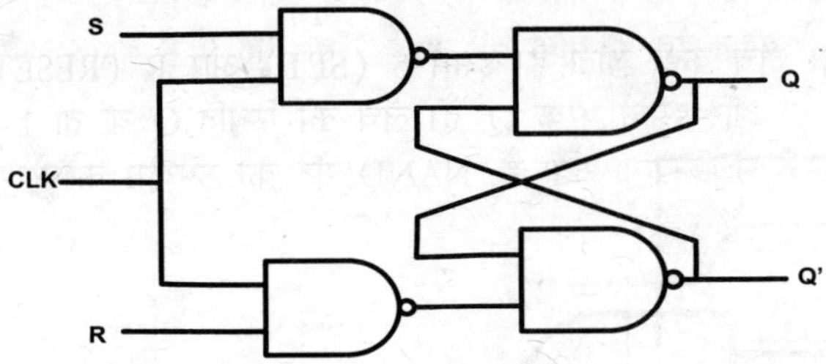

Logic Diagram

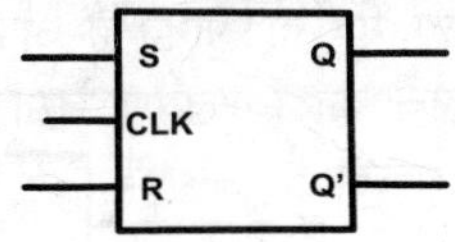

Logic Symbol

CLK	S	R	Q_t	Q_{t+1}	State
1	0	0	0	0	No Change
	0	0	1	1	
	0	1	0	1	RESET
	0	1	1	1	
	1	0	0	0	SET
	1	0	1	0	
	1	1	0	X	Undefined
	1	1	1	X	

Truth table

चित्र 3.7: क्लॉक्ड S-R फ्लिप-फ्लॉप

3.3.1.3 D फ्लिप फ्लॉप

सत्य तालिका से यह देखा जाता है कि जब आगत S और R = 1 होता है, तो आउटपुट अवस्था अपरिभाषित होती है। इस स्थिति से बचने के लिए एक एकल इनपुट फ्लिप-फ्लॉप जैसा कि चित्र 3.8 में दिखाया गया है, जहां S इनपुट को पूरक करके R इनपुट प्राप्त किया जाता है। इस एकल इनपुट फ्लिप-फ्लॉप को D फ्लिप फ्लॉप या डिले/डेटा फ्लिप-फ्लॉप कहा जाता है। जब D = 1, S = 1 और R = 0, जिससे फ्लिप-फ्लॉप सेट हो जाता है, क्लॉक सिग्नल उच्च के साथ। इसी तरह, D = 0, S = 0 और R = 1, फ्लिप-फ्लॉप को रीसेट करने का कारण बनता है।

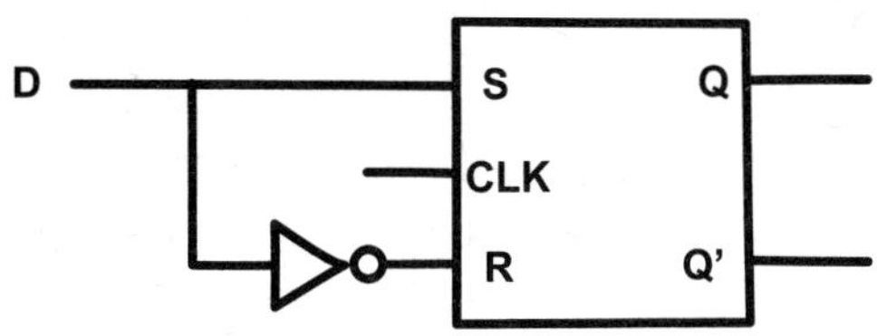

चित्र 3.8: D - फ्लिप फ्लॉप

3.3.1.4 J-K फ्लिप-फ्लॉप

सबसे लोकप्रिय और व्यापक रूप से डिजिटल लॉजिक सर्किट में इस्तेमाल किया जाने वाला फ्लिप-फ्लॉप है। J-K फ्लिप-फ्लॉप की कार्यप्रणाली एक क्लॉक्ड R-S फ्लिप फ्लॉप के समान है जैसा कि चित्र 3.8 में दिखाया गया है। अंतर के वल इतना है कि इसमें S-R फ्लिप-फ्लॉप की तरह कोई अपरिभाषित स्टेट नहीं है। चित्र 3.9 एक J-K

फ्लिप-फ्लॉप के लॉजिक डायग्राम, लॉजिक प्रतीक और सत्य तालिका को दर्शाता है। जब J = K = 1, फ्लिप-फ्लॉप टॉगल करता है तो यह अपनी वर्तमान स्थिति को बदल देता है यानी यदि Q = 1 तो, यह 0 में बदल जाएगा और यदि Q = 1 तो स्टेट 0 में बदल जाएगा।

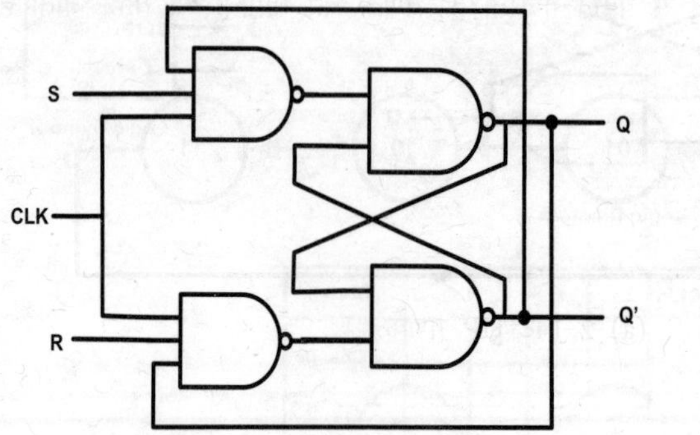

Logic Diagram

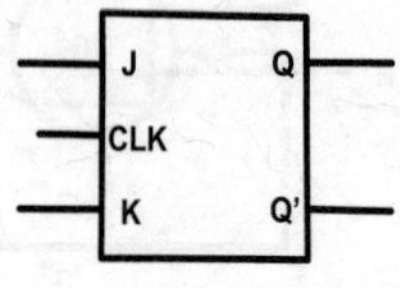

Logic Symbol

CLK	J	K	Q_t	Q_{t+1}	State
1	0	0	0	0	No Change
	0	0	1	1	
	0	1	0	1	RESET
	0	1	1	1	
	1	0	0	0	SET
	1	0	1	0	
	1	1	0	1	Toggle
	1	1	1	0	

Truth table

चित्र 3.9: J K फ्लिप फ्लॉप

3.3.1.5 T फ्लिप-फ्लॉप

जब एक J-K फ्लिप-फ्लॉप के दोनों इनपुट एक साथ जुड़े होते हैं जैसा कि चित्र 3.10 में दिखाया गया है और सामान्य टर्मिनल को T के रूप में अंकित करते हुए, फ्लिप-फ्लॉप को T फ्लिप-फ्लॉप के रूप में जाना जाता है। जब T = 0, J = K = 0 और फ्लिप फ्लॉप दोनों स्थिति अपरिवर्तित रहती है। जब T = 1, J = K = 1 और फ्लिप-फ्लॉप दोनों अपनी अवस्थाओं को टॉगल करते हैं। T फ्लिप फ्लॉप को टॉगल फ्लिप-फ्लॉप के नाम से भी जाना जाता है।

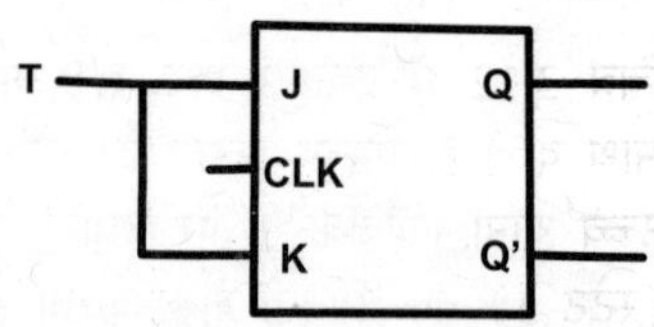

Logic Symbol

चित्र 3.10: T-फ्लिप फ्लॉप

3.3.2 काउंटर

गणक (काउंटर) एक क्रमबद्ध परिपथ है जिसका उपयोग क्लॉक की पल्स को गिनने के लिए किया जाता है। एक अंकीय गणक में फ्लिप-फ्लॉप का एक सेट होता है, जिसकी स्थिति गणक के इनपुट पर लागू क्लॉक पल्स के जवाब में बदल जाती है। एक गणक के प्रत्येक गणना को स्टेट्स कहा जाता है। स्टेट्स की संख्या गणक के लिए उपयोग किए जाने वाले फ्लिप-फ्लॉप की संख्या पर निर्भर करती है और स्टेट्स का क्रम फ्लिप-फ्लॉप के बीच इंटरकनेक्शन

पर निर्भर करता है। उदाहरण के लिए, 2-बिट गणक के लिए दो फ्लिप-फ्लॉप की आवश्यकता होती है और स्टेट्स की संख्या 4 होती है। UP-गणक और DOWN-गणक के लिए स्टेट्स का क्रम क्रमशः चित्र 3.11 (a) और (b) में दिखाया गया है। एक 2-बिट गणक को मापांक (Modulus) या मॉड-4 गणक भी कहा जाता है, क्योंकि उन स्टेट्स की संख्या जो गणक मूल स्थिति तक पहुंचने से पहले गुजरता है, गणक का मापांक भी कहा जाता है। N बिट गणक का मापांक 2^N है।

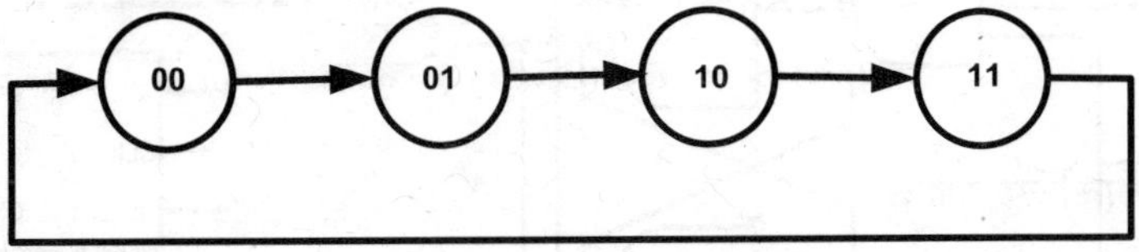

(a) 2-बिट UP गणक

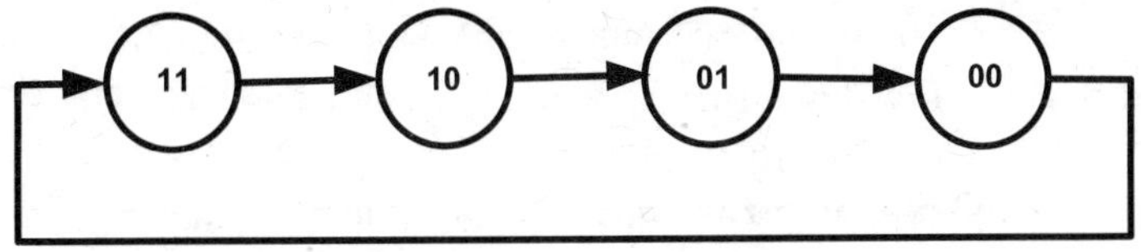

(b) 2-बिट DOWN गणक

चित्र 3.11: स्टेट डायग्राम

काउंटरों को एसिंक्रोनस गणक और सिंक्रोनस गणक में विभाजित किया गया है।

1. एसिंक्रोनस काउंटरों में जिन्हें रिपल गणक के रूप में भी जाना जाता है, फ्लिप-फ्लॉप इस तरह से जुड़े होते हैं कि पहले FF का निर्गत दूसरे FF के लिए क्लॉक पल्स बन जाता है और इसी तरह इन काउंटरों का मुख्य दोष इनकी निम्न गति है।
2. सिंक्रोनस गणक में सभी फ्लिप-फ्लॉप को एक ही क्लॉक पल्स द्वारा एक साथ क्लॉक्ड किया जाता है। सिंक्रोनस काउंटरों को समानांतर गणक के रूप में भी जाना जाता है, जो एसिंक्रोनस काउंटरों की तुलना में तेज गति के होते हैं।

3.3.2.1 एसिंक्रोनस गणक

चित्र 3.12 में एक 2-बिट UP गणक दिखाया गया है। जैसा कि दिखाया गया है कि उनके आगत J = K = 1 के साथ दो J-K फ्लिप फ्लॉप हैं। चित्र 3.9 की सत्य तालिका से, यह देखा गया है कि जब भी उनकी क्लॉक की पल्स उच्च यानी लॉजिक-1 पर होगी, फ्लिप फ्लॉप अपनी वर्तमान स्थिति को चालू कर देंगे। गणक 00 (स्टेट 0) से 11 (स्टेट 3) तक गिनती शुरू करता है जैसा कि स्टेट डायग्राम, चित्र 3.11 (a) में दिखाया गया है। निर्गत Q_1 MSB और Q_0 LSB का प्रतिनिधित्व करता है। चित्र 3.13 2-बिट DOWN गणक दिखाता है।

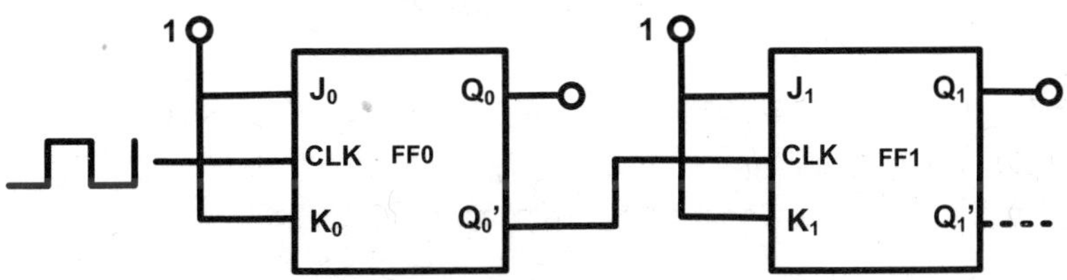

चित्र 3.12: 2-बिट UP एसिंक्रोनस गणक

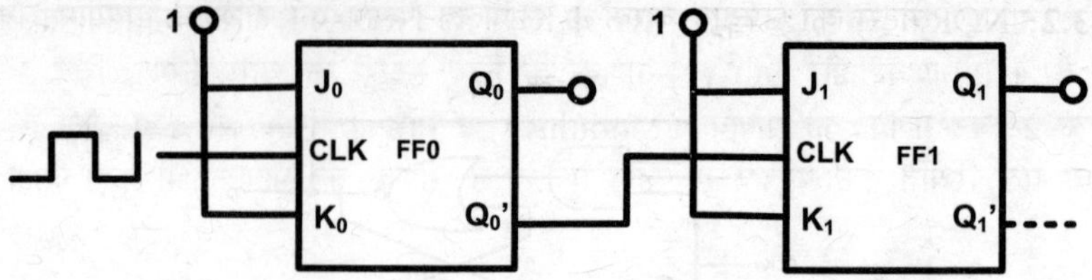

चित्र 3.13: 2-बिट DOWN एसिंक्रोनस गणक

3.3.2.2 मॉड-10 एसिंक्रोनस गणक

मॉड-10 गणक को डिकेड गणक भी कहा जाता है। आवश्यक फ्लिप फ्लॉप की संख्या 4 होती है। 4 फ्लिप-फ्लॉप के साथ सोलह स्टेट्स हैं, काउंट वैल्यू अनुक्रम प्रारंभ होता है $(0000)_2$ से $(1111)_2$ तक। एक डिकेड गणक में के वल 10 वैध अवस्थाएँ होती हैं यानी काउंट वैल्यू $(0000)_2$ से $(1001)_2$ तक। शेष स्टेट्स अमान्य हैं यानी काउंट वैल्यू $(1010)_2$ से $(1111)_2$ तक। इसके लिए एक फीडबैक लॉजिक परिपथ देना होगा जो काउंट वैल्यू $(1010)^2$ तक पहुंचते ही सभी फ्लिप-फ्लॉप को क्लियर या रीसेट कर देगा। चित्र 3.14 फीडबैक परिपथ के साथ एक डिकेड गणक दिखाता है, जहां निर्गत Q3 MSB और Q3 LSB है।

प्रतिरोधक और गणक

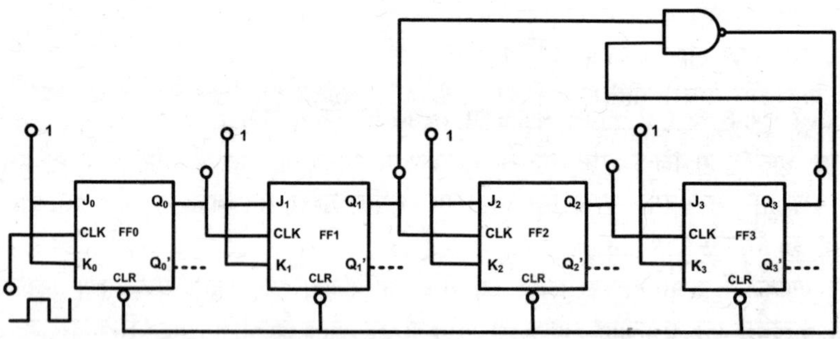

चित्र 3.14: 4-बिट डिकेड गणक

गतिविधियां

1. D और T फ्लिप-फ्लॉप के अनुप्रयोगों का पता लगाएं।
2. हमारे दैनिक जीवन में काउंटरों के अनुप्रयोग पर एक प्रस्तुति तैयार करें।

हल किये गए प्रश्न

उदाहरण 3.3.1: MOD-16 गणक बनाने के लिए आवश्यक फ्लिप-फ्लॉप की संख्या की गणना करें?

हल: फ्लिप-फ्लॉप की संख्या की सामान्य अभिव्यक्ति $2^n = N$ के रूप में दिया जाता है, जहां n दी गई संख्या को प्राप्त करने के लिए उपयोग किए जाने वाले फ्लिप-फ्लॉप की संख्या है और N स्टेट्स की संख्या है या Modulus, N = 16 दिया गया

$2^n = 16$ or $n = 4$, आवश्यक फ्लिप-फ्लॉप की संख्या = 4

उदाहरण 3.3.2: NOR गेट्स का उपयोग करके J-K फ्लिप-फ्लॉप का तार्किक डायग्राम बनाएं।

हलः

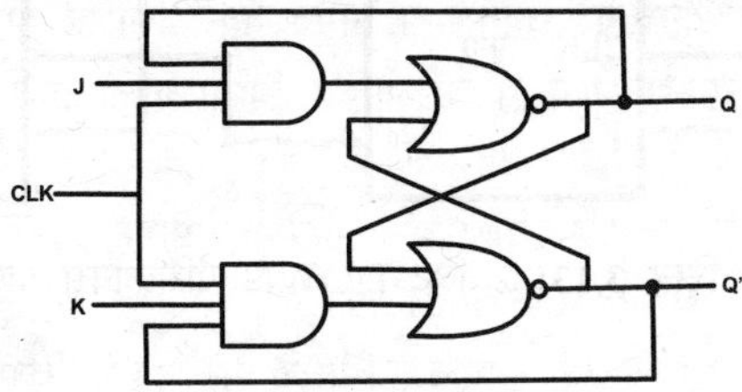

Logic Diagram

3.4 अंकीय एकीकृत परिपथ

3.4.1 एकीकृत परिपथ का परिचय

एकीकृत परिपथ

एकीकृत परिपथ (IC) छोटे सिलिकॉन अर्धचालक क्रिस्टल होते हैं जिनमें प्रतिरोधक, डायोड, संधारित्र, ट्रांजिस्टर, FET जैसे घटक होते हैं। इलेक्ट्रॉनिक परिपथ बनाने के लिए घटकों को आपस में जोड़ा जाता है। अर्धचालक क्रिस्टल जिसे चिप कहा जाता है, धातु, प्लास्टिक या सिरेमिक पैकेज पर लगाया जाता है और इलेक्ट्रॉनिक परिपथ के टर्मिनल बिंदुओं को IC बनाने के लिए बाहरी पिनों को उपलब्ध कराया जाता है। IC का मुख्य लाभ इसका छोटा आकार, निम्न बिजली की खपत, उच्च विश्वसनीयता, संचालन की उच्च गति और सबसे महत्वपूर्ण निम्न लागत है। एकीकृत परिपथ दो तरह के पैकेज में आते हैं, फ्लैट पिन और डुअल इन लाइन (DIP) पैकेज।

एकीकृत परिपथ को रैखिक (लीनियर) और अंकीय के रूप में वर्गीकृत किया जाता है। रैखिक IC निरंतर संकेतों के साथ काम करता है और व्यापक रूप से एम्पलीफायरों, फिल्टर, तुलनित्र और कन्वर्टर्स आदि के रूप में उपयोग किया जाता है, अंकीय IC बाइनरी संकेत के साथ काम करता है और इंटरकनेक्टेड अंकीय गेट्स से बना होता है। अंकीय IC को न के वल उनके तार्किक ऑपरेशन द्वारा वर्गीकृत किया जाता है, बल्कि लॉजिक परिपथ परिवार द्वारा भी वर्गीकृत किया जाता है जिससे यह संबंधित है। IC में फ्लिप-फ्लॉप, लॉजिक गेट, गणक, स्मृति चिप्स, माइक्रोकंट्रोलर आदि शामिल हैं। अंकीय IC के विभिन्न लॉजिक परिपथ परिवार हैं

- ट्रांजिस्टर-ट्रांजिस्टर लॉजिक (TTL)
- डायोड ट्रांजिस्टर लॉजिक (DTL)
- रेसिस्टर ट्रांजिस्टर लॉजिक (RTL)
- एमिटर कपल्ड लॉजिक (ECL)
- मेटल ऑक्साइड अर्धचालक (MOS)
- कोम्प्लेमेंट्री धातु ऑक्साइड अर्धचालक (CMOS)
- एकीकृत इंजेक्शन लॉजिक (I^2L)

3.4.2 अंकीय IC विशिष्टता शब्दावली

अंकीय IC की सबसे उपयोगी विनिर्देश शर्तें इस प्रकार हैं:

थ्रेशोल्ड विभवः लॉजिक गेट के आगत पर विभव स्तर जो निर्गत विभव स्तर में बदलाव का कारण बनता है यानी एक लॉजिक स्तर से दूसरे तक।

शक्ति डिसिपेशन: एक निर्दिष्ट आवृत्ति पर संचालित करने के लिए गेट को आवश्यक शक्ति मिलीवाट में दी जाती है।

प्रसारण विलंब: आगत संकेत द्वारा गेट आगत से निर्गत तक प्रसारित होने में लगने वाला समय।

फैन-इन: इसे आगत की संख्या के रूप में परिभाषित किया जाता है जिसे गेट को संभालने के लिए डिजाइन किया गया है।

फैन-आउट: इसे लोड की अधिकतम संख्या (अन्य गेटों के आगत) के रूप में परिभाषित किया जाता है, जिसे गेट का निर्गत बिना ओवरलोडिंग के संभाल सकता है।

नोइस मार्जिन: एक लॉजिक परिपथ की आगत टर्मिनलों पर नोइस विभव को सहन करने की क्षमता और इस प्रकार परिपथ की खराबी से बचने को नोइस इम्युनिटी के रूप में जाना जाता है। विभव स्तर के संदर्भ में नोइस इम्युनिटी की माप को नोइस (अवांछनिय लघु संकेत) मार्जिन कहा जाता है।

ऑपरेटिंग तापमान: IC में इलेक्ट्रॉनिक घटक होते हैं और तापमान संवेदनशील होते हैं। एक तापमान सीमा निर्दिष्ट की जाती है जिसके बीच IC संतोषजनक ढंग से संचालित होता है। एक वाणिज्यिक अंकीय IC के लिए, यह 0 से 70° डिग्री सेल्सियस के बीच है।

3.4.3 ट्रांजिस्टर ट्रांजिस्टर लॉजिक

TTL लॉजिक, लॉजिक परिवारों में सबसे लोकप्रिय है। TTL परिवार में बुनियादी लॉजिक संचालन ट्रांजिस्टर द्वारा किया जाता है। TTL, ट्रांजिस्टर का उपयोग या तो कट ऑफ क्षेत्र में या संतृप्ति क्षेत्र में करता है। TTL लॉजिक परिवारों के फायदे इसकी निम्न लागत और अच्छी गति हैं। प्रमुख नुकसान उच्च शक्ति अपव्यय और निम्न नोइस प्रतिरक्षा हैं। मूल TTL लॉजिक परिपथ NAND गेट है। चित्र 3.15 दो आगत NAND गेट के परिपथ आरेख को दर्शाता है।

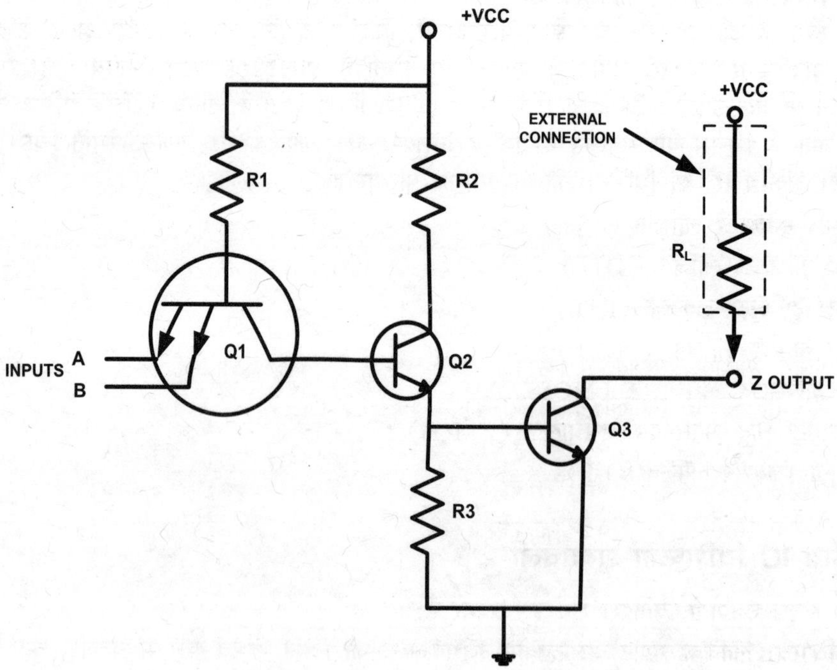

चित्र 3.15: दो इनपुट TTL लॉजिक NAND गेट

3.4.4 TTL सब फैमिली

डिजिटल लॉजिक परिवारों की विशेषता

TTL सब फैमिली को 1. मानक TTL, 74 सीरीज, 2. लो पावर TTL, 74L सीरीज, 3. उच्च स्पीड TTL, 74H सीरीज, 4. Schottky TTL, 74S सीरीज, 5. कम शक्ति Schottky TTL, 74LS सीरीज 6. फास्ट TTL, 74F सीरीज के रूप में वर्गीकृत किया गया है। तालिका 3.3 IC प्रदर्शन विनिर्देश के संदर्भ में सब फैमिली की तुलना दिखाती है। तालिका 3.4 बुनियादी अंकीय सर्किटों की प्राप्ति के लिए TTL सब फैमिली के तहत सबसे अधिक उपयोग किए जाने वाले कुछ IC को दिखाती है।

तालिका 3.3: TTL (सब फैमिली) की तुलना

क्रमांक	प्रदर्शन विशिष्टता	74	74L	74H	74S	74LS	74F
1.	प्रसार विलंब (ns)	9	33	6	3	9.5	4
2.	शक्ति डिसिपेशन (milliWatt)	10	1	23	20	2	1.2
3.	अधिकतम क्लॉक आवृत्ति (MHz)	35	3	50	125	45	70
4.	फैन आउट	10	20	10	20	20	20
5.	नोइसमार्जिन (V)	0.4	0.4	0.4	0.7	0.5	0.5

तालिका 3.4: लोकप्रिय अंकीय TTL, IC

क्रमांक	IC विवरण	क्रमांक	IC विवरण
1.	7402 Quad 2-इनपुट NOR गेट	6.	74LS83, 4-बिट फुल एडर
2.	74F00 Quad 2-इनपुट NAND गेट	7.	74LS138, 3-8-बिट बाइनरी डिकोडर
3.	74LS08 Quad 2-इनपुट AND गेट	8.	74F74, D टाइप फ्लिप-फ्लॉप
4.	74LS32 Quad 2-इनपुट OR गेट	9.	7473, डुअल J-K फ्लिप-फ्लॉप
5.	7404 Hex इन्वर्टर	10.	7490, डिकेड काउंटर

3.4.5 अंकीय IC के अनुप्रयोग

अंकीय IC का उपयोग ज्यादातर संगणक में किया जाता है। इसका कारण आगत और निर्गत संकेत दो स्तरों पर तय या नियत होते हैं जैसे कि बाइनरी प्रणाली में। वे सम्मिलित करते हैं

- फ्लिप फ्लॉप
- समय आंकलन (टाइमर)
- गणक
- मल्टी प्लेक्सर्स
- क्लॉक चिप्स
- स्मृति चिप्स
- प्रोग्राम लॉजिक डिवाइस
- माइक्रोप्रोसेसर
- माइक्रोकंट्रोलर

गतिविधियां

1. लॉजिक गेट IC की डेटाशीट का उपयोग करें और विनिर्देश शब्दावली को नोट करें।
2. निम्नलिखित IC के एप्लीकेशन की पहचान करें: 555, 741, 7445, 7404, 7473, 7490

हल किये गए प्रश्न

उदाहरण 3.4.1: SSI से VLSI तक IC के विकास का संक्षेप में वर्णन करें।

हल: अंकीय IC को सिलिकॉन सब्सट्रेट पर लॉजिक गेट्स की संख्या के अनुसार वर्गीकृत किया जाता है। जटिलता के स्तर के अनुसार उन्हें इस प्रकार वर्गीकृत किया जाता है।

स्मॉल स्केल इंटीग्रेशन (SSI) - IC's जिसमें 12 से कम गेट परिपथ होते हैं। उदाहरण फ्लिप-फ्लॉप हैं।

मीडियम स्केल इंटीग्रेशन (MSI) - IC's का लॉजिक गेट परिपथ 12 से 100 के बीच होता है। उदाहरण गणक, रजिस्टर आदि हैं।

लार्ज स्केल इंटीग्रेशन (LSI) - एक क्रिस्टल पर 100 से 9999 के बीच गेट परिपथ के साथ IC's होते है। उदाहरण स्मृति है जैसे RAM, ROM आदि।

वेरी लार्ज स्केल इंटग्रेशन (VLSI) - एक क्रिस्टल पर 10,000 से 99,999 के बीच गेट परिपथ के साथ IC's होते है। उदाहरण माइक्रोप्रोसेसर है।

यूनिट सारांश

- अंकीय प्रणाली अधिक विश्वसनीय होते हैं, नोइस से निम्न प्रभावित होते हैं, रचना करने में आसान होते हैं और IC चिप्स पर निर्मित होते हैं।
- अंकीय प्रणाली बाइनरी नंबर प्रणाली का उपयोग करता है।
- बूलियन बीजगणित एक बीजीय प्रणाली है जिसे तत्वों के एक सेट, ऑपरेटर्स के एक सेट और कई अभिधारणाओं के साथ लॉजिक के व्यवस्थित उपचार के लिए विकसित किया गया है।
- किसी भी अंकीय प्रणाली के मूलभूत निर्माण खंड लॉजिक गेट हैं।
- AND, OR और NOT तीन प्रकार के बुनियादी लॉजिक गेट हैं।
- लॉजिक गेट्स के आगत और निर्गत दो स्तरों में होते हैं, लॉजिक-1, जिसे उच्च / सत्य और लॉजिक-0 को निम्न/गलत कहा जाता है।
- NAND और NOR गेट्स को यूनिवर्सल गेट्स कहा जाता है क्योंकि वे तीनों बेसिक गेट्स यानी AND, OR और NOT के लॉजिक फंक्शन को महसूस कर सकते हैं।
- अंकीय परिपथ को मोटे तौर पर संयोजन परिपथ और क्रमबद्ध परिपथ के रूप में वर्गीकृत किया जाता है।
- संयोजन परिपथ में, किसी भी समय निर्गत उस समय पर मौजूद आगत पर निर्भर करता है।
- क्रमबद्ध परिपथ दो प्रकार के होते हैं, सिंक्रोनस और एसिंक्रोनस।
- क्रमबद्ध परिपथ का मूल निर्माण खंड फ्लिप-फ्लॉप है, जिसे एक-बिट स्मृति तत्व भी कहा जाता है।
- एक फ्लिप-फ्लॉप को दो स्थिर अवस्थाएँ मिली हैं और वह उस अवस्था में अनिश्चित काल तक रह सकती है। उचित आगत संकेतों को लागू करके ही इसकी स्थिति को बदला जा सकता है।
- सबसे सरल प्रकार के फ्लिप-फ्लॉप को S-R लैच कहा जाता है, जिसमें S (SET) और R (RESET) के रूप में अंकित किए गए दो आगत होते हैं और दो निर्गत Q और इसके पूरक Q' होते हैं।
- एक अंकीय गणक एक क्रमबद्ध परिपथ है, जिसमें फ्लिप-फ्लॉप होते हैं, जिनकी स्थिति गणक के आगत पर लागू क्लॉक पल्स के प्राप्त होते ही बदल जाती है।

- क्लॉक पल्स को गिनने के लिए उपयोग किए जाने वाले काउंटरों को एसिंक्रोनस गणक और सिंक्रोनस गणक में विभाजित किया जाता है।
- एसिंक्रोनस काउंटरों में जिन्हें रिपल गणक के रूप में भी जाना जाता है, फ्लिप-फ्लॉप इस तरह से जुड़े होते हैं कि पहले FF का निर्गत दूसरे FF के लिए क्लॉक पल्स बन जाता है।
- सिंक्रोनस काउंटरों में, जिन्हें समानांतर गणक के रूप में भी जाना जाता है, सभी फ्लिप-फ्लॉप को एक ही क्लॉक पल्स द्वारा एक साथ क्लॉक्ड किया जाता है।
- अंकीय IC बाइनरी संकेत के साथ काम करता है और इंटरकनेक्टेड अंकीय गेट्स से बना होता है।
- ट्रांजिस्टर ट्रांजिस्टर लॉजिक (TTL) जिसमें ट्रांजिस्टर द्वारा बुनियादी लॉजिक ऑपरेशन किया जाता है, लॉजिक परिवार में सबसे लोकप्रिय है।

अभ्यास

A-वस्तुनिष्ठ प्रश्न

निर्देश: कृपया सबसे उपयुक्त उत्तर का चयन करें।

क्रमांक	बहुविकल्पीय प्रश्न	क्रमांक	बहुविकल्पीय प्रश्न
3.1	निम्नलिखित में से सबसे लंबा है a. बाइट b. निबल c. वर्ड d. बिट	3.4	SR फ्लिप-फ्लॉप निम्नलिखित आगत स्वीकार नहीं कर सकता: a. S = R = 0 b. S = 1, R = 0 c. S = R = 1 d. S = 0, R = 1
3.2	फ्लिप फ्लॉप होते हैं a. चिप b. स्मृति तत्व c. एडर d. तुलनित्र	3.5	गणक का उपयोग ...... की संख्या गिनने के लिए किया जाता है a. फ्लिप फ्लॉप b. रजिस्टर c. बिट्स d. पल्स
3.3	उस गेट की पहचान करें जिसके लिए "Z गलत" तभी लागू होता है जब "A" सत्य हो और "B" सत्य हो। a. NAND b. NOR c. AND d. OR	3.6	घड़ी और कैलकुलेटर में उपयोग किए जाने वाले IC's हैं a. TTL b. ECL c. MOS d. CMOS

B-विषयात्मक प्रश्न

1. डिजिटल सिस्टम में इस्तेमाल होने वाले बाइनरी नंबर सिस्टम की आवश्यकता बताएं।
2. एक दशमलव संख्या को एक संख्या में बदलने के लिए अपनाई जाने वाली प्रक्रियाओं की सूची बनाएं, जिसकी संख्या प्रणाली आधार b के साथ है।
3. नीचे दी गई बाइनरी संख्याओं पर अंकगणितीय ऑपरेशन करें:

   (a) 10111.101 + 110111.01 (b) 10001.01-1111.11
4. बूलियन व्यंजक को सत्य तालिका विधि द्वारा सत्यापित करें: $A + A'B + AB = A + B$
5. निम्नलिखित बूलियन नियम की सत्य तालिका द्वारा प्रदर्शित करें:

   (a) जोड़नेवाला (एसोसिएटिव) नियम (b) वितरण नियम
6. अंकीय परिपथ में धनात्मक लॉजिक और ऋणात्मक लॉजिक की व्याख्या करें।
7. सत्य तालिका द्वारा सत्यापित करें कि चित्र (a) और (b) में दिखाए गए गेटों का निर्गत समान है।

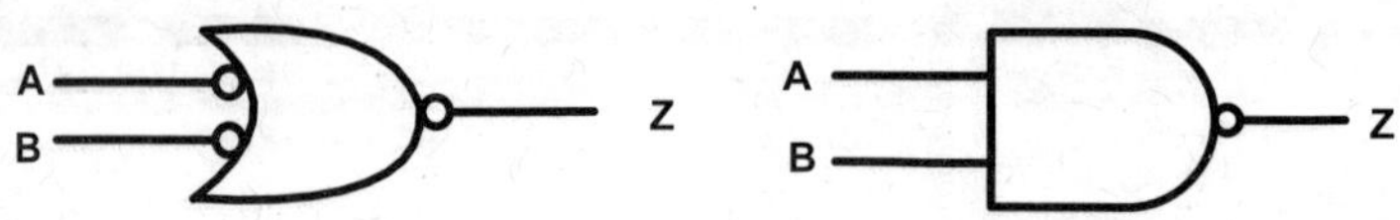

(a) (b)

8. एक D और T प्रकार के फ्लिप-फ्लॉप के लिए लॉजिक आरेख और सत्य तालिका बनाएं।
9. T फ्लिप फ्लॉप का उपयोग करके 3-बिट रिपल गणक के लिए परिपथ डायग्राम बनाएं।
10. रैखिक IC और अंकीय IC के बीच अंतर बताएं।

अधिक जानिए

सूक्ष्म परियोजना

संकाय के मार्गदर्शन में 5-6 छात्रों के समूह में एक या दो सूक्ष्म परियोजना (ओं) / गतिविधि (ओं) को शुरू करें और इसे व्यक्तिगत भागीदारी के साथ समूह के रूप में भी प्रस्तुत करें। एक नमूना सूक्ष्म परियोजना हल नीचे दिया गया है:

a. एक शीतलन इकाई को तीन वेरिएबल द्वारा नियंत्रित किया जाता है: तापमान (T), आर्द्रता (H) और दिन का समय (T) शीतलन इकाई को निम्नलिखित परिस्थितियों में चालू किया जाता है:
   i. तापमान 78° डिग्री फारेनहाइट से अधिक है और दिन का समय सुबह 8.00 बजे से शाम 5.00 बजे के बीच है
   ii. आर्द्रता 85% से अधिक है, तापमान 78° डिग्री फारेनहाइट से अधिक है और दिन का समय सुबह 8.00 बजे से शाम 5.00 बजे के बीच है
   iii. आर्द्रता 85% से अधिक है और दिन का समय सुबह 8 बजे से शाम 5.00 बजे के बीच है

b. कूलिंग यूनिट को चालू करने के लिए अंकीय IC का उपयोग करके लॉजिक गेट्स का उपयोग करके एक परिपथ विकसित करें।

नोट: शीतलन इकाई को एक उद्दीप्त लैंप को "चालू" करने के रूप में माना जाना चाहिए।

वीडियो संसाधन

डिजिटल इलेक्ट्रॉनिक्स सर्किट

डिजिटल सर्किट

ITC का उपयोग

इलेक्ट्रिकल इंजीनियरिंग का कोर्स

इलेक्ट्रानिक्स और संचार अभियांत्रिकी पर पाठ्यक्रम

संदर्भ एवं अध्ययन हेतु सुझाव

1. Anand A. Kumar, *Fundamentals of Digital Electronics*, PHI Publisher, 2016.
2. R. P. Jain, *Modern Digital Electronics*, New Delhi: Tata McGraw Hill Publishing Company Limited, 2012.
3. S. Salivahnan and S. Pravin Kumar, *Digital Electronics*, Noida: Vikas Publishing House Pvt. Ltd., 2011.
4. A.P. Malvino, D.P. Leach and G. Saha, *Digital Principles and Applications*, Mcgraw Hill Educations, 2017.

4 विद्युत एवं चुंबकीय परिपथ

यूनिट विशिष्ट

इस यूनिट में निम्नलिखित विषयों पर विस्तार से चर्चा की गई है:

- धारा, वोल्टेज, शक्ति और ऊर्जा की परिभाषा
- इलेक्ट्रिक परिपथ पैरामीटर और नियम
- चुंबकीय परिपथ के पैरामीटर
- इलेक्ट्रिक और चुंबकीय परिपथ के बीच तुलना

समस्या समाधान उदाहरणों और ICT संदर्भों के साथ-साथ प्रत्येक विषय के अंत में विद्यार्थी स्व-शिक्षण गतिविधियों को और अधिक जिज्ञासा और रचनात्मकता पैदा करने के साथ-साथ समस्या समाधान क्षमता में सुधार के लिए बनाया गया है। ब्लूम की टैक्सोनॉमी के बढ़े हुए स्तरों के बाद कई बहुविकल्पीय प्रश्नों के साथ-साथ विषयात्मक प्रश्न, संदर्भ के तहत सूचीबद्ध पुस्तकों में प्रदान की गई कई समस्याओं के माध्यम से असाइनमेंट और सुझाए गए रीडिंग यूनिट में दिए गए हैं ताकि कोई भी अभ्यास के लिए उनके माध्यम से जा सके।

संबंधित अभ्यास के बाद एक 'अधिक जानें' खंड है जिसमें सूक्ष्म परियोजनाएं और गतिविधियां होती हैं, ICT लिंक के साथ वीडियो संसाधनों के लिए QR कोड दिए गए है। यूनिट में संदर्भों और सुझाए गए पाठों की एक सूची दी गई है ताकि आगे अभ्यास और सीखने में वृद्धि के लिए उनके माध्यम से जा सकते हैं।

भूमिका

बिजली और चुंबकत्व की घटनाएं आपस में जुड़ी हुई हैं। वैज्ञानिक प्रयोगों ने साबित कर दिया है कि विद्युत क्षेत्र चुंबकीय प्रभाव उत्पन्न करता है और इसके विपरीत चुंबकीय क्षेत्र विद्युत क्षेत्र उत्पन्न कर सकता है। चुंबकीय क्षेत्र विद्युत और यांत्रिक ऊर्जा के बीच एक आवश्यक संबंध बनाता है। सभी विद्युत यांत्रिक उपकरण विद्युत और यांत्रिक उपकरण के बीच किसी भी दिशा में ऊर्जा के आदान-प्रदान के लिए चुंबकीय क्षेत्र पर निर्भर करते हैं। अध्याय चुंबकीय क्षेत्र को नियंत्रित करने वाले नियम, चुंबकीयकरण विशेषता, विद्युत वाहक बल, प्रेरण और सरल चुंबकीय और विद्युत परिपथ के बीच संबंध से संबंधित है।

पूर्व अपेक्षित ज्ञान

1. विज्ञान: विद्युत, विद्युत धारा के चुंबकीय प्रभाव (कक्षा X)
2. गणित: दो चर में रैखिक समीकरण की जोड़ी, द्विघात समीकरण (कक्षा X)

यूनिट आउटकम्स

इस अध्याय के पूर्ण अध्ययन करने के बाद, विद्यार्थी निम्न में सक्षम होंगे:

U4-01: विद्युत परिपथ के बुनियादी मापदंडों की व्याख्या करने में।

U4-02: चुंबकीय परिपथ के बुनियादी मापदंडों का वर्णन करने में।

U4-03: विद्युत चुम्बकीय प्रेरण के नियमों की व्याख्या करने में।

U4-04: विद्युत और चुंबकीय परिपथ की व्याख्या करने में।

यूनिट-4 आउटकम्स	कोर्स आउटकम्स (COs) के साथ आपेक्षित संबंध *(1. कमजोर सहसंबंध; 2. मध्यम सहसंबंध; 3. मजबूत सहसंबंध)*					
	CO-1	CO-2	CO-3	CO-4	CO-5	CO-6
U4-01	2	-	-	3	2	2
U4-02	1	-	-	3	1	2
U4-03	1	-	-	3	1	3
U4-04	1	-	-	3	1	1

माइकल फैराडे (1791-1867)

इतिहास के सबसे प्रभावशाली वैज्ञानिक ने विद्युत चुंबकत्व और विद्युत रसायन के अध्ययन में योगदान दिया। उन्होंने बहुत कम औपचारिक शिक्षा प्राप्त की, लेकिन एक उत्कृष्ट प्रयोगवादी थे और एक प्रत्यक्ष प्रवाह वाले चालक के चारों ओर चुंबकीय क्षेत्र पर उनके शोध ने विद्युत चुम्बकीय क्षेत्र पर अवधारणा के आधार को स्थापित किया। सफलता तब मिली जब फैराडे ने अपने प्रयोगों से पाया कि एक बदलते चुंबकीय क्षेत्र से एक विद्युत क्षेत्र उत्पन्न होता है। यह संबंध बाद में जेम्स मैक्सवेल द्वारा गणितीय रूप से तैयार किया गया था और इसे फैराडे नियम के रूप में जाना जाता है। उपरोक्त सिद्धांत का उपयोग करते हुए फैराडे ने विद्युत डायनेमो की खोज की। उनके सम्मान में संधारित्र की SI इकाई को फैराडे नाम दिया गया है।

4.1 एक विद्युत परिपथ के मापदंड

4.1.1 प्रस्तावना

पिछली इकाइयों में, विभिन्न निष्क्रिय परिपथ तत्वों, सक्रिय तत्वों, उनके प्रकार यानी स्वतंत्र और आश्रित विभव/धारा, स्रोत और संकेतों के प्रकार की बुनियादी समझ पेश की गई थी। यह विषय विद्युत परिपथ के बुनियादी विश्लेषण के लिए विद्युत आवेश (चार्ज), धारा, विभव और विभिन्न विद्युत परिपथ शब्दावली और विभिन्न विद्युत परिपथ नियमों की अवधारणा से संबंधित है।

4.1.2 सिग्नल पैरामीटर्स

धारा

मौलिक विद्युत मात्रा आवेश है। इसकी इकाई कूलम्ब है और सबसे छोटा आवेश जो मौजूद है वह एक इलेक्ट्रॉन द्वारा वहन किया गया ऋणात्मक आवेश है जो बराबर है $(-1.602 \times 10^{-19}\,\text{C})$। परमाणु में आवेश ले जाने वाला दूसरा कण प्रोटॉन है जो धनात्मक आवेशित होता है, जिसका परिमाण एक इलेक्ट्रॉन के समान होता है। एक प्रोटॉन का आवेश $(+1.602 \times 10^{-19}\,\text{C})$ के रूप में दिया जाता है। विद्युत प्रवाह में इन आवेशित कणों की एक बहुत बड़ी संख्या का प्रवाह होता है। विद्युत प्रवाह को एक पूर्व निर्धारित क्षेत्र से बहने वाले आवेशित कणों के परिवर्तन की समय दर के रूप में परिभाषित किया गया है। गणितीय रूप में, धारा $i = \dfrac{\Delta Q}{\Delta t}$, जहाँ Δt समय में पूर्व निर्धारित अनुप्रस्थ काट के क्षेत्र से प्रवाहित होने वाला आवेश ΔQ है। धारा की इकाइयों को एम्पीयर कहा जाता है, जहां 1 एम्पियर (A) = 1 कूलम्ब/1 सेकंड होता है।

विभव (विभवांतर)

विद्युत परिपथ में गतिमान आवेश धारा को जन्म देता है। एक आवेश को परिपथ में बिंदु a से बिंदु b तक ले जाने के लिए, कुछ कार्य या ऊर्जा खर्च करनी पड़ती है। एकांक आवेश को बिंदु a से b तक ले जाने में किया गया कार्य वोल्टता या विभवान्तर कहलाता है। विभव की इकाई वोल्ट कहलाती है, जहां 1 वोल्ट (V) = 1 जूल/1 कूलम्ब होता है। गुरुत्वाकर्षण क्षेत्र में दो बिंदुओं के बीच विभवान्तर चुने गए पथ से स्वतंत्र होता है। जिसे कि चित्र 4.1(a), में दिखाया गया है, यदि बिंदु a का विभव b से अधिक है जैसा कि V_{ab} के रूप में इंगित किया गया है, तो आवेश को बिंदु b से a ले जाने में काम करना होगा, यानी ऊर्जा का इनपुट आवेश को ले जाने के लिए। इसी प्रकार यदि आवेश बिंदु a से b तक जाता है, तो ऊर्जा $V_{ba} = -V_{ab}$, अर्थात a से b तक जाने में विभव कम हो जाता है। चित्र 4.1(b) विभव अंतर के प्रतिनिधित्व का वैकल्पिक तरीका दिखाता है।

चित्र 4.1(a) विभव अंतर का प्रतिनिधित्व **(b)** विभव अंतर का वैकल्पिक प्रतिनिधित्व

शक्ति और ऊर्जा

शक्ति को प्रति इकाई समय में किए गए कार्य के रूप में परिभाषित किया गया है। निष्क्रिय तत्व द्वारा उत्पन्न या विलुप्त होने वाली शक्ति को निम्नलिखित समीकरण द्वारा दर्शाया जा सकता है

$$\text{शक्ति} = \frac{\text{कार्य}}{\text{समय}} = \frac{\text{कार्य}}{\text{आवेश}} \times \frac{\text{आवेश}}{\text{समय}} = \text{विभव} \times \text{धारा} \qquad P = VI.$$

शक्ति की इकाई जूल प्रति सेकंड या वाट है। यदि विभव और धारा दोनों समय t के साथ स्थिर रहते हैं, तो स्थानांतरित ऊर्जा $E = V \times I \times t$ जूल होती है। शक्ति भी विभव और धारा की तरह ही एक मात्रा होती है। यदि किसी तत्व के समानांतर V के धनात्मक टर्मिनल में धारा I प्रवाहित होती है, जैसा कि चित्र 4.2(a) में दिखाया गया है, तो शक्ति लगाई जाती है। निष्क्रिय चिह्न परिपाटी (कन्वेंशन) के अनुसार विलुप्त होने वाली शक्ति धनात्मक होती है या दूसरे शब्दों में तत्व शक्ति को अवशोषित करता है। चित्र 4.2(b) में यदि किसी तत्व के धनात्मक टर्मिनल V से धारा

प्रवाहित होती है, तो शक्ति को बाहर कर दिया जाता है, तो परिपाटी (कन्वेंशन) के अनुसार विलुप्त होने वाली शक्ति ऋणात्मक होती है अर्थात तत्व शक्ति प्रदान करता है।

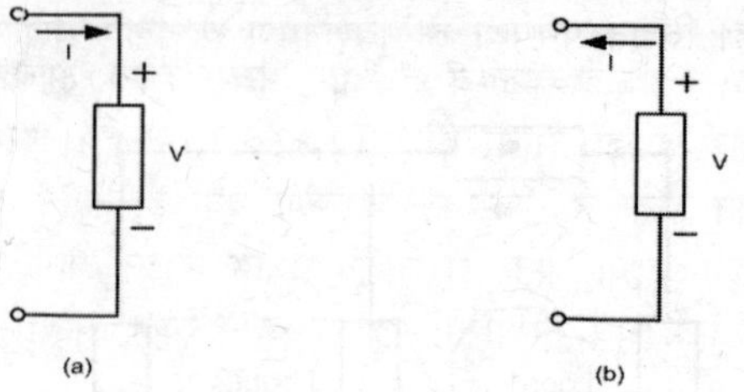

चित्र 4.2: (a) निष्क्रिय चिह्न कन्वेंशन के अनुसार शक्ति को अवशोषित करना
(b) निष्क्रिय चिह्न कन्वेंशन के अनुसार शक्ति को प्रदान करना

4.1.3 विद्युत परिपथ शब्दावली

परिपथ तत्वों के परस्पर संबंध को परिपथ के रूप में जाना जाता है। निम्नलिखित परिभाषा एक विद्युत परिपथ के कुछ महत्वपूर्ण मापदंडों का परिचय देती है।

शाखा

एक शाखा (ब्रांच) परिपथ का कोई भी भाग है जिसमें दो टर्मिनल जुड़े होते हैं। एक शाखा में एक से अधिक परिपथ तत्व हो सकते हैं।

नोड

एक नोड दो या दो से अधिक शाखाओं का एक मिलन बिन्दु है। व्यवहार में दो या दो से अधिक शाखा टर्मिनलों का कोई भी संयोजन मिलकर एक नोड बनाता है। परिपथ विश्लेषण के लिए नोड्स बहुत महत्वपूर्ण मापदंड हैं। चित्र 4.3 एक नोड बनाने के लिए एक शाखा और शाखा टर्मिनलों के आपसी संयोजन को दर्शाता है।

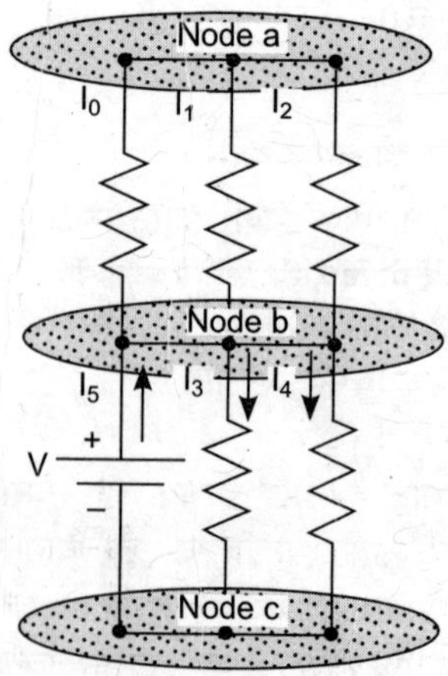

चित्र 4.3: नोड

लूप और मेश

एक लूप, शाखाओं का एक बंद संयोजन है। एक मेश, एक लूप होता है, उसके अंदर कोई भी अन्य लूप शामिल नहीं होता है, चित्र 4.4 में दिखाया गया है। विद्युत परिपथों के विश्लेषण के लिए मेश सहायक होता है।

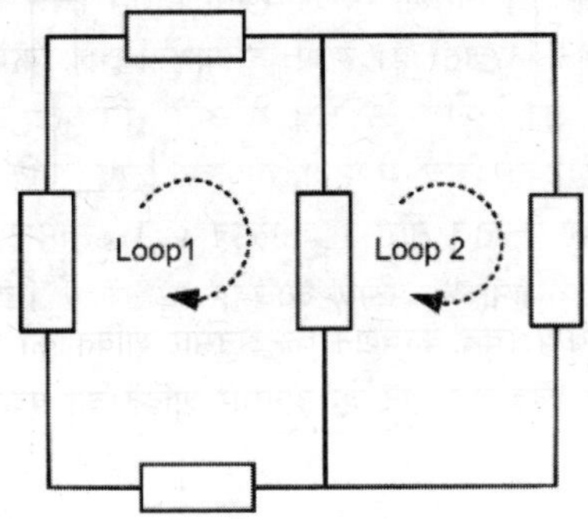

चित्र 4.4: मेश

4.1.4 परिपथ विश्लेषण

एक विद्युत परिपथ के विश्लेषण में अज्ञात शाखा धाराओं और नोड विभव का निर्धारण होता है। इसके लिए चरों के एक समुच्चय की पहचान करनी होती है और उसके बाद इन चरों का प्रयोग करके समीकरणों का एक समुच्चय बनाना होता है। परिपथ विश्लेषण के दो महत्वपूर्ण मौलिक नियम अर्थात् किरचॉफ के धारा का नियम और किरचॉफ के विभव का नियम का उपयोग करके समीकरणों के सेट का निर्माण किया जाता है।

किरचॉफ का धारा का नियम

किरचॉफ के धारा का नियम (KCL) में कहा गया है कि चूंकि आवेश नहीं बनाया जा सकता है, लेकिन इसे संरक्षित किया जा सकता है, एक नोड पर धाराओं का योग शून्य होना चाहिए।

$$\sum_{k=1}^{k=N} i_k = 0 \qquad \ldots(4.1)$$

जहां, i_k शाखाओं के माध्यम से बहने वाली व्यक्तिगत धारा है। धारा दिशाओं के साथ चित्र 4.5 में दिखाए गए नोड पर विचार करें। एक नोड में प्रवेश करने वाली धारा को धनात्मक माना जाता है और एक नोड से बाहर निकलने वाली धारा को ऋणात्मक माना जाता है। KCL नियम को लागू करते हुए, नोड A पर परिणामी समीकरण इस प्रकार दिया गया है।

$$i_1 + i_2 + (-i_3) + (-i_4) = 0 \qquad \ldots(4.2)$$

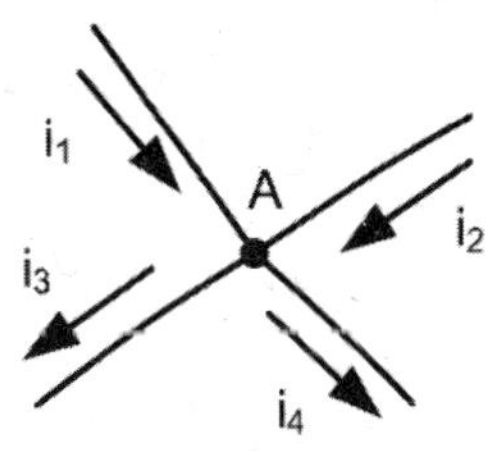

चित्र 4.5: KCL का प्रदर्शन

किरचॉफ का विभव का नियम

किरचॉफ का विभव नियम (KVL) कहता है कि विद्युत परिपथ में कोई ऊर्जा नष्ट या निर्मित नहीं होती है। या दूसरे शब्दों में, एक बंद परिपथ में स्रोतों से जुड़े सभी विभव का योग, लोड विभव के योग के बराबर होना चाहिए, ताकि परिपथ नेट विभव (या बीजगणितीय योग) का मान शून्य हो।

$$\sum_{k=1}^{N} v_k = 0 \qquad ...(4.3)$$

परिचय: KVL, KCL और शक्ति संतुलन

जहां, v_k बंद लूप परिपथ के निष्क्रिय और सक्रिय तत्वों में अलग-अलग विभव हैं। KVL नियम को और समझने के लिए, संदर्भ विभव की अवधारणा को समझना होगा। चित्र 4.6 में 1 और 2 के रूप में चिह्नित नोड्स के साथ एक परिपथ दिखाता है। संबंधित नोड विभव क्रमशः v_1 और v_2 हैं। किसी एक नोड या तो नोड 1 या 2 को संदर्भ नोड के रूप में और संबंधित नोड विभव को संदर्भ विभव के रूप में चुना जा सकता है। संदर्भित चित्र में उदाहरण के लिए, यदि नोड 2 संदर्भ नोड, विभव स्रोत के ऋणात्मक टर्मिनल से जुड़ा है, तब नोड 1 वोल्टेज v_1,Vs वोल्ट होता है, संदर्भ नोड वोल्टेज v_2 से ऊपर होता है। गणना में आसानी के लिए व्यवहार में संदर्भ विभव को शून्य वोल्ट दिया जाता है।

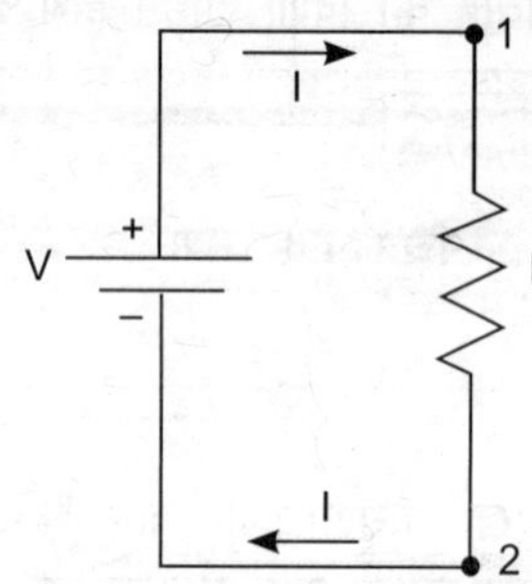

चित्र 4.6: संदर्भ नोड का प्रदर्शन

गतिविधि

विभव स्रोत के रूप में कार्य करने वाले दिए गए सेल में समानांतर में दो बल्बों को जोड़ कर एक परिपथ तैयार करें। विभव स्रोत से ड्रा की गई धारा i है दो लैंप से प्रवाहित धारा i_1 और i_2 को मापें। KCL सत्यापित करें।

हल किये गए प्रश्न

उदाहरण 4.1.1: दिखाए गए परिपथ के लिए प्रतिरोध R द्वारा अवशोषित शक्ति और धारा स्रोत द्वारा दी गई शक्ति का निर्धारण करें।

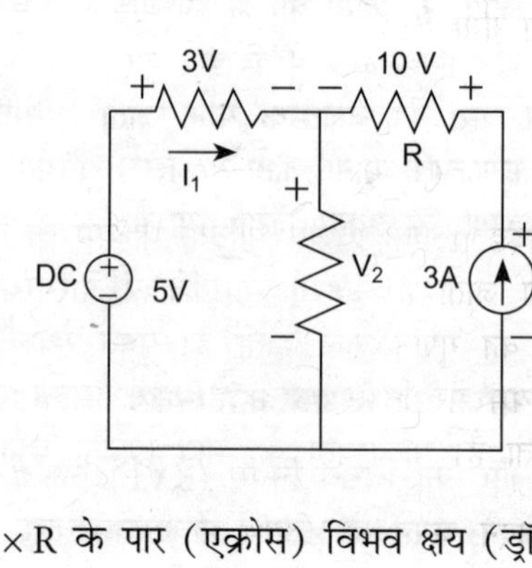

KVL को मेश-1 में लागू करने पर, KVL समीकरण है $5 - 3 - V_2 = 0$, हल करने पर $V_2 = 2V$,

अब KVL को मेश-2 में लागू करने पर, KVL समीकरण है, $V_2 + 10 - V_1 = 0$,

V_2 के मान को समीकरण में रखने पर, विभव V_1, 3A धारा स्रोत के पार विभव का मान = 12 V

निष्क्रिय शक्ति संकेत के अनुसार, धारा स्रोत द्वारा दी गई शक्ति = $12 \times 3 = 36$ watt

R द्वारा अवशोषित की गई शक्ति = R के माध्यम से बहने वाली धारा × R के पार (एक्रोस) विभव क्षय (ड्रॉप) = $10 \times 3 = 30$ watt

4.2 चुंबकीय परिपथ के मापदंड

4.2.1 विद्युत धारा का चुंबकीय प्रभाव

धारा प्रवाहित होने वाले चालक द्वारा बनाए गए चुंबकीय क्षेत्र को समझने के लिए, धारा प्रवाहित होने वाले एक लंबे सीधे चालक पर विचार करें जैसा कि चित्र 4.7 में दिखाया गया है। बड़ा बिंदु (बोल्ड डॉट) दिखाता है कि कागज के सतह से धारा बाहर की तरफ बह रही है। धारा के कारण चालक के आसपास के स्थान में एक चुंबकीय क्षेत्र स्थापित हो जाता है। चुंबकीय क्षेत्र के किसी भी बिंदु पर चुंबकीय क्षेत्र बल को उत्तरी ध्रुव पर महसूस किया जा सकता है। चालक के चारों ओर गोलाकार बंद पथ को प्रवाह की रेखा के रूप में जाना जाता है और चुंबकीय बल रेखा के चारों ओर के सभी बिंदुओं के लिए स्पर्श रेखा है। प्रवाह की दिशा दाहिने हाथ के नियम द्वारा दी गई है जिसमें कहा गया है कि यदि चालक को दाहिने हाथ से अंगूठे के बिंदु से धारा की दिशा में पकड़ लिया जाता है, तो फ्लक्स की दिशा उस दिशा में होती है जिससे अन्य चार उंगलियां उसे घेर लेती हैं। फ्लक्स रेखाएं चालक के पास घनी होती हैं और जैसे-जैसे हम इससे दूर जाते हैं, यह कम घनी होती जाती है।

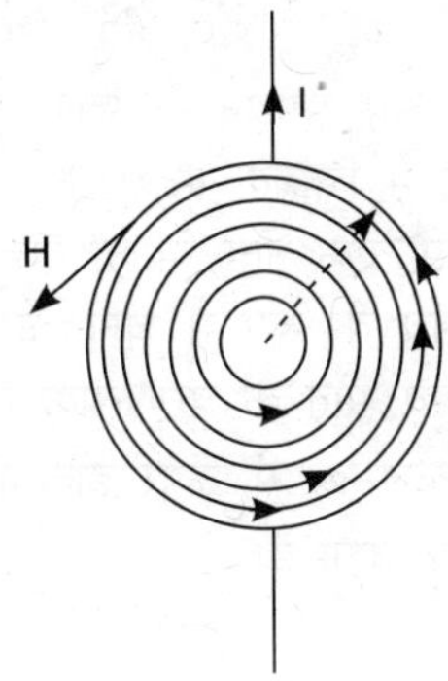

चित्र 4.7: एकल चालक द्वारा निर्मित फ्लक्स रेखाएँ

चुंबकीय बल

चुंबकीय बल या चुंबकीय क्षेत्र की तीव्रता H को चालक को घेरने वाली फ्लक्स रेखा की प्रति यूनिट लंबाई में एक चालक के माध्यम से बहने वाली धारा के रूप में परिभाषित किया गया है। त्रिज्या r वाली एक वृत्ताकार फ्लक्स रेखा के लिए चुंबकीय क्षेत्र की तीव्रता।

$$H = \frac{I}{2\pi r} \frac{A}{m} \quad \ldots(4.4)$$

समीकरण से यह देखा गया है कि चुंबकीय क्षेत्र की तीव्रता चालक के आसपास की सामग्री से अप्रभावित है या दूसरे शब्दों में यह चुंबकीय परिपथ के निर्माण में प्रयुक्त पदार्थ के गुणों से स्वतंत्र है ।

फ्लक्स का घनत्व

फ्लक्स घनत्व भौतिक गुणों पर निर्भर करता है। चुंबकीय क्षेत्र की तीव्रता और फ्लक्स घनत्व के बीच संबंध इसप्रकार दिया गया है:

$$B = \mu_0 \mu_r H \qquad \frac{Wb}{m^2} \text{ या टेस्ला} \quad \ldots(4.5)$$

मापदंड μ एक विशेष भौतिक माध्यम के लिए एक अदिश स्थिरांक है और इसे माध्यम की पारगम्यता कहा जाता है। किसी सामग्री की पारगम्यता, मुक्त स्थान की पारगम्यता μ_0 और सापेक्ष पारगम्यता μ_r का गुणन फल होती है। मुक्त स्थान की पारगम्यता = $4\pi \times 10^{-7}$ होती है। सापेक्ष पारगम्यता माध्यम पर निर्भर करती है और इसका परिमाण पदार्थ के चुंबकीय गुणों के माप का प्रतिनिधित्व करता है। पारगम्यता का मान जितना बड़ा होगा, विद्युत चुम्बकीय संरचना में बड़े प्रवाह घनत्व का उत्पादन करने के लिए आवश्यक धारा उतनी ही कम होगी। पारगम्यता की इकाई $\frac{Wb}{A-m}$ है।

चुंबकीय परिपथ

चित्र 4.8 विभिन्न प्रकार के चुंबकीय पदार्थों की पारगम्यता को दर्शाता है। इससे पता चलता है कि पदार्थ फेरोचुंबकीय, पैराचुंबकीय, फ्रीस्पेस या डायचुंबकीय है या नहीं।

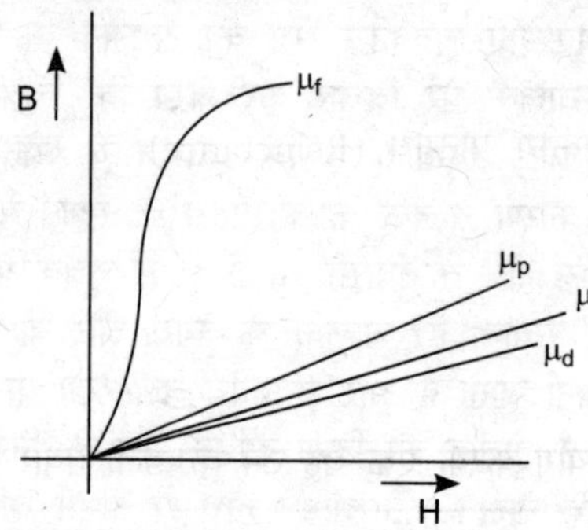

चित्र 4.8: विभिन्न प्रकार के चुंबकीय पदार्थों का B–H वक्र

चुंबकत्व बल

एकल चालक तार द्वारा उत्पन्न चुंबकीय क्षेत्र बहुत मजबूत नहीं होता है। एक चालक को N टर्न वाले कुंडलित कुण्डली के रूप में आकार दे कर क्षेत्र की तीव्रता को बढ़ाया जा सकता है। व्यवस्था प्रभावी रूप से फ्लक्स रेखाएँ को N गुना से बढ़ाती है। उत्पाद NI को चुंबकत्व बल F कहा जाता है और इसकी इकाई एम्पीयर-टर्न (AT) है। चित्र 4.9 दिखाता है कि एक फेरोचुंबकीय वलय (रिंग) के आकार का पदार्थ जिसमें गोलाकार अनुप्रस्थ काट (क्रॉस सेक्शन) होता है, एक कुण्डली से उत्तेजित होता है जिसमें N टर्न होते हैं और धारा I होता है। चुंबकीय कोर में स्थापित फ्लक्स आकार में गोलाकार होता है, जिसमें फ्लक्स रेखाएँ का बड़ा हिस्सा कोर से होकर, इसकी उच्च पारगम्यता के कारण गुजरता है। फ्लक्स रेखा का वह छोटा हिस्सा जो हवा से होकर गुजरता है, लीकेज फ्लक्स के रूप में जाना जाता है।

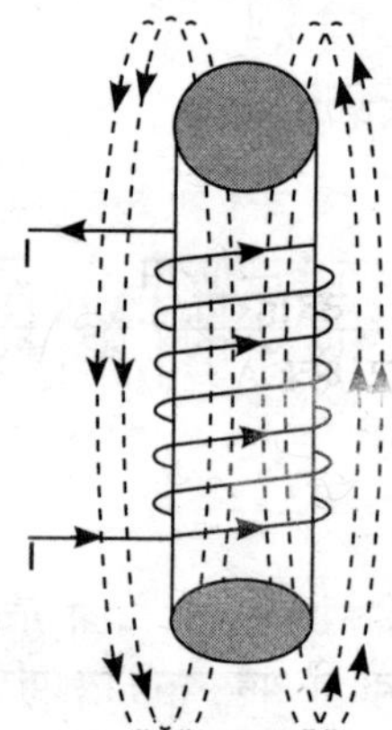

चित्र 4.9: फ्लक्स

4.2.2 चुंबकीय परिपथ

चित्र 4.10 में दिखाए गए आयताकार अनुप्रस्थ काट क्षेत्र के साथ एक विद्युत चुम्बकीय कोर संरचना का विश्लेषण समकक्ष चुंबकीय परिपथ के माध्यम से किया जा सकता है। इस परिपथ के लिए फ्लक्स घनत्व समीकरण द्वारा दिया गया है

$$B = \frac{\mu NI}{l} \qquad \ldots(4.6)$$

जहाँ l फ्लक्स औसत पथ की लंबाई है। इसी तरह, फ्लक्स घनत्व को भी इस प्रकार दर्शाया जा सकता है

$$B = \frac{\varphi}{A} \qquad \ldots(4.7)$$

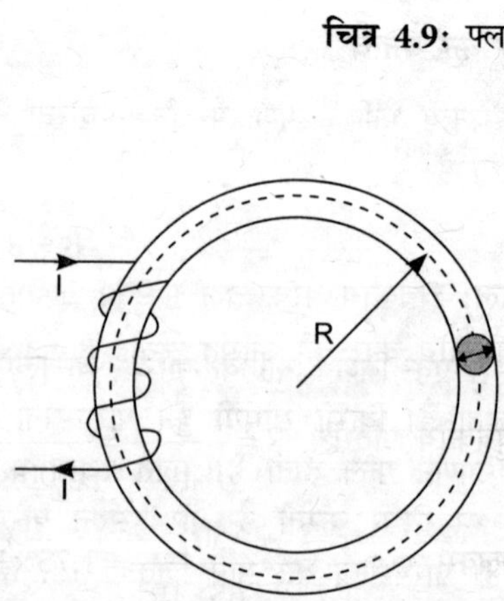

चित्र 4.10: उत्तेजित (excited) कुंडली के साथ फेरोमैग्नेटिक पदार्थ की रिंग

जहां A विद्युत चुम्बकीय संरचना का अनुप्रस्थ काट क्षेत्र है और फ्लक्स रेखाएँ की दिशा के लंबवत है, फ्लक्स घनत्व समीकरण, (4.6) और (4.7) को बराबर करने पर,

$$NI = \varphi \frac{l}{\mu A} \qquad \ldots(4.8)$$

$\frac{l}{\mu A}$ को चुंबकीय परिपथ की चुंबकीय प्रतिरोध (Reluctance) के रूप में जाना जाता है और इसे प्रतीक R द्वारा नामित किया जाता है।

गतिविधि

एकल स्ट्रैंड अनावृत तांबा चालक का उपयोग करके एक बहु टर्न कुण्डली तैयार करें। कुण्डली के दो सिरों को टर्मिनल 1 और 2 के रूप में चिह्नित करें। एक 9 V सेल को टर्मिनल 1 से जुड़े धनात्मक ध्रुवीयता के साथ श्रृंखला में स्लाइडर बटन के माध्यम से और टर्मिनल 2 को सेल की ऋणात्मक ध्रुवीयता से कनेक्ट करें। कुण्डली के पास एक चुंबकीय कंपास लाओ और स्लाइडर बटन को दबाएँ, कंपास की N S ध्रुव सुई की स्थिति का निरीक्षण करें। अब टर्मिनलों की ध्रुवता को उलट दें और N S ध्रुव कंपास सुई की स्थिति का निरीक्षण करें। की गई निरीक्षण पर टिप्पणी कीजिए।

हल किये गए प्रश्न

उदाहरण 4.2.1: दिखाए गए चुंबकीय संरचना के लिए फ्लक्स, फ्लक्स घनत्व की गणना करें, दिए गए अनुप्रस्थ काट क्षेत्र $A = 0.0001 m^2$, $N = 500$ टर्न, $\mu_r = 1000$.

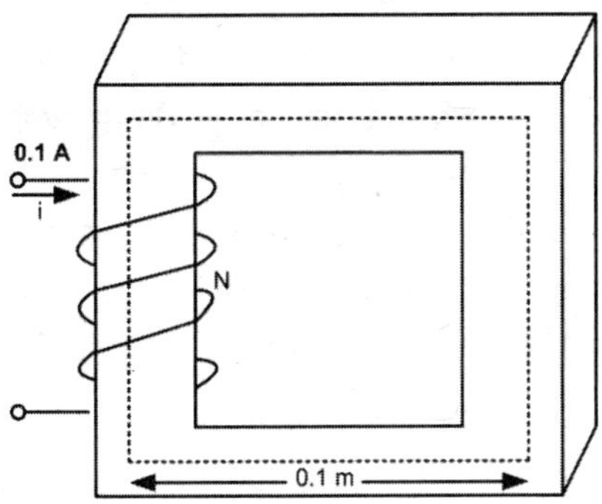

हल: चुंबकीय प्रेरक बल $F = N_i = 500 \times 0.1 = 50$ AT

चुंबकीय कोर की औसत लंबाई $l_c = 4 \times 0.1 = 0.4$ m

चुंबकीय प्रतिरोध $$R = \frac{l_c}{\mu_o \mu_r A} = \frac{0.4}{1000 \times 0.0001 \times 4\pi \times 10^{-7}} = 2.865 \times 10^6 \text{ AT/Wb}$$

फ्लक्स $$\varphi = \frac{F}{R} = \frac{50}{2.865 \times 10^6} = 1.75 \times 10^{-5} \text{ Wb}$$

फ्लक्स घनत्व $$B = \frac{\varphi}{A} = 0.175 \text{ Wb/m}^2$$

4.3 विद्युत चुंबकीय प्रेरण

4.3.1 फैराडे का नियम

जब सतह से गुजरने वाले चुंबकीय बल रेखाओं के, परिमाण में परिवर्तन करते हैं तो सतह पर एक विद्युत क्षेत्र प्रेरित होता है। फैराडे के नियम में कहा गया है कि एक समय में परिवर्तनशील फ्लक्स एक प्रेरित विद्युत वाहक बल (इलेक्ट्रोमोटिव बल या E.M.F.) का कारण बनता है, और इस समीकरण के द्वारा प्रस्तुत किया जाता है,

$$e = -\frac{d\varphi}{dt} \qquad \ldots(4.9)$$

या दूसरे शब्दों में यदि एक पतली N टर्न वाली कुण्डली को सतह के परिरेखा (contour) के साथ रखा जाता है तो उसमें एक विद्युत वाहक बल प्रेरित होता है, जो इस समीकरण के द्वारा प्रस्तुत किया जाता है,

$$= -\text{N}\frac{d\varphi}{dt} = -\frac{d\lambda}{dt} \qquad \ldots(4.10)$$

जहां $\lambda = \text{N}\varphi$ = कुंडल का फ्लक्स लिंकेज।

ऋणात्मक चिन्ह का अर्थ है कि प्रेरित विद्युत वाहक बल के कारण से कुण्डली में धारा प्रवाहित होगी जो फ्लक्स में होने वाले परिवर्तन का विरोध करेगी। इस नियम को लेन्ज का नियम कहते हैं। प्रेरित विद्युत वाहक बल की ध्रूवता भौतिक विचार से निर्धारित की जा सकती है और इसलिए ऋणात्मक चिन्ह को प्रेरित विद्युत वाहक बल समीकरण से हटा दिया जाता है।

एक कुण्डली के फ्लक्स लिंकेज में बदलाव कई तरह से हो सकता है

केस-I: फ्लक्स का मान स्थिर है और कुण्डली इसके सापेक्ष चलती है।

केस-II: कुण्डली स्थिर रहता है और इसके माध्यम से फ्लक्स परिमाण में परिवर्तनीय होता है (फ्लक्स पल्सेटिंग)।

केस-III: फ्लक्स और कुण्डली में परिवर्तन एक साथ होते हैं यानी कुण्डली और फ्लक्स, दोनों एक साथ परिवर्तनीय होते है।

केस-I में, फ्लक्स कटिंग नियम लागू किया जा सकता है, जहां लंबाई (l) के एकल चालक जो कि वेग (v) के साथ घूम रहा है, और जो फ्लक्स घनत्व (B) के एक स्थिर चुंबकीय क्षेत्र को काट रहा है, में विद्युत वाहक बल प्रेरित होगा।

$$e = \text{B}lv \text{ volts} \qquad \ldots(4.11)$$

जहाँ l मीटर में है, V मीटर प्रति सेकंड में और B वेबर प्रति वर्ग मीटर के बराबर है। प्रेरित विद्युत वाहक बल, प्रेरित गतिशील विद्युत वाहक बल के रूप में जाना जाता है। प्रेरक विद्युत वाहक बल हमेशा विद्युत ऊर्जा रूपांतरण से जुड़ा होता है। विद्युत वाहक बल की दिशा फ्लेमिंग के दाहिने हाथ के नियम द्वारा निकाली जाती है।

केस-II में, एक स्थिर कुण्डली में प्रेरित विद्युत वाहक बल समय के बदलते चुंबकीय क्षेत्र के कारण होता है। कोई गति शामिल नहीं है और कोई ऊर्जा रूपांतरण नहीं है। प्रेरक विद्युत वाहक बल, स्थिर प्रेरित विद्युत वाहक बल के रूप में जाना जाता है या परिणामित्र विद्युत वाहक बल के समीकरण 4.9 द्वारा प्रस्तुत किया जाता है।

पारस्परिक प्रेरण तथा प्रेरण

केस-III में, दोनों विद्युत वाहक बल, यानी गतिशील विद्युत वाहक बल, और परिणामित्र विद्युत वाहक बल, कुण्डली में प्रेरित होते हैं।

4.3.2 स्वप्रेरण और पारस्परिक प्रेरण

स्वप्रेरण

स्व-प्रेरकत्व एक ही कुंडली में प्रवाहित विद्युत धारा द्वारा निर्मित चुंबकीय क्षेत्र द्वारा कुंडली में प्रेरित विभव को मापता है। चित्र 4.11 में दर्शाए अनुसार एक कुंडली पर विचार करें जिसमें N टर्न है और धारा i प्रवाहित है।

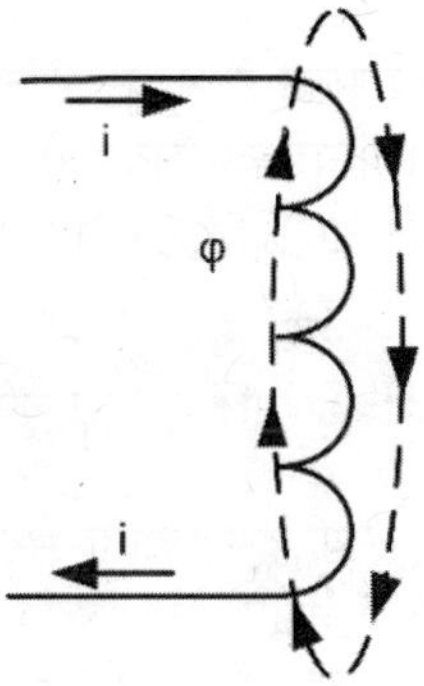

चित्र 4.11: स्व-प्रेरकत्व

कुंडली एक फ्लक्स बनाता है जो कुंडली के टर्न से लिंक होता है। फिर फैराडे अनुसार कुंडली में विद्युत वाहक बल प्रेरित होता है

$$e = N\frac{d\varphi}{dt} \text{ volts} = \text{N}\frac{d\varphi}{di} \times \frac{di}{dt} = \text{L}\frac{di}{dt} \qquad \ldots(4.12)$$

यहां $\text{L} = \text{N}\frac{d\varphi}{i}$ को कुंडली का स्वप्रेरण कहा गया है और इसकी इकाई H (हेनरी) है। BH वक्र के साथ एक लौह चुंबकीय पदार्थ के लिए जैसा कि चित्र 4.8 में दिखाया गया है, वक्र अरेखीय है, स्व-प्रेरण का मान, वक्र पर एक परिचालन बिंदु के आसपास वृद्धिशील परिवर्तन के अनुरूप, बदलता है।

रैखिक BH वक्र वाले चुंबकीय पदार्थ, स्व-प्रेरकत्व को इस प्रकार व्यक्त किया जा सकता है

$$\text{L} = \frac{d\varphi}{i} = \frac{\lambda}{i}\text{H}$$

फ्लक्स रिसाव को नगण्य मानते हुए, उपरोक्त समीकरण को N द्वारा अंश (numerator) और हर (denominator) को, गुणा कर के फिर से लिखा जा सकता है, जैसा कि

$$\text{L} = \frac{\text{N}^2\varphi}{\text{N}i}$$

समीकरण से फ्लक्स के मान को प्रतिस्थापित करने पर, उपरोक्त समीकरण को इस प्रकार लिखा जा सकता है:

$$\text{L} = \text{N}^2\mu\frac{\text{A}}{l} = \frac{\text{N}^2}{\text{R}} \qquad \ldots(4.13)$$

स्व-प्रेरकत्व की इकाई हेनरी है और कुंडली का स्व-प्रेरण केवल ज्यामिति, चुंबकीय पदार्थ की पारगम्यता और कुंडल के टर्न की संख्या पर निर्भर करता है।

पारस्परिक प्रेरण

जब दो कुण्डलियाँ एक उभयनिष्ठ कोर पर कुंडलित कर दी जाती हैं या एक-दूसरे के पास रख दी जाती हैं, तो एक कुण्डली द्वारा उत्पन्न फ्लक्स का एक भाग दूसरी कुण्डली को भी जोड़ता है जैसा कि चित्र 4.12 में दिखाया गया है। दो निकट कुंडलियों के बीच एक चुंबकीय युग्मन होता है और यह पारस्परिक (mutual) प्रेरकत्व की अवधारणा की ओर ले जाता है।

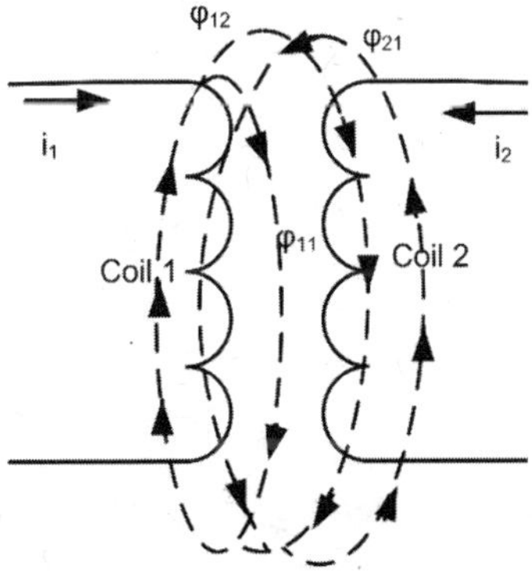

चित्र 4.12: पारस्परिक प्रेरण

कुण्डली 1 और 2 के माध्यम से बहने वाली धारा पर विचार करें, (जिसमें समान संख्या में घुमाव N) क्रमशः i_1 और i_2 हैं। कुल उत्पन्न फ्लक्स धारा i_1 द्वारा तार 1 में φ_1 है। फ्लक्स φ_1 का संपर्कित कुण्डली 2 में एक हिस्सा φ_{12} है, कुल उत्पन्न फ्लक्स धारा i_2 द्वारा तार 2 में φ_2 है।

फ्लक्स φ_2 का संपर्कित कुण्डली 1 का एक हिस्सा φ_{21} है तब कुण्डलियों के पारस्परिक प्रेरण को इस प्रकार प्रस्तुत किया जाता है,

$$M_{12} = N\frac{d\varphi_{12}}{dt} = \frac{\lambda_{12}}{i_1}H \qquad \ldots(4.14)$$

$$M_{21} = N\frac{d\varphi_{21}}{dt} = \frac{\lambda_{21}}{i_2}H \qquad \ldots(4.15)$$

प्रेरण स्व तथा पारस्परिक

कस कर युग्मित कुंडल के लिए कोई फ्लक्स रिसाव नहीं होता है और इसलिए $M_{12} = M_{21} = M$। पारस्परिक प्रेरण की इकाई भी हेनरी है।

गतिविधि

दिए गए लंबाई और व्यास के एक अनावृत (बेयर) ठोस चालक से N टर्न संख्या वाले एक कुंडलित कुण्डली बनाया जाता है। LCR मीटर का उपयोग कर के स्व-प्रेरण को मापें। टर्न की संख्या को 2N तक बढ़ाएं, फिर से स्व-प्रेरण को मापें। मापित प्रेरण मान की तुलना करें और निष्कर्ष निकालें।

हल किये गए प्रश्न

उदाहरण 4.3.1: एक लंबे छड़ चुंबक के सिरे पर कुल फ्लक्स 500×10^{-6} Wb है। छड़ चुंबक के सिरे को एक 1000 टर्न कुण्डली द्वारा 1/10 सेकण्ड में खींच लिया जाता है। कुण्डली के टर्मिनलों के पार (समानान्तर) उत्पन्न विद्युत वाहक बल ज्ञात कीजिए।

हलः फैराडे के नियम से E.M.F. समीकरण $e = \frac{Nd\varphi}{dt}$,

दिया गया है $N = 1000$ और $\frac{d\varphi}{dt} = \frac{500\times10^{-6}}{1/10} = 5000 \times 10^{-6}$

$$e = 1000 \times 5000 \times 10^{-6} = 5V$$

उदाहरण 4.3.2: 60 mm व्यास की एक बेलना कार लोहे की नली (ट्यूब) पर 3000 टर्न के साथ 1000 mm लंबे कुंडलित के एक लंबे परिनालिका (सोलनॉइड) का प्रेरण ज्ञात कीजिए।

हलः दिया गया है $N = 3000$, $l = 1000 = 1$ m,

क्रॉस सेक्शनल एरिया $= \pi\frac{0.060^2}{4} = 2.83 \times 10^{-3}$ m²

स्व-प्रेरण $L = N^2\mu\frac{A}{l}$ लोहे की सापेक्ष पारगम्यता 5000 है। स्व-प्रेरण के मान को प्रतिस्थापित करने पर

$$L = 3000 \times 3000 \times 4\pi \times 10^{-7} \times 5000 \times \frac{2.83\times10^{-3}}{1} = 160 \text{ H}$$

4.4 विद्युत और चुंबकीय परिपथों के बीच समानता

चुंबकीय परिपथ का विश्लेषण प्रतिरोधक विद्युत परिपथ के समान होता है। समान मात्राएँ तालिका में सूची बद्ध हैं

तालिका 4.1: विद्युत और चुंबकीय परिपथों के बीच समानता

विद्युत मात्रा	चुंबकीय मात्रा
विद्युत क्षेत्र की तीव्रता E, V/m	चुंबकीय क्षेत्र की तीव्रता H, A-turns/m
विभव V, volt	चुंबकत्व वाहक बल (mmf), A-turn
विद्युत प्रवाह A, Amp	चुंबकीय बल रेखाएं (फ्लक्स) ϕ, Wb
विद्युत प्रवाह घनत्व J, A/m^2	चुंबकीय बल रेखाएं घनत्व B, Wb/m^2
प्रतिरोध R, Ω	चुंबकीय प्रतिरोध R, A-turns/Wb

चुंबकीय और विद्युत परिपथ

किरचॉफ के बिजली के परिपथ के लिए नियम चुंबकीय परिपथ के लिए समान रूप से लागू होता है। KVL की व्याख्या एक मेश के चुंबकत्व वाहक बल (mmf) के रूप में की जाती है, जो मेश के विभिन्न हिस्सों में mmf के खर्च के बराबर होती है। इसी तरह, KCL नियम की व्याख्या की जाती है क्योंकि आने वाले और बाहर जाने वाले फ्लक्स, चुंबकीय तत्वों के जंक्शन पर बराबर होते हैं। जैसा कि चित्र में दिखाया गया है, एक चुंबकीय परिपथ जैसा कि चित्र 4.13(a) में दिखाया गया है, का विश्लेषण एक श्रृंखला चुंबकीय परिपथ के रूप में किया जा सकता है, जिसमें अनुमान लगाया जा सकता है कि चुंबकीय कोर और वायु अंतराल में फ्लक्स घनत्व समान है। चुंबकीय परिपथ का विद्युत समानता चित्र 4.13(b) में दिखाया गया है जिसमें दो चुंबकीय तत्व श्रृंखला में जुड़े हुए हैं जिनमें चुंबकीय प्रतिरोध R_c और R_{ag} है। प्रत्येक तत्व की लंबाई उसकी औसत लंबाई से मेल खाती है।

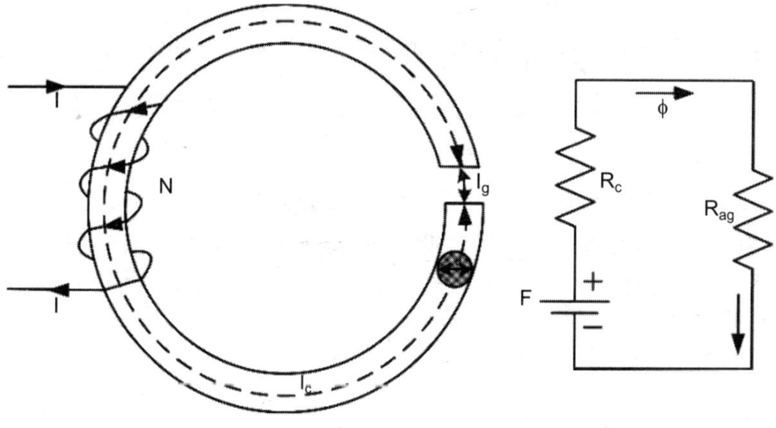

चित्र 4.13: (a) हवा के अंतराल के साथ चुंबकीय कोर (b) चुंबकीय परिपथ का विद्युत परिपथ से समानता

चुंबकीय परिपथ का विद्युत समानता चित्र 4.13 (b) में दिखाया गया है। औसत लंबाई के साथ चुंबकीय कोर की चुंबकीय प्रतिरोध R_c जहां $R_c = \frac{l_c}{\mu_o \mu_r A}$

और वायु अंतराल (एयर गैप) की चुंबकीय प्रतिष्ठांभ (Reluctance) है $R_{ag} = \frac{l_{ag}}{\mu_o \mu_r A}$

वायु अंतराल (एयर गैप) में क्षय (फ्रिंजिंग) की उपेक्षा कर कुल चुंबकीय प्रतिष्ठांभ $R = R_C + R_{ag}$

परिपथ में फ्लक्स है $\varphi = \dfrac{F}{E}$,

जहां $F = N_i$

एक समानांतर चुंबकीय परिपथ और उसके विद्युत परिपथ के समानता है क्रमशः चित्र 4.14(a) और (b) में दी गई है।

चुंबकीय परिपथ

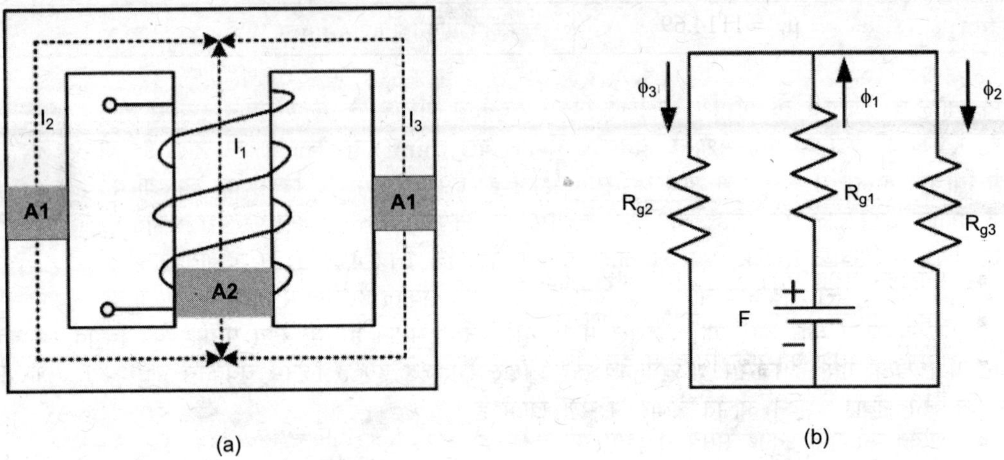

चित्र 4.14: (a) तीन अंगों के साथ चुंबकीय संरचना (b) चुंबकीय परिपथ का विद्युत समानता

गतिविधियां

दिए गए लोहे की कील पर निश्चित संख्या में फेरों वाली एक कुण्डली लपेटकर एक विद्युत चुम्बक बनाइए। **केस-I** – दो 1.5 वोल्ट सेल को श्रृंखला में कनेक्ट करें और इसे एक स्लाइडर स्विच के माध्यम से कुण्डली के टर्मिनलों से कनेक्ट करें। कुछ पिन कुण्डली के पास रख दें। स्लाइडर स्विच चालू करें। **केस-II** 3 V सेल को 9 V बैटरी से बदलकर समान कार्यविधियाँ दोहराएँ। केस-I और II के लिए सभी पिनों पर विद्युत चुम्बकीय बल के प्रभाव का निरीक्षण करें और आवश्यक निष्कर्ष निकालें।

हल किये गए प्रश्न

उदाहरण 4.4.1: एक लोहे की रिंग जिसकी औसत परिधि 140 cm है और क्रॉस सेक्शनल क्षेत्र 12 cm^2 तार के 500 टर्न के साथ कुंडलित है। जब उत्तेजक धारा 2A होती है, तो फ्लक्स 1.2 mWb पाया जाता है। लोहे की सापेक्ष पारगम्यता निर्धारित करें।

हल: दिया गया $\phi = \dfrac{F}{R}$, $F = NI = 500 \times 2 = 1000$ फ्लक्स $\varphi = 1.2 \times 10^{-3}$ Wb.

चुंबकीय प्रतिरोध $R = \frac{1000}{1.2 \times 10^{-3}} = 833.33 \times 10^3$, $R = \frac{l}{\mu_o \mu_r A}$,

औसत लंबाई $l = 1.4$ m और $A = 12 \times 10^{-4}$ m^2.

उपरोक्त मान को प्रतिस्थापित करने पर,

$$833.33 \times 10^3 = \frac{1.4}{12 \times 10^{-4} \times \mu_r \times 4\pi \times 10^{-7}}$$

$$\mu_r = 1114.69$$

यूनिट सारांश

- मौलिक विद्युत मात्रा को आवेश कहा जाता है।
- बहुत अधिक संख्या में आवेशित कणों के प्रवाह से विद्युत धारा उत्पन्न होती है।
- एकांक आवेश को एक बिन्दु से दूसरे बिन्दु तक ले जाने में किया गया कार्य वोल्टता या विभवान्तर कहलाता है।
- शक्ति को प्रति इकाई समय में किए गए कार्य के रूप में परिभाषित किया गया है।
- निष्क्रिय और सक्रिय सर्किट तत्वों के अंतर्संबंध को विद्युत परिपथ के रूप में जाना जाता है।
- विद्युत परिपथ के विश्लेषण के लिए सबसे सामान्य परिपथ शब्दावली शाखा, नोड, मेश और लूप हैं।
- सर्किट विश्लेषण के दो मूलभूत नियम हैं किरचॉफ का करंट और वोल्टेज का नियम।
- चालक से धारा प्रवाहित होने पर, चालक के चारों ओर एक चुंबकीय क्षेत्र बनता है।
- फ्लक्स घनत्व पदार्थ की सापेक्ष पारगम्यता और चुंबकीय क्षेत्र की तीव्रता पर निर्भर करता है।
- सापेक्ष पारगम्यता किसी पदार्थ के चुंबकीय गुणों के माप का प्रतिनिधित्व करती है और इसे लौहचुंबकीय, प्रतिचुंबकीय और अनुचुंबकीय सामग्री के रूप में वर्गीकृत किया जाता है।
- समय के साथ परिवर्तनशील फ्लक्स एक चालक या कॉइल में एक EMF को प्रेरित करता है और इसका परिमाण फ्लक्स के परिवर्तन की दर और चालक के टर्न की संख्या पर निर्भर करता है।
- स्व-प्रेरकत्व एक ही कुण्डली में प्रवाहित विद्युत धारा द्वारा निर्मित चुंबकीय क्षेत्र द्वारा कुण्डली में प्रेरित वोल्टेज को मापता है।
- परस्पर प्रवाह दो पड़ोसी कुंडलियों के बीच चुंबकीय युग्मन पर निर्भर करता है और तदनुसार कसकर युग्मित या शिथिल युग्मित कुंडलियों के रूप में वर्गीकृत किया जाता है।
- स्व और पारस्परिक प्रेरकत्व की इकाई हेनरी है।
- चुंबकीय परिपथ का विश्लेषण, प्रतिरोधक परिपथ के समान ही होता है और किरचॉफ का नियम चुंबकीय परिपथों के लिए समान रूप से लागू होता है।
- चुंबकीय क्रोड की चुंबकीय अवरोध या प्रतिष्टंभ औसत कोर लंबाई के सीधे आनुपातिक होती है और कोर के क्रॉस सेक्शनल क्षेत्र के व्युत्क्रमानुपाती होती है।

अभ्यास

A-वस्तुनिष्ठ प्रश्न

निर्देश: कृपया सबसे उपयुक्त उत्तर का चयन करें।

क्रमांक	बहुविकल्पीय	क्रमांक	बहुविकल्पीय
4.1	निम्नलिखित में से कौन स्थिर चुंबकीय क्षेत्र के स्रोत हैं? 1. एक स्थायी चुंबक 2. एक आवेशित डिस्क एक समान गति से घूमती है 3. एक त्वरित आवेश 4. एक विद्युत क्षेत्र जो समय के साथ रैखिक रूप से बदलता है a. 1, 3 तथा 4 केवल b. 3 तथा 4 केवल c. 1, 2, 3 तथा 4 d. 1, 2 तथा 4 केवल	4.4	विद्युत चुम्बकीय प्रेरण के फैराडे नियम के अनुसार एक चालक में E.M.F. प्रेरित होता है यदि a. चुंबकीय क्षेत्र में स्थित है b. चुंबकीय क्षेत्र के लंबवत स्थित है c. चुंबकीय फ्लक्स को काटता है d. चुंबकीय क्षेत्र की दिशा के समानांतर चलता है
4.2	अनंत रेखीय धारावाही चालक द्वारा विकसित चुंबकीय क्षेत्र है A/m में a. $H=\frac{\mu I}{2\pi R}$ b. $H=\frac{I}{2\pi R}$ c. $H=\frac{\mu I}{2R}$ d. $H=\frac{I}{r}$	4.5	चुंबकीय परिपथ द्वारा दी जाने वाली reluctance निर्भर करती है a. चुंबकीय सामग्री की प्रकृति b. चुंबकीय फ्लक्स पथ की लंबाई c. पथ का क्रॉस सेक्शनल क्षेत्र d. ऊपर के सभी
4.3	विद्युत चुम्बकीय प्रेरण के नियम (फैराडे और लेन्ज के नियम) को निम्नलिखित समीकरण में संक्षेपित किया गया है : a. $e = LR$ b. $e = L\frac{di}{dt}$ c. $e=-\frac{d\varphi}{dt}$ d. इनमे से कोई भी नहीं	4.6	चार इनपुट औसत परिपथ के लिए, a. $R_{in} = R_f/4$ b. $R_{in} = R_f + 4$ c. $R_{in} = R_f$ d. $R_{in} = R_f \times 4$

B-विषयात्मक प्रश्न

1. एक चुंबकीय परिपथ में 150 टर्न-कुण्डली हैं, अनुप्रस्थ काट क्षेत्र और चुंबकीय परिपथ की लंबाई क्रमशः 5×10^{-4} m^2 और 25×10^{-2} m है। जब धारा 2A और कुल फ्लक्स 0.3×10^{-3} Wb हो, तो चुंबकीय क्षेत्र की तीव्रता और सापेक्ष पारगम्यता का मान ज्ञात कीजिए।

2. दिखाए गए परिपथ के लिए निर्धारित करें कि कौन से घटक शक्ति को अवशोषित कर रहे हैं और कौन से शक्ति प्रदान कर रहे है।

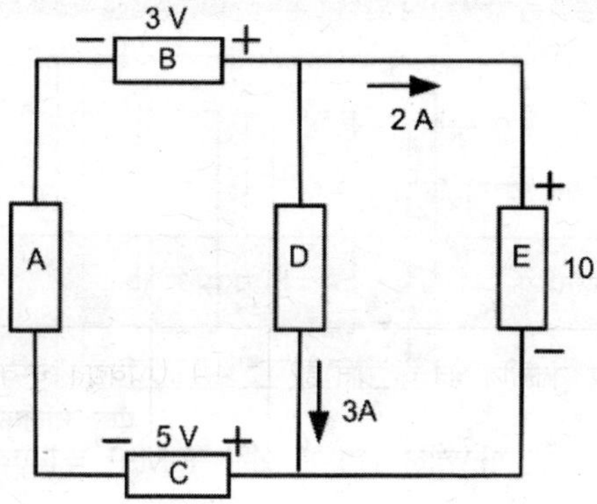

3. दिखाए गए परिपथ के लिए विभव V_1 और V_2 और I_1 खोजने के लिए KVL और KCL लागू करें।

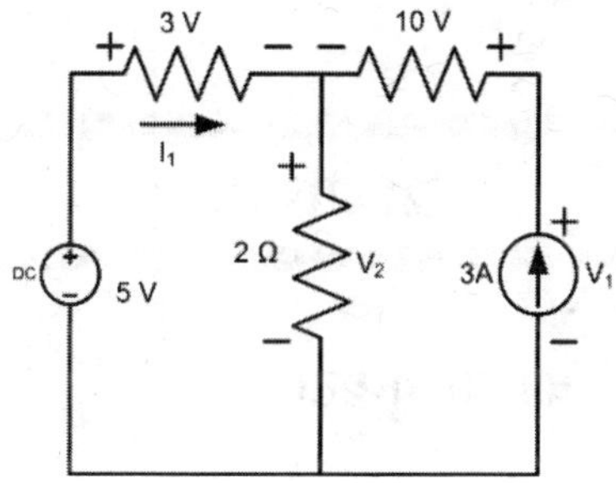

4. एक 230 V, 100 W लैंप पर ज्ञात करें (i) लैंप का प्रतिरोध (ii) लैंप में प्रवाहित धारा (iii), 8 घंटे में लैंप द्वारा खपत ऊर्जा।

5. दिखाए गए विद्युत चुंबकीय परिपथ के लिए (i) कोर में फ्लक्स घनत्व का पता लगाएं (ii) चुंबकीय फ्लक्स लाइनों को स्केच करें और उनकी दिशा बताएं (iii) चुंबक के उत्तरी और दक्षिणी ध्रुव को इंगित करें। क्रॉस सेक्शनल क्षेत्र 0.01 m^2 है।

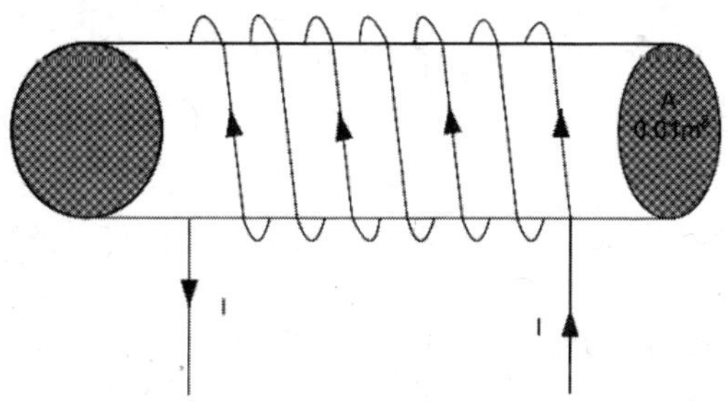

6. दिखाए गए चुंबकीय संरचना के लिए (i) चुंबकीय परिपथ का विद्युत समानता बनाएं (ii) कुल चुंबकीय प्रतिरोध का निर्धारण करें और (iii) कुण्डली का स्व-प्रेरकत्व। दिए गए N = 100 टर्न, $\mu_r = 3000\mu_0$ $A_1 = A_3 = 100\ cm^2$, $A_2 = 25\ cm^2$, $l_1 = l_3 = 30$ cm और $l_2 = 10$ cm.

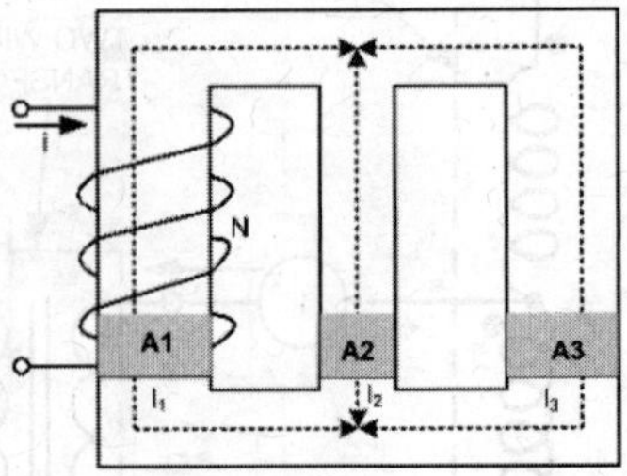

7. सांख्यिकीय रूप से प्रेरित और गतिशील रूप से प्रेरित E.M.F. को एक उपयोग के साथ स्वच्छ आरेख के साथ समझाएं।
8. चुंबकीय परिपथ और विद्युत परिपथ की तुलना करें।
9. कुण्डली के स्व-प्रेरकत्व के लिए व्यंजक व्युत्पन्न कीजिए।

प्रायोगिक

I. P1-ES110: चुबंकीय प्रदार्थ की पारगम्यता

P1.1 प्रायोगिक कथन

चुंबकीय पदार्थ की पारगम्यता का निर्धारण इसके B-H वक्र को आलेखित करके करें।

P1.2 प्रायोगिक महत्व

चुंबकीय पारगम्यता, एक मान है जो व्यक्त करता है कि चुंबकीय पदार्थ, एक चुंबकीय क्षेत्र पर, कैसे प्रतिक्रिया करता है। यदि किसी चुंबकीय पदार्थ के ध्रुव किसी अनुप्रयुक्त चुंबकीय क्षेत्र की ओर आसानी से उन्मुख हो जाते हैं, तो उस चुंबकीय पदार्थ को उच्च पारगम्यता वाला माना जाता है। पारगम्यता के आधार पर, एक चुंबकीय पदार्थ को अनुचुंबकीय, प्रतिचुंबकीय या लौह चुंबकीय पदार्थ के रूप में वर्गीकृत किया जाता है।

P1.3 प्रासंगिक सिद्धांत

सिद्धांत के लिए, इस पुस्तक के विषय 4.2 पर 'चुंबकीय परिपथ के मापनदंडों' को देखें।

P1.4 प्रैक्टिकल आउटकम्स (PrO)

PrO1 मापन उपकरणों की उचित श्रेणी का चयन करें।

PrO2 परिपथ और मापन उपकरणों को ठीक से संयोजित करें।

PrO3 किसी दिए गए चुंबकीय पदार्थ की पारगम्यता निर्धारित करें।

P1.5 प्रायोगिक व्यवस्था (परिपथ आरेख)

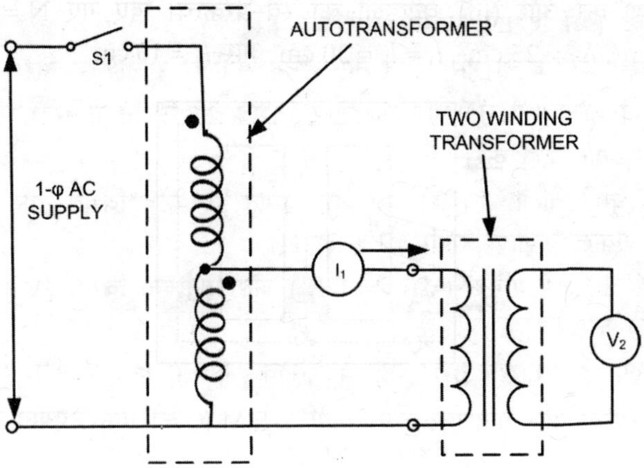

चित्र P1.1: चुंबकीय पदार्थ की पारगम्यता निर्धारित करने के लिए परिपथ आरेख

P1.6 आवश्यक संसाधन

क्रमांक	सुझाए गए संसाधनों की आवश्यकता महत्वपूर्ण विशिष्टताओं के साथ	मात्रा/संख्या	वास्तविक संसाधनों की आवश्यकता व्यापक विशिष्टताओं के साथ (छात्र द्वारा भरा जाना है)	टिप्पणी (यदि कोई हो)
1.	एकल कला AC आपूर्ति 230V, 50Hz	1		
2.	कनेक्टिंग वायर, मल्टी स्ट्रैंड, Cu तार, 1.5 mm^2	LS		
3.	एकल ध्रुव स्विच, 5A	2		
4.	एकल कला स्व-परिणामित्र, 1 KVA, 230V / 270V	1		
5.	एकल कला परिणामित्र,1 KVA, 230V/115V	1		
6.	वोल्टमीटर, 0–300V AC	1		
7.	एमीटर 0-1A, AC/डिजिटल एमीटर	1		

P1.7 सुरक्षा उपाय

1. मापन उपकरणों के उपयुक्त प्रकार और श्रेणी का चयन करें।
2. परिपथ आरेख में दिखाए गए अनुसार एमीटर और वोल्टमीटर को संयोजित करें।
3. परिपथ आरेख के अनुसार परिपथ संयोजन की जांच करें और सुनिश्चित करें कि स्व-परिणामित्र को बिजली की आपूर्ति के लिए स्विच S_1 चालू करने से पहले तार संयोजन टाइट हैं।
4. प्रयोग करने के बाद बिजली की आपूर्ति बंद कर दें।

P1.8 प्रयोग विधि

1. परिपथ को चित्र P1.1 में दिखाए अनुसार संयोजित करें।
2. स्व-परिणामित्र और एकल कला परिणामित्र का उचित संयोजन सुनिश्चित करें।
3. स्व-परिणामित्र घूमने वाला (रोटरी) नॉब को शून्य विभव की स्थिति में रखें।
4. एकल ध्रुव कुंजी S_1 को चालू करें।
5. स्व-परिणामित्र के घूमने वाला नॉब को धीरे-धीरे घुमाते हुए रेटेड विभव तक 10-15 वोल्ट के चरणों में आपूर्ति विभव को एकल कला परिणामित्र तक बढ़ाएं।
6. दो वाइंडिंग परिणामित्र के प्राथमिक (V_1), धारा (l_1) और द्वितीयक विभव (V_2) को अवलोकन तालिका में अभिलेख (रिकॉर्ड) करें।
7. B-H वक्र को आलेखित करें और B-H वक्र के रैखिक भाग पर एक स्पर्श रेखा खींचे जैसा कि चित्र P1.2 में दिखाया गया है।

P1.9 अवलोकन और गणना

क्रमांक	प्राथमिक धारा (I_1)	द्वितीयक विभव (V_2)
1.		

गणना

1. मापा गया द्वितीयक वोल्टेज चुंबकीय फ्लक्स घनत्व B के समानुपाती होता है और प्राथमिक धारा चुंबकीय क्षेत्र की तीव्रता H के समानुपाती होती है।
2. ग्राफ पेपर के x-अक्ष पर धारा मान और ग्राफ पेपर के y-अक्ष पर विभव मान अंकित करें।

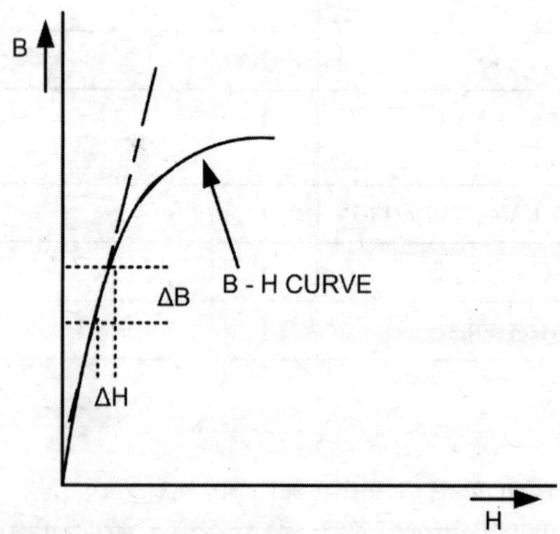

चित्र P1.2: B-H वक्र

3. चुंबकीय पारगम्यता $\mu = \dfrac{\Delta B}{\Delta H}$

P1.10 परिणाम

दिए गए परिणामित्र के लिए प्रयुक्त चुंबकीय पदार्थ की पारगम्यता है................

P1.11 निष्कर्ष

....

....

P1.12 प्रयोग संबंधित प्रश्न

(उत्तर के लिए अलग शीट का प्रयोग करें)

ध्यान दें:

संदर्भ के लिए नीचे कुछ नमूना प्रश्न दिए गए हैं। पूर्व-निर्धारित पाठ्यक्रम परिणामों की उपलब्धि सुनिश्चित करने के लिए शिक्षकों को ऐसे और अधिक प्रश्न तैयार करने चाहिए।

1.नरम और कठोर चुंबकीय पदार्थ के बीच अंतर बताएं।

2.एक परिणामित्र के लिए मुख्य संरचना के रूप में लौह चुंबकीय पदार्थ की आवश्यकता की सूची बनाएं।

3.टिप्पणी करें कि परिणामित्र का आकार आपूर्ति आवृत्ति पर कैसे निर्भर करता है।

P1.13 अध्ययन हेतु सुझाए गए संसाधन

B-H वक्र

अधिक जानिए

सूक्ष्म परियोजना

छात्र 5-6 छात्रों के समूह में एक या दो सूक्ष्म परियोजना (ओं) / गतिविधि (ओं) को शुरू करेगा और संकाय के मार्गदर्शन में और इसे व्यक्तिगत भागीदारी के साथ समूह के रूप में भी प्रस्तुत करते हैं। एक नमूना सूची नीचे दी गई है:

1. धारा प्रवाहित होने वाले चालक में धारा के गुजरने का पता लगाने के लिए एक सरल जांच विकसित करें।
2. उन मापदंडों को निर्धारित करने के लिए एक परिपथ विकसित करें जिन पर पारस्परिक प्रेरण निर्भर करता है।

वीडियो संसाधन

विद्युत और चुंबकीय परिपथ

बेसिक इलेक्ट्रिक परिपथ

संदर्भ एवं अध्ययन हेतु सुझाव

1. Seksena, S. B. Lal; Dasgupta, Kaustuv, *Fundamentals of Electrical Engineering*, Cambridge University Press, 2017.
2. Kothari, D P; Nagrath, I. J., *Basic Electrical Engineering*, New Delhi: Tata McGraw Hill Publishing Company Limited, 2002.
3. Wadhwa, C.L. , *Basic Electrical Engineering*, New-Age International Pvt Ltd Publishers, 2007.
4. Theraja, B. L., *Electrical Technology*, Vol. I, New Delhi: S. Chand and Company, 2015.

5 प्रत्यावर्ती धारा परिपथ

यूनिट विशिष्ट

इस यूनिट में निम्नलिखित विषयों पर चर्चा की गई है:

- चक्र, आवृत्ति, आवधिक समय, आयाम, कोणीय वेग, RMS मान, औसत मान, फॉर्म फैक्टर पीक फैक्टर, प्रतिबाधा, कला कोण, और पावर फैक्टर जैसी प्रत्यावर्ती मात्रा से संबंधित पारिभाषिक शब्द
- प्रत्यावर्ती EMF और धारा का गणितीय और कला आरेख
- स्टार और डेल्टा कनेक्शन में वोल्टेज और धारा में संबंध
- प्रतिरोधकों, प्रेरकों और संधारित्रों में प्रत्यावर्ती धारा
- R-L श्रेणी, R-C श्रेणी, R-L-C श्रेणी और समानांतर सर्किट में प्रत्यावर्ती धारा
- A.C. सर्किट और शक्ति त्रिभुज में शक्ति।

आगे जिज्ञासा पैदा करने के साथ-साथ समस्या समाधान क्षमता में सुधार के लिए विषयों के व्यावहारिक अनुप्रयोगों पर चर्चा की गई है। यह ध्यान रखना महत्वपूर्ण है कि रुचि के विभिन्न विषयों पर अधिक जानकारी प्राप्त करने के लिए वीडियो और वेबसाइटों के QR कोड के रूप में लिंक प्रदान किए गए हैं। अभ्यास के लिए बहुविकल्पीय प्रश्नों के साथ-साथ विषयात्मक प्रश्न और कई संख्यात्मक सवाल प्रदान किए गए है। संबंधित प्रयोग, उसके बाद सूक्ष्म परियोजनाओं और गतिविधियों के साथ-साथ ICT के साथ पूरक सूचना वीडियो संसाधनों वाले 'अधिक जानें' खंड दिए गए हैं। यूनिट में संदर्भों और सुझाए गए पाठों की एक सूची दी गई है ताकि आगे अभ्यास और सीखने में वृद्धि के लिए उनके माध्यम से जा सकते हैं।

भूमिका

आज के ऊर्जा उत्पादन, वितरण और खपत में प्रत्यावर्ती धारा (संक्षिप्त रूप में A.C./AC), महत्वपूर्ण भूमिका निभाता है। DC परिपथ की तरह, AC परिपथ में भी ऊर्जा का स्रोत और भार होता है जिसमें शक्ति का रूपांतरण होता है। AC परिपथ में धारा और विभव के परिमाण का मान और दिशा स्थिर नहीं होती है, यह समय के नियमित अंतराल पर बदलती रहती है। AC का उपयोग घरेलू और औद्योगिक अनुप्रयोगों जैसे टेलीविजन सेट, कंप्यूटर, माइक्रोवेव ओवन, पंखे, उद्योग में उपयोग की जाने वाली बड़ी मोटरों के लिए किया जाता है। इस अध्याय में AC के मूल सिद्धांतों और बुनियादी परिपथों का वर्णन किया जाएगा।

पूर्व अपेक्षित ज्ञान

1. अनुप्रयुक्त भौतिक शास्त्र-1: कार्य, शक्ति और ऊर्जा (सेमेस्टर-I)
2. गणित-I: ट्रिगनोमेट्री, बीजगणित (सेमेस्टर-I)

यूनिट आउटकम्स

इस अध्याय के पूर्ण अध्ययन करने के बाद, विद्यार्थी निम्न में सक्षम होंगे:

U5-01: AC सिग्नल से संबंधित विभिन्न बुनियादी शब्दों का वर्णन करने में।

U5-02: प्रत्यावर्ती विद्युत वाहक बल (वि.वा.ब. या ई.एम.एफ.) और धारा को गणितीय और सदिश वेक्टर शब्दों में निरूपण करने में।

U5-03: एकल कला AC के अधीन होने पर R-L श्रेणी, R-C श्रेणी, R-L-C श्रेणी और समानांतर परिपथ का विश्लेषण करने में।

U5-04: स्टार/डेल्टा रूपांतरण का उपयोग करके 3 कला (फेज) AC प्रणाली में विभव और धारा संबंध निर्धारित करने में।

U5-05: AC परिपथ पैरामीटर निर्धारित करने के लिए शक्ति त्रिकोण का प्रयोग करने में।

यूनिट-5 आउटकम्स	**कोर्स आउटकम्स (COs) के साथ आपेक्षित संबंध** *(1. कमजोर सहसंबंध; 2. मध्यम सहसंबंध; 3. मजबूत सहसंबंध)*					
	CO-1	**CO-2**	**CO-3**	**CO-4**	**CO-5**	**CO-6**
U5-01	1	-	-	-	3	3
U5-02	1	-	-	-	3	3
U5-03	1	-	-	-	3	1
U5-04	2	-	-	-	3	1
U5-05	1	-	-	-	3	1

जॉर्ज वेस्टिंगहाउस (1846-1914)

औद्योगिक क्रांति 2.0 के दौरान सबसे विपुल आविष्कारकों में से एक था और इसे प्रत्यावर्ती धारा तकनीक को बढ़ावा देने के लिए जाना जाता है, जिसने दुनिया के रोशनी और बिजली उद्योगों में क्रांति ला दी, और एक वायु भंजन प्रणाली (एयर ब्रेक प्रणाली) का आविष्कार किया जिसने रेलमार्ग को सुरक्षित बना दिया। केंद्रीय सेना और नौसेना में सेवा देने के बाद, उन्होंने कई उपकरणों का पेटेंट कराया, विशेष रूप से रेलमार्ग के लिए। वह अंततः प्रत्यावर्ती धारा बिजली उत्पादन में सुधार के लिए वेस्टिंगहाउस इलेक्ट्रिक एंड मैन्युफैक्चरिंग कंपनी शुरू करेगा।

5.1 प्रत्यावर्ती धारा के मूलभूत सिद्धांत

5.1.1 प्रस्तावना

यद्यपि प्रत्यावर्ती मात्रा का बहुत व्यापक अर्थ होता है, आमतौर पर इसका मतलब, एक साइनोसॉइडल मात्रा से होता है। आमतौर पर, प्रत्यावर्ती धारा (AC धारा के रूप में संदर्भित) या प्रत्यावर्ती विभव (AC विभव के रूप में संदर्भित) एक साइनोसॉइडल परिवर्तनीय धारा या विभव है। लगभग सभी विद्युत आपूर्ति प्रणाली में साइनोसॉइडल AC धारा शामिल होता है, जो साइनोसॉइडल AC विभव से प्राप्त होता है। AC विभव उत्पन्न करने के लिए एक जनरेटर का उपयोग किया जाता है। हमारे घर, कारखानों और कार्यालयों के लिए उपयोगिता कंपनियों द्वारा उत्पन्न विभव AC विभव है।

5.1.2 प्रत्यावर्ती मात्रा

जैसा कि यूनिट 1 के अनुभाग 1.3 में चर्चा की गई है, एक प्रत्यावर्ती मात्रा परिमाण में लगातार बदलती रहती है और समय के नियमित अंतराल पर दिशा में परिवर्तित होती है। एक प्रत्यावर्ती विभव या धारा हमेशा एक अविचलित (स्मूथ) तरंग का रूप नहीं ले सकता है जैसा कि चित्र 5.2 में दिखाया गया है, फिर भी ज्या (साइन) वेव आदर्श रूप है और स्वीकृत मानक है। मानक ज्या तरंग से विचलित तरंगें विकृत तरंगें कहलाती हैं। सामान्य तौर पर, एक प्रत्यावर्ती धारा या विभव वह है, जिसकी दिशा नियमित रूप से आवर्ती अंतराल पर उलट जाती है।

प्रत्यावर्ती विभव और धारा

जब किसी कुण्डली को चुम्बकीय क्षेत्र में घुमाया जाता है तो उस कुण्डली में प्रत्यावर्ती विद्युत वाहक बल प्रेरित होता है। वि.वा.ब. का मान प्रेरित कुंडल में टर्न की संख्या, चुंबकीय क्षेत्र की ताकत और चुंबकीय क्षेत्र में कुंडल को घुमाने की गति पर निर्भर करता है। चित्र 5.1 में दिखाए गए अनुसार 'ω' रेडियन प्रति सेकंड के निरंतर कोणीय वेग के साथ, एक समान चुंबकीय क्षेत्र में घूमने वाले चालक पर विचार करें। इसकी परिक्रमण की धुरी, चुंबकीय रेखाओं के बल के लंबवत है। चालक की विभिन्न स्थिति जैसे a, b, c और d के अनुसार, विद्युत वाहक बल का संबंधित मान, चित्र 5.2 में दिखाया गया है।

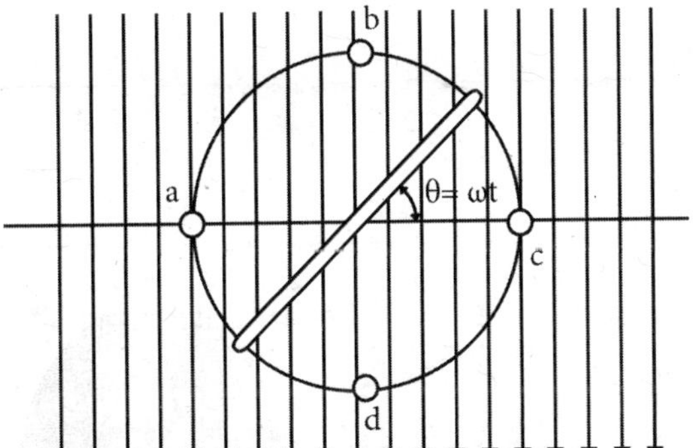

चित्र 5.1: एक चुंबकीय क्षेत्र में घूमते हुए एक कुण्डली में उत्पन्न वि.वा.ब.

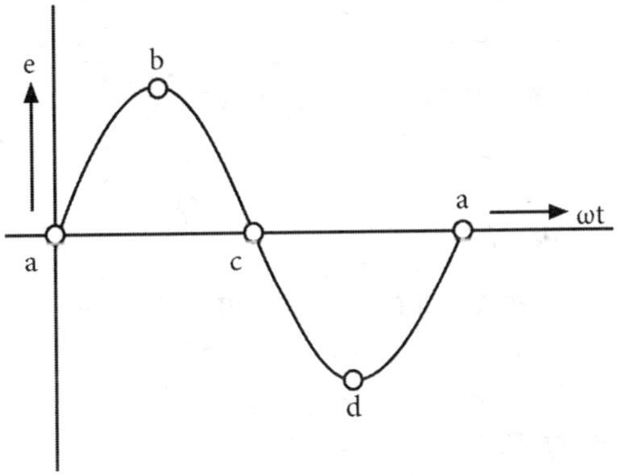

चित्र 5.2: साइनोसॉइडल तरंग

बिंदु a और बिंदु c पर, चालक चुंबकीय क्षेत्र के समानांतर चलता है। इसलिए, प्रेरित वि.वा.ब. शून्य है। जबकि बिंदु b और d पर, चालक चुंबकीय क्षेत्र के लंबवत दिशा में चलता है। इसलिए, प्रेरित वि.वा.ब. अधिकतम है। एक चालक के एक पूर्ण परिक्रमण में, वि.वा.ब. का एक पूरा चक्र पाया जाता है। जैसा है कि वि.वा.ब. की दिशा, बिंदु a और c पर में उलटी है तो ऐसा वि.वा.ब., प्रत्यावर्ती वि.वा.ब. या प्रत्यावर्ती विभव के रूप में जाना जाता है। जब प्रेरित प्रत्यावर्ती वि.वा.ब. बाह्य परिपथ से जुड़ा होता है, तो प्रत्यावर्ती धारा प्रवाहित होने लगती है। इस प्रत्यावर्ती धारा की तरंग एक प्रत्यावर्ती विभव के तरंग के समान होती है। साथ ही, वि.वा.ब., साइन के फंक्शन के रूप में परिवर्तित होता है। अनुरेखित वक्र, साइन वक्र होता है और इसलिए, इसे साइनोसॉइडल वि.वा.ब. के रूप में जाना जाता है।

5.1.3 एक प्रत्यावर्ती मात्रा से संबंधित महत्वपूर्ण शब्द

एक प्रत्यावर्ती मात्रा से संबंधित कुछ महत्वपूर्ण शब्द, जिन्हें समझा जाना चाहिए, वे हैं चक्र, आवृत्ति, आवधिक समय, आयाम, कोणीय वेग, आरएमएस (R.M.S) मान, औसत मान, फार्म फैक्टर, शिखर या श्रृंग फैक्टर, प्रतिबाधा, कला कोण और शक्ति कारक या गुणांक (पावर फैक्टर), उनका संक्षेप में वर्णन किया गया है:

1. चक्र

प्रत्यावर्ती मात्रा के धनात्मक और ऋणात्मक मानों के एक पूर्ण समुच्चय को चक्र (साइकिल) कहते हैं। अतः, चित्र 5.3 का प्रत्येक आरेख, एक पूर्ण चक्र को प्रदर्शित करता है। एक चक्र को कभी-कभी कोणीय माप के संदर्भ में भी निर्दिष्ट किया जा सकता है। उस स्थिति में, एक पूर्ण चक्र को $360°$ या 2π रेडियन में फैला हुआ कहा जाता है।

2. आवृत्ति (f)

यह एक सेकंड में होने वाले चक्रों की संख्या है। आवृत्ति के लिए इकाई हट्र्ज या चक्र/सेकंड है। उदाहरण के लिए, 50 हट्र्ज, एक सेकंड में 50 चक्र हैं।

3. आवर्त काल या समय अवधि (T)

यह एक प्रत्यावर्ती मात्रा का एक चक्र पूरा करने के लिए सेकंड में लिया गया समय है। इसे T द्वारा निरूपित किया जाता है। आवृत्ति और समय अवधि के बीच संबंध निम्नानुसार प्राप्त किया जा सकता है:

f चक्र पूरा करने में लगा समय = 1 सेकंड

1 चक्र पूरा करने में लगा समय = $1/f$ सेकंड

$$\therefore \quad T = 1/f \qquad ...(5.1)$$

4. आयाम

यह एक प्रत्यावर्ती मात्रा द्वारा प्राप्त अधिकतम मान, धनात्मक या ऋणात्मक है। इसे अधिकतम या शिखर मान भी कहा जाता है।

5. औसत मान

एक चक्र में किसी प्रत्यावर्ती मात्रा के सभी मानों का अंकगणितीय औसत, उसका औसत मान कहलाता है। एक चक्र में एक प्रत्यावर्ती मात्रा का औसत मान शून्य होता है। इसलिए, इसे आधे चक्र में परिभाषित किया गया है। इसे, दिष्ट या स्थिर (steady) धारा के उस मान के रूप में परिभाषित किया जाता है, जो उस विद्युत आवेश को स्थानांतरित करता है जिसे कि प्रत्यावर्ती धारा द्वारा स्थानांतरित किया जाता है।

साइनोसॉइडल धारा का औसत मान,

$$i = I_m \sin \omega t \qquad \dots (5.2)$$

$$I_{av} = \frac{1}{\pi}\int_o^\pi i d(\omega t)$$

$$I_{av} = \frac{1}{\pi}\int_o^\pi i_m \sin \omega t \, d(\omega t)$$

$$I_{av} = \frac{2I_m}{\pi} = 0.637 I_m \qquad \dots (5.3)$$

$\therefore$ साइनोसॉइडल प्रत्यावर्ती मात्रा, औसत मान $= 0.637 \times$ अधिकतम मान।

6. वर्ग-माध्य-मूल मान

एक प्रत्यावर्ती धारा का वर्ग-माध्य-मूल मान (रूट मीन स्क्वायर वैल्यू), दिष्ट धारा का वह मान है, जो किसी दिए गए समय के लिए दिए गए परिपथ में प्रवाहित होने पर उतनी ही मात्रा में, ऊष्मा उत्पन्न करता है जितनी कि उसी परिपथ से प्रवाहित होने वाली प्रत्यावर्ती धारा द्वारा, उतने ही समय में, उत्पन्न होती है। इसे प्रभावी मान या वस्ताविक मान या R.M.S. मान के रूप में जाना जाता है। एमीटर द्वारा मापी गई प्रत्यावर्ती धारा का मान, धारा का R.M.S. मान होता है। साइनोसॉइडल प्रत्यावर्ती धारा के लिए;

$$i = \mathrm{I_m} \sin \omega t$$

$$I_{rms} = \sqrt{\frac{1}{2\pi}\int_0^{2\pi} i^2 d(\omega t)}$$

$$I_{rms} = \sqrt{\frac{1}{\pi}\int_0^{\pi} i_m^2 \sin^2 \omega t \, d(\omega t)}$$

$$I_{rms} = \frac{I_m}{\sqrt{2}} = 0.707 I_m \qquad \dots (5.4)$$

$\therefore$ R.M.S. साइनोसॉइडल तरंग का मान $= 0.707 \times$ अधिकतम मान।

7. रूप गुणांक

धारा के R.M.S. मान तथा औसत मान का अनुपात, धारा का रूप गुणांक कहलाता है।

रूप गुणांक (फॉर्म फैक्टर) – R.M.S. मान / औसत मान ...(5.5)

$= 0.707\, I_m / 0.637\, I_m = 1.11$

इस प्रकार, साइनोसॉइडल तरंग के लिए, रूप गुणांक का मान 1.11 होता है।

8. शिखर गुणांक

अधिकतम मान तथा R.M.S. मान के अनुपात को शिखर गुणांक (पीक फैक्टर) कहा जाता है।

$$\text{शिखर गुणांक} = \frac{\text{अधिकतम मान}}{\text{R.M.S. मान}} \qquad \dots (5.6)$$

साइनोसॉइडल तरंग के लिए, शिखर गुणांक का मान 1.414 होता है।

9. कोणीय वेग

एक सेकंड में तय (कवर) किए गए रेडियन की संख्या (या कोणीय विस्थापान) को कोणीय आवृत्ति (वेग) के रूप में परिभाषित किया जाता है (यानी घूर्णन कुण्डली द्वारा एक सेकंड में पूरा किया गया कोणीय विस्थापान)। कोणीय आवृत्ति की इकाई रेडियन/ सेकंड (rad/sec) होती है।

$$\omega = \frac{2\pi}{T} = 2\pi f \qquad ...(5.7)$$

10. तात्कालिक मान

यह किसी भी क्षण के, मात्रा का मान होता है।

प्रत्यावर्ती विभव और धारा

$$v = V_m \sin\theta = V_m \sin\omega t = V_m \sin 2\pi f t = V_m \sin\frac{2\pi}{T}t \qquad ...(5.8)$$

जहां V_m = विभव का अधिकतम मान,

f = आवृत्ति (हट्‌र्ज), और t = समय (सेकंड)

समीकरण 5.8 द्वारा व्यक्त संबंध से,

1. किसी प्रत्यावर्ती विभव का अधिकतम मान या शिखर मान या आयाम, समय कोण की ज्या के गुणांक द्वारा दिया जाता है।
2. आवृत्ति f, समय गुणांक को, 2π से विभाजित करने पर प्राप्त होता है।

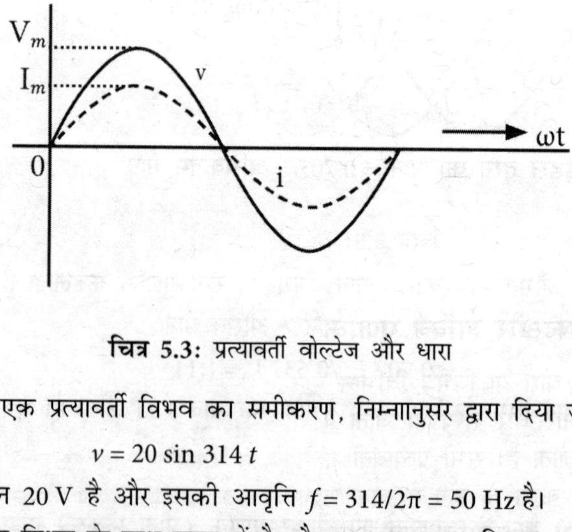

चित्र 5.3: प्रत्यावर्ती वोल्टेज और धारा

उदाहरण के लिए, यदि एक प्रत्यावर्ती विभव का समीकरण, निम्नानुसर द्वारा दिया जाता है,

$$v = 20 \sin 314\, t$$

तो इसका अधिकतम मान 20 V है और इसकी आवृत्ति $f = 314/2\pi = 50$ Hz है।

यदि विद्युत धारा, उपरोक्त विभव के साथ कला में है और I_m धारा का अधिकतम मान है, तो प्रत्यावर्ती धारा के तात्कालिक मान के लिए समीकरण होता है

$$i = I_m \sin 2\pi f t = I_m \sin\omega t = I_m \sin\frac{2\pi}{T}t \qquad ...(5.9)$$

AC प्रणाली और DC प्रणाली की तुलना

चित्र 5.4 में एक DC तरंग को आलेखीय रूप से दिखाया गया है। DC प्रणाली पर AC प्रणाली के कुछ महत्वपूर्ण लाभ इस प्रकार हैं:

1. परिणामित्र का उपयोग करके AC विभव को कुशलता से बढ़ाया/घटाया जा सकता है।
2. DC मोटर की तुलना में, AC मोटर निर्माण में सस्ती और सरल हैं।
3. AC प्रणाली के लिए स्विचगियर DC प्रणाली की तुलना में सरल है।
4. कम दूरी तक के लिए, बिजली का जनरेशन और संचरण आसान और सस्ता होता है।

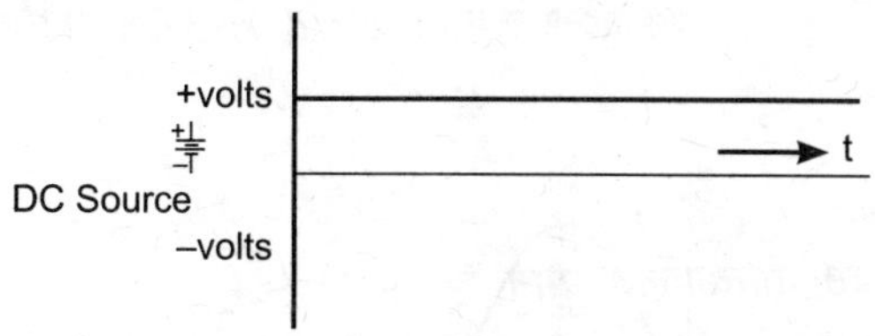

चित्र 5.4: DC वोल्टेज

एकल कला और तीन कला AC

AC, एकल-कला या तीन-कला हो सकती है। एकल-कला AC (चित्र 5.3) का उपयोग घर में बिजली की छोटी मांगों के लिए किया जाता है। चित्र 5.5 में दिखाए गए तीन-कला AC का उपयोग किया जाता है, जहां वाणिज्यिक और औद्योगिक सुविधाओं में भारी भार यानी बड़ी मात्रा में बिजली की आवश्यकता होती है। तीन-कला, तीन परस्पर-व्यापक AC चक्रों की एक सतत श्रेणी है। प्रत्येक लहर (वेव) एक कला का प्रतिनिधित्व करती है, और एक दूसरे से 120 डिग्री का अंतर बना के रखती है।

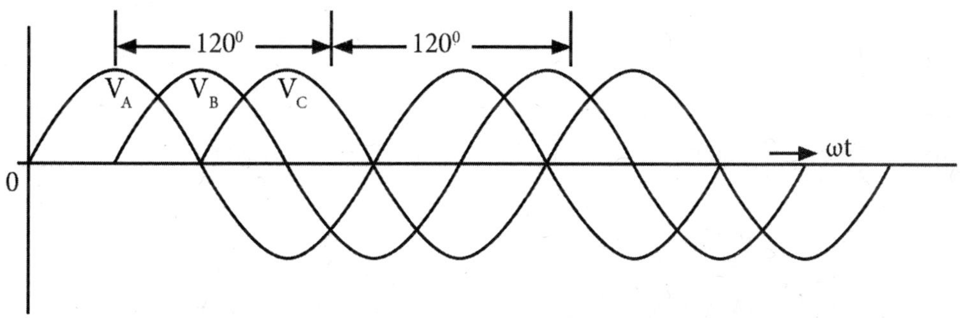

चित्र 5.5: तीन-फेज ज्या तरंग

5.1.4 कला, कला अंतर और शक्ति गुणांक

एक चक्र के दौरान, प्रत्यावर्ती धारा या विभव विभिन्न मान से होकर गुजरता है। शून्य से शुरू होकर, यह अधिकतम तक बढ़ जाता है और फिर धीरे-धीरे शून्य हो जाता है। फिर उलटी दिशा में बढ़ता है, अधिकतम हो जाता है और अंत में फिर से शून्य पर आ जाता है। सभी प्रत्यावर्ती मात्राएँ, इन विभिन्न चरणों से गुजरती हैं। इन विभिन्न चरणों को विद्युत अभियांत्रिकी में विभिन्न कला के रूप में जाना जाता है। एक प्रत्यावर्ती मात्रा के कला से तात्पर्य, प्रत्यावर्ती मात्रा की समयावधि के, उस अंश से है, जो कि पिछली बार संदर्भ की शून्य स्थिति से गुजरने के बाद, समाप्त होती है। दो प्रत्यावर्ती तरंगें कला में कहलाती हैं जब वे एक ही समय में अपने अधिकतम और शून्य मान तक पहुँच जाती हैं। उनके अधिकतम मान, परिमाण में भिन्न हो सकते हैं। किसी विशेष समय पर वास्तविक कला उतना महत्वपूर्ण नहीं है। हालांकि, कोण या समय का अंतर महत्वपूर्ण है। अलग-अलग मात्राएँ, दो अलग-अलग विभव या दो अलग-अलग

धाराएँ या एक विभव और एक धारा हो सकती हैं। दो प्रत्यावर्ती मात्राओं के बीच आपेक्षिक अंतर को 'कला अंतर' कहा जाता है और, 'कला कोण' के रूप में व्यक्त किया जाता है।

I_m का कला है, $\pi/2$ rad या $T/4$ सेकंड

$-I_m$ का कला है, $3\pi/2$ rad or $3T/4$ सेकंड

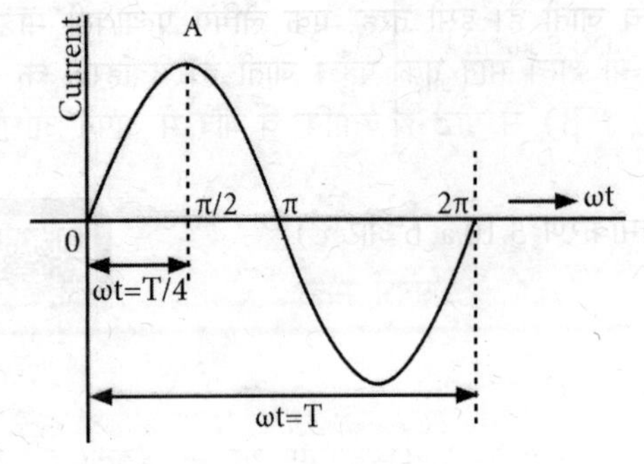

चित्र 5.6: फेज कोण के साथ ज्या तरंग

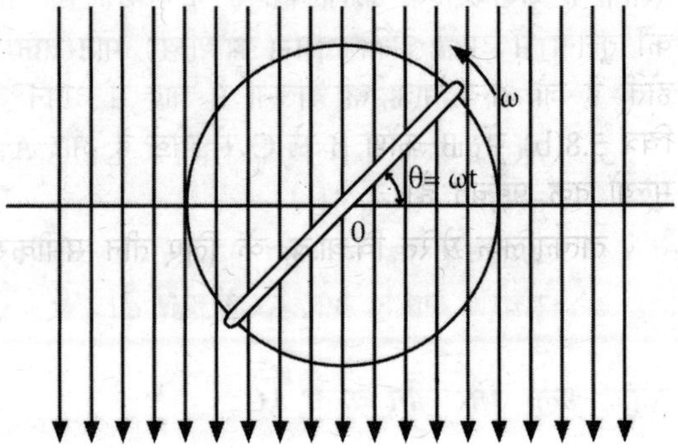

चित्र 5.7: घूर्णित कुंडली का फेज

उदाहरण के लिए, बिंदु A पर धारा का कला T/4 सेकंड है, जहां T समय अवधि है या यह कोण, $\pi/2$ रेडियन है के रूप में व्यक्त किया गया है (चित्र 5.6)। इसी तरह, घूर्णन कुंडल का कला, तत्काल में चित्र 5.7 में θ दिखाया गया है, जो कि ωt के बराबर है, इसलिए इसे, इसका कला कोण कहा जाता है।

कला अंतर

तीन समान, एकल-टर्न कुण्डली पर विचार करें जो एक दूसरे से कोणों से विस्थापित होते हैं और एक समान चुंबकीय क्षेत्र में घूमते हैं जिसमें समान कोणीय वेग होता है जैसा कि चित्र 5.8(a) में दिखाया गया है।

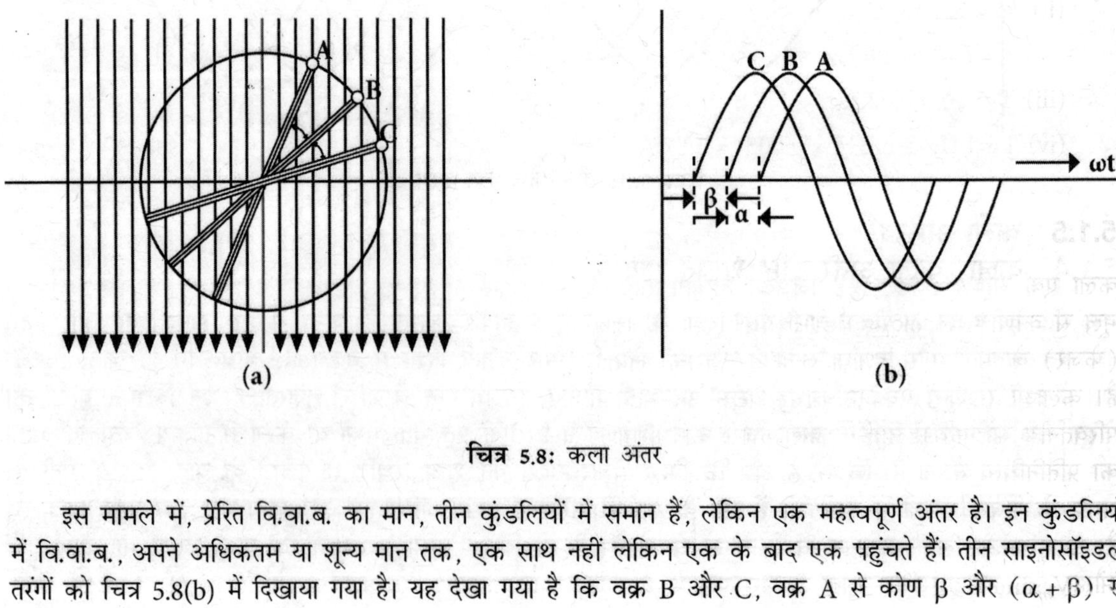

चित्र 5.8: कला अंतर

इस मामले में, प्रेरित वि.वा.ब. का मान, तीन कुंडलियों में समान हैं, लेकिन एक महत्वपूर्ण अंतर है। इन कुंडलियों में वि.वा.ब., अपने अधिकतम या शून्य मान तक, एक साथ नहीं लेकिन एक के बाद एक पहुंचते हैं। तीन साइनोसॉइडल तरंगों को चित्र 5.8(b) में दिखाया गया है। यह देखा गया है कि वक्र B और C, वक्र A से कोण β और $(\alpha + \beta)$ से

क्रमशः विस्थापित हैं। इसलिए, इसका मतलब है कि A और B के बीच कला अंतर α है और B और C के बीच β है लेकिन A और C के बीच $(\alpha + \beta)$ है। हालांकि, बयान यह संकेत नहीं देता है कि कौन सा वि.वा.ब., अपने अधिकतम मान तक पहले पहुँचता है। इस कमी की पूर्ति 'पश्चगामी (लैग)' या 'अग्रगामी (लीड)' शब्दों का प्रयोग करके की जाती है। एक धनात्मक (+) चिह्न जब कला अंतर के संबंध में उपयोग किया जाता है तो 'लीड' को दर्शाता है जबकि एक ऋणात्मक (–) चिह्न 'लैग' को दर्शाता है। एक लीडिंग प्रत्यावर्ती मात्रा वह है जो अन्य मात्रा की तुलना में अपने अधिकतम (या शून्य) मान तक पहले पहुंच जाती है। इसी तरह, एक लैगिंग प्रत्यावर्ती मात्रा वह होती है जो अन्य मात्रा की तुलना में बाद में अपने अधिकतम या शून्य मान तक पहुँच जाती है। उदाहरण के लिए, चित्र 5.8(b) में, B कोण β से C से पीछे है और A, C से $(\alpha + \beta)$ से पीछे है क्योंकि वे बाद में अपने अधिकतम मूल्यों तक पहुँचते हैं।

तात्कालिक प्रेरित वि.वा.ब. के लिए तीन समीकरण हैं (समीकरण 5.10 a, b और c)

$$e_A = E_m \sin \omega t \quad \text{...संदर्भ मात्रा}$$

$$e_B = E_m \sin (\omega t - \beta)$$

$$e_C = E_m \sin [\omega t - (\alpha + \beta)] \quad \text{...(समी. 5.10)}$$

AC परिपथ

हल किये गए प्रश्न

उदाहरण 5.1.1: एक प्रत्यावर्ती धारा i द्वारा दी गई है, $i = 141.4 \sin 314t$

खोजें (i) अधिकतम मान (ii) आवृत्ति (iii) समय अवधि (iv) तात्कालिक मान, जब $t = 5$ ms।

हल: दिया है, $i = 141.4 \sin 314t$

$$i = I_m \sin \omega t$$

(i) अधिकतम मान $I_m = 141.4$ A

(ii) $\omega = 314$ rad/sec

$f = \omega/2\pi = 50$ Hz

(iii) $T = 1/f = 0.02$ sec

(iv) $I = 141.4 \sin(314 \times 0.005) = 3.87$ A

5.1.5 कला आरेख

कला एक सदिश (वेक्टर) है जिसका उपयोग साइनोसॉइडल फंक्शन को प्रस्तुत करने के लिए किया जाता है। यह मूल से कोणीय वेग ω से, घड़ी-विरोधी दिशा के साथ घूमता है। विद्युत मात्रा जैसे धारा और विभव को कला आरेख (फेजर) के माध्यम से दर्शाया जाता है, जिसकी लंबाई परिमाण को प्रस्तुत करती है और तीर, दिशा को प्रस्तुत करता है। कलाओं (फेजरों) का ऊर्ध्वाधर घटक उन मात्राओं को प्रस्तुत करता है जो किसी दिए गए समीकरण के लिए परिवर्तनीय साइनोसॉइडल हैं। यहां, फेजरों का परिमाण, धारा (I_m) और विभव (V_m) के शिखर या अधिकतम मान का प्रतिनिधित्व करता है। चित्र 5.6 और चित्र 5.7 से, एक कला और साइनोसॉइडल फंक्शन के प्रतिनिधित्व के बीच, समय के संबंध में, संबंध देखा जा सकता है। ऊर्ध्वाधर अक्ष पर कला का प्रक्षेपण, मात्रा के मान को प्रस्तुत करता है। उदाहरण के लिए, धारा या विभव फेजर के मामले में, ऊर्ध्वाधर अक्ष पर कला का प्रक्षेपण, जो क्रमशः $I_m \sin\omega t$ और $V_m \sin\omega t$ द्वारा दिया जाता है, उस पल में धारा या विभव का मान देता है।

5.1.6 शुद्ध प्रतिरोधों, प्रेरकों और संधारित्रों में AC

5.1.6.1 शुद्ध प्रतिरोधक परिपथ

ओम के नियम से, $I = V/R$ or $V = I R$

जब एक प्रत्यावर्ती विभव V को शुद्ध प्रतिरोध *R* पर प्रयुक्त किया जाता है, तो प्रतिरोध के माध्यम से बहने वाली धारा का तात्कालिक मान होता है, $i = I_m \sin 2\pi f t$.

अधिकतम विभव के संदर्भ में V का मान रखने पर, और $I_m = V_m/R$, $v = V_m \sin 2\pi ft$

v और *i* के व्यंजकों से हम देखते हैं कि मात्राओं को चित्र 5.10 में दर्शाया जा सकता है। चित्र 5.11 में दिखाए गए एक शुद्ध प्रतिरोधक परिपथ के कला आरेख के अनुसार, विभव और धारा के लिए कला, सभी उदाहरणों के लिए एक ही दिशा में हैं, विभव और धारा के बीच कला कोण शून्य है, अर्थात कला अंतर शून्य है। इसलिए, शक्ति गुणांक या cosø का मान एक (यूनिटी) है।

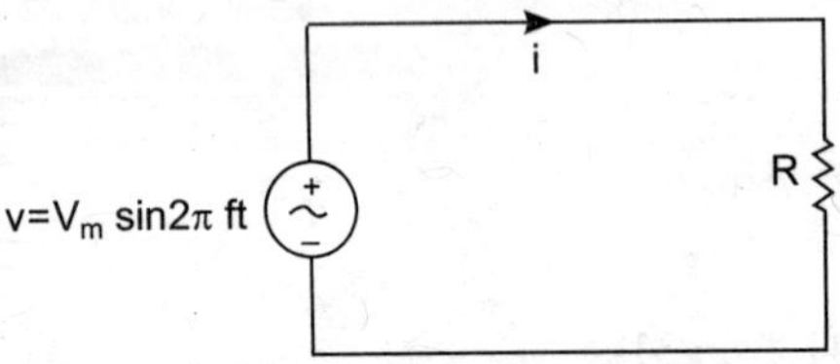

चित्र 5.9: AC स्रोत के साथ शुद्ध प्रतिरोधक परिपथ

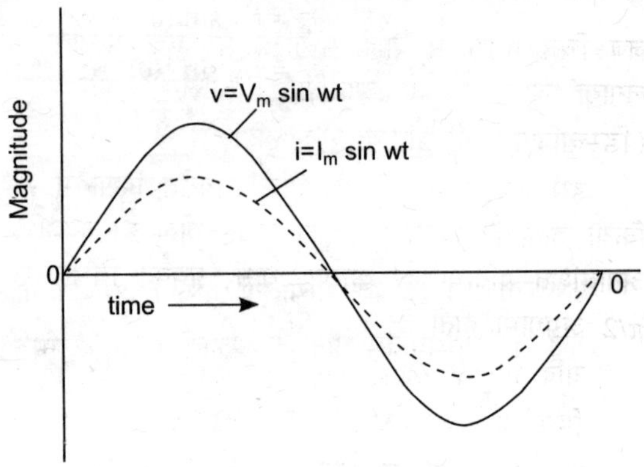

चित्र 5.10: AC इनपुट वोल्टेज के लिए एक शुद्ध प्रतिरोधक परिपथ की प्रतिक्रिया

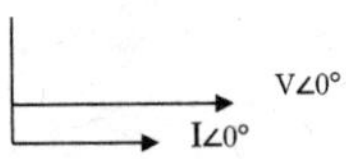

चित्र 5.11: कला आरेख

5.1.6.2 शुद्ध प्रेरकत्व परिपथ

जैसा कि चित्र 5.12 में दिखाया गया है, एक AC विभव एक शुद्ध प्रेरकत्व कुंडली से जुड़ा है। इसका परिणाम, स्व-प्रेरकत्व के कारण कुंडली में वि.वा.ब. प्रेरित हो रहा है। यह वि.वा.ब. कुंडली में प्रवाहित होने वाली धारा के परिवर्तन की दर पर निर्भर करती है। इस विरोध के कारण, धारा $\pi/2$ या 90° के कोण से, प्रयुक्त विभव से पिछड़ (पश्चगामी) जाता है।

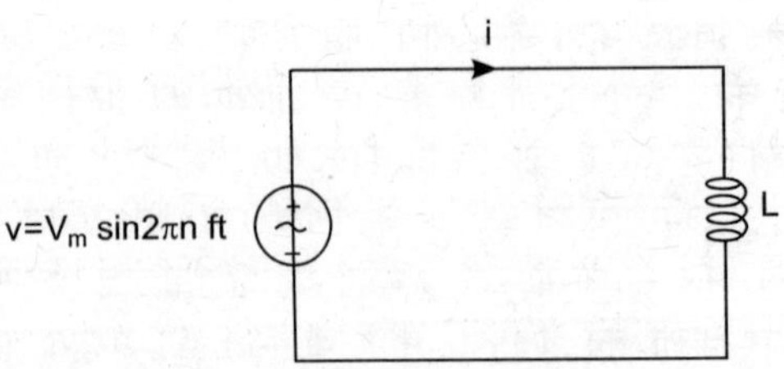

चित्र 5.12: AC के साथ शुद्ध प्रेरकत्व परिपथ

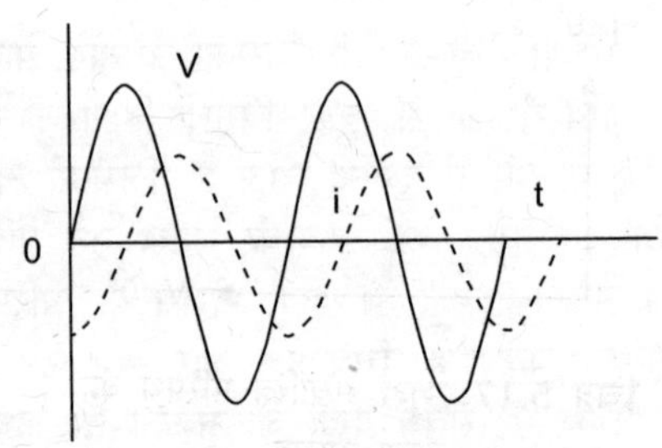

चित्र 5.13: AC इनपुट वोल्टेज के लिए शुद्ध प्रेरकत्व परिपथ की प्रतिक्रिया

Let $V = V_m \sin 2\pi f t$

$\therefore$ धारा का मान $i = I_m \sin\ (2\pi f\ t - \pi/2) = - I_m \cos 2\pi f t$

यह चित्र 5.13 में दिखाया गया है।

साथ ही, धारा का मान $I_m = V_m/\omega L$.

जहां "ωL" को "प्रेरक प्रतिघात" के रूप में जाना जाता है और इसे XL द्वारा दर्शाया जाता है। इसके अलावा, जहां L, हेनरी में प्रेरक का मान है और $= 2\pi f L$ ओम में मापा जाता है।

इस परिपथ में, विभव और धारा के बीच का कला अंतर 90° है, जैसा कि चित्र 5.14 में दिखाया गया है। अतः शक्ति गुणांक या $\cos\phi$ का मान शून्य होता है।

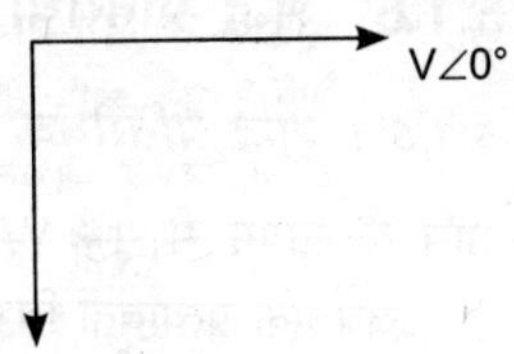

चित्र 5.14: शुद्ध प्रेरकत्व परिपथ का कला आरेख

5.1.6.3 शुद्ध संधारित्र परिपथ

जब चित्र 5.15 में शुद्ध संधारित्र पर एक प्रत्यावर्ती विभव लगाया जाता है, तो आवेशित (चार्जिंग) और अनावेशित (डिस्चार्जिंग) की प्रक्रिया शुरू होती है।

इसे एक दिशा में और फिर विपरीत दिशा में आवेशित किया जाता है। इससे धारा का प्रवाह होता है। आवेशित और अनावेशित प्रक्रिया के कारण, धारा, प्रयुक्त विभव से कोण $\pi/2$ अग्रगामी होती है।

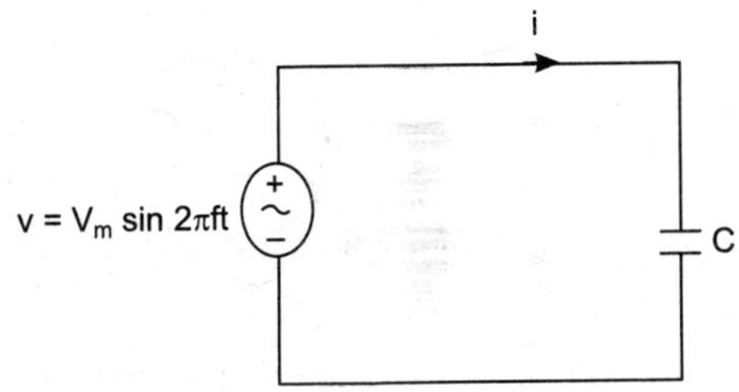

चित्र 5.15: AC के साथ शुद्ध संधारित्र परिपथ

यदि $V = V_m \sin 2\,\pi ft$

फिर धारा का मान $i = I_m \sin(2\pi ft + \pi/2)$

साथ ही, धारा का मान $I_m = V_m/(1/\omega C)$

जहां $1/\omega C$ प्रतिरोध की भूमिका निभाता है।

इसे "कैपेसिटिव प्रतिघात" के रूप में जाना जाता है और इसे X_C द्वारा दर्शाया जाता है।

जहां C, फैराड में संधारित्र का मान है, $\omega = 2\pi ft$, और X_C को ओम में मापा जाता है।

इस परिपथ में, विभव और धारा के बीच का कला अंतर 90° है जैसा कि चित्र 5.17 में दिखाया गया है। अतः शक्ति गुणांक या $\cos\phi$ का मान शून्य होता है।

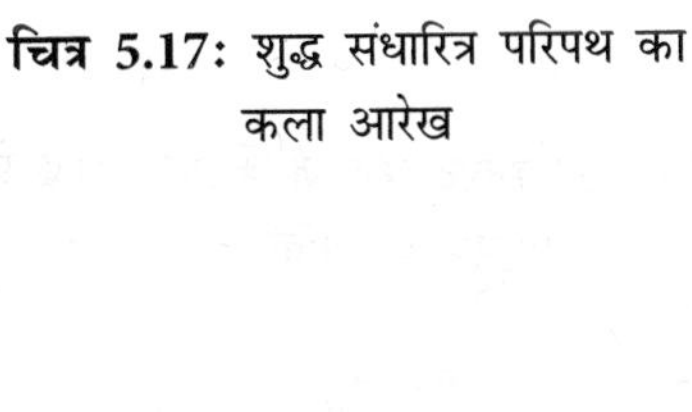

चित्र 5.17: शुद्ध संधारित्र परिपथ का कला आरेख

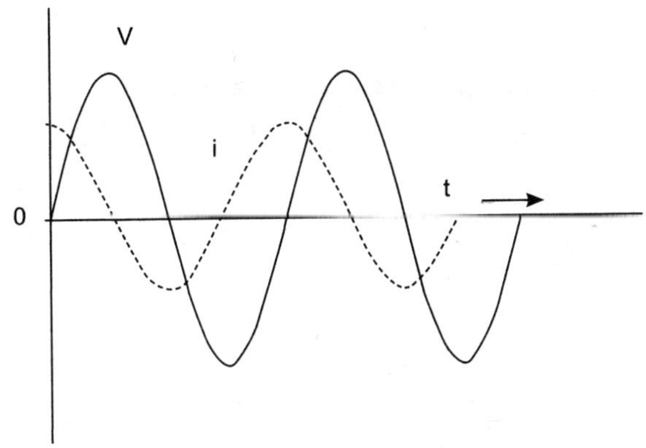

चित्र 5.16: AC इनपुट के लिए शुद्ध संधारित्र परिपथ की प्रतिक्रिया

अनुप्रयोग

प्रत्यावर्ती धारा

- दुनिया में लगभग हर घर AC से चलता है। AC की तुलना में, ऊष्मा के कारण अधिक शक्ति की हानि, आग पैदा करने के उच्च जोखिम, उच्च लागत, और परिणामित्र का उपयोग करके उच्च विभव को कम विभव में परिवर्तित करने के मुद्दों के कारण DC का आमतौर पर इन उद्देश्यों के लिए उपयोग नहीं किया जाता है।
- AC के साथ विद्युत जनित्र, और शक्ति वितरण प्रणाली का निर्माण करना भी संभव है जो DC की तुलना में कहीं अधिक कुशल हैं, और इसलिए यह देखा गया है कि AC का मुख्य रूप से उच्च शक्ति अनुप्रयोगों में दुनिया भर में उपयोग किया जाता है।
- जब बिजली की मोटर चलाने की बात आती है तो AC ही अधिक लोकप्रिय है, मोटर, एक ऐसा उपकरण है जो विद्युत ऊर्जा को यांत्रिक ऊर्जा में परिवर्तित करता है।
- हमारे द्वारा उपयोग किए जाने वाले अधिकांश घरेलू उपकरण AC पर निर्भर करते हैं जैसे रेफ्रिजरेटर, पंखे, वातानुकूलित (एयर-कंडीशनर), ओवन, टोस्ट सेंकने का यंत्र (टोस्टर) आदि।
- तीन बुनियादी, रैखिक निष्क्रिय घटक: प्रतिरोध (R), संधारित्र (C), और प्रेरक (L) को, AC के बहुत अनुप्रयोगों में उपयोग किया जाता है और साथ ही RC परिपथ, RL परिपथ, LC परिपथ, और RLC परिपथ, के रूप में जोड़ा जा सकता है, तथा समरूप यह भी इंगित करते हैं कि कौन से घटकों का उपयोग किया जा सकता है। उनमें से ये परिपथ, बड़ी संख्या में महत्वपूर्ण प्रकार के व्यवहार को दर्शाते हैं जो कई विद्युत और एनालॉग इलेक्ट्रॉनिक अनुप्रयोगों के लिए मौलिक हैं।

5.2 AC श्रेणी और समानांतर परिपथ

5.2.1 प्रस्तावना

विद्युत अभियांत्रिकी में, जब व्यावहारिक परिपथ का विश्लेषण किया जाता है, तो वे आम तौर पर प्रतिरोध, प्रेरक और संधारित्र के दो या अधिक तत्वों से युक्त होते हैं। इसलिए ऐसी कई स्थितियां बनती हैं, जिनमें AC श्रेणी (सीरीज) परिपथ से संबंधित विभिन्न घटकों की गणना की आवश्यकता होती है। AC मशीनों के प्रदर्शन का अध्ययन करने के लिए AC श्रेणी परिपथ का ज्ञान काफी आवश्यक है। इस खंड में, प्रतिरोध, प्रेरक और संधारित्र से युक्त AC श्रेणी परिपथ का वर्णन किया गया है।

5.2.2 प्रतिरोध - प्रेरक (R-L) परिपथ

पिछले खंड में, बदले में शुद्ध प्रतिरोध, प्रेरक और संधारित्र से युक्त परिपथ में प्रयुक्त AC विभव को समझाया गया था। हालाँकि, एक श्रेणी परिपथ में जब AC विभव को दो के संयोजन में प्रयुक्त किया जाता है, अर्थात एक परिपथ जिसमें शुद्ध प्रतिरोध R और श्रेणी में शुद्ध प्रेरक 'L' होता है, जैसा कि चित्र 5.18 में दिखाया गया है, R और L में प्रवाहित होने वाली धारा समान होगी और इसलिए, तात्कालिक मान भी समान होगा और r.m.s. और अधिकतम मान भी समान ही होगा। श्रेणी परिपथ के समाधान के लिए, I को संदर्भ के रूप में लिया जाता है।

चित्र 5.18: R-L श्रेणी परिपथ

मान लीजिए कि $i = I_m \sin \omega t$ प्रवाहित धारा का व्यंजक है। इससे R और L में विभव गिरता (ड्रॉप) होता है।

'R' के आर-पार तात्कालिक विभव ड्रॉप है,

$$V_R = iR = I_m \sin \omega t\, R \quad \text{...(समी. 5.11)}$$

और, 'L' के आर-पार तात्कालिक विभव ड्रॉप है,

$$V_L = L \frac{di}{dt} = L \frac{d}{dt} (I_m \sin \omega t) dt$$

$$= (I_m \cos \omega t)\, \omega L \quad \text{...(समी. 5.12)}$$

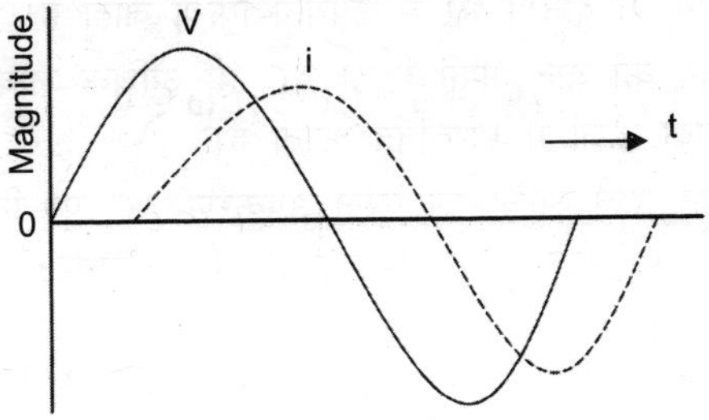

चित्र 5.19: AC इनपुट वोल्टेज के लिए R-L श्रेणी सर्किट की प्रतिक्रिया

फिर, आपूर्ति विभव का कुल तात्कालिक मान है

$$V = V_R + V_L$$

$$= I_m R \sin \omega t + I_m \omega L \cos \omega t$$

$$= I_m (R \sin \omega t + \omega L \cos \omega t)$$

स्थानापन्न करने पर

$$R = Z \cos \theta \text{ and } \omega L = X_L = Z \sin \theta; \quad \text{...(समी. 5.13)}$$

जहाँ Z को परिपथ का प्रतिबाधा कहा जाता है।

$$V = I_m [Z \cos \theta \sin \omega t + Z \sin \theta \cos \omega t]$$

$$= I_m Z [\cos \theta \sin \omega t + \sin \theta \cos \omega t]$$

$$= I_m Z[\sin (\omega t + \theta)]$$

$$= V_m \sin (\omega t + \theta) \quad \text{...(समी. 5.14)}$$

इस प्रकार, विभव, एक कोण θ द्वारा, धारा से लीड करता है, इसका मतलब यह भी है कि, धारा, एक प्रेरक परिपथ में, एक कोण θ द्वारा, विभव से लैगिंग करता है।

ज्ञात मापदंडों के संदर्भ में 0 का मान, अनुपात लेकर भी ज्ञात किया जाता है।

$$Z \sin \theta / Z \cos \theta = \tan \theta$$

or

$$\theta = \tan^{-1} \omega L/R \quad \text{...(समी. 5.15)}$$

यह 'ω' आवृत्ति का एक फलन है। दिए गए मापदंडों के संदर्भ में Z का मान है

$$R = Z \cos \theta \,;\, \omega L = Z \sin \theta.$$

इसे वर्ग करने और जोड़ने पर,

$$R^2 + \omega^2 L^2 = Z^2 (\cos^2\theta + \sin^2\theta) = Z^2$$

$$z = \sqrt{R^2 + \omega^2 L^2} \quad \text{...(समी. 5.16)}$$

चित्र 5.19, एक R-L परिपथ में विभव और धारा की विविधता को दर्शाता है।

परिपथ की कुल शक्ति, $P = VI \cos\theta$

जहां V और I विभव और धारा का r.m.s. मान है।

5.2.3 प्रतिरोध - संधारित्र (R-C) परिपथ

चित्र 5.20 में दर्शाए अनुसार RC परिपथ की तुलना R-L परिपथ से करने पर यह देखा जाता है

प्रतिबाधा $z = \sqrt{R^2 + 1/\omega^2 C^2}$ ...(समी. 5.17)

$I_m = V_m/Z; \tan\theta = X_C/R. \text{ or } \theta = \tan^{-1} 1/(\omega C R)$ ...(समी. 5.18)

$\cos\theta = R/Z$

$i = I_m \sin(2\pi ft + \phi)$ ...(समी. 5.19)

क्योंकि धारा विभव को ϕ कोण से लीड करती है।

परिपथ की कुल शक्ति, $P = VI \cos\phi$

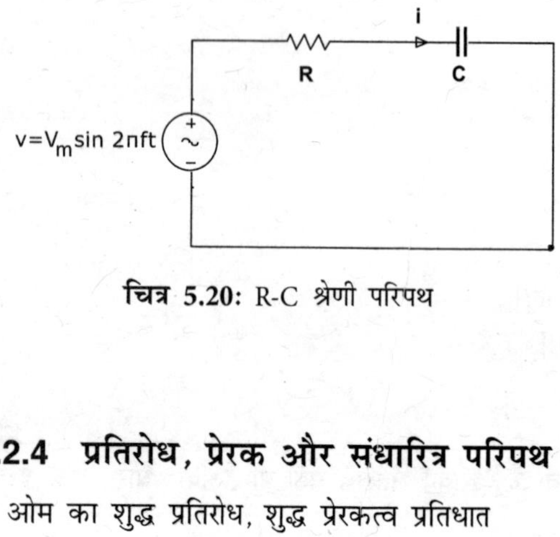

चित्र 5.20: R-C श्रेणी परिपथ

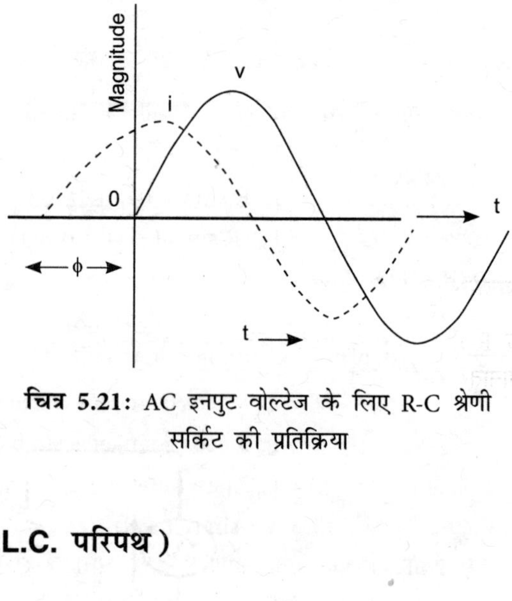

चित्र 5.21: AC इनपुट वोल्टेज के लिए R-C श्रेणी सर्किट की प्रतिक्रिया

5.2.4 प्रतिरोध, प्रेरक और संधारित्र परिपथ (R.L.C. परिपथ)

R ओम का शुद्ध प्रतिरोध, शुद्ध प्रेरकत्व प्रतिधात

X_L ओम का और X_C ओम का शुद्ध संधारित्र प्रतिधात

AC विभव में श्रेणी में जुड़े हुए हैं,

$v = V_m \sin 2\pi ft$ जैसा कि चित्र 5.22 में दिखाया गया है।

इस मामले में, धारा का कुल संयुक्त प्रतिरोध द्वारा विरोध किया जाता है जिसे प्रतिबाधा के रूप में जाना जाता है। प्रतिबाधा में प्रतिरोध R और शुद्ध प्रतिघात X शामिल हैं।

शुद्ध (नेट) प्रतिघात व्यक्त किया जाता है $X = X_L - X_C$, when $X_L > X_C$

या $X = X_C - X_L$, when $X_C > XL$

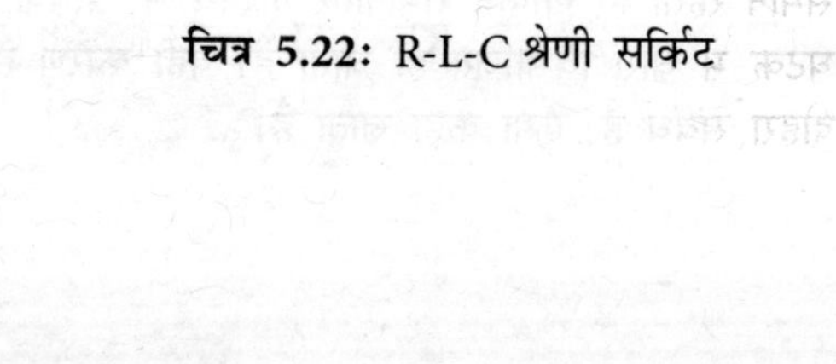

चित्र 5.22: R-L-C श्रेणी सर्किट

इस प्रकार, प्रतिबाधा $z=\sqrt{R^2+X^2}$ or $Z=\sqrt{R^2+(X_L-X_C)^2}$ or $Z=\sqrt{R^2+(X_C-X_L)^2}$ ...(समी. 5.20)

धारा का मान $(I_m) = \frac{V_m}{Z}$; शक्ति गुणांक का मान $(\cos\phi) = \frac{R}{Z}$; और कला कोण $(\phi) = \cos^{-1}\frac{R}{Z}$.

प्रतिबाधा त्रिभुज

प्रतिबाधा त्रिभुज एक समकोण त्रिभुज है जिसका आधार, लंबवत और कर्ण क्रमशः

प्रतिरोध 'R', प्रतिघात 'X' और प्रतिबाधा 'Z' को दर्शाता है, जैसा कि चित्र 5.23 में दिखाया गया है। यह मूल रूप से परिपथ प्रतिबाधा का एक ज्यामितीय प्रतिनिधित्व है।

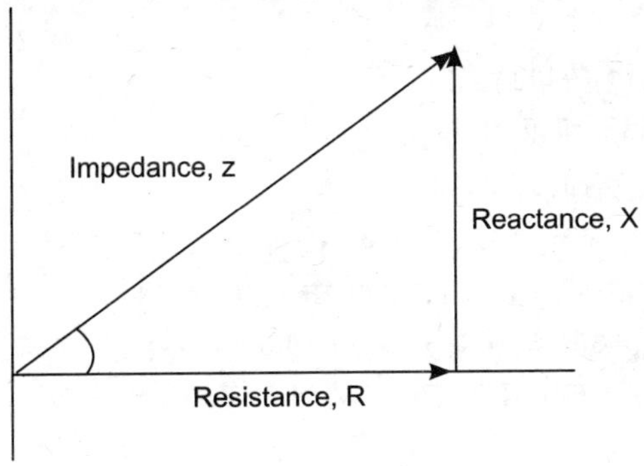

चित्र 5.23: प्रतिबाधा त्रिभुज

समानांतर R-L-C परिपथ

एक R-L-C परिपथ पर विचार करें जिसमें प्रतिरोध, प्रेरक और संधारित्र एक दूसरे के समानांतर में जुड़े हुए हैं। यह समानांतर संयोजन में आपूर्ति (सप्लाई), विभव V, द्वारा की जाती है जैसा कि चित्र 5.24 में दिखाया गया है।

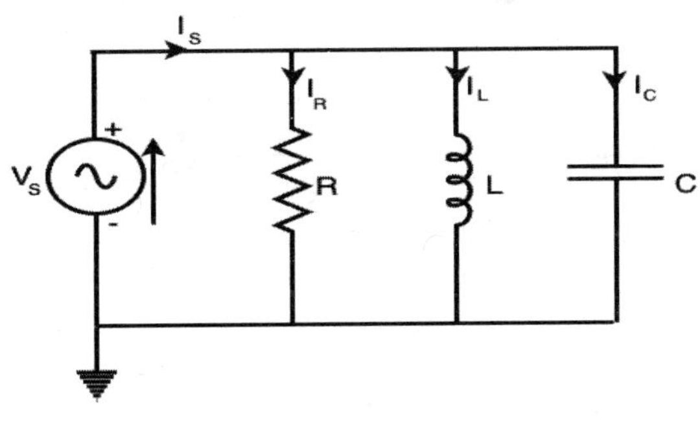

चित्र 5.24: समानांतर R-L-C परिपथ

श्रेणी R-L-C परिपथ में, सभी तीन घटकों अर्थात प्रतिरोध, प्रेरक और संधारित्र के माध्यम से बहने वाली धारा, समान रहती है, लेकिन समानांतर परिपथ में, प्रत्येक तत्व में विभव, समान रहता है और प्रतिबाधा के आधार पर प्रत्येक घटक में धारा विभाजित हो जाती है। यही कारण है कि समानांतर R-L-C परिपथ को श्रेणी R-L-C परिपथ के साथ दोहरा संबंध है, ऐसा कहा जाता है।

आपूर्ति से प्रवाहित गई कुल धारा, प्रतिरोध, प्रेरक और संधारित्र धारा के सदिश योग के बराबर है, न कि तीन अलग-अलग शाखा धाराओं का गणितीय योग, क्योंकि प्रतिरोध, प्रेरक और संधारित्र में प्रवाहित धारा, एक दूसरे के साथ, एक ही कला में नहीं है, इसलिए उन्हें अंकगणितीय रूप से नहीं जोड़ा जा सकता है।

किरचॉफ के धारा नियम को लागू करें, जिसमें कहा गया है कि एक संधि या नोड में प्रवेश करने वाली धाराओं का योग उस संधि या नोड से निकलने वाली धारा के योग के बराबर होता है,

$$I_S^2 = I_R^2 + (I_L - I_C)^2$$

समानांतर R-L-C परिपथ का कला आरेख

मान लीजिए आपूर्ति विभव V है;

I_S, कुल धारा स्रोत;

I_R, प्रतिरोध के माध्यम से बहने वाली धारा;

I_C, संधारित्र के माध्यम से बहने वाली धारा;

I_L, प्रेरक के माध्यम से बहने वाला प्रवाह; तथा

θ, आपूर्ति विभव और धारा के बीच कला कोण अंतर।

समानांतर R-L-C परिपथ के कला आरेख को खींचने के लिए, विभव को संदर्भ के रूप में लिया जाता है क्योंकि प्रत्येक तत्व में विभव समान रहता है और अन्य सभी धाराएं यानी I_R, I_C, I_L विभव सदिश (वेक्टर) के सापेक्ष खींची जाती हैं। प्रतिरोध के मामले में, विभव और धारा एक ही कला में हैं; धारा सदिश I_R को, विभव के समान कला और दिशा में खींचा जाता है। संधारित्र के मामले में, धारा, विभव से 90° लीड करती है, इसलिए I_C सदिश को विभव सदिश V, से 90° लीडिंग खींचा जाता है। प्रेरक के लिए, धारा सदिश (I_L), विभव से 90° पीछे रहता है, इसलिए विभव सदिश V, से I_L को 90° लैगिंग खींचा जाता है। I_R, I_C और I_L का परिणामी धारा यानी I_S, विभव सदिश के संबंध में θ के कला कोण अंतर पर है, जैसा कि चित्र 5.25(a) में दिखाया गया है।

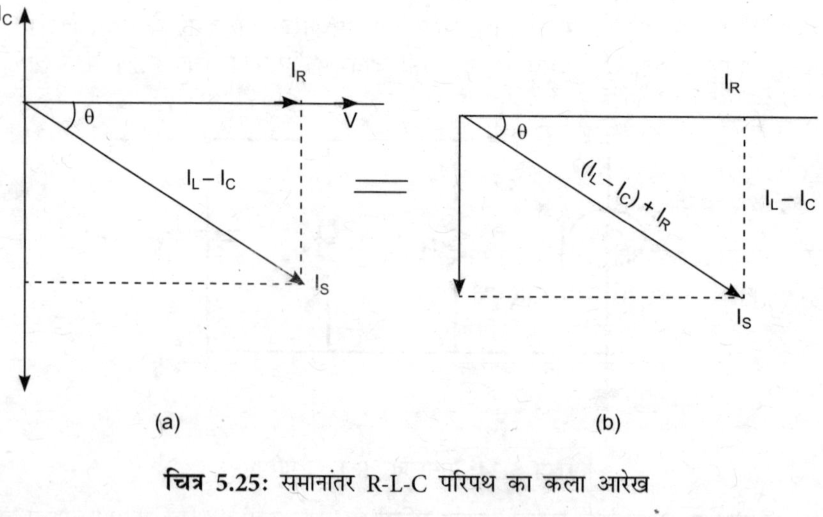

चित्र 5.25: समानांतर R-L-C परिपथ का कला आरेख

कला आरेख को सरल करते हुए, सरलीकृत कला आरेख प्राप्त किया जाता है जैसा कि चित्र 5.25 (b) में दाहिने हाथ की ओर दिखाया गया है। पाइथागोरस प्रमेय को समानांतर R-L-C परिपथ के कला आरेख पर लागू करने पर,

$$I^2_S = I^2_R + (I_L - I_C)^2$$

क्योंकि $I_R = V/R$, $I_C = V/X_C$, और $I_L = V/X_L$, I_R, I_C, I_L के मान को उपरोक्त समीकरण में प्रतिस्थापित करने पर,

$$I_s = \sqrt{\left(\frac{V}{R}\right)^2 + \left(\frac{V}{X_L} - \frac{V}{X_C}\right)^2}$$

सरलीकरण पर एडमिटैंस, $Y = \frac{1}{z} = \frac{I_s}{V}\sqrt{\left(\frac{1}{R}\right)^2 + \left(\frac{1}{X_L} - \frac{1}{X_C}\right)^2}$ ...(समी. 5.21)

जैसा कि ऊपर समानांतर R–L–C परिपथ में प्रतिबाधा, Z के समीकरण में दिखाया गया है, Z के प्रत्येक तत्व के इनवर्स (1/Z) यानी एडमिटैंस, Y है। समानांतर R-L-C परिपथ को हल करने के लिए, यह सुविधाजनक है यदि प्रत्येक शाखा का एडमिटैंस निकाला जाता है और प्रत्येक शाखा के एडमिटैंस को जोड़कर परिपथ के कुल एडमिटैंस का पता लगाया जा सकता है।

श्रेणी R-L-C परिपथ में अनुनाद

AC परिपथ में अनुनाद (रेजोनेंस) का तात्पर्य प्रतिरोध, प्रेरक और संधारित्र के मूल्यों द्वारा निर्धारित एक विशेष आवृत्ति से है, प्रेरक प्रतिघात $X_L = \omega L$ या $X_L = 2\pi f L$ और संधारित्र प्रतिघात $X_C = 1/(\omega C)$ या $X_C = 1/(2\pi f C)$; जहां f (एफ) आवृत्ति है, L (एल) हेनरी में प्रेरक है और C (सी) फैराड में संधारित्र है।

आवृत्ति के निश्चित मान पर, ऐसा हो सकता है कि X_L का मान = X_C का मान हो। इस स्तर पर, शुद्ध (नेट) प्रतिघात शून्य होगा। श्रेणी परिपथ जिसमें, शुद्ध (नेट) प्रतिघात शून्य हो जाता है; "विद्युत अनुनाद" कहा जाता है। जिस आवृत्ति पर ऐसा होता है उसे "अनुनाद आवृत्ति" के रूप में जाना जाता है जिसे समीकरण $X_L = X_C$ का उपयोग करके प्राप्त किया जा सकता है।

इसका मान समी. द्वारा दिया जाता है $f_x = \frac{1}{2\pi\sqrt{LC}}$ ...(समी. 5.22)

अनुनाद आवृत्ति पर, यह देखा जाता है कि $Z = R$ ओम और धारा का केवल प्रतिरोध द्वारा विरोध किया जाता है और इसलिए, यह न्यूनतम प्रतिबाधा, अधिकतम धारा और शून्य कला की विशेषता है।

समानांतर R-L-C परिपथ में अनुनाद

श्रेणी R-L-C परिपथ की तरह, समानांतर R-L-C परिपथ भी अनुनाद आवृत्ति नामक विशेष आवृत्ति पर प्रतिध्वनित होता है यानी ऐसी आवृत्ति होती है जिस पर प्रेरक प्रतिघात, संधारित्र प्रतिघात के बराबर हो जाता है लेकिन श्रेणी R-L-C परिपथ के विपरीत, समानांतर R-L-C परिपथ में प्रतिबाधा अधिकतम हो जाती है और परिपथ पूरी तरह से प्रतिरोधक परिपथ व्यवहार करता है तथा परिपथ के शक्ति कारक के मान को 'एक' की ओर ले जाता है।

हल किये गए प्रश्न

उदाहरण 5.2.1: एक श्रेणी परिपथ में 6 Ω का प्रतिरोध और 8 Ω का प्रेरक प्रतिघात है। इसमें 141.4 V (r.m.s.) का विभवान्तर लगाया जाता है। एक निश्चित क्षण में, लागू विभव + 100 V है, और बढ़ रहा है। इस क्षण पर गणना करें, (i) धारा (ii) प्रतिरोध में विभव ड्रॉप और (iii) प्रेरक प्रतिघात में विभव ड्रॉप।

हल: $Z = R + jX = 6 + j8 = 10\angle 53.1°$

यह दर्शाता है कि धारा, आपूर्ति विभव से 53.1° पीछे है। मान लीजिए V को संदर्भ मात्रा के रूप में लिया जाता है।

तब $v = (141.4 \times \sqrt{2})\sin\omega t = 200 \sin\omega t$; $I_m = V_m/Z = 20$; $i = 20 \sin(\omega t - 53.1°)$

(i) जब विभव है +100 V और बढ़ रहा है; $100 = 200 \sin\omega t$; $\sin\omega t = 0.5$; $\omega t = 30°$

इस क्षण में, धारा होता है $i = 20 \sin(30° - 53.1°) = -20 \sin 23.1° = -7.847$ A

(ii) प्रतिरोध में विभव ड्रॉप $iR = -7.847 \times 6 = -47$ V

(iii) आइए सबसे पहले प्रेरक प्रतिबाधा में विभव ड्रॉप V_L को समीकरण से निकाले। विभव ड्रॉप का अधिकतम मान $I_m X_L = 20 \times 8 = 160$ V. यह धारा से 90° अग्रगामी होता है। चूँकि धारा अपने आप, आपूर्ति विभव से 53.1° पश्चगामी है, रिएक्टिव विभव ड्रॉप, आपूर्ति विभव में $(90° - 53.1°) = 36.9°$ होगा। इसलिए, इस विभव ड्रॉप का समीकरण तत्काल में, जब $\omega t = 30°$ है,

$$V_L = 160 \sin(30° + 36.9°) = 160 \sin 66.9° = 147.2 \text{ V}.$$

उदाहरण 5.2.2: एक गैर-प्रेरक प्रतिरोध के माध्यम से 5A की धारा, श्रेणी में प्रेरक (चोकिंग) कुण्डली स्विच करने पर, प्रवाहित होती है, जब 250-V, 50-हर्ट्ज पर आपूर्ति की जाती है। यदि प्रतिरोध के समानान्तर विभव 125 V है और कुंडली के समानान्तर 200 V है, तो गणना कीजिए (a) कुंडल की प्रतिबाधा, प्रतिघात और प्रतिरोध (b) कुंडल द्वारा अवशोषित शक्ति और (c) कुल शक्ति। सदिश (वेक्टर) आरेख बनाएं।

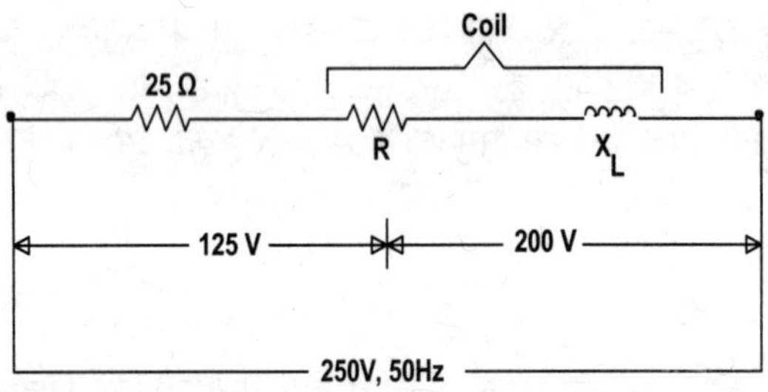

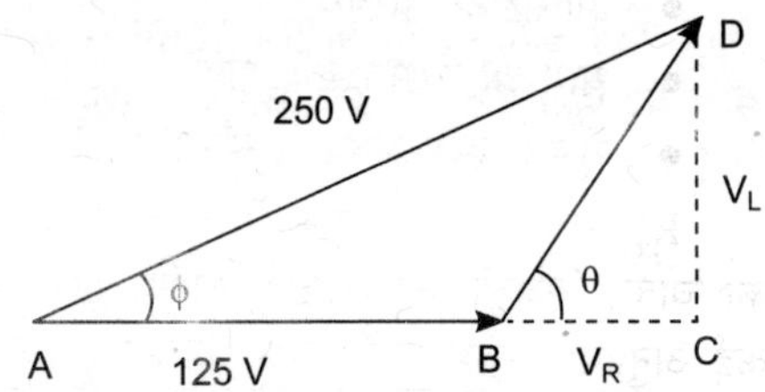

हल: I = 5 A

जैसा कि खींचे गए सदिश आरेख से देखा गया है,

$$BC^2 + CD^2 = 200^2 \quad ...(i)$$

$$(125 + BC)^2 + CD^2 = 250^2 \quad ...(ii)$$

समी. (i) से (ii) को घटाने से, हमें मिलता है,

$$(125 + BC)^2 - BC^2 = 250^2 - 200^2$$

$$\therefore \quad BC = 27.5 \text{ V}; CD$$

$$= 200 - 27.5 = 198.1 \text{ V}$$

(a) कुंडल की प्रतिबाधा $200/5 = 40\ \Omega$

$V_R = IR = BC$ या

$5R = 27.5$

$\therefore \quad R = 27.5/5 = 5.5\Omega$

और $V_L = I.X_L = CD = 198.1$

$\therefore$ $X_L = 198.1/5 = 39.62\ \Omega$

या $X_L = 40 - 5.5 = 39.62\ \Omega$

(b) कुंडल द्वारा अवशोषित शक्ति = कुंडली के समानान्तर विभव $\times$ धारा $\times \cos\theta$

$= 200 \times 5 \times 27.5/200 = 137.5W$

साथ ही $P = I^2 R = 52 \times 5.5 = 137.5W$

(c) कुल शक्ति $= VI \cos\varphi = 250 \times 5 \times AC/AD$

$= 250 \times 5 \times 152.5/250 = 762.5\ W$

शक्ति की गणना $I^2 R$ का उपयोग करके भी की जा सकती है

श्रेणी प्रतिरोध $125/5 = 25\ \Omega$

कुल परिपथ प्रतिरोध $25 + 5.5 = 30.5\ \Omega$

$\therefore$ कुल शक्ति $= 52 \times 30.5 = 762.5\ W$

अनुप्रयोग

R-C और R-L-C परिपथ के अनुप्रयोगों में निम्नलिखित शामिल हैं:

- RF एम्पलीफायर
- ऑसिलेटर परिपथ
- धारा या विभव की वृद्धि
- रेडियो तरंग प्रेषक (ट्रांसमीटर)
- फिल्टरिंग परिपथ
- सिग्नल प्रोसेसिंग
- आवृत्ति, आयाम मॉड्यूलेशन परिपथ

RL संयोजन तुलनात्मक रूप से महंगा है, इसलिए यह बहुत कम उपकरणों में पाया जाता है, जैसे ट्यूब लाइट का चोक, बिजली की आपूर्ति, आदि। LC और RLC परिपथ इलेक्ट्रॉनिक रेजोनेटर के रूप में व्यवहार करते हैं, जो कई अनुप्रयोगों जैसे ऑसिलेटर, फिल्टर, ट्यूनर, मिश्रण-यन्त्र, संपर्क रहित कार्ड, ग्राफिक्स टैबलेट, इलेक्ट्रॉनिक लेख निगरानी (सुरक्षा टैग) में एक प्रमुख घटक हैं, आदि।

5.3 AC शक्ति और तीन कला परिपथ

5.3.1 प्रस्तावना

पिछली इकाइयों में, एकल कला परिपथ पर चर्चा की गई थी। आजकल, तीन कला प्रणालियाँ सबसे अधिक उपयोग की जाने वाली प्रणालियाँ हैं। अधिकांश विद्युत मशीनें तीन- कला प्रणाली पर काम कर रही हैं। इतना ही नहीं, विद्युत ऊर्जा का पूर्ण उत्पादन, संचरण वितरण के साथ-साथ उपयोग तीन कला प्रणाली पर आधारित है। तीन कला मोटर्स का उपयोग फ्लोर मिल और अधिकांश उद्योगों में किया जाता है। घर में सामान्य रूप से उपयोग किए जाने वाले स्विच डबल पोल प्रकार के होते हैं, जबकि उद्योगों में उपयोग किए जाने वाले स्विच 'ट्रिपल पोल' प्रकार के होते हैं क्योंकि तीन कला की आपूर्ति आमतौर पर उद्योगों में उपयोग की जाती है। इसलिए त्रि-कला प्रणाली की मूल बातें सीखना आवश्यक है।

5.3.2 तीन कला प्रणाली के लाभ

एकल कला प्रणाली की तुलना में तीन कला प्रणाली के मामले में कुछ फायदे हैं जो इस प्रकार हैं।

(i) तीन कला प्रणाली में शक्ति एकल कला प्रणाली की तुलना में लगभग तीन गुना होती है।

(ii) एकल-कला प्रणाली में उपलब्ध केवल एक विभव की तुलना में, स्टार संयोजन के मामले में तीन-कला प्रणाली में विभव का मान, तीन कला और लाइन विभव में होता है।

(iii) एकल-कला प्रणाली में ट्रांसमिटेड शक्ति की तुलना में तीन-कला प्रणाली में बड़ी मात्रा में शक्ति ट्रांसमिट की जा सकती है।

(iv) एक ही आउटपुट और गति के लिए, तीन कला प्रणाली पर चलने वाली मोटरों का पावर फैक्टर (पी.एफ.), एकल कला की मोटर्स से, ज्यादा होता है।

(v) तीन कला धाराएं घूर्णन चुंबकीय क्षेत्र (जो AC मोटर के संचालन के लिए आवश्यक है) उत्पन्न कर सकती हैं जबकि एकल कला आपूर्ति केवल स्पंदनशील (पल्सेटिंग) क्षेत्र का उत्पादन कर सकती है।

5.3.3 स्टार और डेल्टा संयोजन

तीन कला परिपथ को दो तरह से जोड़ा जा सकता है।

(i) स्टार संयोजन

स्टार संयोजन में जैसा कि चित्र 5.26 में दिखाया गया है, बिंदु N बनाने के लिए एक कुण्डली या प्रतिरोध के तीन सिरों को एक साथ शॉर्ट किया जाता है। यह जंक्शन एक न्यूट्रल बिंदु के रूप में कार्य करता है। शेष तीन सिरे जिन्हें R, Y और B नाम दिया गया है, आपूर्ति टर्मिनल होते हैं।

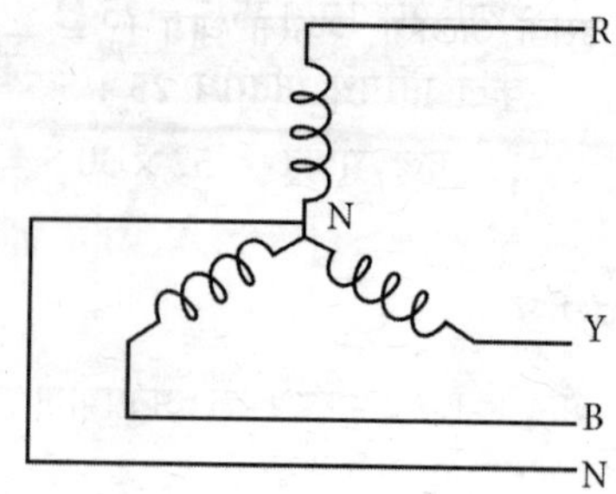

चित्र 5.26: स्टार संयोजन

(ii) डेल्टा संयोजन

डेल्टा संयोजन में दो सिरे, एक कुण्डली या प्रतिरोध से और, दूसरे कुण्डली या प्रतिरोध से एक साथ जोड़े जाते हैं। इस प्रकार, यहां तीन जंक्शन बनते हैं जैसा कि चित्र 5.27 में दिखाया गया है। R, Y और B नामक तीन जंक्शन आपूर्ति टर्मिनल है।

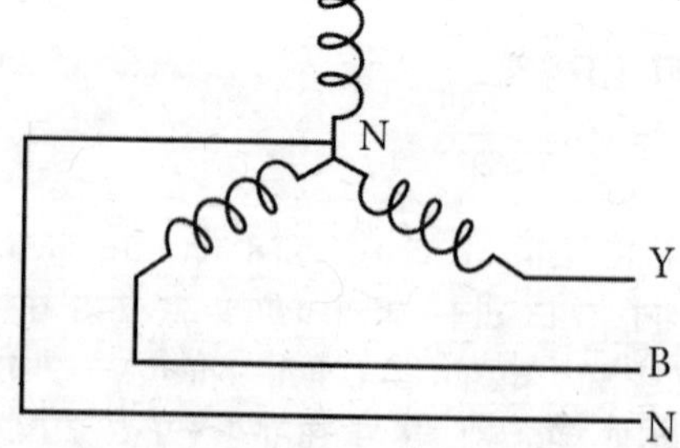

चित्र 5.27: डेल्टा संयोजन

5.3.4 विभव और धारा के लाइन और कला के मान के बीच संबंध

तीन कला संयोजन के मामले में, दो बाहरी चालको या लाइनों के बीच के विभव को 'लाइन विभव' कहा जाता है। इसे V_L द्वारा निरूपित किया जाता है। प्रत्येक कुण्डली या कला में विभव को 'कला विभव' कहा जाता है। इसे V_P द्वारा निरूपित किया जाता है। इसी प्रकार बाहरी चालक या लाइन में बहने वाली धारा को 'लाइन धारा' कहा जाता है।

इसे I_L द्वारा निरूपित किया जाता है। किसी कुण्डली या कला में बहने वाली धारा को 'कला धारा' कहते हैं। इसे I_P द्वारा दर्शाया जाता है। इन सभी को चित्र 5.28 और चित्र 5.29 में दिखाया गया है, और यह स्टार और डेल्टा संयोजन के मामले में V_L और V_P, I_L और I_P के बीच संबंध निकालने में मदद करेगा।

5.3.4.1 स्टार संयोजन

स्टार संयोजन में जैसा कि चित्र 5.28 में दिखाया गया है, यह देखा गया है कि लाइन धारा, कला धारा के बराबर है

अर्थात $$I_L = I_p \qquad \text{...(समी. 5.23)}$$

विभव के संबंध में, लाइन विभव √3 गुना कला विभव के बराबर है

अर्थात $$V_L = \sqrt{3}\ V_p \text{ or } V_p = V_L / \sqrt{3} \qquad \text{...(समी. 5.24)}$$

इसके अलावा, श्कला धारा $$I_p = \frac{\text{कला विभव } (V_p)}{\text{प्रतिबाधा प्रति कला } (Z)} \qquad \text{...(समी. 5.25)}$$

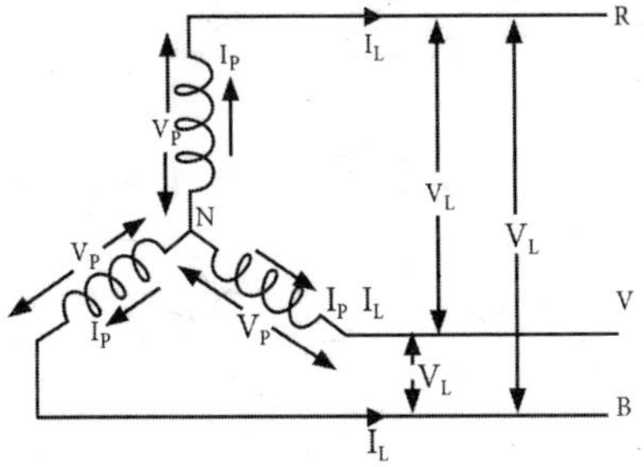

चित्र 5.28: वोल्टेज और धारा के साथ स्टार संयोजन

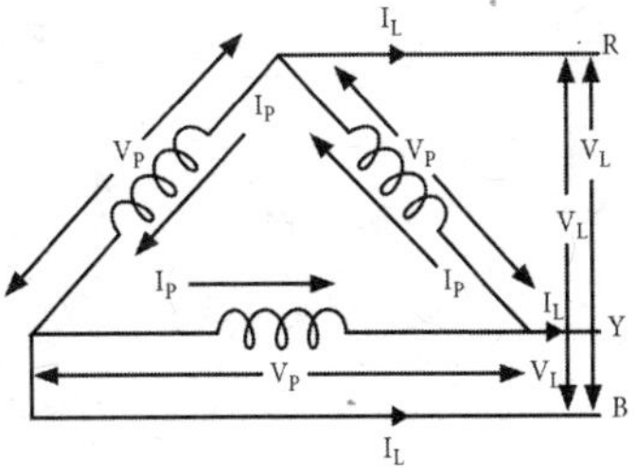

चित्र 5.29: वोल्टेज और धारा के साथ डेल्टा संयोजन

डेल्टा संयोजन के लिए जैसा कि चित्र 5.29 में दिखाया गया है, यह देखा जाता है कि लाइन विभव कला विभव के बराबर है

अर्थात $$V_L = V_p \qquad \text{...(समी. 5.26)}$$

लाइन धारा √3 गुना कला धारा के बराबर है

अर्थात $$I_L = \sqrt{3}\ I_p \text{ or } I_p = I_L/\sqrt{3} \qquad \text{...(समी. 5.27)}$$

और, कला धारा $$I_p = \frac{\text{कला विभव } (V_p)}{\text{प्रतिबाधा प्रति कला } (Z)} \qquad \text{...(समी. 5.28)}$$

5.3.5 विद्युत शक्ति

शक्ति वह दर है जिस पर कार्य किया जाता है, या वह दर जिस पर ऊर्जा खर्च की जाती है। कार्य को अक्सर जूल में व्यक्त किया जाता है। विद्युत शब्दों में, एक जूल कार्य तब पूरा होता है जब एक वोल्ट के विभव के कारण एक कूलॉम इलेक्ट्रॉन एक परिपथ से होकर गुजरता है। जब यह कार्य एक सेकंड में पूरा हो जाता है, तो यह एक वाट के बराबर होता है। ज्यादातर, बिजली के उपकरणों को वाट में मूल्यांकन (रेट) किया जाता है। एक वाट, शक्ति की मूल इकाई है। एक वाट को उस कार्य की मात्रा के रूप में भी परिभाषित किया जाता है जो तब पूरा होता है जब एक वोल्ट का विभव एक एम्पियर धारा को एक परिपथ से गुजरने का कारण बनता है। शक्ति, विभव और धारा के बीच का यह संबंध निम्न सूत्र द्वारा व्यक्त किया जाता है:

$$\text{शक्ति} = \text{वोल्ट} \times \text{एम्पीयर}$$

या $$P = V \times I$$

ओम के नियम के अन्य घटकों के संदर्भ में, शक्ति के सूत्र को दो अन्य तरीकों से निम्नानुसार दर्शाया जा सकता है:

$$P = I^2R \text{ or } P = V^2/R \qquad \text{...(समी. 5.29)}$$

जहां P वाट में शक्ति है या वोल्ट-एम्पीयर (VA), V वोल्ट में विभव है, I एम्पीयर में धारा है, R ओम में प्रतिरोध है।

5.3.6 शक्ति त्रिभुज

शक्ति त्रिभुज एक समकोण त्रिभुज का प्रतिनिधित्व है जिसकी भुजाएँ वास्तविक, प्रतिकारक (रिएक्टिव) और आभासी शक्ति का प्रतिनिधित्व करती हैं। इस समकोण त्रिभुज का आधार, लंबवत और कर्ण क्रमशः वास्तविक, प्रतिकारक और आभासी शक्ति को दर्शाता है।

जब धारा के प्रत्येक घटक जो सक्रिय घटक (I cosΦ) या प्रतिकारक घटक (I sinΦ) है, को विभव V से गुणा किया जाता है, तो एक शक्ति त्रिकोण प्राप्त होता है जिसे चित्र 5.30 में दिखाया गया है।

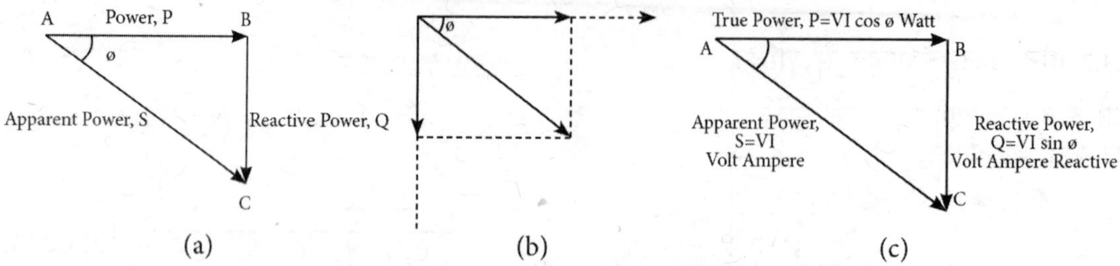

चित्र 5.30: शक्ति त्रिभुज

चित्र 5.30(a) एक शक्ति त्रिभुज दिखाता है। भुजा AB, BC और AC क्रमशः P, Q और S को दर्शाती है। शक्ति त्रिभुज, चित्र 5.30(b) में दिखाए गए कला आरेख से प्राप्त होता है। AC परिपथ में वास्तव में खपत या उपयोग की जाने वाली शक्ति को वास्तविक शक्ति या सक्रिय शक्ति कहा जाता है। इकाई वाट है और इसे किलोवाट (kW) या मेगावाट (MW) में मापा जाता है। वह शक्ति जो आगे और पीछे प्रवाहित होती है अर्थात वह परिपथ में दोनों दिशाओं में गति करती है या उस पर प्रतिक्रिया करती है, रिएक्टिव शक्ति कहलाती है। प्रतिकारक शक्ति को किलोवोल्ट-एम्पीयर रिएक्टिव (KVAR) या MVAR में मापा जाता है। विभव और धारा के रूट माध्य वर्ग (r.m.s.) मान के गुणन को आभासी शक्ति के रूप में जाना जाता है। इस शक्ति को kVA या MVA में मापा जाता है।

प्रत्यावर्ती धारा (Ep 4)

इन राशियों के बीच संबंध को चित्र 5.30(c) में दर्शाए गए चित्रमय प्रतिनिधित्व द्वारा समझाया गया है जिसे शक्ति त्रिकोण कहा जाता है।

- जब धारा के एक सक्रिय घटक को परिपथ विभव V से गुणा किया जाता है, तो इसका परिणाम सक्रिय शक्ति में होता है। यह वह शक्ति है जो मोटर में टॉर्क, हीटर में गर्मी आदि पैदा करती है। इस शक्ति को वाटमीटर द्वारा मापा जाता है।
- जब धारा के रिएक्टिव घटक को परिपथ विभव से गुणा किया जाता है, तो यह रिएक्टिव शक्ति देता है। यह शक्ति कारक को निर्धारित करती है, और यह परिपथ में दोनों दिशाओं में बहती है।
- जब परिपथ धारा को परिपथ विभव से गुणा किया जाता है, तो इसका परिणाम, आभासी शक्ति में होता है।

डेल्टा Y(Pi-T) रूपांतरण

- शक्ति के ऊपर दिखाए गए शक्ति त्रिभुज से, वास्तविक शक्ति और आभासी शक्ति के अनुपात से, शक्ति कारक निर्धारित किया जा सकता है।

$$\text{शक्ति कारक} = \frac{\text{वास्तविक शक्ति}}{\text{आभासी शक्ति}} = \frac{KW}{KVA} \quad \text{...(समी. 5.30)}$$

मूल रूप से, शक्ति, का मतलब विभव और धारा का गुणनफल है, लेकिन AC परिपथ में शुद्ध प्रतिरोधक परिपथ को छोड़कर आमतौर पर विभव और धारा के बीच एक कला अंतर होता है और इस प्रकार VI परिपथ में वास्तविक या रिअल शक्ति नहीं देता है।

∴ वास्तविक शक्ति, $P = VI \cos ø$. ...(समी. 5.31)

एक शुद्ध प्रेरक या शुद्ध संधारित्र के लिए, परिपथ में खपत की गई शक्ति शून्य होती है, क्योंकि कला कोण 90° है। हालांकि, शुद्ध प्रतिरोधक परिपथ के मामले में खपत की गई शक्ति जो $P = VI$ वाट द्वारा दी गई है। जहां V और I r.m.s., विभव और धारा के मान हैं।

5.3.7 तीन कला संयोजन में शक्ति

स्टार और डेल्टा संयोजन के लिए प्रत्येक कला में खपत की जाने वाली शक्ति VpIpcosΦ है। परिपथ में कुल शक्ति, तीन कला शक्तियों का योग है।

∴ कुल खपत की गई शक्ति दी गई है

$$W = 3Vp\ Ip \cos ø \quad \text{...(समी. 5.32)}$$

अब $I_p = I_L$; $Vp = V_L/\sqrt{3}$ स्टार संयोजन के लिए और $V_p = V_L$; $I_p = I_L/\sqrt{3}$ डेल्टा संयोजन के लिए

V_p और I_p के इन कला मान को लाइन मान यानी V_L और I_L में परिवर्तित करना, स्टार और डेल्टा संयोजन दोनों में कुल शक्ति के लिए उपरोक्त अभिव्यक्ति बन जाती है।

$$W = \sqrt{3}\ V_L I_L \cos ø. \quad \text{...(समी. 5.33)}$$

गतिविधियां

1. प्रत्येक बैच, पास के सब-स्टेशन या उद्योग का दौरा करेगा और 3-कला पावर आपूर्ति और पावर फैक्टर सुधार की व्यवस्था का निरीक्षण करेगा। प्रत्येक बैच अपने अवलोकन के आधार पर एक संक्षिप्त रिपोर्ट तैयार करेगा।

हल किये गए प्रश्न

उदाहरण 5.3.1: दिए गए डेटा के साथ दिखाए गए परिपथ का निरीक्षण करें और निम्नलिखित ज्ञात करें। (a) कला धारा, (b) लाइन धारा (c) प्रत्येक कला का पावर फैक्टर, और (d) कुल शक्ति की खपत।

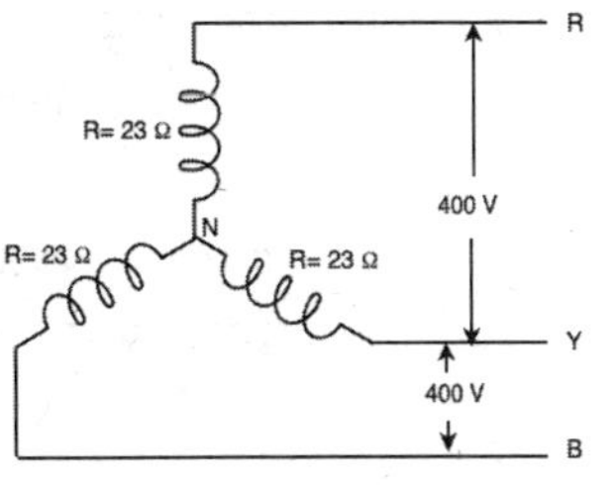

हल: यह देखा जाता है कि लाइन विभव $V_L = 400$ V

प्रतिरोध प्रति कला $R = 23\ \Omega$

अब, कला विभव $V_p = 400/\sqrt{3} = 230$ V

धारा, $I_P = V_p/R = 230/23 = 10$ Amp

अब, कला मान से धारा के लाइन मान की गणना

$I_L = \sqrt{3} \times I_P = 17.3$ Amp

कुल शक्ति की खपत $P = \sqrt{3} V_L I_L \cos\phi$

$= 3 \times 400 \times 17.3 \times 1$ ($\cos\phi = 1$ प्रतिरोध परिपथ के कारण)

$= 12000$ watt

$= 12$ kW

उदाहरण 5.3.2: परिपथ आरेख को देखें। प्रत्येक कला के प्रतिबाधा में, $8\,\Omega$ का प्रतिरोध और $6\,\Omega$ का प्रेरक प्रतिघात है। निम्नलिखित की गणना करें (i) कला विभव, (ii) कला धारा, (iii) लाइन धारा, (iv) कुल शक्ति की खपत।

हल: चूंकि परिपथ डेल्टा में जुड़ा हुआ है, कला विभव $(V_p) = 400$ V

कला धारा को प्राप्त करने के लिए, प्रत्येक कला के लिए प्रतिबाधा की गणना की जाती है, अर्थात R और X के दिए गए मानों का उपयोग करके,

$$z = 8 + j6 = \sqrt{8^2 + 6^2} = 10\,\Omega$$

कला धारा $I_P = V_P/R = 400/10 = 40$ Amp

इस से लाइन धारा $I_L = \sqrt{3} \times 40 = 69.2$ Amp

शक्ति कारक (P.F.), $\cos\phi = R/X = 6/8 = 0.8$

अब, कुल शक्ति की खपत,

$$P = \sqrt{3}\, V_L I_L \cos\phi$$

$= \sqrt{3} \times 400 \times 69.2 \times 0.8$

$= 38400$ watt $= 38.4$ kW

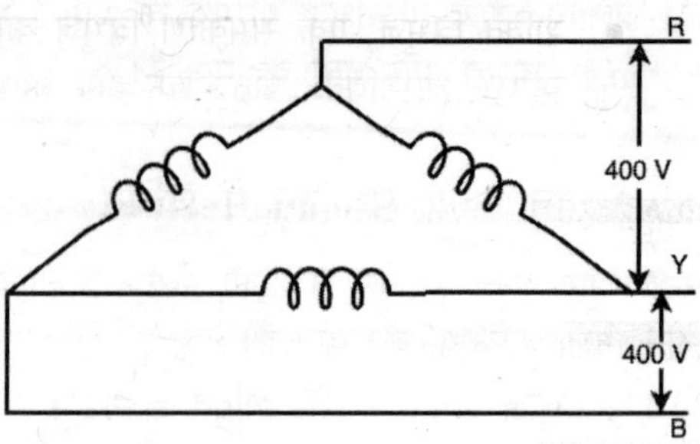

यूनिट सारांश

- R.M.S., एक प्रत्यावर्ती धारा का मान, उस DC धारा द्वारा दिया जाता है जो किसी निश्चित समय के लिए दिए गए परिपथ में प्रवाहित होने पर, उतनी ही ऊष्मा उत्पन्न करता है, जितना उसी समय के लिए, उसी परिपथ में प्रवाहित होने पर प्रत्यावर्ती धारा द्वारा उत्पन्न किया जाता है। इसे प्रत्यावर्ती धारा के प्रभावी मान के रूप में भी जाना जाता है।
- कला, समय या कोण के संदर्भ में मापी गई किसी भी विद्युत मात्रा की सापेक्ष स्थिति है।
- प्रत्यावर्ती मात्रा के धनात्मक और ऋणात्मक मानों के एक पूर्ण समुच्चय को चक्र कहते हैं।
- कला को, समय अवधि या चक्र के आंशिक भाग के रूप में परिभाषित किया जाता है, जिसमे मात्रा, संदर्भित चयनित शून्य स्थिति से आगे बढ़ जाता है।
- AC परिपथ में स्रोत विभव और धारा के बीच एक कला कोण होता है जिसे प्रतिरोध को प्रतिबाधा से विभाजित करके पाया जा सकता है।
- शक्ति कारक –1 से 1 तक होता है।
- एकल-कला प्रणाली की तुलना में तीन-कला प्रणाली के कुछ लाभ हैं।
  - 3 कला वाइंडिंग को दी जाने वाली तीन कला धारा एक घूर्णन चुंबकीय क्षेत्र उत्पन्न करती है जबकि 1 कला की आपूर्ति केवल स्पंदित चुंबकीय क्षेत्र उत्पन्न कर सकती है।
  - तीन-कला प्रणाली में एकल कला प्रणाली की तुलना में समान शक्ति ट्रांसमिट करने के लिए कम चालक सामग्री (कंडक्टिंग मैटेरियल) की आवश्यकता होती है।
  - तीन-कला प्रणाली में शक्ति एकल कला प्रणाली की तुलना में लगभग तीन गुना है।

— एकल-कला प्रणाली में प्रेषित (ट्रांसमिटेड) शक्ति की तुलना में तीन-कला प्रणाली में बड़ी मात्रा में शक्ति प्रेषित की जा सकती है।

- तीन बुनियादी, रैखिक निष्क्रिय घटक: प्रतिरोध (R), संधारित्र (C), और प्रेरकत्व (L) को RC परिपथ, RL परिपथ, LC परिपथ और RLC परिपथ के रूप में जोड़ा जा सकता है।.
- स्टार संयोजन में, लाइन धारा, कला धारा के बराबर होता है और लाइन विभव, कला विभव के √3 गुना के बराबर होता है।
- डेल्टा संयोजन में, लाइन विभव, कला विभव के बराबर होता है और लाइन धारा, कला धारा के √3 गुना के बराबर होता है।
- स्टार और डेल्टा संयोजन के लिए प्रत्येक कला में खपत की जाने वाली बिजली VpIpcosΦ है। परिपथ में कुल शक्ति तीन कला शक्तियों का योग है।
- शक्ति त्रिभुज, एक समकोण त्रिभुज को प्रस्तुत करता है, इस समकोण त्रिभुज का आधार, लंबवत और कर्ण क्रमशः वास्तविक, प्रतिकारक और आभासी शक्ति को दर्शाता है।

अभ्यास

A-वस्तुनिष्ठ प्रश्न

निर्देश: कृपया सबसे उपयुक्त उत्तर का चयन करें।

क्रमांक	बहुविकल्पीय प्रश्न	क्रमांक	बहुविकल्पीय प्रश्न
1.1	ज्या तरंग का पीक मान होता है a. एक बार, प्रत्येक चक्र के धनात्मक अधिकतम मान पर। b. एक बार, प्रत्येक चक्र के ऋणात्मक अधिकतम मान पर। c. धनात्मक और ऋणात्मक अधिकतम मान पर, प्रत्येक चक्र में दो बार। d. धनात्मक अधिकतम मान पर, प्रत्येक चक्र में दो बार।	1.4	$i(t)=100\sin 314t$ द्वारा दी गई एक प्रत्यावर्ती धारा का तत्काल मान, कितने समय के बाद शून्य हो सकता है a. $\frac{1}{300}$ सेकंड b. $\frac{1}{600}$ सेकंड c. $\frac{1}{1200}$ सेकंड d. $\frac{1}{150}$ सेकंड
1.2	प्रतिबाधा के काल्पनिक भाग को कहते हैं : a. प्रतिरोध b. रिएक्टैनस c. एडमिटैंस d. चालकता	1.5	अगर $V_1 = A\sin\omega t$ और $V_1 = B\sin(\omega t-\varphi)$, तो a. V_1, V_2 से φ लेग करता है। b. V_2, V_1 से φ लेग करता है। c. V_2, V_1 को φ से लीड करता है। d. V_2, V_1 के साथ कला में है।
1.3	चूंकि ज्या तरंग की आवृत्ति 50 हट्र्ज होती है। रेडियन/सेकंड में इसकी कोणीय आवृत्ति होगी a. 50/π b. 50/2π c. 50 π d. 100 π	1.6	एक स्टार संयोजन के लिए, लाइन धारा 15 A है। कला धारा का मान होगा a. 10 A b. 12.5 A c. 15 A d. 17 A

B-विषयात्मक प्रश्न

1. "शक्ति गुणांक" शब्द को परिभाषित करें। शुद्ध प्रेरकत्व परिपथ के मामले में शक्ति गुणांक का मान निर्धारित करें?
2. यदि एक प्रत्यावर्ती विभव $300\sin\omega t$ को $15\ \Omega$ के रिएक्टैनस वाले शुद्ध संधारित्र पर प्रयुक्त किया जाता है। निम्नलिखित निर्धारित करें:
   (d) धारा के तात्कालिक मान की अभिव्यक्ति,
   (d) शक्ति गुणांक,
   (d) धारा और विभव के बीच कला कोण अंतर, और
   (d) शक्ति की खपत।
3. एक परिपथ जिसमें 12Ω का प्रतिरोध, 1.15 H का एक प्रेरकत्व और श्रेणी में $100\mu f$ का संधारित्र है, 100V, 50Hz आपूर्ति में जुड़ा हुआ है। प्रतिबाधा, धारा, और आपूर्ति विभव के बीच कला अंतर की गणना करें।
4. $Z_1 = 10 + j15\Omega$ और $Z_2 = 6 - j8\Omega$ के प्रतिबाधा वाले दो परिपथ समानांतर में जुड़े हुए हैं। यदि आपूर्ति धारा 20A है। प्रत्येक शाखा में अवशोषित होने वाली शक्ति का निर्धारण करें।
5. डेल्टा संयोजित प्रणाली में, कला विभव, कला धारा और शक्ति गुणांक के मान क्रमशः 500 V, 20 A और 0.8 हैं। प्रणाली द्वारा खपत की गई कुल शक्ति की गणना करें।

प्रायोगिक

I. P2- ES110: प्रतिरोधक भार के लिए परिपथ मापदंडों का मापन

P2.1 प्रायोगिक कथन

प्रतिरोधक भार के साथ एकल कला परिपथ में विभव, धारा और शक्ति को मापें।

P2.2 प्रायोगिक महत्व

नेम प्लेट विनिर्देशों के अनुसार दिए गए भार के प्रदर्शन का आकलन करने के लिए विभव, धारा और शक्ति जैसे मापदंडों का मापन महत्वपूर्ण है। तापक (हीटर) भार जैसे अनुप्रयोगों के लिए माप बिजली आपूर्ति केबल्स के आकार और फ्यूज, परिपथ ब्रेकर इत्यादि जैसे सुरक्षात्मक उपकरण की रेटिंग निर्धारित करने में मदद करेगा।

P2.3 प्रासंगिक सिद्धांत

सिद्धांत के लिए विषय 5.1.3 (*i*) शुद्ध प्रतिरोधक परिपथ देखें। एकल कला एसी आपूर्ति से प्रतिरोधी भार द्वारा अवशोषित शक्ति को $VI\cos\theta$ के रूप में प्रदर्शित किया जाता है, जहां V और I विभव और धारा होते हैं। एक प्रतिरोधक भार के लिए शक्ति कारक का मान, $\cos\theta$, एक होता है । इसलिए, प्रतिरोधक भार द्वारा अवशोषित शक्ति VI के बराबर होती है।

P2.4 प्रैक्टिकल आउटकम्स (PrO)

PrO1 मापन उपकरणों की उचित श्रेणी का चयन करें।

PrO2 परिपथ और मापन उपकरणों को ठीक से संयोजित करें।

PrO3 दिए गए प्रतिरोधक भार के विभव, धारा और शक्ति को मापें.

P2.5 प्रायोगिक व्यवस्था

(ड्राइंग/स्केच/परिपथ आरेख/काम की स्थिति)

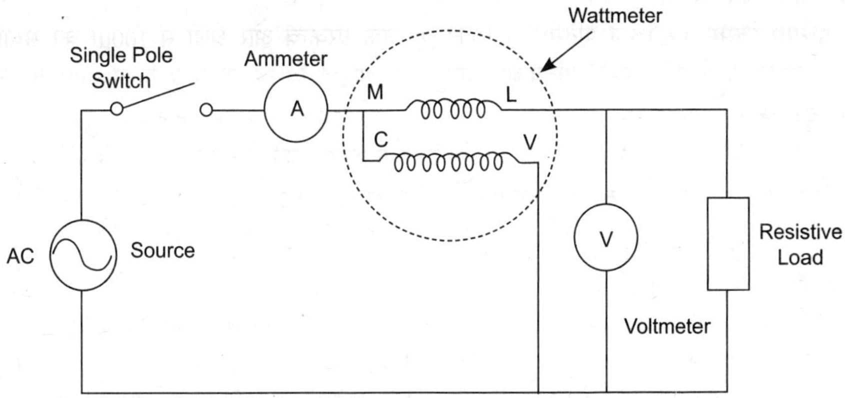

चित्र P2.1: विभव, धारा और शक्ति की माप के लिए परिपथ आरेख

P2.6 आवश्यक संसाधन

क्रमांक	सुझाए गए संसाधनों की आवश्यकता महत्वपूर्ण विशिष्टताओं के साथ	मात्रा/ संख्या	वास्तविक संसाधनों की आवश्यकता व्यापक विशिष्टताओं के साथ (छात्र द्वारा भरा जाना है)	टिप्पणी (यदि कोई हो)
1.	एकल कला AC आपूर्ति 230V, 50Hz	1		
2.	कनेक्टिंग वायर, मल्टी स्ट्रैंड, Cu वायर, 1.5 mm^2	LS		
3.	एकल ध्रुव कुंजी, 5A	1		
4.	प्रतिरोधक भार, 1 KW	1		
5.	वोल्टमीटर, 0-300V AC	1		
6.	एमीटर, 0–5A AC	1		
7.	एकल कला वाटमीटर, धारा कुंडल 0-5A, विभव कुंडल 0-300V	1		

P2.7 सुरक्षा उपाय

1. माप उपकरणों की रेंज का उचित चयन सुनिश्चित करें।
2. परिपथ आरेख में दिखाए गए अनुसार वोल्टमीटर और एमीटर को संयोजित करें।
3. बिजली की आपूर्ति चालू करने से पहले परिपथ आरेख के अनुसार परिपथ कनेक्शन की जांच करें।

P2.8 प्रयोग विधि

1. परिपथ को चित्र P2.1 में दिखाए अनुसार संयोजित करें।
2. एमीटर, वोल्टमीटर और वाटमीटर का उचित संयोजन सुनिश्चित करें।
3. दिए गए प्रतिरोधक भार के प्रतिरोध को मापें।
4. एकल चरण बिजली की आपूर्ति संयोजित करें।
5. एकल ध्रुव कुंजी ON करें।
6. चयनित धारा और विभव कॉइल रेटिंग के अनुसार वाटमीटर के गुणन कारक को रिकॉर्ड करें।
7. प्रेक्षण तालिका में धारा, विभव और वाटमीटर रीडिंग रिकॉर्ड करें।

P2.9 अवलोकन और गणना

क्रमांक	एमीटर (A)	वोल्टमीटर (V)	वाटमीटर (W)	त्रुटि

गणना

दिए गए प्रतिरोधक भार की शक्ति की गणना करें $P = \frac{V^2}{R}$ और धारा $I = \frac{V}{R}$.

जहाँ V वोल्टमीटर की रीडिंग है और R दिए गए प्रतिरोधक भार का प्रतिरोध है जैसा कि प्रक्रिया के चरण 3 में मापा गया है।

P2.10 परिणाम एवं/अथवा विवेचना

क्रमांक	मापदंडों का अवलोकन	मापित मान	परिगणित (Calculated) मान
1.	धारा		
2.	वाटमीटर		

P2.11 निष्कर्ष

....

....

P2.12 प्रयोग संबंधित प्रश्न

(उत्तर के लिए अलग शीट का प्रयोग करें)

नोट: नीचे संदर्भ के लिए कुछ उदाहरण प्रश्न दिए गए हैं। पूर्व-निर्धारित पाठ्यक्रम परिणामों की उपलब्धि सुनिश्चित करने के लिए शिक्षकों को इस तरह के और प्रश्न तैयार करने चाहिए।

1. देखे गए मानों के साथ दिए गए भार का शक्ति कारक निर्धारित करें।
2. एमीटर को श्रेणीक्रम में तथा वोल्टमीटर को भार के समानांतर जोड़ने का कारण बताइए।

P2.13 अध्ययन हेतु सुझाए गए संसाधन

विद्युत भार के प्रकार

II. P3-ES110: RL भार के लिए परिपथ मापदंडों का मापन

P3.1 प्रायोगिक कथन

R-L श्रृंखला परिपथ में विभव, धारा और शक्ति को मापें।

P3.2 प्रायोगिक महत्व

नेम प्लेट विनिर्देशों के अनुसार दिए गए भार के प्रदर्शन का आकलन करने के लिए विभव, धारा और शक्ति जैसे मापदंडों का मापन महत्वपूर्ण है। घरेलू भार जैसे पंखे, रेफ्रिजरेटर, वातानुकूलित आदि के लिए मापन बिजली आपूर्ति केबल्स के आकार और फ्यूज, परिपथ ब्रेकर इत्यादि जैसे सुरक्षात्मक उपकरण की रेटिंग निर्धारित करने में मदद करेगा।

P3.3 प्रासंगिक सिद्धांत

सिद्धांत के लिए विषय 5.2.2 पर प्रतिरोध-प्रेरण परिपथ देखें। एक एकल कला एसी आपूर्ति से खिलाए गए R-L भार द्वारा अवशोषित शक्ति को $VI\cos\theta$ के रूप में प्रदर्शित किया जाता है, जहां व V और I, विभव और धारा होते हैं। R-L भार के लिए शक्ति गुणक का मान $\cos\theta$ शून्य और एक के बीच होता है।

P3.4 प्रैक्टिकल आउटकम्स (PrO)

दिया गया R-L भार के लिए विभव, धारा और शक्ति को मापें:

PrO1 मापन उपकरणों की उचित श्रेणी का चयन करें।

PrO2 परिपथ और मापन उपकरणों को ठीक से संयोजित करें।

PrO3 दिए गए प्रतिरोधक प्रेरक भार के विभव, धारा और शक्ति को मापें।

P3.5 प्रायोगिक व्यवस्था (परिपथ आरेख)

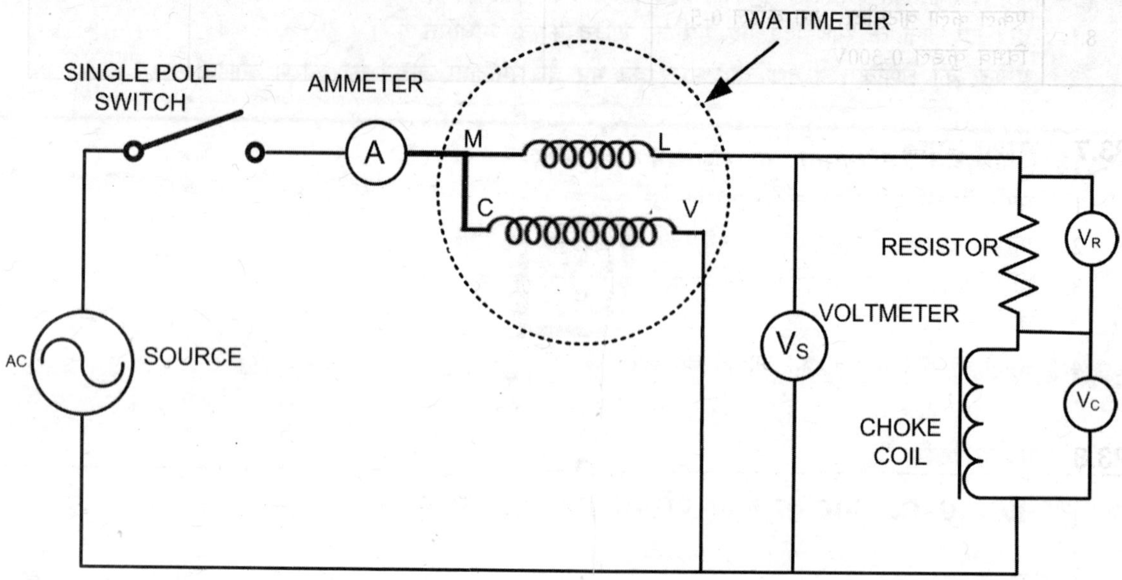

चित्र P3.5: विभव, धारा और शक्ति की माप के लिए परिपथ आरेख

P3.6 आवश्यक संसाधन

क्रमांक	सुझाए गए संसाधनों की आवश्यकता महत्वपूर्ण विशिष्टताओं के साथ	मात्रा/संख्या	वास्तविक संसाधनों की आवश्यकता व्यापक विशिष्टताओं के साथ (छात्र द्वारा भरा जाना है)	टिप्पणी (यदि कोई हो)
1.	एकल कला AC आपूर्ति 230V, 50Hz	1		
2.	कनेक्टिंग वायर, मल्टी स्ट्रैंड Cu वायर, 1.5 mm^2	LS		
3.	एकल ध्रुव स्विच, 5A	1		
4.	प्रतिरोधक भार, 1 kW	1		

क्रमांक	सुझाए गए संसाधनों की आवश्यकता महत्वपूर्ण विशिष्टताओं के साथ	मात्रा/ संख्या	वास्तविक संसाधनों की आवश्यकता व्यापक विशिष्टताओं के साथ (छात्र द्वारा भरा जाना है)	टिप्पणी (यदि कोई हो)
5.	चोक कॉइल	1		
6.	वोल्टमीटर, 0-300V AC	3		
7.	एमीटर, 0-5A AC	1		
8.	एकल कला वाटमीटर, धारा कॉइल 0-5A, विभव कुंडल 0-300V	1		

P3.7 सुरक्षा उपाय

1. मापन उपकरणों के उचित प्रकार और रेंज का चयन करें।
2. परिपथ आरेख में दिखाए गए अनुसार वोल्टमीटर और एमीटर को संयोजित करें।
3. परिपथ आरेख के अनुसार परिपथ संयोजन की जांच करें और बिजली की आपूर्ति चालू करने से पहले जाँच करे कि तार संयोजन टाइट हैं।
4. प्रयोग के बाद बिजली की आपूर्ति बंद कर दें।

P3.8 प्रयोग विधि

1. परिपथ को चित्र P3.1. में दिखाए अनुसार संयोजित करें।
2. एमीटर, वोल्टमीटर और वाटमीटर का उचित संयोजन सुनिश्चित करें।
3. दिए गए प्रतिरोधक भार के प्रतिरोध को मापें।
4. एकल कला बिजली की आपूर्ति संयोजित करें।
5. एकल ध्रुव कुंजी चालू करें।
6. चयनित धारा और विभव कुंडल रेटिंग के अनुसार वाटमीटर के गुणन कारक को रिकॉर्ड करें।
7. अवलोकन तालिका संख्या P3.1 में धारा, विभव और वाटमीटर रीडिंग रिकॉर्ड करें।

P3.9 अवलोकन और गणना

तालिका P3.1: अवलोकन तालिका

क्रमांक	एमीटर रीडिंग (A)	वोल्टमीटर रीडिंग (V)			वाटमीटर रीडिंग (W)
		V_S	V_R	V_L	

गणना

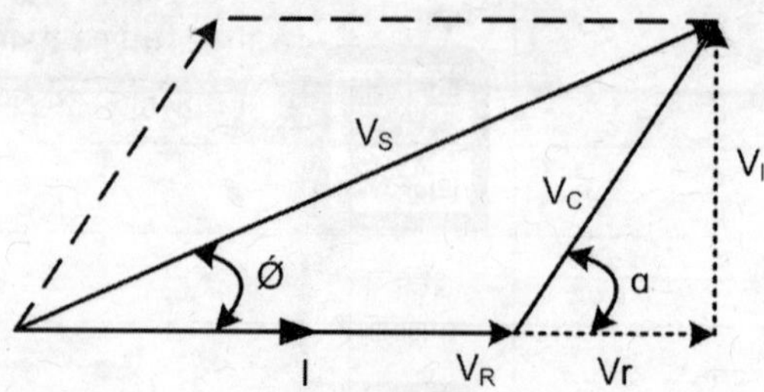

चित्र P3.2: कला आरेख

परिपथ के माध्यम से बहने वाली धारा I है, प्रतिरोधक भार में विभव पतन (ड्रॉप) V_R है, चोक कॉइल के समानांतर विभव V_C है, जहां $V_C = V_r + jV_L$, चोक कॉइल में प्रतिरोध विभव पतन तथा प्रेरण विभव पतन V_r, V_L है।

1. दिए गए R-L भार के शक्ति गुणक $\cos\theta = \frac{P}{V_S I}$ और भार प्रतिबाधा $Z = \frac{V_S}{l}$ की गणना करें।
2. चित्र P3.2 में दिखाए गए कला आरेख से $\cos\alpha = \frac{V_S^2 - V_R^2 - V_C^2}{2V_C V_R}$
3. साइन नियम का उपयोग करके शक्ति कारक $\cos\theta = \cos(\sin^{-1}(V_C \sin\alpha / V_s))$
4. इनपुट शक्ति $= V_s I \cos\theta$

P3.10 परिणाम एवं/अथवा विवेचना

क्रमांक	मापदंडों का अवलोकन	मापित मान	परिगणित मान	त्रुटि
1.	शक्ति			
2.	शक्ति कारक			

P3.11 निष्कर्ष

....

....

P3.12 प्रयोग संबंधित प्रश्न

(उत्तर के लिए अलग शीट का प्रयोग करें)

नोट: नीचे संदर्भ के लिए कुछ नमूना प्रश्न दिए गए हैं। पूर्व-निर्धारित पाठ्यक्रम परिणामों की उपलब्धि सुनिश्चित करने के लिए शिक्षकों को ऐसे और अधिक प्रश्न तैयार करने चाहिए।

1. प्रेक्षित मूल्यों के साथ चोक कुंडल का प्रतिरोध निर्धारित करें।
2. एक आदर्श और प्रायोगिक प्रेरक में अंतर बताइए।
3. सिंगल फेज शक्ति को मापने के लिए इस्तेमाल की जाने वाली विधियों की सूची बनाएं।
4. एक एमीटर को परिपथ के समानांतर नहीं जोड़ने के कारणों का पता लगाएँ?

P3.13 अध्ययन हेतु सुझाए गए संसाधन

प्रेरक को समझाया है

अधिक जानिए

सूक्ष्म परियोजना

5-6 छात्रों के समूह को संकाय के मार्गदर्शन में एक या दो सूक्ष्म परियोजना (ओं) / गतिविधि (यों) को शुरू करना चाहिए और इसे व्यक्तिगत भागीदारी के साथ समूह के रूप में भी प्रस्तुत करना चाहिए। एक नमूना सूक्ष्म परियोजना समस्या नीचे दी गई है:

1. एकल-कला आपूर्ति पर स्विच के साथ आपूर्ति में 40 watt लैंप के साथ आपूर्ति में तीन चोक सन्योजित करें। स्विचिंग क्रिया के प्रभाव का विश्लेषण करें और समय के साथ विभव और धारा की परिवर्तन पर टिप्पणी करें।

गतिविधियां

1. विभिन्न घरेलू उपकरणों में प्रयुक्त होने वाले विभिन्न प्रकार के प्रतिरोधकों, प्रेरकों तथा संधारित्रों के संबंध में सूचना एकत्रित कीजिए।
2. प्रत्येक बैच अपने स्वयं के संस्थान/वाणिज्यिक परिसर/मॉल आदि में तीन कला शक्ति के वितरण पैनल का निरीक्षण करेगा और एक रिपोर्ट तैयार करेगा।

ICT का उपयोग

बुनियादी विद्युत प्रौद्योगिकी

इलेक्ट्रिकल इंजीनियरिंग की मूल बातें

संदर्भ एवं अध्ययन हेतु सुझाव

1. V.N. Mittle and A. Mittal, *Basic Electrical Engineering*, McGraw Education, 2017.
2. M.S. Sukhija and T.K. Nagsarkar, *Basic Electrical and Electronics Engineering*, Delhi: Oxford University Press, 2013.
3. B.L. Theraja, *Electrical Technology*, Vol. - I, New Delhi: S. Chand and Company, 2015.
4. S.K. Bhattacharya, *Basic Electrical Engineering*, Pearson Education, 2019.
5. S.B. Lal Seksena and Kaustuv Dasgupta, *Fundamentals of Electrical Engineering*, Cambridge University Press, 2017.

6 परिणामित्र एवं मशीनें

यूनिट विशिष्ट

इस यूनिट में निम्नलिखित विषयों पर विस्तार से चर्चा की गई है:

- एक परिणामित्र के प्रमुख भाग
- एक परिणामित्र का कार्य सिद्धांत
- DC मशीन की निर्माण संबंधी विशेषताएं
- DC मोटर्स के प्रकार और उनकी विशेषताएं
- AC मोटर्स के प्रकार और उनके अनुप्रयोग

विद्यार्थी स्व-शिक्षण गतिविधियों को समस्या समाधान उदाहरणों और प्ब्ज संदर्भों के साथ-साथ प्रत्येक विषय के अंत में और अधिक जिज्ञासा और रचनात्मकता पैदा करने के साथ-साथ समस्या समाधान क्षमता में सुधार के लिए बनाया गया है।

ब्लूम की टैक्सोनॉमी के बढ़े हुए स्तरों के बाद कई बहुविकल्पीय प्रश्नों के साथ-साथ विषयात्मक प्रश्न, संदर्भ के तहत सूचीबद्ध पुस्तकों में प्रदान की गई कई समस्याओं के माध्यम से असाइनमेंट और सुझाए गए रीडिंग यूनिट में दिए गए हैं ताकि कोई भी उनके माध्यम से अभ्यास के लिए जा सकता है।

संबंधित प्रयोग के बाद 'अधिक जानें' अनुभाग दिया गया है ताकि प्रदान की गई पूरक जानकारी पुस्तक के उपयोगकर्ताओं के लिए फायदेमंद हो। यूनिट सामग्री के आधार पर इस खंड में, 'सूक्ष्म परियोजना' और 'गतिविधियां' दी गई हैं जिन्हें विभिन्न पहलुओं पर दैनिक वास्तविक जीवन या/और औद्योगिक अनुप्रयोगों को विकसित करने के लिए विवेकपूर्ण तरीके से डिजाइन किया गया है। कवर किए गए कुछ उप-विषयों के बारे में अधिक जानने के लिए अतिरिक्त वीडियो संसाधन उपलब्ध कराए गए हैं।

भूमिका

अनुप्रयोगों के अनुसार विभव या धारा स्तरों को बदलने के लिए नियोजित प्रासंगिक परिणामित्र के उपयोग के बिना, सभी प्रकार की और सभी स्तरों पर विद्युत शक्ति प्रणाली अधूरी है। उद्योगों और उपभोक्ताओं में विद्युत प्रणाली के अनुप्रयोग छोटे और बड़े विद्युत मोटरों का उपयोग करते हैं। यह अध्याय छात्रों को एक परिणामित्र (ट्रांसफार्मर) के बुनियादी कार्यप्रणाली और अनुप्रयोगों से परिचित कराएगा। यह अध्याय विशिष्ट अनुप्रयोगों के लिए मोटरों का चयन करने के लिए, छात्रों को कौशल के साथ सक्षम करेगा।

पूर्व अपेक्षित ज्ञान

1. विज्ञान: विद्युत, विद्युत धारा के चुंबकीय प्रभाव (कक्षा X)
2. अनुप्रयुक्त भौतिक शास्त्र-1: कार्य, शक्ति और ऊर्जा (सेमेस्टर-I)
3. गणित-I: त्रिकोणमिति (ट्रिगनोमेट्री), बीजगणित (सेमेस्टर I)

यूनिट आउटकम्स

इस अध्याय के पूर्ण अध्ययन करने के बाद, विद्यार्थी निम्न में सक्षम होंगे:

U6-01: परिणामित्र के निर्माण और वर्गीकरण का वर्णन करने में।

U6-02: परिणामित्र के कार्य करने के सिद्धांत का वर्णन करने में।

U6-03: स्वपरिणामित्र के कामकाज की व्याख्या करने में।

U6-04: मोटर के निर्माण और कार्य सिद्धांत का वर्णन करनेमें।

U6-05: मोटर के बुनियादी समीकरण और विशेषताओं की व्याख्या करने में।

U6-06: विशिष्ट अनुप्रयोगों के लिए मोटर का सुझाव देंने में।

यूनिट-6 आउटकम्स	कोर्स आउटकम्स (COs) के साथ आपेक्षित संबंध *(1. कमजोर सहसंबंध; 2. मध्यम सहसंबंध; 3. मजबूत सहसंबंध)*					
	CO-1	CO-2	CO-3	CO-4	CO-5	CO-6
U6-01	1	-	-	3	3	3
U6-02	1	-	-	3	3	3
U6-03	1	-	-	3	3	3
U6-04	1	-	-	3	3	3
U6-05	1	-	1	3	3	3
U6-06	1	-	1	3	3	3

निकोला टेस्ला (1856–1943),

एक सर्बियाई-अमेरिकी इंजीनियर और भौतिक विज्ञानी, 1882 में टहलने के दौरान, ब्रश रहित एसी मोटर के लिए विचार के साथ आए, जिससे रास्ता की रेत में इसके घूमने वाले विद्युत चुम्बकों का पहला रेखा चित्र बनाया गया। उस वर्ष बाद में वह पेरिस चले गए और कॉन्टिनेंटल एडिसन कंपनी के साथ दिष्ट धारा शक्ति संयंत्रों की मरम्मत का काम मिला। दो साल बाद 1884 में वह संयुक्त राज्य अमेरिका में आ कर बस गए। वह वेस्टिंग हाउस में शामिल हो गए जहां उन्होंने पहली प्रत्यावर्ती धारा मोटर का आविष्कार किया और AC जनित्र और प्रसारण की तकनीक विकसित की। 1890 के दशक में टेस्ला ने विद्युत दोलक (ऑसिलेटर्स), विद्युत, बेहतर बल्ब और उच्च-विभव परिणामित्र का आविष्कार किया, जिसे टेस्ला कुण्डली के नाम से जाना जाता है। टेस्ला औ रवेस्टिंग हाउस ने मिलकर नियाग्रा फॉल्स में जनरल विद्युत स्थापित AC जनरेटर के साथ साझेदारी में पहला आधुनिक बिजली केन्द्र बनाया।

6.1 परिणामित्र

6.1.1 प्रस्तावना

दिष्ट धारा पर प्रत्यावर्ती धारा के सबसे महत्वपूर्ण लाभों में से एक है, जिसके साथ कम विभव से उच्च विभव या इसके विपरीत में परिवर्तन परिणामित्र की मदद से पूरा किया जा सकता है। परिणामित्र एक स्थिर उपकरण है (बिना घूर्णन भागों के) जो विद्युत ऊर्जा को एक प्रत्यावर्ती धारा परिपथ से दूसरे में, विभव या धारा स्तर में वांछित परिवर्तन के साथ और आवृत्ति में किसी भी बदलाव के बिना, स्थानांतरित करता है। परिणामित्र की मदद से उच्च-विभव, लंबी दूरी के प्रसारण ने एक भौगोलिक क्षेत्र में उत्पन्न विद्युत ऊर्जा का उपयोग दूसरे क्षेत्र में स्थित केंद्रों को करने के लिए संभव बना दिया है।

परिणामित्र को एकल-कला या तीन-कला सप्लाई पर संचालित करने के लिए डिजाइन किया जाता है और तदनुसार एकल-कला या तीन-कला परिणामित्र के रूप में जाना जाता है। इस अध्याय में चर्चा केवल एकल कला परिणामित्र तक ही सीमित है। तीन-कला परिणामित्र, हालांकि, एकल-कला परिणामित्र के समान सिद्धांत पर ही काम करते हैं

6.1.2 परिणामित्र के भाग

एक परिणामित्र में मुख्य रूप से निम्नलिखित भाग होते हैं: पहले भाग में चुंबकीय परिपथ बनाने वाले भाग, योक और कस कर रखने वाली (क्लैंपिंग) संरचना होती है और दूसरा भाग यानी विद्युत परिपथ में प्राथमिक कुण्डली, द्वितीयक कुण्डली और प्रतिरोधन (इन्सुलेशन) होता है। आकार (क्षमता) और ऑपरेटिंग विभव में वृद्धि के साथ, टैंक बॉडी, बुशिंग, संरक्षक (कंजर्वेटर), श्वशन यंत्र (ब्रीदर), विस्फोटन बचाव छिद्र (वेंट), बुखोल्ज कुंजी (रिले), विभव परिवर्तक (टैपिंग) स्विच इत्यादि जैसे कई अन्य भाग होते हैं। चित्र 6.1 परिणामित्र के निर्माण विवरण को दिखाता है।

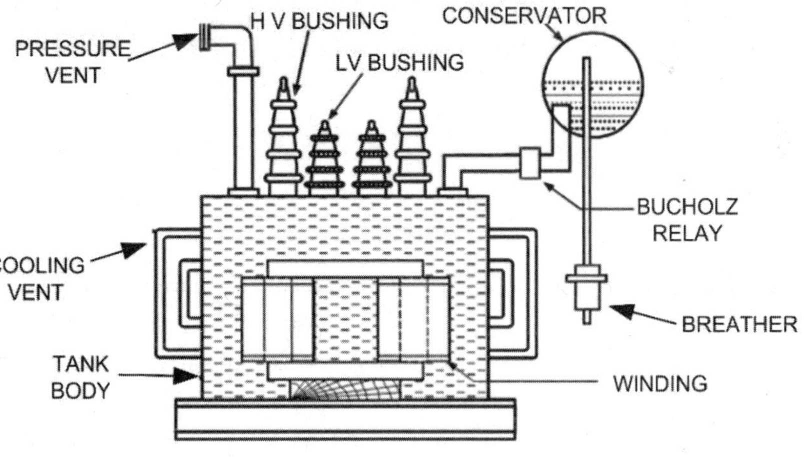

चित्र 6.1: परिणामित्र का सामने का दृश्य

a. **अन्तर्भाग और कुण्डली :** एक परिणामित्र का अन्तर्भाग (कोर) चुंबकीय पदार्थ से बना होता है और इसका उपयोग चुंबकीय बलरेखाओ के लिए कम चुंबकीय अवरोध (प्रतिष्टंभ या रिलक्टैंएंस) का मार्ग प्रदान करने के लिए किया जाता है। चुंबकीय परिपथ का चुंबकीय अवरोध का मान जितना कम होगा, चुंबकीय क्षेत्र उतना ही मजबूत होगा। वास्तव में अन्तर्भाग के लिए उपयोग किए जाने वाले पदार्थ उच्च श्रेणी (ग्रेड) सिलिकॉन स्टील है जो लगभग 0.35 से 0.5 mm मोटी, पटलित (लेमिनेशन) के रूप में होती है। इन लेमिनेशन को, एक दूसरे से बचाने के लिए, वार्निश या लेपित के साथ में इनेमल (तामचीनी चढाना) किया जाता है।

प्राथमिक और द्वितीयक घुमावदार बनाने वाली कुण्डली को, गोल या चपटे तार के रूप में अच्छी तरह से विद्युत-रोधित तांबे का चालक का उपयोग करके लपेटा जाता हैं। इन कुंडलियों को फिर कोर के भागों के आसपास रखा जाता है। इन कुण्डली को प्रेस बोर्ड या बैकलाइट जैसे विद्युत-रोधी पदार्थ का उपयोग करके एक, दूसरे और कोर से प्रथक रखा जाता है। सामान्य प्रारंभिक परिणामित्र में, सरलता के लिए प्राथमिक और द्वितीयक कुण्डली को कोर के अलग-अलग शाखा (लिंब) पर दिखाया जाता है। हालांकि, अगर इस तरह की व्यवस्था का उपयोग वास्तविक व्यवहार में किया जाता है, तो प्राथमिक कुण्डली द्वारा उत्पन्न सभी चुंबकीय बलरेखाओ द्वितीयक कुण्डली से नहीं जुड़ेंगे क्योंकि कुछ चुंबकीय बलरेखाओ हवा के माध्यम से बाहर निकल जाएंगे। इस तरह के चुंबकीय बलरेखाओ को रिसाव (लीकेज) चुंबकीय बलरेखाओ के रूप में जाना जाता है। लीकेज चुंबकीय बलरेखाओ का मान जितना अधिक होगा, परिणामित्र का प्रदर्शन उतना ही कम अच्छा होगा। इसलिए इस रिसाव चुंबकीय बलरेखाओ को कम करने के लिए प्राथमिक कुण्डली और द्वितीयक कुण्डली को वास्तविक परिणामित्र में एक ही शाखा या भुजा पर एक साथ रखा जाता है। ये कुण डली या तो बेलनाकार रूप में या सैंडविच प्रकार के होते हैं जैसा कि चित्र 6.2 में दिखाया गया है।

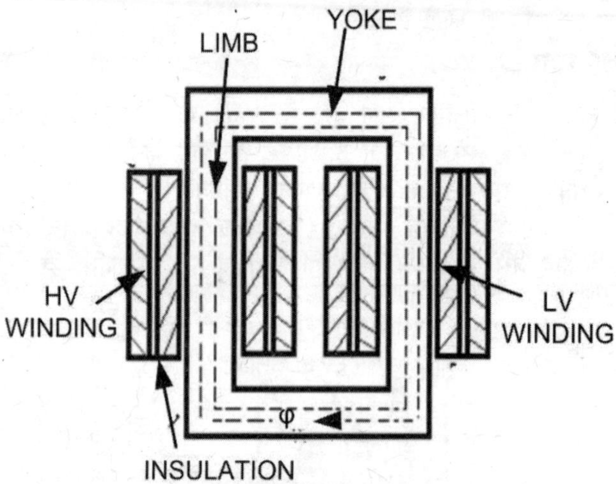

चित्र 6.2: एकल कला परिणामित्र का कटा हुआ दृश्य

b. **परिणामित्र टंकी:** 50 kVA से अधिक रेटिंग वाले परिणामित्र में, परिणामित्र की पूरी असेंबली (इकट्ठा कर विभिन्न भागो को जोड़ना) अर्थात कुण्डली और कोर को एक धातु के चद्दर से निर्माण की गई टंकी में रखा जाता है और तेल में डुबोया जाता है जो इन्सुलेशन और कूलिंग प्रदान करने के दोनों उद्देश्यों को पूरा करता है। कुण्डली और कोर में उत्पन्न गर्मी को, तेल द्वारा, टंकी की बाहरी सतह तक ले जाया जाता है। अधिक प्रभावी शीतलन के लिए टंकी के सतह क्षेत्र को बढ़ाने के लिए शीतलन नलियाँ (कूलिंग ट्यूब) उपलब्ध कराई जाती हैं।

c. **टर्मिनल बुशिंग:** परिणामित्र की प्राथमिक और द्वितीयक कुण्डली के टर्मिनलों को टंकी से बाहर लाया जाता है और पोर्सिलेन बुशिंग की मदद से टंकी की बॉडी से प्रथक रहता है। इन बुशिंग को टंकी में लगाया जाता है।

d. **कन्सर्वेटर:** एक परिणामित्र में, काम करने के दौरान, तापमान में परिवर्तन के साथ तेल के विस्तार और संकुचन को लेने के लिए तेल के स्तर से ऊपर कुछ जगह का प्रावधान हमेशा आवश्यक होता है। जब परिणामित्र गर्म हो जाता है, तो तेल फैलता है और तेल के ऊपर की हवा बाहर निकल जाती है। जब ट्रांसफार्मर ठंडा हो जाता है, तेल सिकुड़ जाता है और बाहर की हवा परिणामित्र में आ जाती है। इस प्रक्रिया को परिणामित्र की श्वास के रूप में जाना जाता है। अगर उचित सावधानी नहीं बरती जाती है, तो इस

प्रक्रिया के दौरान परिणामित्र में प्रवेश करने वाली बाहरी हवा के द्वारा काफी नमी अंदर जा सकती है। जब परिणामित्र में तेल ऐसी नम हवा के संपर्क में आता है, तो यह हवा से नमी को आसानी से अवशोषित कर लेता है और कुछ हद तक अपना प्रतिरोधन (इंसुलेटिंग) मान खो देता है। एक कन्सर्वेटर का उपयोग करके तेल की इस क्षरण को रोका जा सकता है। संरक्षक (कंजर्वेटर) एक वायुरोधी बेलनाकार धातु का ड्रम है जो परिणामित्र टैंक पर लगाया होता है। यह ड्रम, पाइप द्वारा परिणामित्र टैंक से जुड़ा होता है और हमेशा आंशिक रूप से तेल से भरा रहता है। तापमान में परिवर्तन के साथ मुख्य टंकी में तेल का विस्तार और संकुचन, कन्सर्वेटर द्वारा किया जाता है। इस व्यवस्था के साथ, मुख्य टंकी हमेशा तेल से भरा रहता है, और तेल की सतह सीधे हवा के संपर्क में नहीं आती है।

e. **श्वशन यंत्र:** परिणामित्र की सांस लेने की प्रक्रिया के दौरान कंजर्वेटर में तेल के स्तर से ऊपर हवा का विस्थापन एक श्वशन यंत्र (ब्रीदर) नामक उपकरण के माध्यम से होता है। इसमें एक सुखाने वाला एजेंट होता है, जैसे कैल्शियम क्लोराइड या सिलिका जेल, जो हवा से नमी निकालता है। ब्रीदर उसमें मौजूद धूल के कणों को हटाकर हवा को साफ भी करता है। इस प्रकार, परिणामित्र में तेल के संपर्क में केवल शुष्क और स्वच्छ हवा ही आने दी जाती है।

f. **बुखोल्ज रिले:** यह एक प्रकार का सुरक्षात्मक उपकरण है जो मुख्य टंकी को कन्सर्वेटर से जोड़ने वाली पाइपलाइन में लगा होता है। दोष (फाल्ट) की स्थिति के दौरान कुण्डली में नुकसान के कारण अत्यधिक गर्मी उत्पन्न होती है, कुण्डली के आसपास के टंकी में तेल विघटित हो जाता है और विभिन्न प्रकार की गैसें मुक्त हो जाती हैं। ये गैसें बुखोलज रिले को संचालित करती हैं जो प्रारंभिक स्थिति में कार्य पर उपस्थित ऑपरेटर को अलार्म देती है। यदि उत्पन्न दोष को गंभीर प्रकार के दोष में बदल दिया जाता है, तो यह रिले, मुख्य परिपथ भंजक (ब्रेकर) को विच्छेदित (ट्रिप) कर देता है।

g. **विस्फोटन बचाव वेंट:** टंकी की ऊपरी सतह पर झुके (बेंट) हुए लगे पाइप को विस्फोट द्वार या रिलीफ वाल्व के रूप में जाना जाता है। इसमें शीशा के चद्दर (ग्लास शीट) या एल्युमिनियम पर्ण (फॉयल) के चद्दर से मध्यपट (डायफ्राम) बनाया जाता है। फॉल्ट की स्थिति में, यदि ठंडा तेल के वाष्पीकरण के कारण टंकी के अंदर अत्यधिक दबाव उत्पन्न हो जाता है, तो विस्फोटक द्वार में डायफ्राम फट जाता है और दबाव छोड़ देता है, इस प्रकार परिणामित्र को नुकसान होने से बचा लिया जाता है।

6.1.3 *परिणामित्र के प्रकार*

कोर और कुण्डली की व्यवस्था के आधार पर, परिणामित्र के दो मुख्य प्रकार होते हैं: कोर प्रकार और शेल प्रकार। चित्र 6.3 में दो प्रकार के परिणामित्र को दिखाया गया है।

a. अन्तर्भाग या कोर प्रकार के परिणामित्र

कोर प्रकार के परिणामित्र की विशिष्ट विशेषताएं इस प्रकार हैं:

- कोर प्रकार का परिणामित्र, एक आयताकार संरचना बनाने के लिए लैमिनेशन से बना होता है जैसा कि चित्र 6.3(a) में दिखाया गया है और एक एकल चुंबकीय परिपथ प्रदान करता है।
- कुण्डली सामान्य रूप से बेलनाकार होते हैं और व्यर्थ व्यय को कम करने के लिए संकेंद्रित होते हैं, निम्न विभव कुण्डली को कोर के पास रखा जाता है। ये कुण्डली, कोर के काफी हिस्से को घेर लेती हैं
- प्राथमिक/द्वितीयक या निम्न विभव/उच्च विभव कुण्डली, कोर के दो भुजाओं पर समान रूप से वितरित होते हैं।
- कुण्डली दो भुजाओं पर वितरित होने से, प्राकृतिक शीतलन अधिक प्रभावी हो जाता है।
- केवल ऊपरी योक को हटाकर, कुण्डली को मरम्मत के लिए निकाला जा सकता है।

b. आवरण या शंख या शेल प्रकार के परिणामित्र

शेल प्रकार के परिणामित्र की मुख्य विशेषताएं नीचे सूची बद्ध हैं:

- इस प्रकार के परिणामित्र का कोर दोहरा चुंबकीय परिपथ प्रदान करता है।
- कुण्डली सामान्य रूप से सैंडविच प्रकार की होती है, जिसे हमेशा कोर के मध्य भाग पर रखा जाता है।
- HV (एच.वी.) और LV (एल.वी.) कुण्डली को, टिकिया (पैन केक) के रूप में घुमावदार बिछा दिया जाता है। ऊपर और नीचे की कुण्डली जो, कोर के योक के पास होते हैं, वे केवल LV कुण्डली ही होती हैं।
- कोर के केंद्रीय शाखा पर स्थित कुण्डली को, कोर लगभग घेर लेता है। यह सुविधा कुण्डली को यांत्रिक सुरक्षा प्रदान करने में मदद करती है।
- कुंडलियां केवल केंद्रीय शाखा पर रखी जा रही हैं और शाखा, बाहरी कोर से घिरी हुई होती हैं, इसलिए प्राकृतिक शीतलन कम होता है।
- कुण्डली की मरम्मत उतनी आसान नहीं है जितनी कि कोर प्रकार के परिणामित्र के लिए होती है।

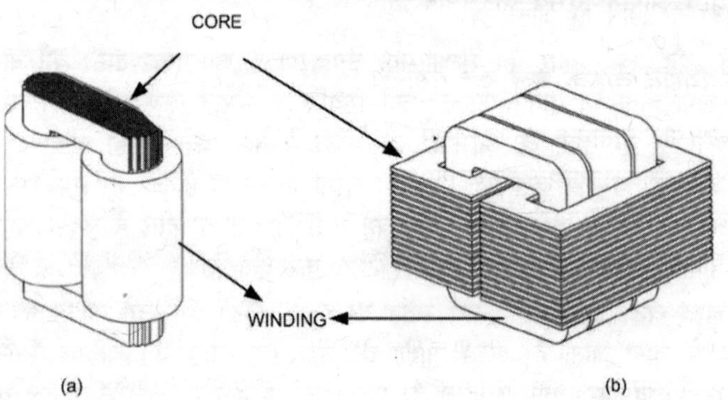

चित्र 6.3: (a) कोर प्रकार के परिणामित्र (b) शैल प्रकार के परिणामित्र

6.1.4 कार्य करने के सिद्धांत

परिणामित्र का संचालन एक सामान्य चुंबकीय क्षेत्र से जुड़े दो परिपथ के बीच पारस्परिक प्रेरण के सिद्धांत पर आधारित है। परिणामित्र को उसके प्रारंभिक रूप में, चित्र 6.4 में दिखाया गया है।

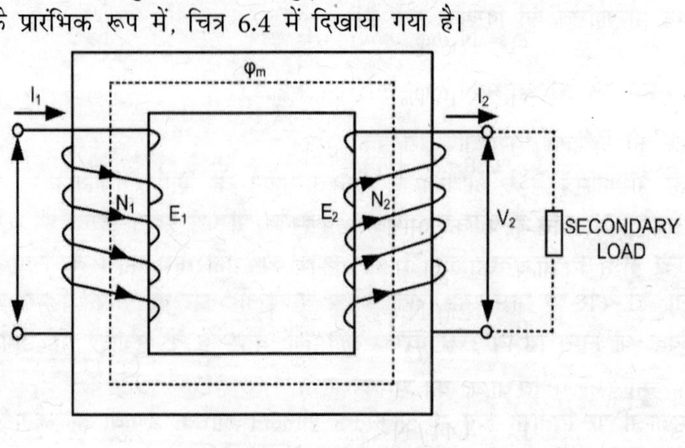

चित्र 6.4: प्रारंभिक परिणामित्र

इसमें अनिवार्य रूप से दो कुण्डली होते हैं, प्राथमिक और द्वितीयक कुण्डली, विद्युत रूप से अलग लेकिन एक सामान्य लेमिनेटेड स्टील कोर पर लपेटे जाते हैं। कोर के ऊर्ध्व भाग जिस पर ये कुण्डली रखे जाते हैं, शाखायें (भुजायें या लिम्ब्स) कहलाते हैं और ऊपर और नीचे के भाग, योक कहलाते हैं। वह कुण्डली जो मौजूदा आगत आपूर्ति से जुड़ी होती है और जो इससे ऊर्जा प्राप्त करती है, प्राथमिक कुण्डली कहलाती है। वांछित विभव पर भार को ऊर्जा देने वाली दूसरी कुण्डली को द्वितीयक कुण्डली कहा जाता है।

ट्रांसफार्मर की मूल बातें

जब प्राथमिक कुण्डली को AC आपूर्ति से जोड़ा जाता है, तो एक प्रत्यावर्ती धारा इसके माध्यम से परिचालित होती है। प्राथमिक कुण्डली से बहने वाली यह धारा एक प्रत्यावर्ती चुंबकीय बलरेखाओ उत्पन्न करती है। इस परिवर्तनीय चुंबकीय बलरेखाओ का अधिकांश भाग लौह कोर के माध्यम से द्वितीयक कुण्डली से जुड़ता है और फैराडे के विद्युत चुम्बकीय प्रेरण के नियम के अनुसार इसमें एक विद्युत वाहक बल (वि.वा.ब.) उत्पन्न करता है। वह घटना, जिसके कारण प्राथमिक कुण्डली में एक प्रत्यावर्ती धारा द्वितीयक कुण्डली में एक वि.वा.ब. उत्पन्न करती है, को पारस्परिक प्रेरण के रूप में जाना जाता है और द्वितीयक कुण्डली में प्रेरित वि.वा.ब. को पारस्परिक रूप से प्रेरित वि.वा.ब. के रूप में जाना जाता है। इस वि.वा.ब. की आवृत्ति आपूर्ति विभव के समान होती है।

6.1.4.1 परिणामित्र के विद्युत वाहक बल का समीकरण

मान लीजिए कि प्राथमिक और द्वितीयक कुण्डली में N_1 और N_2 टर्न की संख्या वाला एक परिणामित्र जैसा कि चित्र 6.4 में दिखाया गया है। जब प्राथमिक कुण्डली में आवृत्ति f का एक प्रत्यावर्ती विभव V_1 लगाया जाता है, तो एक धारा I_m प्राथमिक कुण्डली से प्रवाहित होगा और यह प्रत्यावर्ती चुंबकीय बलरेखाओ उत्पन्न करेगा जो प्राथमिक और द्वितीयक कुण्डली दोनों को जोड़ने वाले कोर के माध्यम से अपना पथ पूरा करता है। प्रत्यावर्ती चुंबकीय बलरेखाओ का समीकरण है

$$\varphi = \varphi_m \cos \omega t \qquad \text{...(6.1)}$$

फैराडे के नियम के अनुसार प्रत्यावर्ती चुंबकीय बलरेखाओ (चुंबकीय फ्लक्स) के कारण प्राथमिक कुण्डली में प्रेरित वि.वा.ब. का समीकरण नीचे दिया गया है:

$$e_1 = -N_1 \frac{d\varphi}{dt} \qquad \text{...(6.2)}$$

समीकरण 6.1 के चुंबकीय बलरेखाओ के मान को 6.2 में प्रतिस्थापित करने पर समीकरण बन जाता है,

$$e_1 = -N_1 \frac{d\varphi_m \cos \omega t}{dt}$$

$$e_1 = N_1 \omega \varphi_m \sin \omega t$$

$$e_1 = N_1 \omega \varphi_m \cos\left(\omega t - \frac{\pi}{2}\right)$$

$$e_1 = E_m \cos\left(\omega t - \frac{\pi}{2}\right) \qquad \text{...(6.3)}$$

जहां $E_m = 2\pi f N_1 \varphi_m$, प्रेरित वि.वा.ब. का अधिकतम मान

प्राथमिक कुण्डली में प्रेरित वि.वा.ब. का मूल माध्य वर्ग मान द्वारा दिया जाता है,

$$E_1 = \frac{2\pi f N_1 \varphi_m}{\sqrt{2}} = 4.44 f N_1 \varphi_m \qquad \text{...(6.4)}$$

इसी तरह, द्वितीयक कुण्डली में वि.वा.ब. का समीकरण है,

$$E_2 = 4.44 f N_2 \varphi_m \qquad \text{...(6.5)}$$

6.1.4.2 विभव परिवर्तन अनुपात

विभव परिवर्तन अनुपात द्वितीयक विभव के प्राथमिक विभव के साथ में अनुपात के रूप में परिभाषित किया जाता है। इसे K से निरूपित किया जाता है। यदि $K < 1$ है, तो द्वितीयक विभव, प्राथमिक विभव से कम होगा और परिणामित्र को अपचायी (स्टेपडाउन) परिणामित्र कहा जाएगा। यदि $K > 1$, तो परिणामित्र एक उच्चायी (स्टेपअप) परिणामित्र है।

$$\frac{E_1}{E_2} = \frac{N_1}{N_2} = \frac{1}{K}$$

एक आदर्श परिणामित्र में, निम्नलिखित धारणाएँ बनाई जाती हैं:

- कुण्डली का प्रतिरोध नगण्य होता है।
- उत्पादित सभी चुंबकीय बलरेखायें, परिणामित्र के कोर तक सीमित होते हैं और दोनों कुण्डली को पूरी तरह से संपर्क (लिंक) करते हैं।
- कोर की पारगम्यता अधिक होती है जिससे चुंबकीय बलरेखाओ को उत्पन्न करने और इसे कोर में स्थापित करने के लिए आवश्यक चुंबकीय धारा नगण्य होती है।
- शैथिल्य (हिस्टैरिसीस) और भंवर धारा की हानी नगण्य होती हैं ।

उपरोक्त धारणा के साथ, एक परिणामित्र को दिया गया आगत वोल्ट एम्पीयर और निर्गत वोल्ट एम्पीयर को बराबर यानी $V_1 I_1 = V_2 I_2$ के रूप में अनुमानित किया जा सकता है। उपरोक्त समीकरण बन जाता है,

$$\frac{E_1}{E_2} = \frac{V_1}{V_2} = \frac{N_1}{N_2} = \frac{I_1}{I_2} = \frac{1}{K} \qquad ...(6.6)$$

6.1.4.3 बिना भार की स्थिति में परिणामित्र

जब एक परिणामित्र बिना भार की स्थिति में होता है, तो द्वितीयक कुण्डली में धारा I_2 का मान, शून्य होता है जैसा कि चित्र 6.4 में दिखाया गया है, जबकि प्राथमिक कुण्डली में धारा का मान, कम होता है, जिसे I_0 बिना भार (नो लोड) धारा के रूप में जाना जाता है। धारा I_0 में निम्नलिखित दो घटक हैं।

a. निष्क्रिय या चुंबकीय घटक I_m और

b. सक्रिय या शक्ति घटक I_μ

चुंबकीय घटक, चुंबकीय बलरेखाओ (फ्लक्स) को उत्पन्न करता है, इसलिए यह चुंबकीय बलरेखाओ के साथ कला में होता है। सक्रिय घटक, लोहे के कोर में हिस्टैरिसीस और भंवर धारा की हानी की आपूर्ति करने की शक्ति का उत्पादन करता है, सक्रिय घटक, आपूर्ति विभव V_1 के साथ कला में होता है। प्राथमिक कुण्डली में प्रेरित वि.वा.ब. E_1 चुंबकीय बलरेखाओ को 90° से पीछे कर देता है जैसा कि समीकरण 6.3 में दिखाया गया है। आमतौर पर सक्रिय घटक, बिना भार की धारा के चुंबकीय घटक की तुलना में बहुत कम होता है। चित्र 6.5 एक परिणामित्र की बिना भार की स्थिति पर कला आरेख दिखाता है।

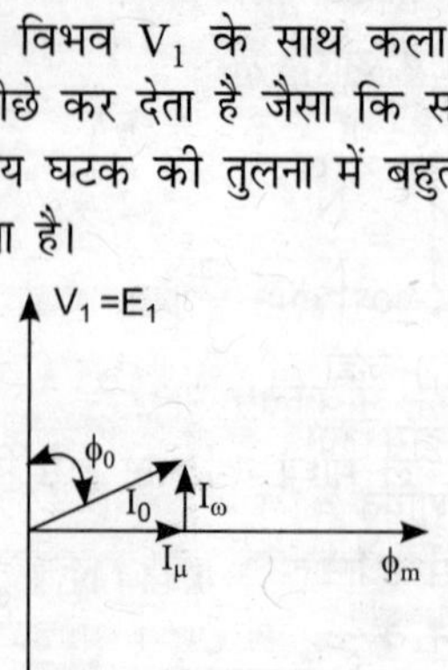

चित्र 6.5: बिना भार के कला आरेख

कला आरेख से चुंबकीय धारा $I_\mu = I_0 \sin \phi_0$ और कोर हानी घटक $I_\omega = I_0 \cos \phi_0$ है। परिणामित्र की बिना भार की स्थिति पर, दी या आपूर्तित शक्ति का परिमाण निम्नलिखित समीकरण द्वारा ज्ञात किया जाता है,

$$P_0 = V_1 I_0 \cos \phi_0 \quad ...(6.7)$$

जहां बिना भार शक्ति गुणांक (PF) है और बिना भार धारा का मान निम्नलिखित समीकरण द्वारा ज्ञात किया जाता है,

$$I_0 = \sqrt{I_\mu^2 + I_\omega^2} \quad ...(6.8)$$

6.1.5 स्व-परिणामित्र

एक परिणामित्र जिसमें कुण्डली का एक हिस्सा, प्राथमिक और द्वितीयक दोनों परिपथ के लिए उभयनिष्ट (कॉमन) होता है, स्व-परिणामित्र के रूप में जाना जाता है। प्राथमिक परिपथ विद्युत रूप से द्वितीयक परिपथ से जुड़ा हुआ होता है और साथ ही चुंबकीय रूप से भी जुड़ा हुआ होता है जैसा कि चित्र 6.6 में दिखाया गया है। दो कुण्डली वाले परिणामित्र के विपरीत, एक स्व-परिणामित्र विद्युत रूप से पृथक नहीं होता है।

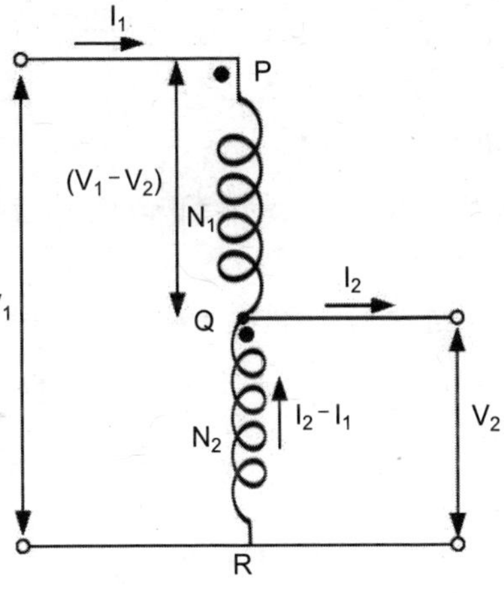

चित्र 6.6: स्व-परिणामित्र

चित्र 6.6 में, PR, प्राथमिक कुण्डली है जिसमें N_1 टर्न हैं और QR, द्वितीयक कुण्डली है जिसमें N_2 टर्न की संख्या है। इनपुट विभव और धारा V_1 और I_2 हैं और आउटपुट विभव क्रमश: V_2 और I_2 हैं। यदि आंतरिक प्रतिबाधा में गिरावट, और हानियों की उपेक्षा की जाती है, तो $V_1 I_1 = V_2 I_2$

$$\frac{V_1}{V_2} = \frac{I_1}{I_2} = \frac{N_1}{N_2} = \frac{1}{K} \quad ...(6.9)$$

QR, खंड (सेक्शन) में धारा है $(I_2 - I_1)$ जहां $I_2 > I_1$

एक स्व-परिणामित्र में परिणामित्र क्रिया द्वारा आगत शक्ति, का केवल एक हिस्सा प्राथमिक से द्वितीयक की तरफ (साइड) में स्थानांतरित किया जाता है। शेष शक्ति को सीधे प्राथमिक से द्वितीयक पक्ष में स्थानांतरित किया जाता है। शक्ति की सापेक्षिक मात्रा को इंडक्टिव रूप से स्थानांतरित किया जाता है और शक्ति को बल रेखाएंकीय (कंडक्टिव) रूप से स्थानांतरित किया जाता है जो परिवर्तन के अनुपात पर निर्भर करता है।

स्व-परिणामित्र द्वारा वोल्ट एम्पीयर शक्ति को भार पर स्थानांतरित किया जाता है

$$= V_2 I_2$$

परिवर्तित शक्ति जो QR, कुण्डली में शक्ति के बराबर है। रूपांतरित शक्ति या आगमनात्मक शक्ति इस प्रकार दी गई है

$$V_2(I_2 - I_1) = V_2 I_2\left(1 - \frac{I_1}{I_2}\right)$$

समीकरण 6.9 को प्रतिस्थापित करते हुए, समीकरण

$$= V_2 I_2(1 - K) \quad ...(6.10)$$

जो शक्ति सीधे संचालित की जाती है, वह भार के लिए दी गई शक्ति से आगमनात्मक शक्ति को घटाकर, के बराबर होती है

$$V_2 I_2 - V_2 I_2(1 - K) = K V_2 I_2 \quad ...(6.11)$$

दो कुण्डली परिणामित्र की तुलना में स्व-परिणामित्र के फायदे निम्नलिखित हैं:

- समान क्षमता और विभव अनुपात के लिए एक स्व-परिणामित्र के लिए आवश्यक तांबे का वजन कम होता है।
- समान रेटिंग के लिए स्व-परिणामित्र का आकार कम होता है।

6.1.5.1 स्व-परिणामित्र के अनुप्रयोग

1. लंबे शाखापथ (फीडर) परिपथ पर विभव ड्रॉप की भरपाई के लिए।
2. परिवर्तनीय विभव नियंत्रण प्रदान करने के लिए।
3. सिस्टम विभव को अलग-अलग भार के साथ स्थिर रखने के लिए परिणामित्र निर्गत विभव को समायोजित करने के लिए

गतिविधियां

1. महाविद्यालय के मुख्य शक्ति आपूर्ति शक्ति घर (सब स्टेशन) पर जाएँ। स्थापित वितरण परिणामित्र की नाम पट्टी का (नेम प्लेट) विवरण को नोट कर लें। नाम पट्टी का में दिए गए विनिर्देशों के विवरण पर एक रिपोर्ट तैयार करें।
2. किसी दिए गए, 1-कला, दो कुण्डली वाले परिणामित्र के प्राथमिक और द्वितीयक कुण्डली के प्रतिरोध को मापें। प्रतिरोध के मान को लिखें और अनुमान लगाएं कि कौन सी घुमावदार कुंडल, HV कुण्डली है ।

हल किये गए प्रश्न

उदाहरण 6.1.1: एक एकल कला परिणामित्र में 400 टर्न प्राथमिक और 1000 टर्न द्वितीयक कुण्डली में हैं। क्रोड का अनुप्रस्थ काट का क्षेत्रफल 60 cm^2 है। यदि प्राथमिक आपूर्ति विभव 500 V है, आवृत्ति = 50 हर्ट्ज के साथ, कोर में चुंबकीय बलरेखाओ घनत्व के शिखर मूल्य का निर्धारण करें।

हल: प्राथमिक कुण्डली में प्रेरित वि.वा.ब. का rms मान $E_1 = 4.44 f N_1 \varphi_m$ के बराबर होता है। एक आदर्श ट्रांसफार्मर को ध्यान में रखते हुए $E_1 = V_1$, प्राथमिक आपूर्ति विभव = 500 V। इसलिए

$$500 = 4.44 \times 400 \times B_m \times 60 \times 10^{-4}, B_m = 0.938 \frac{W_b}{m^2}$$

उदाहरण 6.1.2: एक 200/100 V, 50 Hz परिणामित्र को 100 V की ओर से 40 Hz पर उत्तेजित किया जाना है। यदि उत्तेजित धारा समान बनी रहे तो कम विभव की तरफ आपूर्ति विभव का पता लगाएं।

हल: मान लीजिए कि 50 हट्र्ज पर 100 V की तरफ प्रेरित वि.वा.ब. समीकरण

$$100 = 4.44 \times 50 \times \phi_m \times N_2 \quad ...(1)$$

उत्तेजित धारा को देखते हुए I_μ को 40 हट्र्ज पर भी समान रहना है इसलिए ϕ_m समान रहने के लिए।

40 हट्र्ज पर वि.वा.ब. समीकरण

$$E_2 = 4.44 \times 40 \times \phi_m \times N_2 \quad ...(2)$$

समीकरण (1) और (2) से $E_2 = 80$ वोल्ट

6.2 विद्युत मोटर

6.2.1 प्रस्तावना

एक घूर्णन विद्युत मशीन में मुख्य रूप से दो भाग होते हैं, स्टेटर, स्थिर भाग और रोटर, घूर्णन भाग। स्टेटर (स्थिर भाग) आम तौर पर एक बेलनाकार आकार का चुंबकीय अन्तर्भाग (कोर) होता है और चुंबकीय कोर से बना रोटर फिर स्टेटर के अंदर घूमता है। स्टेटर और रोटर कोर को एक, वायु अंतराल (एयर गैप) के माध्यम से अलग किया जाता है। स्टेटर और रोटर में चुंबकीय बलरेखाओ के बल रेखाएं को स्थापित करने के लिए कुंडलियां होती हैं। रोटर शाफ्ट को, एक बियरिंग पर स्थापित किया जाता है और शाफ्ट, बेल्ट और चरखी व्यवस्था के माध्यम से या गियर पेटी के माध्यम से यांत्रिक भार से जुड़ा होता है।

6.2.2 DC मोटर

विद्युत मोटर एक ऐसी मशीन है जो विद्युत ऊर्जा को यांत्रिक ऊर्जा में परिवर्तित करती है। यदि विद्युत ऊर्जा की आपूर्ति, दिष्टकारी शक्ति के रूप में की जाती है, तो मोटर को दिष्ट (DC) मोटर कहा जाता है।

6.2.2.1 DC मोटर का निर्माण

DC मशीन के चुंबकीय क्षेत्र ध्रुव (पोल), स्थिर भाग (स्टेटर) पर स्थित होते हैं। लोहे के पोल बेलनाकार आकार के चुंबकीय कोर की आंतरिक सतह से, अंदर की ओर प्रक्षेपित होते हैं जिसे स्टेटर योक कहा जाता है। योक, चुंबकीय बलरेखाओ के लिए वापसी पथ के रूप में कार्य करता है। लोहे के पोल में एक संकीर्ण भाग होता है जिस पर क्षेत्र कुण्डली (फील्ड वाइंडिंग) रखी जाती हैं। एक ध्रुव शू आमतौर पर लैमिनेटेड होता है जो रोटर की सतह पर ध्रुव, चुंबकीय बलरेखाओ को वितरित करता है। बेलनाकार सिलिकॉन स्टील कोर से बने रोटर या आर्मेचर में खांचे (स्लॉट) बने हुए लैमिनेटेड पट्टियो को इकट्ठा किया जाता है। कोर की अक्षीय लंबाई के साथ लैमिनेटेड कोर की सतह पर स्लॉट काटे जाते हैं, जिसमें आर्मेचर कुण्डली रखे जाते हैं। चालक, तार या बार के रूप में तांबे या एल्यूमीनियम से बने कुण डली होते हैं और चालक का आकार मशीन की धारा और विभव की आवश्यकता पर निर्भर करता है। आर्मेचर कुण डली को लकड़ी के पच्चर की मदद से, खांचे की लंबाई के साथ खांचे में रखा जाता है। कुण्डली टर्मिनल के सिरे कम्यूटेटर (बिजली की धारा का क्रम बदलने का यंत्र या दिक्-परिवर्तक) से जुड़े होते हैं। कम्यूटेटर में तांबे से बने वृत्त खंड होते हैं, जो आमतौर पर अभ्रक पदार्थ से प्रतिरोधित (इन्सुलेट) करके एक दूसरे से अलग होते हैं।

कार्बन ब्रश द्वारा आर्मेचर कुण्डली में धारा प्रवाहित होती है। ब्रश को ब्रश धारक (होल्डर) में रखा जाता है और इसे इस तरह से जमाया (फिट) जाता है कि वे कम्यूटेटर सतह पर स्वतंत्र रूप से फिसल (स्लाइड) सके। ब्रश संपर्क और कम्यूटेटर के बीच उचित संपर्क बनाए रखने के लिए, समायोज्य स्प्रिंग्स को संपर्क सुनिश्चित करने के लिए ब्रश

धारक में रखा जाता है। ब्रशों का नियमित रूप से निरीक्षण किया जाना चाहिए और यदि ब्रश में टूट-फूट हो तो उसे बदल देना चाहिए। चित्र 6.7 डीसी मशीन का अनुभागीय दृश्य दिखाता है।

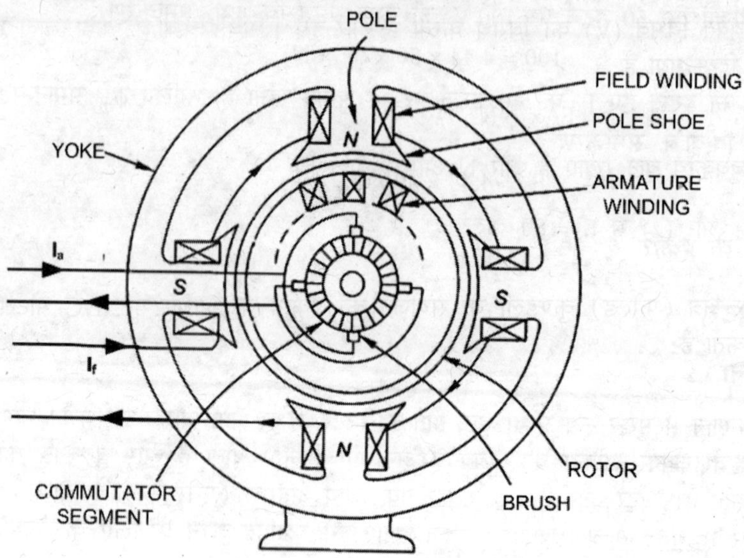

चित्र 6.7: DC मशीन का अनुभागीय दृश्य

6.2.2.2 DC मोटर का कार्य सिद्धांत

DC मोटर जिस सिद्धांत पर कार्य करती है वह फ्लेमिंग के बाएं हाथ के नियम पर आधारित है। जब किसी धारा वाही चालक को स्थिर चुंबकीय क्षेत्र में रखा जाता है, और चालक चुंबकीय क्षेत्र के साथ समकोण बनाता है, तो उसे एक यांत्रिक बल का अनुभव होता है, जिसकी दिशा फ्लेमिंग के बाएं हाथ के नियम द्वारा दी जाती है। चालक की चाल, बल की दिशा में होती है। संक्षेप में, जब विद्युत क्षेत्र और चुंबकीय क्षेत्र परस्पर क्रिया करते हैं, तो एक यांत्रिक बल उत्पन्न होता है। चालक द्वारा अनुभव किए गए न्यूटन में यांत्रिक बल का परिमाण समीकरण 6.12 द्वारा दिया जाता है। जहां, B चुंबकीय क्षेत्र की ताकत है Wb/m^2, I एम्पीयर में चालक के माध्यम से बहने वाली धारा है और L मीटर में चालक की लंबाई है।

$$F = BIL \qquad ...(6.12)$$

6.2.3.3 DC मोटर की कार्यप्रणाली

जब DC मोटर के आर्मेचर और क्षेत्र-कुण्डली से दिष्ट धारा प्रवाहित की जाती है, तो क्षेत्र धारा (एम्पीयर टर्न) द्वारा चुंबकीय बल रेखाओं (फ्लक्स) को स्थापित किया जाता है। चूंकि आर्मेचर चालक, चुंबकीय क्षेत्र के लंबवत होते हैं और उनमें धारा प्रवाहित होती है, इसलिए वे यांत्रिक बल का अनुभव करते हैं। इन बलों का परिणाम एक बलाघूर्ण होता है। इसके प्रभाव में बलाघूर्ण से रोटर घूमने लगता है। इसके साथ युग्मित कोई भी यांत्रिक उपकरण (भार) उपयोगी कार्य करता है। यदि यांत्रिक भार बढ़ाया जाता है तो DC आपूर्ति से अधिक धारा खींचकर अधिक बलाघूर्ण का उत्पादन किया जाएगा। इस प्रकार मोटर विद्युत ऊर्जा को यांत्रिक ऊर्जा में परिवर्तित करती है।

DC मोटर

प्रतिलोम या बैक विद्युत वाहक बल

जब मोटर का आर्मेचर घूमता है, तो चालक में एक वि.वा.ब. प्रेरित होता है क्योंकि वे चुंबकीय बल रेखाओं को काटते हैं। प्रेरित वि.वा.ब. प्रयुक्त विभव (V) का विरोध करता है और इसे विरोधी वि.वा.ब. कहा जाता है। इसका परिमाण समीकरण 6.13 द्वारा दिया गया है

$$E_b \propto \phi N \quad ...(6.13)$$

जहाँ ϕ क्षेत्रिय चुंबकीय बल रेखाएं है और N आर्मेचर गति है।

6.2.2.4 DC मोटर के प्रकार

आर्मेचर कुण्डली और क्षेत्र (फील्ड) कुण्डली के संयोजन की प्रकृति के आधार पर, DC मोटर को दो प्रकारों में वर्गीकृत किया जा सकता है:

(i) DC श्रेणी (सीरीज) मोटर

(ii) DC शंट (पार्श्वपथ) मोटर

एक अन्य प्रकार की DC मोटर, DC यौगिक (कंपाउंड) मोटर है, जिसमें क्षेत्र कुण्डली को श्रेणी में और साथ ही समानांतर में जोड़ा जाता है जिसकी चर्चा इस पुस्तक में नहीं की जा रही है।

i. **DC सीरीज मोटर:** एक सीरीज मोटर वह है जिसमें क्षेत्र कुण्डली को आर्मेचर के साथ सीरीज में जोड़ा जाता है जैसा कि चित्र 6.8 में दिखाया गया है कि मोटर द्वारा खींची गई धारा क्षेत्र कुण्डली के साथ-साथ आर्मेचर से होकर गुजरती है क्षेत्र कुण्डली में कुछ मोड़ होते हैं मोटे चालक के चुंबकीय बल रेखाएं संतृप्ति तक धारा के साथ बदलते रहते है।

ii. **DC शंट मोटर:** एक शंट मोटर वह होती है जिसमें तुलनात्मक रूप से पतले तार के बड़ी संख्या में घुमाव वाली क्षेत्र कुण्डली को आर्मेचर के समानांतर जोड़ा जाता है जैसा कि चित्र 6.9 में दिखाया गया है। शंट मोटर के मामले में, DC आपूर्ति स्थिर होने के कारण क्षेत्र धारा स्थिर रहता है। इसलिए, चुंबकीय बल रेखाएं व्यावहारिक रूप से स्थिर रहते है।

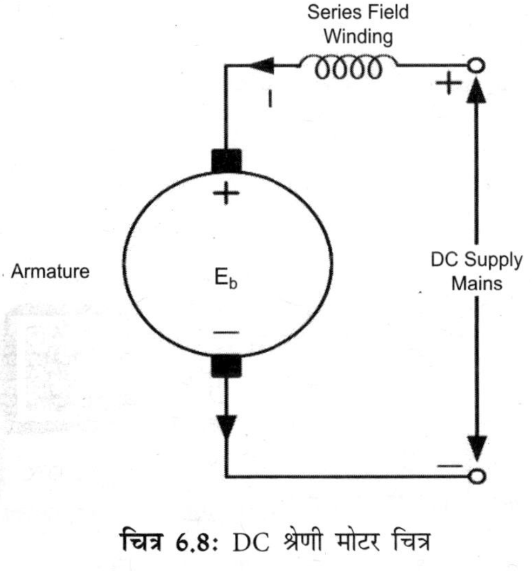

चित्र 6.8: DC श्रेणी मोटर चित्र

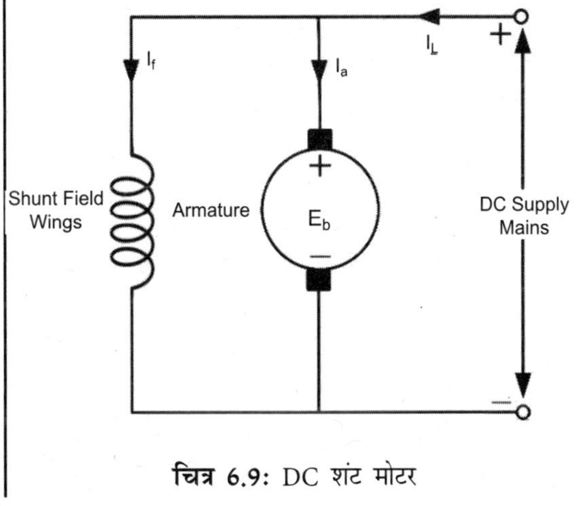

चित्र 6.9: DC शंट मोटर

6.2.2.5 DC मोटर की विशेषताएँ

DC मोटर की दो सबसे महत्वपूर्ण विशेषताएं हैं बलाघूर्ण विशेषताएँ और गति विशेषताएँ।

a. *बलाघूर्ण विशेषता (T बनाम I_a):*

बलाघूर्ण विशेषता, आर्मेचर धारा के साथ बलाघूर्ण (टॉर्क) की भिन्नता को प्रस्तुत करती है। मोटर में विकसित बलाघूर्ण, क्षेत्र धारा द्वारा उत्पन्न चुंबकीय बल रेखाएं और आर्मेचर चालक के माध्यम से बहने वाले धारा के बीच परस्पर क्रिया का परिणाम है। यदि क्षेत्र धारा (I_f) में वृद्धि के कारण चुंबकीय बल रेखाएं (ϕ) बढ़ती है, तो उसी आर्मेचर धारा के लिए उत्पन्न बलाघूर्ण में वृद्धि होगी यानी I_a के स्थिर मान के लिए $T \propto \phi$। इसी तरह, यदि शाफ्ट भार में वृद्धि के कारण आर्मेचर धारा (I_a) बढ़ता है, तो चुंबकीय बलरेखाओ के समान मान यानी ϕ के स्थिर मान के लिए भी बलाघूर्ण बढ़ेगा, $T \propto I_a$। अब यदि ϕ और I_a दोनों बदल रहे हैं तो सामान्य रूप से इसे इस प्रकार लिखा जा सकता है

$$T \propto \phi \, I_a \qquad ...(6.14)$$

i. **DC श्रेणी मोटर:** बलाघूर्ण समीकरण को $T \propto \phi I_a$ के रूप में प्रस्तुत किया जाता है। एक श्रेणी मोटर के लिए जैसा कि चित्र 6.8 में दिखाया गया है, वही धारा, क्षेत्र कुण्डली के साथ-साथ आर्मेचर कुण्डली में भी प्रवाहित होता है। तो, चुंबकीय संतृप्ति तक, क्षेत्र बल रेखाएं $\phi \propto I_a$ होगी, और इसलिए विकसित बलाघूर्ण का मान नीचे दिए गए समीकरण द्वारा प्रस्तुत किया गया है,

$$T \propto I_a^2 \qquad ...(6.15)$$

इसका अर्थ है कि बलाघूर्ण, चुंबकीय स्थिति तक धारा के वर्ग के समानुपाती होता है।

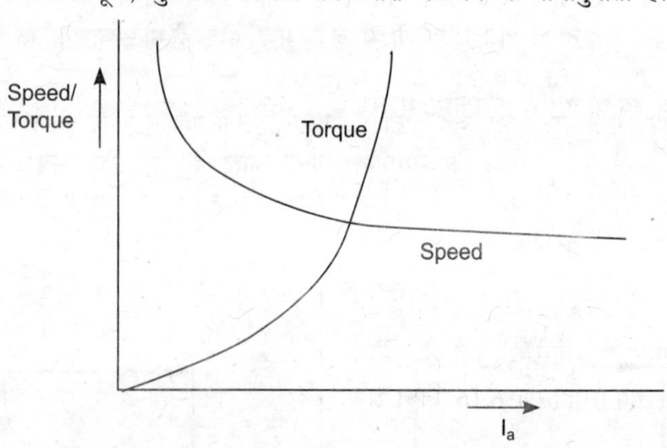

चित्र 6.10: DC श्रेणी मोटर की गति-बलाघूर्ण विशेषताएं

विशेषता वक्र के चित्र का यह भाग, एक परवलय है। हालाँकि, चुंबकीय संतृप्ति के बाद, T बनाम I_a वक्र, सीधी रेखा बन जाता है क्योंकि चुबकीय बलरेखाओ ϕ, आर्मेचर धारा से स्वतंत्र हो जाता है और इसलिए आर्मेचर धारा के साथ ही बलाघूर्ण बढ़ता है। विशेषता वक्र चित्र 6.10 में दिखाया गया है। चूँकि बलाघूर्ण धारा के वर्ग के समानुपाती होता है, इसलिए आरंभिक बलाघूर्ण बहुत अधिक होता है। कुछ अनुप्रयोगों के लिए उच्च प्रारंभिक बलाघूर्ण फायदेमंद है। इसलिए जहां अधिक शुरुआत (स्टार्टिंग) बलाघूर्ण की जरूरत होती है वहां DC श्रेणी मोटर का इस्तेमाल किया जाता है।

ii. **डीसी शंट मोटर:** डीसी शंट मोटर के मामले में, चुंबकीय बलरेखाएं ϕ स्थिर होती है इसलिए बलाघूर्ण $T \propto \phi I_a$ आर्मेचर धारा के सीधे आनुपातिक होता है, गति जो भी हो। जैसे-जैसे आर्मेचर धारा (I_a) बढ़ता है, बलाघूर्ण (T) बढ़ता है और इसके विपरीत। चित्र 6.11 डीसी शंट मोटर की बलाघूर्ण विशेषता को दर्शाता है।

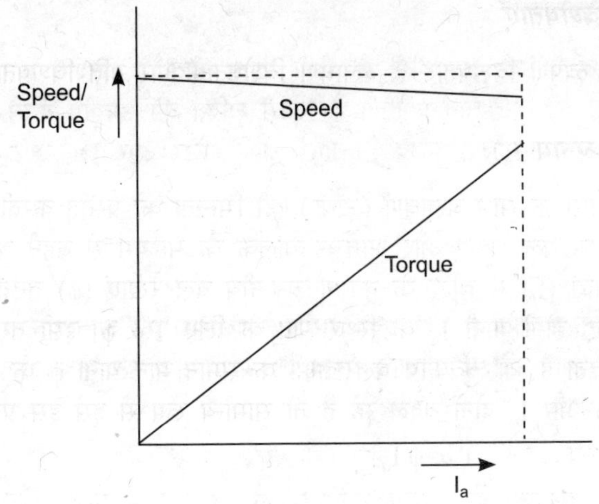

चित्र 6.11: DC शंट मोटर की गति बलाघूर्ण विशेषताएं

b. **गति विशेषता (N बनाम I_a):**
मोटर के चलने या गति की विशेषता आम तौर पर, आगत धारा के साथ गति की भिन्नता को प्रस्तुत करती है।

i. **DC श्रेणी मोटर:** डीसी मोटर की गति समीकरण है

$$T \propto \frac{E_b}{\phi}$$

जहां, E_b बैक वि.वा.ब., ϕ चुंबकीय बलरेखाएं है और N rpm में मोटर की गति है। आर्मेचर प्रतिरोध का मान बहुत कम के लिए, विभिन्न भार धाराओं के लिए बैक वि.वा.ब. में परिवर्तन बहुत कम होता है और इसलिए इसे उपेक्षित किया जा सकता है। इसलिए, रोटर की गति, क्षेत्र चुंबकीय बलरेखाओ के मान के व्युत्क्रमानुपाती होती है या

$$N \propto \frac{1}{\phi} \quad ...(6.16)$$

DC श्रेणी मोटर में, आर्मेचर धारा में वृद्धि के साथ, चुंबकीय बलरेखाएं (ϕ) बढ़ती है,
यानी $\phi \propto I_a$, तो समीकरण 6.16 निम्न प्रकार से संशोधित होता है

$$N \propto \frac{1}{I_a} \quad ...(6.17)$$

इसका मतलब यह है कि जैसे-जैसे भार धारा यानी आर्मेचर धारा (I_a) बढ़ती है, तो गति कम होती जाती है और इसके विपरीत। विशेषता चित्र 6.10 में दिखाई गई है। अभिलाक्षणिक वक्र से यह देखा जाता है कि जब भार अधिक होता है तो गति कम होती है। जब भार हल्का होता है, गति बहुत अधिक होती है। इसलिए श्रेणी मोटर को कभी भी बिना भार के नहीं चलाना चाहिए अन्यथा यह बहुत अधिक अपकेंद्र (सेंट्रीफ्यूगल) बल के कारण क्षतिग्रस्त हो सकती है।

ii. **DC शंट मोटर:** डीसी शंट मोटर में, चुंबकीय बलरेखाएं स्थिर रहते है। चूंकि चुंबकीय बलरेखाएं स्थिर होती है, इसलिए गति भी स्थिर होती है। सैद्धांतिक रूप से यह सच है लेकिन व्यावहारिक रूप से यह संभव नहीं है। दरअसल, जैसे-जैसे भार बढ़ता है, बैक वि.वा.ब. (E_b) घटता है और इस तथ्य के कारण, गति $N = E_b/\phi$ थोड़ी कम हो जाती है। गति में यह कमी महत्वपूर्ण नहीं है और इसलिए सभी व्यावहारिक उद्देश्यों के लिए डीसी शंट मोटर को एक स्थिर गति मोटर माना जाता है।

6.2.2.6 DC मोटर के अनुप्रयोग

DC मोटर का उपयोग कई औद्योगिक अनुप्रयोगों के लिए किया जाता है, विशेष रूप से उन्हें मोटर की संपूर्ण गति सीमा के लिए, स्थिर बलाघूर्ण की आवश्यकता होती है। बैटरी शक्ति का उपयोग करने वाले पोर्टेबल (ले जाने योग्य) अनुप्रयोगों में, DC मोटर एक स्वाभाविक पसंद हैं। DC श्रेणी मोटर और DC शंट मोटर के मुख्य अनुप्रयोग इस प्रकार हैं:

i. *DC श्रेणी मोटर*

DC श्रेणी मोटर का उपयोग किया जाता है जहां उच्च प्रारंभिक बलाघूर्ण की आवश्यकता होती है, जहां गति की स्थिरता की आवश्यकता नहीं होती है और गति में बदलाव संभव है। श्रेणी मोटर के कुछ अनुप्रयोग हैं:

- भारोत्तोलन यंत्र (क्रेन)
- हवा संपीडक (कंप्रेसर)
- उद्वाहक और बोझ उठाने का यंत्र (लिफ्ट और एलिवेटर)
- निर्वात सफाई (वैक्यूम क्लीनर)
- विद्युत कर्षण
- बाल सुखाने का यंत्र
- सिलाई मशीन
- शक्ति उपकरण
- विद्युत फुटिंग, आदि।

ii. *डीसी शंट मोटर*

शंट मोटर का उपयोग किया जाता है जहां बिना भार से लेकर पूर्ण भार तक स्थिर गति की आवश्यकता होती है और आरंभ करने की स्थितियां गंभीर नहीं हैं। डीसी शंट मोटर के विभिन्न अनुप्रयोग हैं:

- खराद (Lathe) मशीनें
- अपकेंद्री पंप
- कन्वेयर
- पंखा
- बोरिंग मशीनें
- वजन तौलने की मशीन
- कताई मशीन
- ब्लोअर
- लाइन शाफ्ट, आदि।

6.2.3 AC मोटर

6.2.3.1 मोटर की संरचना

पिछले विषय में, DC मोटर की विशेषताओं और इसके अनुप्रयोगों के संदर्भ में अध्ययन किया गया है। DC मोटर के संचालन के लिए DC शक्ति की आपूर्ति की आवश्यकता होती है। इसके लिए AC की आपूर्ति में सुधार किया जाता है, अर्धचालक उपकरणों का उपयोग करके, एसी आपूर्ति को DC में परिवर्तित किया जाता है।

यह अधिक सुविधाजनक होगा यदि AC मोटर को सीधे चलाने के लिए एकल या तीन कला AC शक्ति की आपूर्ति का उपयोग किया जा सकता है। DC मोटर की तरह, AC मोटर में भी स्टेटर (स्थिर भाग) और रोटर (गतिशील भाग) होता है। स्टेटर पर बड़ी संख्या में समान खांचे काटे जाते हैं, जिस पर कुंडलियों को रखा जाता हैं। कुण्डली के सिरे जुड़े हुए होते हैं और लीड को बाहर लाया जाता है, यह इस बात पर निर्भर करता है कि AC आपूर्ति का प्रकार एकल कला है या तीन कला। तदनुसार, मोटर को 3-कला या 1-कला AC मोटर के रूप में वर्गीकृत किया जाता है। रोटर का निर्माण, AC मोटर के प्रकार पर निर्भर करता है। चित्र 6.12, 3-कला प्रेरण मोटर के रोटर के निर्माण को दर्शाता है।

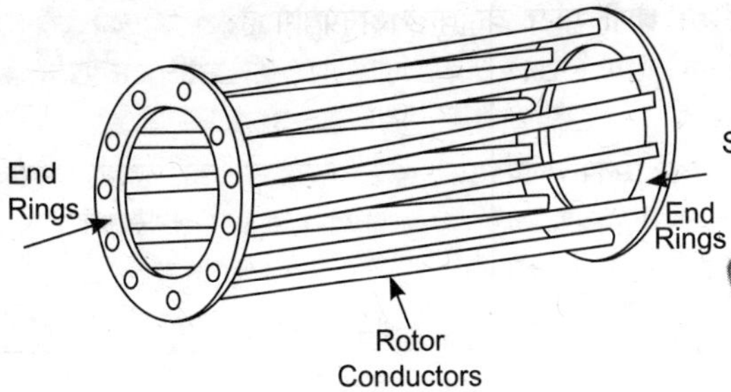

(a)

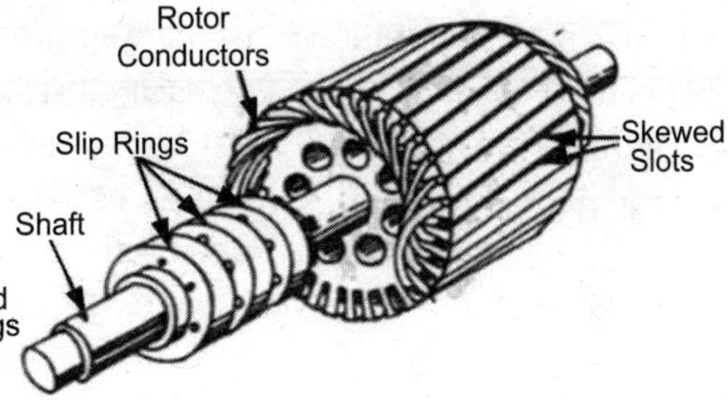

(b)

चित्र 6.12: 3-कला प्रेरण मोटर (a) गिलहरी पिंजरा रोटर (b) कुण्डली रोटर

तालिका 6.1, दो मुख्य प्रकार के 3 कला AC मोटर यानी प्रेरण मोटर और तुल्यकालिक मोटर के रोटर निर्माण का विवरण दिखाती है। इसके अलावा, निर्माण के आधार पर 3 कला प्रेरण मोटर के दो प्रकार हैं: गिलहरी पिंजरा रोटर और कुण्डली रोटर। इसी तरह, रोटर के निर्माण के आधार पर तुल्यकालिक मोटर दो प्रकार के होते हैं: सैलिएंट (बाहर को निकला हुआ) ध्रुव रोटर और नॉन-सैलिएंट (बाहर को नही निकला हुआ) ध्रुव रोटर।

तालिका 6.1: 3-कला AC मोटर का रोटर निर्माण विवरण

क्रमांक	तीन-कला AC मोटर	रोटर का प्रकार और उनके निर्माण विवरण	
		गिलहरी केज रोटर	**कुण्डली रोटर**
1.	तीन कला प्रेरण मोटर	i. खांचा परिधि के साथ, रोटर कोर बेलनाकार होती है। ii. रोटर चालक तांबे या एल्यूमीनियम से बने इंसुलेटेड बार या रॉड से बना होता है। iii. तांबे के बने छल्ले के संचालन की मदद से प्रत्येक छोर पर सलाखों को स्थायी रूप से आपस में मिला (शार्ट) दिया जाता है और इसे अंत के छल्ले के रूप में जाना जाता है।	i. खांचा परिधि के साथ, रोटर कोर बेलनाकार होती है। ii. रोटर कुण्डली, स्टेटर कुण्डली के समान ही होती है। iii. तीन कला रोटर कुण्डली के सभी तीन सिरे स्थायी रूप से सर्पि (स्लिप) रिंग से जुड़े होते हैं iv. सर्पि रिंग, रोटर शाफ्ट पर लगे होते हैं। v. रोटर के सिरे (टर्मिनलों) को सर्पि रिंग पर रखे ब्रश धारक (होल्डर) पर लगे ब्रश के माध्यम से बाहरी संयोजन के लिए बाहर लाया जाता है।

क्रमांक	तीन-कला AC मोटर	रोटर का प्रकार और उनके निर्माण विवरण	
2.	तीन कला तुल्यकालिक मोटर	**प्रक्षेपित (सैलिएंट्) ध्रुव रोटर**	**गैर प्रक्षेपित (नान-सैलिएंट्) ध्रुव रोटर**
		i. सैलिएंट् शब्द का अर्थ है प्रक्षेपित करना। एक प्रक्षेपित ध्रुव में ध्रुव होते हैं जो रोटर कोर की सतह से प्रक्षेपित होते हैं ii. चार से अधिक ध्रुवों वाले रोटर के लिए प्रयुक्त iii. क्षेत्र कुण्डली के रूप में जाने जाने वाले रोटर कुण्डली को ध्रुव (पोल) बॉडी पर रखा जाता है iv. क्षेत्र कुण्डली के दो सिरे स्लिप वलय (रिंग) से जुड़े होते हैं और ब्रश के माध्यम से DC आपूर्ति से बाहरी रूप से जुड़े होते हैं	i. गैर प्रक्षेपित ध्रुव रोटर को बेलनाकार रोटर के रूप में भी जाना जाता है ii. रोटर आकार में बेलनाकार होता है जिसमें कोई भौतिक ध्रुव नहीं होता है जैसा कि प्रक्षेपित ध्रुव निर्माण में होता है iii. रोटर या क्षेत्र कुण्डली को रखने के लिए रोटर की परिधि पर खांचे काट दिए जाते हैं। iv. क्षेत्र कुण्डली का बाहरी संयोजन प्रक्षेपित ध्रुव रोटर के समान है

6.2.3.2 तीन कला AC मोटर

AC मशीनों के संचालन का मूल सिद्धांत एक घूर्णन चुंबकीय क्षेत्र की उत्पत्ती है। जब स्टेटर के खांचे (स्लॉट्स) पर रखे गए तीन कला कुण्डली को, तीन कला संतुलित आपूर्ति दी जाती है, जो (120°) द्वारा विस्थापित होते हैं, एक घूर्णन चुंबकीय क्षेत्र बनाया जाता है। घूर्णन चुंबकीय क्षेत्र, रोटर को घुमाता है जो घूर्णन चुंबकीय क्षेत्र की गति पर निर्भर करता है। घूर्णन चुंबकीय क्षेत्र की गति को तुल्यकालिक गति के रूप में जाना जाता है और इसे निम्नलिखित समीकरण से प्रस्तुत किया जाता है,

$$N_s = \frac{120f}{P} \qquad ...(6.18)$$

जहां AC आपूर्ति की आवृत्ति f है और P स्टेटर में मौजूद ध्रुवों की संख्या है। एक मोटर में विकसित विद्युत चुम्बकीय बलाघूर्ण हवा के अंतराल में दो चुंबकीय क्षेत्रों की परस्पर क्रिया है, स्टेटर धाराओं द्वारा निर्मित F_s और रोटर धाराओं द्वारा निर्मित F_r बलाघूर्ण को निम्नलिखित समीकरण से प्रस्तुत किया जाता है,

$$T = F_s F_r \sin\lambda \qquad ...(6.19)$$

एक स्थिर बलाघूर्ण के निर्माण के लिए निम्नलिखित दो शर्तों को पूरा करना होगा अर्थात

a. दोनों क्षेत्र एक दूसरे के सापेक्ष स्थिर होने चाहिए और
b. दोनों क्षेत्रों में ध्रुवों की संख्या समान होनी चाहिए।

चित्र 6.13 एक एसी मशीन के बलाघूर्ण प्रेरण को दर्शाता है।

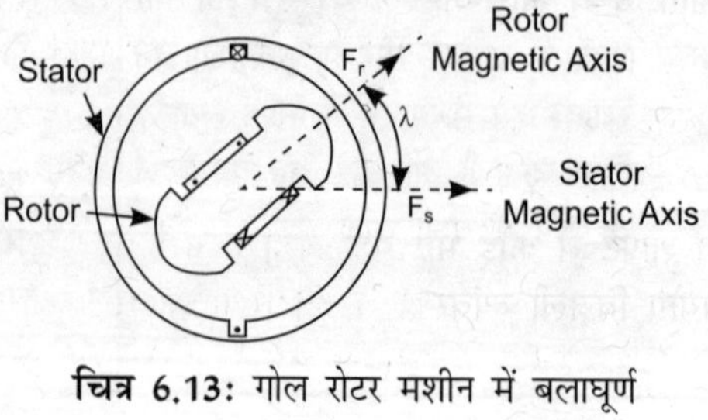

चित्र 6.13: गोल रोटर मशीन में बलाघूर्ण

तीन कला प्रेरण मोटर एक एकल फेड मशीन है, जिस पर, AC आपूर्ति से स्टेटर उत्तेजित होता है। तीन कला स्टेटर कुण्डली में बहने वाली धारा एक निरंतर घूमने वाले चुंबकीय क्षेत्र को जन्म देती है। फैराडे के नियम के अनुसार घूर्णन चुंबकीय क्षेत्र, स्थिर रोटर चालक में विभव उत्पन्न करता है जो लघु (शॉर्ट) परिपथ होता है। प्रेरित विभव से रोटर चालक में धारा प्रवाहित होती है जो रोटर चुंबकीय क्षेत्र का उत्पादन करती है और रोटर और स्टेटर चुंबकीय क्षेत्र की परस्पर क्रिया से बलाघूर्ण को जन्म मिलता है और रोटर, लेन्ज के नियम के अनुसार स्टेटर कुण्डली द्वारा उत्पादित चुंबकीय क्षेत्र की दिशा में घूमना शुरू कर देता है। रोटर आवृत्ति स्वचालित रूप से रोटर गति के अनुसार समायोजित हो जाती है, इस प्रकार स्थिर बलाघूर्ण के लिए आवश्यक पहली शर्त को पूरा करती है। एक तुल्यकालिक मशीन में, स्टेटर प्रत्यावर्ती धारा को वहन करता है, जबकि रोटर डीसी द्वारा उत्तेजित होता है। दो क्षेत्र अपेक्षाकृत स्थिर होंगे, जिससे बलाघूर्ण का उत्पादन होता है, और केवल तभी रोटर तुल्यकालिक (सिंक्रोनस) गति से चलता है यानी स्टेटर द्वारा उत्पादित घूर्णन चुंबकीय क्षेत्र की गति। चित्र 6.14, 3-कला प्रेरण मोटर और तुल्यकालिक मोटर की गति बनाम गति विशेषताओं को दर्शाता है।

प्रेरण मोटर

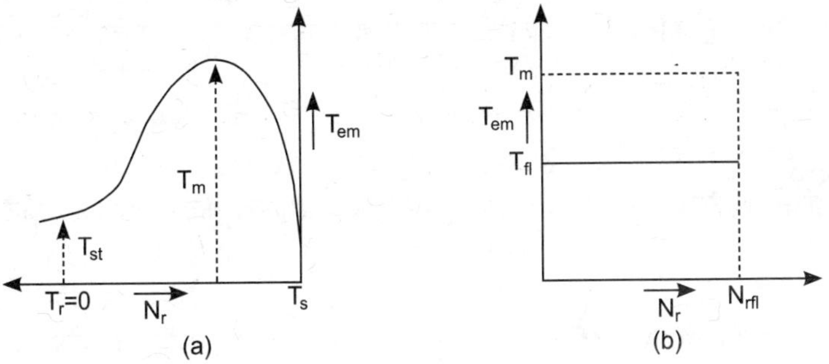

चित्र 6.14: (a) 3-कला प्रेरण मोटर (b) 3-कला तुल्यकालिक मोटर

6.2.3.3 3-कला मोटर के अनुप्रयोग

(1) 3-*कला प्रेरण मोटर*

- गिलहरी पिंजरे प्रेरण मोटर एक बहुत अच्छी पारंपरिक गति नियंत्रण विधि नहीं है, इसलिए इसे स्थिर गति अनुप्रयोगों के लिए उपयोग किया जाता है।
- तीन कला गिलहरी केज प्रेरण मोटर का उपयोग सेंट्रीफ्यूगल पंप, भ्रमिकर्तन (मिलिंग) मशीन, खराद मशीन, खोदने वाली (ड्रिलिंग) मशीन और बड़े धौंकनी (ब्लोअर) और पंखे के लिए किया जाता है।
- स्लिप रिंग प्रेरण मोटर में एक उच्च प्रारंभिक बलाघूर्ण और अच्छी गति नियंत्रण विधि होती है, इसलिए यह कम गति के साथ उच्च भार को संचालित कर सकती है।
- स्लिप रिंग मोटर का उपयोग उच्च भार अनुप्रयोगों जैसे उद्वाहक (लिफ्ट), भारोत्तोलन यंत्र (क्रेन), ऊपर उठाना (होइस्ट) और प्रक्रिया (process) उद्योगों के उपकरण के लिए किया जाता है।

(2) 3-*कला तुल्यकालिक मोटर*

- तुल्यकालिक मोटर जिसका शाफ्ट से कोई भार नहीं जुड़ा होता है, का उपयोग शक्ति गुणांक, सुधार के लिए किया जाता है। इसका उपयोग बिजली व्यवस्था में उन स्थितियों में किया जाता है जहां स्थिर संधारित्र महंगे होते हैं।

- तुल्यकालिक मोटर को उपयोग मिलता है जहां परिचालन गति 500 rpm से कम होती है और 100 किलोवाट से 2500 किलोवाट तक की उच्च शक्ति की आवश्यकता होती है। पूर्व-सीमेंट संयंत्रों के रोटरी भट्ठा के लिए, प्रत्यागामी (रिसीप्रोकेटिंग) पंप, संपीडक (कंप्रेसर), दलित्र (क्रशर) मोटर, स्टील लुढ़कनी (रोलिंग) मिलों में मोटर आदि।

6.2.4 एकल कला AC मोटर

तीन कला AC मोटर का उपयोग उच्च शक्ति रेटिंग अनुप्रयोगों के लिए किया जाता है। आमतौर पर ज्यादातर घरों और दफ्तरों में एकल कला AC की आपूर्ति होती है। इसने घरेलू अनुप्रयोगों जैसे पंखे, रेफ्रिजरेटर, कमरे के वातानुकूलक, रसोई और कार्यालय उपकरण आदि के लिए छोटे आकार के मोटर या आंशिक (फ्रैक्शनल) हॉर्स शक्ति मोटर की एक विस्तृत विविधता की उपलब्धता को जन्म दिया है। एकल कला प्रेरण (इंडक्शन) मोटर में स्टेटर पर एकल कला कुण्डली शामिल है और एक गिलहरी पिंजरे वाला रोटर। उत्पन्न होने वाले स्पंदनशील (पल्सेटिंग) चुंबकीय क्षेत्र के कारण एकल कला प्रेरण मोटर स्वयं चालू (सेल्फ स्टार्टिंग) नहीं होती हैं। इस समस्या को दूर करने के लिए, 2-कुण्डली, एकल कला मोटर विकसित की जाती हैं, जिसमें दो कुण्डली, जिन्हें मुख्य और सहायक कुण्डली कहा जाता है, को 90° विद्युत अंतर पर रखा जाता है, लेकिन एकल कला आपूर्ति दी जाती है। कुण्डली धाराओं में, समय अंतर रखा जाता है ताकि एक घूर्णन चुंबकीय क्षेत्र विकसित किया जा सके, जिसे सहायक कुण्डली के साथ श्रेणी में उपयुक्त प्रतिबाधा रखकर प्राप्त किया जाता है। कला में विभाजन (स्प्लिटिंग) की विधि के आधार पर 2-कुण्डली एकल कला मोटर को प्रतिरोध कला विभाजित (स्प्लिट) मोटर और संधारित्र कला विभाजित मोटर के रूप में वर्गीकृत किया जाता है।

6.2.4.1 संधारित्र कला विभाजित AC मोटर

घरेलू अनुप्रयोगों के लिए सबसे व्यापक रूप से इस्तेमाल किया जाने वाला एकल कला AC मोटर। संधारित्र कला विभाजित मोटर को संधारित्र प्रारंभ (स्टार्ट) प्रेरण मोटर, स्थायी (परमानेंट) संधारित्र विभाजित मोटर और संधारित्र प्रारंभ संधारित्र रन मोटर के रूप में वर्गीकृत किया गया है। स्थायी संधारित्र विभाजित प्रेरण मोटर का संयोजन आरेख चित्र 6.15 में दिखाया गया है।

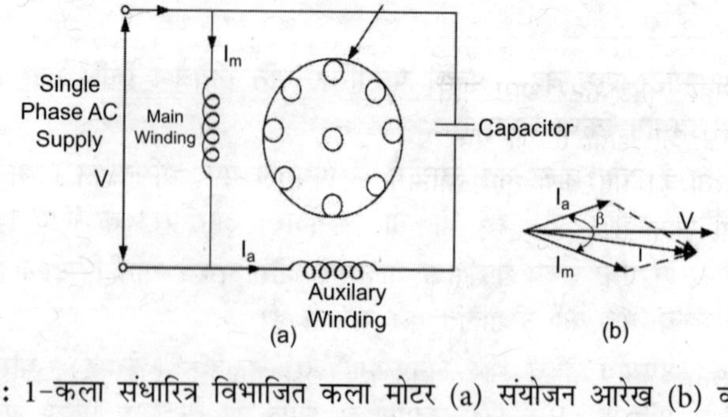

चित्र 6.15: 1-कला संधारित्र विभाजित कला मोटर (a) संयोजन आरेख (b) कला आरेख

एकल कला प्रेरण मोटर को स्वयं-प्रारंभ करने के लिए एक संधारित्र को सहायक कुण्डली के साथ श्रेणी में जोड़ा जाता है। मुख्य कुण्डली की तुलना में सहायक कुण्डली आमतौर पर पतले तांबे के तार से बनी होती है जो मोटे तांबे के तार से बनी होती है। दो कुण्डली एकल कला सप्लाई से जुड़े हुए हैं। सहायक कुण्डली से बहने वाली धारा संधारित्र के कारण मुख्य कुण्डली धारा I_m को लीक करती है जैसा कि कला आरेख में दिखाया गया है इस प्रकार मोटर 90° में विद्युत रूप से विस्थापित मुख्य और सहायक कुण्डली के साथ एक 2-कला मोटर बन जाती है। एक स्टार्टिंग बलाघूर्ण बन जाता है और रोटर घूमने लगता है। संधारित्र की विशिष्ट रेटिंग 40 – 100 μF होती है।

गतिविधियां

1. NEMA मानकों के अनुसार 3-कला AC मोटर चयन पर पावर प्वाइंट प्रेजेंटेशन तैयार करें।
2. परिपथ आरेख तैयार करें और प्रदर्शित करें कि किसी दिए गए 1-कला प्रेरण मोटर के घूर्णन की दिशा कैसे बदली जा सकती है।

हल किये गए प्रश्न

उदाहरण 6.2.1: असंतृप्त चुंबकीय क्षेत्र वाली एक DC शंट मोटर रेटेड विभव के साथ 1000 rpm पर चलती है। यदि विभव आपूर्ति रेटेड विभव का आधा है। मोटर की गति ज्ञात कीजिए।

हल : आर्मेचर प्रतिरोध की उपेक्षा करते हुए, बैक वि.वा.ब. को टर्मिनल DC विभव के बराबर माना जाता है। असंतृप्त चुंबकीय क्षेत्र को देखते हुए, फील्ड बल रेखाएं, फील्ड धारा के बराबर होता है।

दी गई शर्त के साथ, बैक वि.वा.ब. $E_b = k \times I_f \times N$

रेटेड टर्मिनल विभव V पर, बैक वि.वा.ब. समीकरण को लिखा जा सकता है,

$$V = k \times I_f \times 1000 \qquad ...(1)$$

टर्मिनल विभव के रेटेड विभव के आधे से कम होने पर, समीकरण

$$\frac{V}{2} = k \times \frac{I_f}{2} \times N \qquad ...(2)$$

समीकरण (1) और (2) से, हमें N = 1000 rpm मिलता है।

उदाहरण 6.2.2: स्लिप को परिभाषित कीजिए। एक 3-कला I.M. जिसमे 4 ध्रुवों के लिए कुण्डली है और 50 Hz प्रणाली से आपूर्ति की जाती है। ज्ञात कीजिए (1) तुल्यकालिक गति (2) रोटर गति, जब स्लिप 4% है (3) रोटर आवृत्ति।

हल : रोटर कभी भी स्टेटर क्षेत्र के साथ घूर्णन में सफल नहीं होता है क्योंकि ऐसा करने में, कोई सापेक्ष गति नहीं होगी, कोई वि.वा.ब. नहीं, कोई रोटर धारा नहीं और इसलिए कोई बलाघूर्ण नहीं होगा। रोटर एक निश्चित गति से चुंबकीय क्षेत्र के पीछे वापस आ जाता है जो एक प्रेरण मोटर के संचालन के लिए आवश्यक है और गति में अंतर, मोटर पर भार पर निर्भर करता है। रोटर की तुल्यकालिक गति N_s और N_r वास्तविक रोटर गति के बीच के अंतर को स्लिप गति के रूप में जाना जाता है।

स्लिप $$S = \frac{N_s - N_r}{N_s}$$

दिया गया $$P = 4, f = 50 \text{ Hz}$$

इसलिए $$N_s = \frac{120f}{P} = \frac{120 \times 50}{4} = 1500 \text{ rpm}$$

उपरोक्त परिभाषा से, रोटर गति $N_r = N_s(1 - s) = 1500(1 - 0.04) = 1500 \times 0.96 = 1440$ rpm

रोटर आवृत्ति $f_R = s \times f = 0.04 \times 50 = 2$ Hz.

यूनिट सारांश

- परिणामित्र मूल रूप से दो प्रकार के होते हैं, कोर टाइप और शेल टाइप।
- टर्न के अनुपात के आधार पर दो कुण्डली परिणामित्र को अपचायी या उच्चायी परिणामित्र के रूप में नामित किया जा सकता है।
- ट्रांसफार्मर एक स्थिर उपकरण है जिसका उपयोग विभव या धारा स्तर को बदलने के लिए किया जाता है, जबकि आवृत्ति समान रहती है।
- स्व-परिणामित्र में, शक्ति का हस्तांतरण बल रेखाएंकीय प्रभाव और प्रेरक प्रभाव के युग्मन (कपलिंग) के माध्यम से होता है।
- DC श्रेणी मोटर के मामले में, क्षेत्र (फील्ड) कुण्डली में आर्मेचर के साथ श्रेणी में जुड़े मोटे तार के कुछ मोड़ होते हैं।
- DC शंट मोटर के मामले में, (फील्ड) कुण्डली पतले तार के कई घुमावों से बनी होती है और यह आर्मेचर के सामानांतर जुड़ी होती है।
- समान रेटिंग वाली अन्य मोटर की तुलना में DC श्रेणी मोटर का शुरुआती बलाघूर्ण अधिक होता है।
- DC श्रेणी मोटर का उपयोग कर्षण (ट्रैक्शन), भारोत्तोलन यंत्र (क्रेन), ऊपर उठाना (होइस्ट) आदि के लिए किया जाता है।
- DC शंट मोटर के अनुप्रयोग खराद (लेथ), सेंट्रीफ्यूगल और रिसीप्रोकेटिंग पंप, धौंकनी (ब्लोअर), ड्रिलिंग मशीन आदि हैं।
- AC मोटरों को स्टेटर कुण्डली को दी गई आपूर्ति के अनुसार 3-कला या 1-कला एसी मोटर के रूप में लेबल किया जाता है।
- दो मुख्य प्रकार के 3 कला एसी मोटर, प्रेरण मोटर और तुल्यकालिक मोटर हैं।
- 3-कला प्रेरण मोटर की बलाघूर्ण स्पीड विशेषता DC शंट मोटर के समान होती है
- फ्रैक्शनल हॉर्स शक्ति अनुप्रयोगों के लिए, एकल कला प्रेरण मोटर का उपयोग किया जाता है।
- एकल कला प्रेरण मोटर के सबसे सामान्य अनुप्रयोग सीलिंग पंखा, कंप्रेसर मोटर और घरेलू पंप आदि हैं।

अभ्यास

A-वस्तुनिष्ठ प्रश्न

निर्देश: कृपया सबसे उपयुक्त उत्तर का चयन करें।

क्रमांक	बहुविकल्पीय	क्रमांक	बहुविकल्पीय प्रश्न
6.1	ट्रांसफार्मर कोर सामग्री के वांछनीय गुण हैं: 1. कम पारगम्यता और कम हिस्टैरिसीस हानि 2. कम पारगम्यता और उच्च हिस्टैरिसीस हानि 3. उच्च पारगम्यता और उच्च हिस्टैरिसीस हानि 4. उच्च पारगम्यता और कम हिस्टैरिसीस हानि	6.4	निम्न में से किस अनुप्रयोग के लिए उच्च प्रारंभिक बलाघूर्ण की आवश्यकता होती है? 1. हवा फेखने की मशीन 2. वजन करने की मशीन 3. लोकोमोटिव 4. अपकेंद्री पम्प

क्रमांक	बहुविकल्पीय	क्रमांक	बहुविकल्पीय प्रश्न
6.2	एक परिणामित्र कोर का आकार निर्भर करता है 1. आपूर्ति आवृत्ति 2. कोर में अनुमेय (अनुमति योग्य) चुंबकीय बलरेखाओ का घनत्व 3. कोर का क्षेत्रफल 4. दोनों (a) और (b)	6.5	उच्च प्रारंभिक बलाघूर्ण के लिए सबसे उपयुक्त 3-कला प्रेरण मोटर 1. गिलहरी पिंजरा 2. दोहरा पिंजरा 3. स्लिप रिंग 4. गहरा बार गिलहरी पिंजरा
6.3	D.C. मोटर के घूमने की दिशा किस नियम से निर्धारित होती है? 1. कूलम्ब का नियम 2. लेन्ज का नियम 3. फ्लेमिंग के दाहिने हाथ का नियम 4. फ्लेमिंग के बाएं हाथ का नियम	6.6	एक संधारित्र इसके साथ में, संधारित्र प्रारंभ 1-कला प्रेरण मोटर के साथ श्रेणी में जुड़ा हुआ है 1. सहायक कुण्डली 2. क्षतिपूर्ति कुण्डली 3. मुख्य कुण्डली 4. गिलहरी केज कुण्डली

B-विषयात्मक प्रश्न

1. दो कुण्डली परिणामित्र की कार्यप्रणाली समझाइए।
2. वितरण परिणामित्र के निर्माण में प्रयुक्त विभिन्न घटकों का वर्णन कीजिए।
3. कोर टाइप और शेल टाइप परिणामित्र की मुख्य विशेषताओं की व्याख्या करें।
4. एकल कला 3000/220 वोल्ट, 50 हर्ट्ज कोर टाइप परिणामित्र का अनुप्रस्थ काट क्षेत्रफल 400 वर्ग सेमी है। चुंबकीय बलरेखाओ घनत्व है 1 wb/m^2। परिणामित्र की प्राथमिक और द्वितीयक कुण्डली में टर्न की संख्या की गणना करें।
5. बिना भार की स्थिति में परिणामित्र का कला आरेख बनाइए और समझाइए।
6. स्व-परिणामित्र की कार्यप्रणाली का वर्णन करें? दो कुण्डली परिणामित्र पर स्व-परिणामित्र की खूबियों की सूची बनाएं।
7. बताएं कि DC श्रेणी मोटर के मामले में क्या होता है जब भार हटा दिया जाता है।
8. डीसी शंट मोटर से बलाघूर्ण बनाम गति विशेषताओं को बनाएं और समझाएं।
9. 3-कला प्रेरण मोटर के निर्माण का वर्णन करें।
10. विभिन्न प्रकार के एकल कला प्रेरण मोटर की सूची बनाएं और उनके अनुप्रयोग को बताएं।

प्रायोगिक

I. P4-ES110: एक परिणामित्र के टर्न के अनुपात का निर्धारण करें

P4.1. प्रायोगिक कथन

एकल कला परिणामित्र का टर्न का अनुपात (K) निर्धारित करें।

P4.2 प्रायोगिक महत्व

परिणामित्र में टर्न का अनुपात एक महत्वपूर्ण मापदंड (पैरामीटर) है। टर्न का अनुपात निर्धारित करता है कि कौन से कुण डली का छोर (टर्मिनल) उच्च विभव के होंगे और कौन से टर्मिनल कम विभव के होंगे। विभव विनियमन, परिणामित्र की दक्षता, कुंडलित प्रतिरोध, लीकेज इंडक्टेन्स, प्रेरित वि.वा.ब., धारा और विभव जैसे परिणामित्र के समकक्ष परिपथ के प्राथमिक या द्वितीयक पक्ष को संदर्भित करके परिणामित्र की दक्षता निर्धारित करने में टर्न का अनुपात बहुत उपयोगी है।

P4.3 प्रासंगिक सिद्धांत

सिद्धांत के लिए, उप विषय 6.1.3.2 में परिणामित्र का वि.वा.ब. समीकरण देखें। एक परिणामित्र के टर्न का अनुपात इस प्रकार प्रदर्शित किया जाता है $\frac{V_1}{V_2} = \frac{N_1}{N_2} = \frac{1}{K}$

P4.4 प्रैक्टिकल आउटकम्स (PrO)

PrO1 मापन उपकरणों की उचित श्रेणी का चयन करें।

PrO2 परिपथ और मापन उपकरणों को ठीक से संयोजित करें।

PrO3 किसी दिए गए एकल कला दो कुंडलित परिणामित्र के लिए विभव मापें।

PrO4 एक परिणामित्र के टर्न के अनुपात का निर्धारण करें।

P4.5 प्रायोगिक व्यवस्था (ड्राइंग/स्केच/परिपथ आरेख/काम की स्थिति)

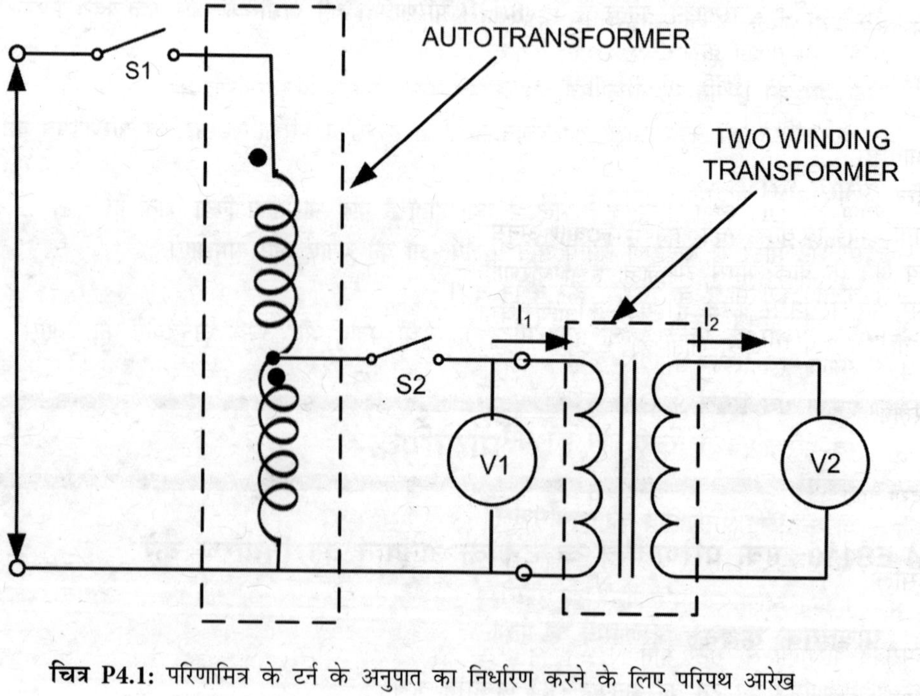

चित्र P4.1: परिणामित्र के टर्न के अनुपात का निर्धारण करने के लिए परिपथ आरेख

P4.6 आवश्यक संसाधन

क्रमांक	सुझाए गए संसाधनों की आवश्यकता महत्वपूर्ण विशिष्टताओं के साथ	मात्रा संख्या	वास्तविक संसाधनों की आवश्यकता व्यापक विशिष्टताओं वाली के साथ (छात्र द्वारा भरा जाना है)	टिप्पणी (यदि कोई हो)
1.	एकल कला AC आपूर्ति 230V, 50Hz	1		
2.	कनेक्टिंग वायर, मल्टी स्ट्रैंड Cu तार, 1.5 mm^2	LS		
3.	एकल ध्रुव स्विच, 5A	2		
4.	एकल-कला स्व-परिणामित्र, 2 KVA, 230V/ 270V	1		
5.	एकल-कला परिणामित्र, 1 KVA, 230V/ 115V	1		
6.	वोल्टमीटर, 0-300V AC	2		

P4.7 सुरक्षा उपाय

1. मापन उपकरणों के उपयुक्त प्रकार और श्रेणी का चयन करें।
2. परिपथ आरेख में दिखाए गए अनुसार एमीटर और वोल्टमीटर को संयोजित करें।
3. परिपथ आरेख के अनुसार परिपथ कनेक्शन की जांच करें और सुनिश्चित करें कि स्वखपरिणामित्र को बिजली की आपूर्ति के लिए स्विच S_1 चालू करने से पहले तार संयोजन टाइट हैं।
4. प्रयोग करने के बाद बिजली की आपूर्ति बंद कर दें।

P4.8 प्रयोग विधि

1. परिपथ को चित्र P4.1 में दिखाए अनुसार संयोजित करें।
2. स्व परिणामित्र और एकल कला परिणामित्र का उचित संयोजन सुनिश्चित करें।
3. स्व परिणामित्र रोटरी नॉब को शून्य विभव की स्थिति में रखें।
4. एकल ध्रुव स्विच S_1 ON करें।
5. एकल ध्रुव स्विच S_2 ON करें।
6. स्व-परिणामित्र के रोटरी नॉब को धीरे-धीरे घुमाकर आपूर्ति विभव को एकल कला परिणामित्र में चरणों [illegible] में बढ़ाएं।
7. दो कुंडलित परिणामित्र की प्राथमिक (V_1) और द्वितीयक विभव (V_2) रीडिंग को प्रेक्षण तालिका में रिकॉर्ड करें।
8. एकल कला स्व-परिणामित्र के रोटरी नॉब को चरणों में चरण संख्या 6 को दोहराएं जब तक कि एकल कला दो कुंडलित परिणामित्र के प्राथमिक के रेटेड विभव तक नहीं पहुंच जाता।

P4.9 अवलोकन और गणना

क्रमांक	प्राथमिक विभव (V_1)	द्वितीयक विभव (V_2)
1		

गणना

टर्न का अनुपात की गणना करें $\frac{N_1}{N_2} = \frac{V_p}{V_s}$, जहां V_p और V_s रेटेड प्राथमिक और द्वितीयक विभव हैं जिन्हें एकल कला दो कुंडलित परिणामित्र के नाम विवरण में दिया गया है।

अवलोकन तालिका में दर्ज V_1 और V_2 के अनुपात की गणना करके टर्न के अनुपात की गणना करें।

P4.10 परिणाम एवं/अथवा विवेचना

क्रमांक	पैरामीटर	मापित प्राथमिक / द्वितीयक विभव मान	रेटेड प्राथमिक / द्वितीयक विभव मान	त्रुटि
1	टर्न के अनुपात $\frac{N_1}{N_2}$			

P4.11 निष्कर्ष

....

....

P4.12 प्रयोग संबंधित प्रश्न

(उत्तर के लिए अलग शीट का प्रयोग करें)

नोट: नीचे संदर्भ के लिए कुछ नमूना प्रश्न दिए गए हैं। पूर्व-निर्धारित पाठ्यक्रम परिणामों की उपलब्धि सुनिश्चित करने के लिए शिक्षकों को ऐसे और अधिक प्रश्न तैयार करने चाहिए।

1. एक स्व परिणामित्र और दो कुंडलित परिणामित्र के बीच अंतर बताएं।
2. उन कारकों की सूची बनाएं जिन पर एक परिणामित्र का प्रेरित वि.वा.ब. निर्भर करता है।

II. P5-ES110: परिणामित्र की विद्युत मात्राओं को मापें

P5.1 प्रायोगिक कथन

एकल कला परिणामित्र को संयोजन करें और आगत और निर्गत मात्राओं को मापें।

P5.2 प्रायोगिक महत्व

एक परिणामित्र के संतोषजनक कामकाज का आकलन करने के लिए मुख्य रूप से विभव और धारा के आगत और निर्गत मापदंडों का अवलोकन महत्वपूर्ण है। बिना भार की स्थिति पर, प्रदर्शन का परीक्षण, परिणामित्र के कोर हानि और बिना भार की स्थिति पर प्रवाहित होने वाली धारा के परिमाण को प्रदर्शित करता हैं। रेटेड भार पर परीक्षण यह आकलन करेगा कि क्या परिणामित्र के प्राथमिक और द्वितीयक पक्ष में देखे गए विभव और धारा, दिए गए परिणामित्र नेम प्लेट रेटिंग विवरण के अनुसार हैं।

P5.3 प्रासंगिक सिद्धांत

सिद्धांत के लिए इस पुस्तक के अध्याय 6 के उप-विषय 6.1.3.1 से 6.1.3.3 को देखें।

P5.4 प्रैक्टिकल आउटकम्स (PrO)

PrO1 उचित रेंज का चयन करते हुए परिपथ और मापने वाले उपकरणों को संयोजित करें।

PrO2 एक परिणामित्र के बिना भार की स्थिति पर, प्रवाहित होने वाली धारा और बिना भार हानि के मान को ज्ञात करें।

PrO3 बिना भार से पूर्ण भार होने में, द्वितीयक विभव में होने वाले परिवर्तन के मान को ज्ञात करें।

PrO4 किसी दिए गए एकल कला दो कुंडलित परिणामित्र के लिए विभव मापें।

P5.5 प्रायोगिक व्यवस्था (परिपथ आरेख)

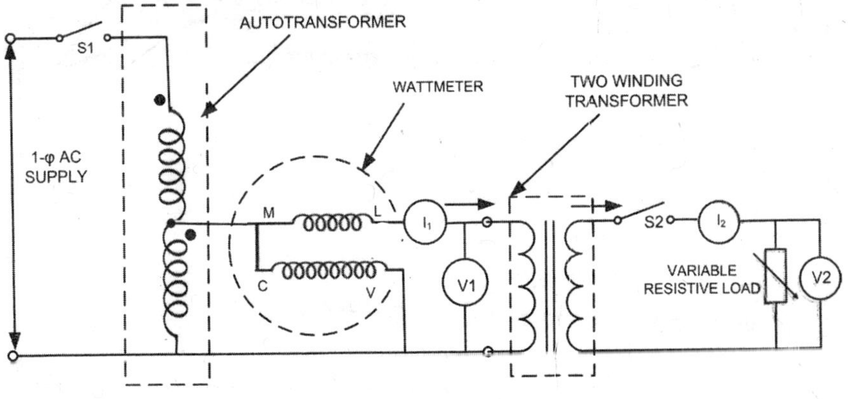

चित्र P5.1: परिणामित्र मापदंड निर्धारित करने के लिए परिपथ आरेख

P5.6 आवश्यक संसाधन

क्रमांक	सुझाए गए संसाधनों की आवश्यकता महत्वपूर्ण विशिष्टताओं के साथ	मात्रा संख्या	वास्तविक संसाधनों की आवश्यकता व्यापक विशिष्टताओं के साथ (छात्र द्वारा भरा जाना है)	टिप्पणी (यदि कोई हो)
1.	एकल कला AC आपूर्ति 230V, 50Hz	1		
2.	जोड़ने वाले तार, मल्टीस्ट्रैंड Cu तार, 1.5 mm^2	LS		

क्रमांक	सुझाए गए संसाधनों की आवश्यकता महत्वपूर्ण विशिष्टताओं के साथ	मात्रा संख्या	वास्तविक संसाधनों की आवश्यकता व्यापक विशिष्टताओं के साथ (छात्र द्वारा भरा जाना है)	टिप्पणी (यदि कोई हो)
3.	एकल ध्रुव स्विच, 5A	2		
4.	1-कला परिणामित्र, 2 KVA, 230V/ 270V	1		
5.	1-कला परिणामित्र, 1 KVA, 230V/ 115V	1		
6.	वोल्टमीटर: 0-300 V, AC	2		
7.	एमीटर: 0-10 A, AC	2		
8.	LPF वाटमीटर, 0-75-150- 300V, 0–2.5-5-10A	1		
9.	UPF वाटमीटर: 0-75-150- 300V, 0–2.5-5-10A	1		

P5.7 सुरक्षा उपाय

1. माप उपकरणों के उपयुक्त प्रकार और रेंज का चयन करें।
2. परिपथ आरेख में दिखाए गए अनुसार एमीटर और वोल्टमीटर को संयोजित करें।
3. परिपथ आरेख के अनुसार परिपथ संयोजन की जांच करें और सुनिश्चित करें कि स्व-परिणामित्र को बिजली की आपूर्ति के लिए स्विच S_1 ON करने से पहले तार संयोजन टाइट हैं।
4. प्रयोग करने के बाद बिजली की आपूर्ति बंद कर दें।

P5.8 प्रयोग विधि

1. परिपथ को चित्र P5.1 में दिखाए अनुसार संयोजित करें।
2. स्व-परिणामित्र और एकल कला परिणामित्र का उचित संयोजन सुनिश्चित करें।
3. स्व-परिणामित्र रोटरी नॉब को शून्य विभव की स्थिति में रखें।
4. सिंगल पोल स्विच S_1 को ON करें।
5. स्व-परिणामित्र के रोटरी नॉब को धीरे-धीरे घुमाकर आपूर्ति विभव को एकल कला परिणामित्र तक रेटेड विभव तक बढ़ाएं।
6. अवलोकन तालिका P5.1 में प्राथमिक विभव (V_1), प्राथमिक धारा (I_1), और दो कुंडलित परिणामित्र की LPF वाटमीटर रीडिंग रिकॉर्ड करें।
7. स्व-परिणामित्र रोटरी नॉब को शून्य स्थिति में लाएं।
8. सिंगल पोल स्विच S_2 को ON करें।
9. स्व-परिणामित्र के रोटरी नॉब को धीरे-धीरे घुमाकर आपूर्ति विभव को एकल कला परिणामित्र तक रेटेड विभव तक बढ़ाएं।
10. अवलोकन तालिका P5.2 में द्वितीयक विभव (V_2) को रिकॉर्ड करें।

11. अवलोकन तालिका P5.2 में दो कुण्डली परिणामित्र के प्राथमिक विभव (V_1), प्राथमिक धारा (I_1), द्वितीयक वोल्टेज (V_2), द्वितीयक धारा (I_2) और UPF वाटमीटर रीडिंग को चरणों में प्रतिरोधक भार को बदलकर रिकॉर्ड करें।
12. स्टेप 11 को चरणों में दोहराएं जब तक कि एकल कला दो कुण्डली परिणामित्र के द्वितीयक पक्ष पर धारा का मान, रेटेड धारा तक नहीं पहुंच जाता है।

P5.9 अवलोकन और गणना

अवलोकन तालिका P5.1

क्रमांक	प्राथमिक विभव (V_1)	प्राथमिक धारा (I_1)	वाटमीटर रीडिंग
1.			

अवलोकन तालिका P5.2

क्रमांक	प्राथमिक विभव (V_1)	प्राथमिक धारा (I_1)	द्वितीयक विभव (V_2)	द्वितीयक धारा (I_2)	वाटमीटर रीडिंग
1.					
2.					

गणना

1. तालिका P5.1 का उपयोग कर बिना भार (नो लोड) शक्ति कारक (पावर फैक्टर) $\cos\theta_0 = \frac{P}{V_1 I_1}$, चुंबकीय धारा $I_\mu = I_1 \cos\theta_0$ और कोर हानि धारा $I_c = I_1 \sin\theta_0$ की गणना करें। वोल्टेज V_1 दिए गए परिणामित्र के लिए रेटेड प्राथमिक वोल्टेज है और I_1 प्राथमिक धारा है, दिए गए परिणामित्र के द्वितीयक या निम्न वोल्टेज की साइड कोई भार जुड़ा हुआ नहीं है।
2. तालिका P5.2 में स्विच S_2 के OFF स्थिति में, द्वितीयक वोल्टेज को, प्राथमिक वोल्टेज के साथ, अपने रेटेड मान पर, देखें और रिकॉर्ड करें, इस वोल्टेज को V_{2nl} कहा जाता है। द्वितीयक वोल्टेज को, द्वितीयक कुण्डली से रेटेड धारा के प्रवाहित होने पर, अवलोकन और रिकॉर्ड करें। इस वोल्टेज को V_{2fl} कहा जाता है
3. द्वितीयक वोल्टेज के प्रतिशत में परिवर्तन की गणना करें जो बराबर होता है $\frac{V_{2nl} - V_{2fl}}{V_{2fl}} \times 100\%$

P5.10 परिणाम एवं/अथवा विवेचना

क्रमांक	पैरामीटर	मापित प्राथमिक/द्वितीयक विभव मान	रेटेड प्राथमिक/द्वितीयक विभव मान	त्रुटि
1	टर्न के अनुपात $\frac{N_1}{N_2}$			

P5.11 निष्कर्ष

....

....

P5.12 प्रयोग संबंधित प्रश्न

(उत्तर के लिए अलग शीट का प्रयोग करें)

नोट: नीचे संदर्भ के लिए कुछ नमूना प्रश्न दिए गए हैं। पूर्व-निर्धारित पाठ्यक्रम परिणामों की उपलब्धि सुनिश्चित करने के लिए शिक्षकों को ऐसे और अधिक प्रश्न तैयार करने चाहिए।

1. आदर्श और व्यावहारिक परिणामित्र में अंतर बताइए।
2. बताएं कि एक परिणामित्र का बिना भार धारा एक परिणामित्र के रेटेड धारा का केवल 2–5% क्यों होता है।
3. उन कारकों की सूची बनाएं जिन पर एक परिणामित्र का प्रेरित वि.वा.ब. निर्भर करता है।

P5.13 अध्ययन हेतु सुझाए गए संसाधन

ट्रांसफॉर्मर का ओपन सर्किट टेस्ट

III. P6-ES110: प्रेरण मोटर स्टार्टर की लाइन और कला मान को मापें

P6.1 प्रायोगिक कथन

प्रेरण मोटर स्टार्टर्स में स्टार और डेल्टा संयोजन बनाएं और लाइन और कला मान को मापें।

P6.2 प्रायोगिक महत्व

जब त्रि-कला प्रेरण मोटर को सीधे बिजली की आपूर्ति पर स्विच-द्वारा चालू किया जाता है, तो यह अपने रेटेड धारा का 5 से 7 गुना अधिक धारा लेती है। उच्च प्रारंभिक धारा, आपूर्ति लाइनों में एक उच्च विभव पतन उत्पन्न करती है, जो उसी आपूर्ति लाइन से जुड़े अन्य उपकरणों/उपकरणों के संचालन को प्रभावित कर सकती है। स्टार/डेल्टा त्रि-कला प्रेरण मोटर स्टार्टर, त्रि-कला प्रेरण मोटर द्वारा ली गई आरंभिक धारा को कम करता है।

P6.3 प्रासंगिक सिद्धांत

त्रि-कला प्रेरण मोटर को आरंभ करने के लिए अलग-अलग तरीके हैं। एक प्रेरण मोटर, परिणामित्र जिसमे द्वितीयक कुण्डली को लघु (शॉर्ट) किया गया हो, के समान होती है। त्रि-कला प्रेरण मोटर की विभिन्न आरंभिक विधियाँ हैं (*i*)

सीधा ऑन लाइन (DOL) आरंभन (स्टार्टिंग), (*ii*) स्व-परिणामित्र स्टार्टिंग और स्टार / डेल्टा स्टार्टिंग। DOL स्टार्टिंग में, मोटर को रेटेड विभव, सीधे बिजली की आपूर्ति पर स्विच ON कर प्रदान किया जाता है। 25 kW से कम की छोटी त्रि-कला प्रेरण मोटर, सीधा ऑनलाइन (DOL) स्टार्टिंग का उपयोग करती है। आमतौर पर DOL स्टार्टर्स का उपयोग करते हुए त्रि-कला मोटर की स्टेटर कुण्डली डेल्टा से जुड़ी होती है। स्व-परिणामित्र स्टार्टिंग के समय त्रि-कला प्रेरण मोटर के स्टेटर पर एक कम विभव की आपूर्ति प्रदान करता है। मोटर को कम आपूर्ति विभव, स्टार्टिंग के समय लाइन धारा को कम कर देता है। जब मोटर उपयुक्त गति प्राप्त कर लेता है तो आपूर्ति विभव को मोटर के रेटेड विभव तक बढ़ा दिया जाता है। स्टार/डेल्टा स्टार्टर का उपयोग त्रि-कला प्रेरण मोटर्स में किया जाता है जहां मोटर के प्रत्येक कला के टर्मिनलों को बाहर लाया जाता है। स्टार्टर में द्वि-मार्ग स्विच लगाया जाता है जो स्टार्टिंग के समय स्टार में स्टेटर वाइंडिंग को जोड़ता है और सामान्य रनिंग के दौरान डेल्टा में। स्टार्टिंग के समय स्टार संयोजन के कारण कम विभव लाइन/सप्लाई धारा को कम कर देता है।

P6.4 प्रैक्टिकल आउटकम्स (PrO)

PrO1 मापन उपकरणों के उचित प्रकार और श्रेणी का चयन करें।

PrO2 परिपथ और मापन उपकरणों को ठीक से संयोजित करें।

PrO3 त्रि-कला प्रेरण मोटर की लाइन धारा और लाइन विभव को मापें।

P6.5 प्रायोगिक व्यवस्था (परिपथ आरेख)

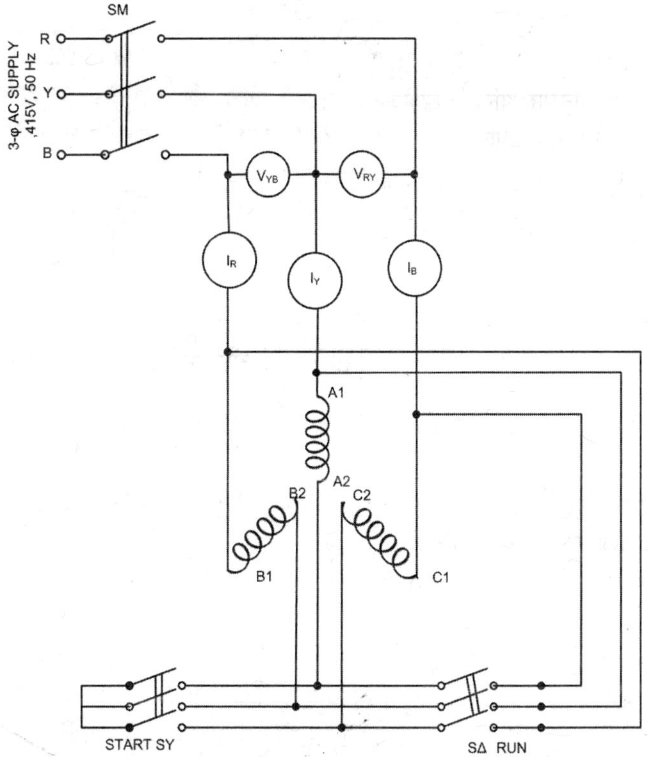

चित्र P6.1: मैनुअल स्टार/डेल्टा स्टार्टर का परिपथ आरेख

P6.6 आवश्यक संसाधन

क्रमांक	सुझाए गए संसाधनों की आवश्यकता महत्वपूर्ण विशिष्टताओं वाले उपकरण	मात्रा संख्या	वास्तविक संसाधनों की आवश्यकता व्यापक विशिष्टताओं के साथ (छात्र द्वारा भरा जाना है)	टिप्पणी (यदि कोई हो)
1.	त्रि-कला इंडक्शन मोटर: 5 HP, 415 V, गिलहरी केज IM छह टर्मिनलों के साथ मोटर टर्मिनल ब्लॉक	1		
2.	मैनुअल स्टार डेल्टा स्टार्टर	1		
3.	कनेक्टिंग वायर: मल्टी स्ट्रैंड Cu तार, 2.5 mm^2	LS		
4.	त्रि-कला MCB: 25 A	1		
5.	त्रि-कला आपूर्ति: 415V	1		
6.	वोल्टमीटर: 0-500V AC	2		
7.	एमीटर: 0-10A, AC	3		

P6.7 सुरक्षा उपाय

1. मापन उपकरणों के उचित प्रकार और रेंज का चयन करें।
2. परिपथ आरेख में दिखाए गए अनुसार एमीटर और वोल्ट मीटर को संयोजित करें।
3. परिपथ आरेख के अनुसार परिपथ संयोजन की जांच करें और मैनुअल स्टार/डेल्टा स्टार्टर को बिजली की आपूर्ति के लिए तीन ध्रुव (पोल) MCB SM चालू होने से पहले तार संयोजन टाइट हैं, जांच करें।
4. प्रयोग के संचालन के बाद त्रि-कला बिजली की आपूर्ति बंद कर दें।

P6.8 प्रयोग विधि

1. चित्र P6.1 में दर्शाए अनुसार परिपथ को जोड़िए।
2. मोटर कला टर्मिनलों का उचित संयोजन A_1, A_2 कला A वाइंडिंग के साथ, B_1, B_2 कला B वाइंडिंग के साथ और C_1, C_2 कला C वाइंडिंग के साथ, मैनुअल स्टार और डेल्टा स्टार्टर में तीन ध्रुवों के चेंज ओवर स्विच टर्मिनलों पर, सुनिश्चित करें। स्टार/डेल्टा स्टार्टर का हैंडल "सामान्य" स्थिति में होना चाहिए।
3. तीन पोल MCB स्विच SM का स्विच ON करें।
4. स्टार/डेल्टा स्टार्टर के हैंडल को स्टार पोजीशन यानी तीन ध्रुव के स्विच SY "ON" की ओर मोड़ें। मोटर स्टेटर वाइंडिंग अब स्टार संयोजन में हैं।
5. अवलोकन तालिका 6.1 में लाइन धाराओं I_R, I_Y, I_B या स्टेटर कला धाराओं और लाइन विभव V_{RY} और V_{YB} को रिकॉर्ड करें। निरीक्षण की गई धाराएँ मोटर द्वारा ली गई आरंभिक धाराएँ हैं।
6. हैंडल को स्टार से डेल्टा स्थिति में घुमाएं, यानी तीन पोल स्विच SΔ "चालू" हो जाएगा और स्विच SY "बंद" हो जाएगा। मोटर स्टेटर वाइंडिंग अब डेल्टा संयोजित है।
7. चरण संख्या 6 दोहराएं। मापी गई धाराएँ I_R, I_Y, I_B स्टेटर लाइन धाराएँ होंगी। तीन आपूर्ति कला में निरीक्षण की गई धारा सामान्य चलने की स्थिति के दौरान मोटर द्वारा ली गई धाराएँ हैं।
8. तीन पोल स्विच "SM" को "बंद" करके मोटर को बंद करें।

P6.9 अवलोकन

अवलोकन तालिका P6.1

क्रमांक	मैनुअल स्टार्टर स्टार स्थिति में					मैनुअल स्टार्टर डेल्टा स्थिति में				
	धारा			विभव		धारा			विभव	
	I_R	I_Y	I_B	V_{RY}	V_{YB}	I_B	I_Y	I_B	V_{RY}	V_{YB}
1.										

P6.10 परिणाम एवं/अथवा विवेचना

क्रमांक	मोटर में प्रवाहित आरंभिक धारा	चालू मोटर में प्रवाहित धारा
1.		

P6.11 निष्कर्ष

....

....

P6.12 प्रायोगिक संबंधित प्रश्न

(उत्तर के लिए अलग शीट का प्रयोग करें)

नोट: नीचे संदर्भ के लिए कुछ नमूना प्रश्न दिए गए हैं। पूर्व-निर्धारित पाठ्यक्रम परिणामों की उपलब्धि सुनिश्चित करने के लिए शिक्षकों को ऐसे और अधिक प्रश्न तैयार करने चाहिए।

1. बताएं कि त्रि-कला प्रेरण मोटर की आरंभिक धारा अधिक क्यों होती है।
2. त्रि-कला प्रेरण मोटर्स को शुरू करने के लिए कार्यशाला में प्रयुक्त स्टार्टर्स के प्रकार के बारे में जानकारी एकत्र करें।
3. त्रि-कला प्रेरण मोटर (*i*) स्टार सयोजित (*ii*) डेल्टा संयोजित की स्टेटर वाइंडिंग के साथ प्रवाहित आरंभिक धारा को रिकॉर्ड करें। मोटर में प्रवाहित आरंभिक धारा अंतर पर टिप्पणी करें यदि कोई देखा गया है

P6.13 अध्ययन हेतु सुझाए गए संसाधन

3 कला
मोटर
स्टार्टर

अधिक जानिए

सूक्ष्म परियोजना

शिक्षकों के मार्गदर्शन में 5-6 छात्रों के समूह में एक या दो सूक्ष्म परियोजना (ओं) / गतिविधि (ओं) को शुरू करें और इसे व्यक्तिगत भागीदारी के साथ समूह के रूप में भी प्रस्तुत करें। एक नमूना सूक्ष्म परियोजना समस्या नीचे दी गई है:

1. दिए गए दोषपूर्ण सीलिंग पंखा की खराबी का पता लगाने के लिए परीक्षण प्रक्रियाओं और परीक्षण परिपथ का विकास करना।

गतिविधियां

1. विभिन्न विनिर्माताओं से विभिन्न प्रकार के DC मोटर के विनिर्देशों के विवरण जैसी जानकारी एकत्र करें और एकत्रित जानकारी के आधार पर एक संक्षिप्त रिपोर्ट तैयार करें।
2. एक पावर पॉइंट प्रेजेंटेशन विकसित करें और DC मोटर और उसके अनुप्रयोगों पर सेमिनार दें।
3. एक पावर पॉइंट प्रेजेंटेशन विकसित करें और तीन कला एसी मोटर और उसके अनुप्रयोगों पर सेमिनार दें।

ICT का उपयोग

DC मोटर

विद्युत मशीन-I

संदर्भ एवं अध्ययन हेतु सुझाव

1. Ritu Sahdev, *Basic Electrical Engineering*, New Delhi: Khanna Publishing House, 2018.
2. V.N. Mittle, and A. Mittal, *Basic Electrical Engineering*, McGraw Education, 2017.
3. M.S. Sukhija and T.K. Nagsarkar, *Basic Electrical and Electronics Engineering*, New Delhi: Oxford University Press, 2013.
4. B. L. Theraja, *Electrical Technology*, Vol. - I, New Delhi: S. Chand and Company, 2015.
5. S. B. Lal Seksena and Kaustuv Dasgupta, *Fundamentals of Electrical Engineering*, Cambridge University Press, 2017.

सन्दर्भ एवं अध्ययन हेतु सुझाव

अनुक्रमणिका-1: प्रायोगिक कार्य का रिकॉर्ड

क्रमांक	पृष्ठ क्रमांक	प्रयोग का नाम	दिनांक			अंक	हस्ताक्षर
			वास्तविक	पुनरावृत्ति	रिकार्ड		
1.	154	चुंबकीय पदार्थ की पारगम्यता का निर्धारण इसके B-H वक्र को आलेखित करके करें।					
2.	184	प्रतिरोधक भार के साथ एकल कला परिपथ में विभव, धारा और शक्ति को मापें।					
3.	187	R-L श्रृंखला परिपथ में विभव, धारा और शक्ति को मापें।					
4.	215	एकल कला परिणामित्र का टर्न का अनुपात (K) निर्धारित करें।					
5.	218	एकल कला परिणामित्र को संयोजित करें और आगत और निर्गत मात्राओं को मापें।					
6.	222	प्रेरण मोटर स्टार्टर्स में स्टार और डेल्टा संयोजन बनाएं और लाइन और कला मान को मापें।					
7.	33	दिए गए परिपथ में विभिन्न निष्क्रिय इलेक्ट्रॉनिक घटकों की पहचान करें।					
8.	36	ब्रेडबोर्ड पर श्रेणी और समानांतर क्रम संयोजन में प्रतिरोधों को संयोजित करें और मल्टीमीटर का उपयोग करके इसका मान मापें।					
9.	40	ब्रेडबोर्ड पर संधारित्रों को श्रेणी और समानांतर संयोजन में संयोजित करें और मल्टीमीटर का उपयोग करके इसके मान को मापें।					
10.	43	दिए गए परिपथ में विभिन्न सक्रिय इलेक्ट्रॉनिक घटकों की पहचान करें।					
11.	46	प्रेरण और प्रतिरोध के मान को मापने के लिए LCR मीटर का प्रयोग करें।					

क्रमांक	पृष्ठ क्रमांक	प्रयोग का नाम	दिनांक			अंक	हस्ताक्षर
			वास्तविक	पुनरावृत्ति	रिकार्ड		
12.	49	दिए गए संधारित्र का मान मापने के लिए LCR-Q मीटर का उपयोग करें।					
13.	52	दिए गए प्रतिरोधक का मान रंग कोड के साथ, पुष्टि करने के लिए डिजिटल मल्टीमीटर का उपयोग करके प्रतिरोधक का मान निर्धारित करें।					
14.	55	डिजिटल मल्टीमीटर का उपयोग करके PN जंक्शन डायोड का परीक्षण करें।					
15.	57	PN संधि डायोड के प्रदर्शन का परीक्षण करें।					
16.	61	जेनर डायोड के प्रदर्शन का परीक्षण करें।					
17.	64	LED के प्रदर्शन का परीक्षण करें।					
18.	67	डिजिटल मल्टीमीटर का उपयोग करके ट्रांजिस्टर के तीन टर्मिनलों की पहचान करें।					
19.	70	NPN ट्रांजिस्टर के प्रदर्शन का परीक्षण करें।					
20.	74	CE ट्रांजिस्टर विन्यास का करंट गेन निर्धारित करें।					
21.	76	ट्रांजिस्टर स्विच परिपथ के प्रदर्शन का परीक्षण करें।					
22.	79	ट्रांजिस्टर प्रवर्धक परिपथ के प्रदर्शन का परीक्षण करें।					
23.	106	Op Amp का एम्पलीफायर और इंटीग्रेटर के रूप में परीक्षण।					

प्रयोगशाला में काम करते समय निर्देश

शिक्षकों के लिए संक्षिप्त दिशानिर्देश

शिक्षक सभी विशेषताओं के साथ विद्यार्थियों को प्रयोग के प्रदर्शन के साथ दिशानिर्देश प्रदान करें।

- शिक्षक प्रत्येक प्रयोग शुरू करने से पहले विद्यार्थियों को पूर्व अवधारणाएं समझाएगा।
- प्रत्येक प्रयोग के प्रदर्शन में विद्यार्थियों को शामिल करें।
- शिक्षक को यह सुनिश्चित करना चाहिए कि प्रायोगिक अभ्यास के पूरा होने के बाद विद्यार्थियों में संबंधित कौशल और दक्षताओं का विकास हो।
- शिक्षकों को प्रदर्शन के बाद विद्यार्थियों को व्यावहारिक अनुभव का अवसर देना चाहिए।
- शिक्षक से अपेक्षा की जाती है कि वह विद्यार्थियों में विकसित होने वाले कौशल और दक्षताओं को साझा करे।
- शिक्षक विद्यार्थियों को अतिरिक्त ज्ञान और कौशल प्रदान कर सकते हैं, भले ही मैनुअल में शामिल न हों, लेकिन उद्योग द्वारा विद्यार्थियों से अपेक्षा की जाती है।
- अंत में प्रयोग के असाइनमेंट दें और दिए गए टास्क के आधार पर विद्यार्थियों के प्रदर्शन का आकलन करें कि यह निर्देशों के अनुसार है या नहीं।
- शिक्षक से अपेक्षा की जाती है कि वह संबंधित डेटा मैनुअल और मानकों को संदर्भित करने के लिए विद्यार्थियों को संदर्भित और प्रेरित करे।
- शिक्षक से अपेक्षा की जाती है कि वह संपूर्ण पाठ्यक्रम दस्तावेज देखें और कार्यान्वयन के लिए दिशानिर्देशों का पालन करें।

विद्यार्थियों के लिए निर्देश

- पाठ्यक्रम, पाठ्यचर्या, सीखने की संरचना, विकसित किए जाने वाले कौशल के बारे में शिक्षक द्वारा दिए गए व्याख्यान को ध्यान से सुनें।
- समूह में काम को व्यवस्थित करें और सभी टिप्पणियों का रिकॉर्ड बनाएं।
- विद्यार्थियों को उद्योगों द्वारा अपेक्षित रखरखाव कौशल विकसित करना होगा।
- विद्यार्थी संबंधित व्यावहारिक कौशल विकसित करने और आत्मविश्वास हासिल करने का प्रयास करेगा।
- विद्यार्थी अधिक विचारों, नवाचारों, कौशलों आदि को विकसित करने की आदतों को विकसित करेगा जो मैनुअल के दायरे में शामिल हैं।
- विद्यार्थी तकनीकी पत्रिकाओं, IS कोड और डेटा पुस्तकों को देखें।
- विद्यार्थी को प्रयोग को तिथि और समय पर जमा करने की आदत विकसित करनी चाहिए।
- विद्यार्थी को सुरक्षा प्रथाओं और पर्यावरण के मुद्दों, प्रयोग से संबंधित अपशिष्ट प्रबंधन के बारे में अच्छी तरह से अवगत होना चाहिए।

समूह में प्रयोग/सूक्ष्म परियोजनाओं/गतिविधियों के लिए सांकेतिक मूल्यांकन दिशानिर्देश

प्रक्रिया संबंधित कौशल

मानदंड और स्तर	विकासशील	सक्षम	कुशल
सेट-अप को संभालना			
डेटा की रिकॉर्डिंग			
समय प्रबंधन			
सामूहिक कार्य			
व्यक्तिगत कार्य			
सुरक्षा सावधानियां			

उत्पाद संबंधित कौशल

मानदंड और स्तर	विकासशील	सक्षम	कुशल	टिप्पणियां (यदि कोई) यदि लागू न हो तो NA का उल्लेख करें
विषय				
अनुसंधान/सर्वेक्षण				
नवीनतम तकनीक का उपयोग				
विषय पर रहता है				
तत्परता				
प्रस्तुति का विश्वास				
PPT बनाने का कौशल सहित ICT का उपयोग				
समय प्रबंधन				
समूह प्रयास				
व्यक्तिगत प्रयास				

वस्तुनिष्ट प्रश्नों के उत्तर

यूनिट-1: इलेक्ट्रॉनिक उपकरण एवं संकेत का संक्षिप्त विवरण

क्रमांक	1.1	1.2	1.3	1.4	1.5	1.6	1.7	1.8	1.9	1.10
उत्तर	a	d	b	d	c	b	d	b	a	c

यूनिट-2: एनालॉग परिपथों का अवलोकन

क्रमांक	2.1	2.2	2.3	2.4	2.5	2.6
उत्तर	b	c	b	b	d	d

यूनिट-3: अंकीय इलेक्ट्रॉनिक्स का अवलोकन

क्रमांक	3.1	3.2	3.3	3.4	3.5	3.6
उत्तर	c	b	a	c	d	d

यूनिट-4: विद्युत एवं चुंबकीय परिपथ

क्रमांक	4.1	4.2	4.3	4.4	4.5	4.6
उत्तर	d	b	c	c	d	b

यूनिट-5: प्रत्यावर्ती धारा परिपथ

क्रमांक	5.1	5.2	5.3	5.4	5.5	5.6
उत्तर	c	b	d	a	b	c

यूनिट-6: परिणामित्र एवं मशीनें

क्रमांक	6.1	6.2	6.3	6.4	6.5	6.6
उत्तर	d	d	d	c	c	a

आगामी अध्ययन हेतु सन्दर्भ

पुस्तकें :

- D. P. Kothari and I. J. Nagrath, *Basic Electrical and Electronics Engineering,* Tata McGraw Hill, 2020.
- D. C. Kulshreshtha, *Basic Electrical Engineering*, McGraw Hill, 2009.
- L. S. Bobrow, *Fundamentals of Electrical Engineering*, Oxford University Press, 2011.
- K. Murgesh Kumar, *DC Machines and Transformers*, Vikas Publication House Pvt. Ltd., 2004.
- J. B. Gupta, *A Textbook of Basic Electrical and Electronics Engineering*, Kataria & Sons, 2013
- S. K. Bhattacharya, Basic *Electrical Engineering*, Pearson Education, 2019
- Chinmoy Saha, Arindam Halder and Debarati Ganguly, *Basic Electronics: Principles and Applications,* Cambridge University Press, 2018
- E. Hughes, *Electrical and Electronics Technology*, Pearson, 2010.
- B. L. Theraja, *Electrical Technology, Vol. – II*, New Delhi: S. Chand Publications, 2015.
- R.S. Sedha, *A text book of Applied Electronics*, New Delhi: S. Chand Publications, 2008.
- Albert Malvino and Paul David, *Electronics Principles*, New Delhi: McGraw Hill Education, 2015.
- V.K. Mehta and Rohit Mehta, *Principles of Electronics*, S. Chand and Company, New Delhi, 2014.
- Roger L. Tokheim, *Digital Electronics,* McGraw-Hill Education, 2013.
- A.K. Maini, *Analog Circuits,* Khanna Publishing House, 2018.
- Albert Malvino and David Bates, *Electronic Principles,* Tata McGraw Hill Publication, 2015.
- Jacob Millman, *Electronics Devices and Circuits*, McGraw Hill Education; 2015.
- Charles H. Roth Jr., *Fundamentals of Logic Design*, Cengage Learning, 2020
- R. Anand, *Digital Electronics*, Khanna Publications, New Delhi, 2018.
- V. J.V. Wait, L.P. Huelsman and GA Korn, *Introduction to Operational Amplifier Theory and Applications,* McGraw Hill, 1992.
- Robert F. Coughlin, Fredrick F. Driscoll, *Operational Amplifiers and Linear Integrated Circuits*, New Delhi; Prentice-Hall of India Pvt. Ltd., 2009.
- Stephen Chapman, *Electric Machinery Fundamentals, New* Delhi: McGraw Hill Education, 2017
- Dorf R. C, Svoboda J.C, *Introduction to Electric Circuits*, John Wiley, 2015
- Murugeshan. R, *Electricity and Magnetism*, New Delhi; S. Chand Publishing, 2017.
- Charles K. Alexander, Mathew N. O Sadiku, *Fundamentals of Electric Circuits*, McGraw Hill Education, 2013.
- Bhimbra P.S, Garg G.C, *Electrical Machines-I,* New Delhi; Khanna Book Publishing Co.(P) Ltd., 2019.
- Dhogal P.S., *Basic Practical in Electrical Engineering*, New Delhi; Standard Published Distributors, 2004.
- Morrison Ralph, *Practical Electronics,* John Wiley & Sons, 2003

CO और PO अटैनमेंट तालिका

पाठ्यक्रम पूर्ण होने के उपरांत कोर्स आउटकम्स (COs) को प्रोग्राम आउटकम्स (POs) के साथ मैप (परस्पर संबंध) किया जा सकता है तथा अन्तर का विश्लेषण करने के लिए POs प्राप्ति हेतु सहसंबंध स्थापित किया जा सकता है। POs प्राप्ति में अन्तर के उचित विश्लेषण पश्चात प्राप्त कमियों को दूर करने के लिए उचित उपाय भी किये जा सकते हैं।

कोर्स आउटकम्स (COs)	**प्रोग्राम आउटकम्स (POs) के आपेक्षित संबंध** *(1. कमजोर सहसंबंध; 2. मध्यम सहसंबंध; 3. मजबूत सहसंबंध)*						
	PO-1	**PO-2**	**PO-3**	**PO-4**	**PO-5**	**PO-6**	**PO-7**
CO-1							
CO-2							
CO-3							
CO-4							
CO-5							
CO-6							

उपरोक्त तालिका में उल्लेखित किये गए आंकड़ों का उपयोग, अन्तर के विश्लेषण करने में किया जा सकता है।

अनुक्रमणिका

शब्दकोष

अ

अपव्यय	Dissipation
अपचायी	Step-Down
अतुल्यकालिक	Asynchronous
अवकलित्र	Differential
अवकलक	Differentor
अवकलित्र मोड गेन	Differential mode gain
असतत	Discrete
अधिकतम महत्वपूर्ण बिट	Most significant bit
अभिग्राही	Reciever
अर्धचालक	Semiconductor
अग्र पक्ष	Forward bias

आ

आपूर्ति	Supply
आगे ले जाना	Carry
आगत	Input
आवधिक	Periodic

उ

उच्चायी	Step-Up

ए

एकीकृत परिपथ	Integrated circuit

क

कुंडी	Latch
क्रमबद्ध	Sequential
कुण्डली	Winding
कम से कम महत्वपूर्ण बिट	Least significant bit
कार्यक्रम परिणाम	Program outcome

ग

गैर-आवधिक	Non-periodic
गैर-निर्धारक	Non-deterministic
गणक	Counter

घ

घटाव	Subtractor

च

चालक	Conductor
चालकता	Conductance
चुंबकीय क्षेत्र की तीव्रता	Magnetic field intensity
चुंबकीय अवरोध या प्रतिष्ट्ंभ	Reluctance
चुंबकीय बलरेखा	Magnetic fluñ
चुंबकीय ध्रुव	Magnetic pole

छ

छोर	Terminal

त

तार्किक	Logic
तात्कालिक मान	Instantaneous value
तुल्यकालिक	Syncronous
तुलनित्र	Comparator

द

दिष्ट धारा	Direct current (DC)
द्वि-ध्रुवीय जंक्शन ट्रांजिस्टर	Bi&polar junction transistor
द्विआधारी	Binary

दोलक	Oscillator
दोष	Fault

न

निर्वात	Vaccum
निरंतर	Continuous
निर्धारक	Deterministic
निर्गत	Output

प

पटलित	Lamination
परावैद्युत	Dielectric
पश्चवर्ती पक्ष	Reverse bias
पाठ्यचर्या	Curriculum
पाठ्यक्रम	Course
पारस्परिक प्रेरण	Mutual inductance
पारगम्यता	Permeability
प्रेरक	Inductance
प्रतिरोधन	Insulation
प्रतिरोध	Resistance
प्रतिबाधा	Impedance
प्रसारण	Propogation
प्रतिरक्षा	Immunity
प्रतिपुष्ट	Feedback
प्रत्यावर्ती धारा	Alternating current (AC)
प्रकाश उत्सर्जक डायोड	Light emitting diode
प्रवर्धक	Amplifier
पी.वी.सी.	Polyvinyl chloride
पूरक	Complementary

ब

बलाघूर्ण	Torque

भ

भंजक	Breaker

य

युग्मित	Coupled
योजक	Adder

र

रिसाव	Leakage

व

विद्युतरोधक	Insulator
विद्युत वाहक बल	Electro motive force
विनियमन	Regulation
विन्यास	Configuration
विनिर्देश	Specification
विभव	Voltage
विच्छेदित	Trip

श

श्वशन यंत्र	Breather
शक्ति	Power
शाखा या भुजा	Limb
शेष फल	Reminder
शोर (अवांछनिय लघु संकेत)	Noise
शैथिल्य	Hysteresis

स

स्मृति तत्त्व	Memory element
सादृश्य	Analog

संधि	Junction
संचालन	Operating
संरक्षक	Conservator
संगणक	Computer
संधारित्र	Capacitor
संकेत	Signals
संक्रियात्मक प्रवर्धक	Op-Amp
संक्रियात्मक	Operational
संगणक	Computer
सीमित	Finite
संकुल	Packages
संकेंद्रित	Concentric

क्ष

क्षेत्र प्रभाव ट्रांजिस्टर	Field effect transistor

त्र

त्रिकोणमिति	Trignometry